大数据应用人才培养系列教材

Python 语言

（第 2 版）

总主编　刘　鹏

主　编　李肖俊

副主编　钟　涛

清華大学出版社

北　京

内 容 简 介

本书以在 Windows 10 中用 Python 3.6.5 搭建 Python 开发基础平台为起点，重点阐述 Python 语言的基础知识和 7 个典型的项目实战案例。全书以理论引导、案例驱动、上机实战为理念打造 Python 语言学习的新模式。具体内容分为两大部分：第 1 部分以 Python 语言的基础知识普及为主，内容包括 Python 3 概述、基本语法、基本数据类型、流程控制、字符串与正则表达式、函数、模块、对象和类、异常、文件操作；第 2 部分以项目实战为核心，以学以致用为导向，以贴近生活的案例为依托，分别介绍爬虫程序、数据可视化、数据分析、Django 开发、机器学习、自然语言处理和推荐系统项目实战。

本书以作者十多年的计算机专业课程教学经验及相应的项目实战心得为依托，力争做到以理论知识为基础、以案例实战为手段、以解决问题为根本初衷，让读者最大限度地从书中汲取所需要的编程知识和实战体验。

本书既可作为高等学校，尤其是高职院校各专业的 Python 语言启蒙教材，也可作为广大 Python 语言爱好者自学的参考书。

图书在版编目（CIP）数据

Python 语言/刘鹏总主编；李肖俊主编. —2 版. —北京：清华大学出版社，2022.7
大数据应用人才培养系列教材
ISBN 978-7-302-60984-1

Ⅰ. ①P…　Ⅱ. ①刘…　②李…　Ⅲ. ①软件工具－程序设计－教材　Ⅳ. ①TP311.561

中国版本图书馆 CIP 数据核字（2022）第 089573 号

责任编辑：贾小红
封面设计：秦　丽
版式设计：文森时代
责任校对：马军令
责任印制：朱雨萌

出版发行：清华大学出版社
　　　　　网　　　址：http://www.tup.com.cn，http://www.wqbook.com
　　　　　地　　　址：北京清华大学学研大厦 A 座　　　　邮　　编：100084
　　　　　社 总 机：010-83470000　　　　　　　　　　邮　　购：010-62786544
　　　　　投稿与读者服务：010-62776969，c-service@tup.tsinghua.edu.cn
　　　　　质量反馈：010-62772015，zhiliang@tup.tsinghua.edu.cn
印 装 者：大厂回族自治县彩虹印刷有限公司
经　　销：全国新华书店
开　　本：185mm×260mm　　　印　　张：26.25　　　字　　数：633 千字
版　　次：2019 年 1 月第 1 版　　2022 年 7 月第 2 版　　印　　次：2022 年 7 月第 1 次印刷
定　　价：79.00 元

产品编号：094439-01

编写委员会

总主编　刘　鹏
主　编　李肖俊
副主编　钟　涛
参　编　姜玉玲　张　波

总　　序

短短几年间，大数据飞速发展，快速实现了从概念到落地，直接带动了相关产业的井喷式发展。数据采集、数据存储、数据挖掘、数据分析等大数据技术在越来越多的行业中得到应用，随之而来的是大数据人才缺口问题。根据《人民日报》的报道，未来 3～5 年，中国需要 180 万大数据人才，但目前只有约 30 万人，人才缺口达到 150 万之多。

大数据是一门实践性很强的学科，在其呈现金字塔型的人才资源模型中，数据科学家居于塔尖位置，然而该领域对于经验丰富的数据科学家需求相对有限，反而是对大数据底层设计、数据清洗、数据挖掘及大数据安全等相关人才的需求急剧上升，可以说占据了大数据人才需求的 80%以上。如数据清洗、数据挖掘等相关职位，需要大量的专业人才。

迫切的人才需求直接催热了相应的大数据应用专业。2021 年，全国 892 所高职院校成功备案了大数据技术专业，40 所院校新增备案了数据科学与大数据技术专业，42 所院校新增备案了大数据管理与应用专业。随着大数据的深入发展，未来几年申请与获批该专业的院校数量仍将持续走高。

即便如此，就目前而言，在大数据人才培养和大数据课程建设方面，大部分专科院校仍然处于起步阶段，需要探索的问题还有很多。首先，大数据是个新生事物，懂大数据的老师少之又少，院校缺"人"；其次，院校尚未形成完善的大数据人才培养和课程体系，缺乏"机制"；再次，大数据实验需要为每位学生提供集群计算机，院校缺"机器"；最后，院校没有海量数据，开展大数据教学实验工作缺少"原材料"。

对于注重实操的大数据专业专科建设而言，需要重点面向网络爬虫、大数据分析、大数据开发、大数据可视化、大数据运维工程师的工作岗位，帮助学生掌握大数据专业必备知识，使其具备大数据采集、存储、清洗、分析、开发及系统维护的专业能力和技能，成为能够服务区域经济的发展型、创新型或复合型技术人才。所以，无论是缺"人"、缺"机制"、缺"机器"，还是缺少"原材料"，最终都难以培养出合格的大数据人才。

其实，早在网格计算和云计算兴起时，我国科技工作者就曾遇到过类似的挑战，我有幸参与了这些问题的解决过程。为了解决网格计算问题，我在清华大学读博期间，于 2001 年创办了中国网格信息中转站网站，每天花几个小时收集和分享有价值的资料分享给学术界，此后我也多次筹办和主持全国性的网格计算学术会议，进行信息传递与知识共享。2002 年，我与其他专家合作的《网格计算》教材正式面世。

2008 年，当云计算开始萌芽之时，我创办了中国云计算网站（chinacloud.cn），2010 年出版了《云计算（第 1 版）》，2011 年出版了《云计算（第 2 版）》，2015 年出版了《云计算（第 3 版）》，每一版都花费了大量成本制作并免费分享对应的教学 PPT。目前，《云计算》一书已成为国内高校的优秀教材，2010—2014 年，该书在中国知网公布的高被引图书名单中，位居自动化和计算机领域第一位。

除了资料分享，在 2010 年，我们在南京组织了全国高校云计算师资培训班，培养了国内第一批云计算老师，并通过与华为、中兴、奇虎 360 等知名企业合作，输出云计算技术，培养云计算研发人才。这些工作获得了大家的认可与好评，此后我担任了工信部云计算研究中心专家、中国云计算专家委员会云存储组组长、中国大数据应用联盟人工智能专家委员会主任、第 45 届世界技能大赛中国云计算专家指导组组长/裁判长、中国信息协会教育分会人工智能教育专家委员会主任、教育部全国普通高校毕业生就业创业指导委员会委员等。

近年来，面对日益突出的大数据发展难题，我们也正在尝试使用此前类似的办法应对这些挑战。为了解决大数据技术资料缺乏和交流不够通透的问题，我们于 2013 年创办了大数据世界网站（thebigdata.cn），投入大量人力进行日常维护。为了解决大数据师资匮乏的问题，我们面向全国院校陆续举办多期大数据师资培训班，致力于解决"缺人"的问题。

至今，我们已举办上百场线上线下培训，入选"教育部第四批职业教育培训评价组织"，被教育部学校规划建设发展中心认定为"大数据与人工智能智慧学习工场"，被工信部教育与考试中心授权为"工业和信息化人才培养工程培训基地"。同时，云创智学网站（edu.cstor.cn）向成人提供新一代信息技术在线学习和实验环境；云创编程网站（teens.cstor.cn）向青少年提供人工智能编程学习和实验环境。

此外，我们构建了云计算、大数据、人工智能实验实训平台，被多个省赛选为竞赛平台，其中云计算实训平台被选为中国第一届职业技能大赛竞赛平台，同时第 46 届世界技能大赛安徽省/江西省/吉林省/贵州省/海南省/浙江省等多个选拔赛，以及第一届全国技能大赛甘肃省/河北省云计算选拔赛等多项赛事，均采用了云计算实训平台作为比赛平台。

其中，为了解决大数据实验难问题而开发的大数据实验平台，正在为越来越多的高校教学科研带去便捷，帮助解决"缺机器"与"缺原材料"的问题。2016 年，我带领云创大数据的科研人员应用 Docker 容器技术，成功开发了 BDRack 大数据实验一体机，它打破了虚拟化技术的性能瓶颈，可以为每一位参加实验的人员虚拟出 Hadoop 集群、Spark 集群、Storm 集群等，自带实验所需数据，并准备了详细的实验手册、PPT 和实验过程视频，可以开展大数据管理、大数据挖掘等各类实验，并可进行精确营销、信用分析等多种实战演练。

目前，大数据实验平台已经在中国科学技术大学、郑州大学、新疆大学、宁夏大学、贵州大学、西南大学、西北工业大学、重庆大学、重庆师范大学、北方工业大学、西京学院、宁波工程学院、金陵科技学院、郑州升达经贸管理学院、重庆文理学院、湖北文理学院等多所院校部署应用，并广受校方好评。

此外，面对席卷而来的人工智能浪潮，我们团队推出的 AIRack 人工智能实验平台、DeepRack 深度学习一体机以及 dServer 人工智能服务器等系列应用，一举解决了人工智能实验环境搭建困难、缺乏实验指导与实验数据等问题，目前已经在清华大学、南京大学、西华大学、西安科技大学、徐州医科大学、桂林理工大学、陕西师范大学、重庆工商大学等高校投入使用。

在大数据教学中，本科院校的实践教学更加系统性，偏向新技术应用，且对工程实践能力要求更高，而高职、高专院校则偏向技能训练，理论知识以够用为主，学生将主要从事数据清洗和运维方面的工作。基于此，我们联合多家高职院校专家准备了《云计算导论》

《大数据导论》《数据挖掘基础》《R 语言》《数据清洗》《大数据系统运维》《大数据实践》系列教材，帮助解决"机制"欠缺的问题。

此外，我们也将继续在大数据世界（thebigdata.cn）和云计算世界（chinacloud.cn）等网站免费提供配套 PPT 和其他资料。同时，通过智能硬件大数据免费托管平台——万物云（wanwuyun.com）和环境大数据开放平台——环境云（envicloud.cn），使资源与数据随手可得，让大数据学习变得更加轻松。

在此，特别感谢我的硕士导师谢希仁教授和博士导师李三立院士。谢希仁教授所著的《计算机网络》已经更新到第 8 版，与时俱进，日臻完善，时时提醒学生要以这样的标准来写书。李三立院士是留苏博士，为我国计算机事业做出了杰出贡献，曾任国家攀登计划项目首席科学家。他的严谨治学带出了一大批杰出的学生。

本丛书是集体智慧的结晶，在此谨向付出辛勤劳动的各位作者致敬！书中难免会有不当之处，请读者不吝赐教。

刘　鹏
2022 年 3 月

第 2 版前言

时光荏苒，岁月如梭。转眼之间，由清华大学出版社于 2019 年 1 月发行的《Python 语言》一书上市已两年有余，并取得丰硕的成果——累计印刷 5 次；同时，也获得了工业和信息化部教育与考试中心的官方认可，并将其作为全国信息技术水平考试"二级 Python 语言"模块的官方辅导用书。之所以能够取得这样的硕果，离不开团队全体同人的共同努力，尤其是丛书总主编刘鹏教授身体力行的内容审定和宣传推广。无数个日夜，本人辗转反侧，思索着为什么还要在浩如烟海的 Python 教程中激流勇进？答案便是所做的一切努力只为一个目标——著懂读者的 Python 教程，助力莘莘学子的编程实践。进而给 Python 语言教材的红海中注入一股清流，使读者能够更好地融入人工智能的大时代，创造属于自己的那份荣耀！

为此，在秉承"以理论引导、案例驱动、上机实战为理念打造 Python 语言学习的新模式"的基础之上，对《Python 语言》进行了全面的内容修订和知识补充，尤其是在知识补充方面，增添了与 Python Web 开发有关的 Django 开发项目实战和与人工智能典型应用有关的机器学习项目实战、自然语言处理项目实战和推荐系统项目实战，从而使读者能更好地探索人工智能的奥秘，体验"任务驱动，实战为王"的快乐！

本书重点阐述 Python 语言的基础知识和与之相关的 7 个典型的项目实战案例。具体内容一共 17 章，分为两大部分：第 1 部分以 Python 编程语言的基础知识普及为主，内容包括 Python 3 概述、基本语法、基本数据类型、流程控制、字符串与正则表达式、函数、模块、类和对象、异常、文件操作；第 2 部分以项目实战为核心，以学以致用为导向，以贴近生活的案例为依托，分别介绍爬虫程序、数据可视化、数据分析、Django 开发、机器学习、自然语言处理和推荐系统项目实战。其中第 1 部分：第 1～5 章由钟涛老师编写，第 6～10 章主体沿用第 1 版刘河老师撰写的内容，并由编委会对相关内容进行勘误和修订；第 2 部分：第 11～13 章由李肖俊老师编写，第 14 章由钟涛老师编写，第 15～17 章由李肖俊老师编写。

本书的编撰，从提纲的敲定到内容的斟酌，直到最后的审阅与定稿，得到了南京大数据研究院院长刘鹏教授亲力亲为的全方位指导，并提出了诸多建设性的意见。同时，清华大学出版社的王莉编辑、南京云创大数据的武郑浩编辑和鲁中职业学院的姜玉玲、张波等老师也评阅了书稿，并对本书的行文规范和语言组织给予了全面的指导和帮助。此外，重庆工程职业技术学院的李太平老师和重庆撩云科技有限公司的何猛、杨鹏和王仪杰等工程师在本书的编撰过程中也给予了建议和指导，在此一并致谢。

在此，特别感谢南京大数据研究院院长刘鹏教授，正是由于他洞察知识更替的需要，把握技术发展趋势，才有了本书的创作需要，才有了这本全新的实战为王的《Python 语言（第 2 版）》。

本书是集体智慧的结晶，在此谨向付出辛勤劳动的各位作者致敬！书中难免会有不当之处，请读者不吝赐教。

李肖俊

2022 年 3 月

第 1 版前言

Python 作为胶水语言，具有黏合力。尤其是站在"大数据+"与"人工智能"的风口之上，可谓是如鱼得水。就如同 Python 语言发明人 Guido Van Rossum 曾说："Life is short you need Python."（人生苦短，我用 Python。）当下的 Python 语言风靡全球，席卷神州大地！Python 凭借其得天独厚的优良基因，使用户如雨后春笋一般涌现出来。

Python 的盛行是时代风口和其内在基因聚合的结果。这是因为 Python 以其开源性、可扩展性为根本抓住了时代的主旋律。尤其是人工智能领域的再次爆发，世界顶尖公司以 Python 为母体推出优秀的机器学习框架（例如，Google 的 TensorFlow），更是助推 Python 成为风口上的王者。笔者认为用 "no Python , no code"（无 Python，不代码）来赞颂 Python 也不为过。然而，Python 的流行过于突然，市场上大部分介绍 Python 的书籍都是外文著作直接翻译过来的，其写作习惯和风格并不太适合中国读者，同时国内介绍 Python 的书籍也良莠不齐。

为了使国内读者能够系统地了解新技术、新方法，南京大数据研究院院长刘鹏教授顺势而为，周密规划，在大数据应用人才培养课程体系中，专门设立了 Python 语言课程，并邀请全国上百家高校中从事一线教学和科研的教师一起，编撰"大数据应用人才培养系列教材"丛书，本书即该套丛书之一。

本书以"任务驱动，实战为王"为出发点，详细介绍 Python 语言的基础知识，同时，书中剖析了 3 个典型的切近生活的实战案例，以培养读者解决问题的能力。另外，本书以"理论和实践两手抓，两手都要硬"为根本，在每章的理论学习之后，都有与之匹配的上机实验和课堂练习，将理论和实践融为一体，让读者真正地将理论和实战合二为一，做到学以致用。

本书重点阐述 Python 语言的基础知识和与之相关的 3 个典型的项目实战案例。全书共13 章，分为两大部分：第一部分以 Python 编程语言基础知识普及为主，分别介绍了 Python 3 概述、基本语法、流程控制、组合数据类型、字符串与正则表达式、函数、模块、类和对象、异常及文件操作；第二部分以项目实战为核心，以学以致用为导向，以贴近生活的案例为依托，分别介绍 Python 爬虫项目实战、Python 数据可视化项目实战和 Python 数据分析项目实战。其中第一部分：第 1～5 章由钟涛老师编写，第 6～10 章由刘河和刘娅老师编写；第二部分：第 11～13 章由李肖俊老师编写。

本书的编撰，从提纲的确定到内容的把握与斟酌，到最后的审阅与定稿，得到了南京大数据研究院院长刘鹏教授亲力亲为的大力指导，并提出了诸多建设性的意见。同时，清华大学出版社的王莉编辑和南京云创大数据的武郑浩编辑也评阅了本书书稿，对本书给予了全面的指导和帮助，在此一并致谢。

在此，特别感谢南京大数据研究院院长刘鹏教授，正是由于他洞察时代需求，把握时代脉搏，才有了《Python 语言》这本书的创作需求，才有了我们的创作团队，才有了这本《Python 语言》。

本书是集体智慧的结晶，在此谨向付出辛勤劳动的各位作者致敬！书中难免会有不当之处，请读者不吝赐教。

李肖俊

2019 年 1 月

目　　录

第 5 章　字符串与正则表达式

第 6 章　函数

第 7 章 模块

第 10 章 文件操作

第 11 章 项目实战：爬虫程序

第 1 章

Python 3 概述

对于初次接触 Python 的读者来说，可能听过"人生苦短，我用 Python"这句话，可能认识 Python 之父 Guido Van Rossum。其实这句话的原话是 Java 大师 Bruce Eckel 发出的感慨："Life is short，you need Python."在哲思项目（ZEUUX Project）大会上，Guido 穿着印有这句话的 T 恤合影留念，于是这句话变得广为人知。使用过 Python 语言的程序员，或者从其他语言（例如，Java）转换到 Python 开发的程序员可能对这句话的理解更加深刻。

被称为"胶水语言"的 Python 真的有那么好吗？对 Python 进行评论的人为什么这样认为？为什么人生苦短就要用 Python？

对于初学者，Python 学习起来相对容易，与其他编程语言相比，Python 的功能强大、通用性强、语法简洁、可读性强且代码量小；Python 作为一种面向对象的解释型高层次计算机程序设计语言，具有黏合其他语言的优良特性。

对于从使用其他语言转到使用 Python 语言的编程者，第一个突出感受应该是 Python 的代码量显著减少。以常规算法实现为例，使用 Python 和 Java 对比，代码的行数约减少一半。代码行数的减少，意味着开发负担的减少，也相应地缩短了开发的整个周期，对于程序员来说是极好的。第二，Python 拥有大量的标准库和第三方库，这使得开发变得方便，通过调用已经编写好的库，可以快速完成程序的相关功能，减少代码开发的工作量。第三，由于 Python 拥有优良特性，其在各行各业得到广泛使用，能够适应目前绝大多数应用场景的开发，编程人员通过学习成功的案例，保证代码开发和功能的实现，降低风险。

目前，从全球范围来看，Python 已经成为最受欢迎的程序设计语言之一。而在我国，中小学都将开设 Python 课程，高考也将把 Python 纳入其中，并且各大高校的理工科专业几乎都把 Python 列为专业必修课，其重要性不言而喻。随着互联网产业的发展，Python 语言编程人员的市场需求逐渐扩大，就业前景良好。

1.1 Python 简介

Python 的第一个公开发行版始于 1991 年，距今已有 30 年。Python 早于 HTTP 1.0 协议 5 年，早于 Java 语言 4 年，所以它并不是一门在近期诞生的新的编程语言，而是拥有着很长的发展历史，有无数人为 Python 的强大做着贡献。

1.1.1 Python 的前世今生

Python 由荷兰人 Guido Van Rossum（吉多·范罗苏姆）于 1989 年圣诞节期间发明，于 1991 年发行第一个公开发行版，该版本使用 C 语言实现，Python 的很多语法来自 C 语言，但受 ABC 语言影响深刻。

1989 年的圣诞节期间，在阿姆斯特丹休假的吉多为了打发无聊的假期，决定开发一个新的脚本解释程序，并根据当时他最喜欢的 BBC 电视剧《蒙提·派森的飞行马戏团》（*Monty Python's Flying Circus*）将这门语言命名为 Python。Python 本意为"蟒蛇"，因此 Python 语言的图标被设计成两条蟒蛇相互纠缠的样子。

吉多将 Python 语言作为 ABC 语言的一种继承，当时吉多参加设计 ABC 这种数学语言，他认为，ABC 语言是非常优美和强大的，是专门为非专业程序员设计的。后来 ABC 语言并没有取得成功，吉多认为是由于 ABC 语言过于封闭，没有进行开放造成的。吉多决心避免这一错误，在 Python 语言问世的时候，他在互联网上公开了源代码，并获得非常好的效果；因为源代码的公开，让世界上更多热爱编程、喜欢 Python 的程序员，不断对 Python 进行功能完善。现在 Python 由一个核心开发团队维护，吉多仍然至关重要，指导 Python 的进展。

在全世界程序员不断的改进和完善下，Python 现今已经成为最受欢迎的程序设计语言之一。自 2004 年开始，Python 的使用率呈线性增长。Python 是 TIOBE 的 2020 年度编程语言。2021 年 1 月调查显示，Python 语言在开发语言中排名第 3，仅次于 Java 和 C。

2018 年 3 月，吉多宣布 Python 2.7 将于 2020 年 1 月 1 日终止支持。用户如果想要在这个日期之后继续得到与 Python 2.7 有关的支持，则需要付费给商业供应商。这表明 Python 由 Python 2 迈入 Python 3 时代，也是因为这个原因，本书将紧随技术发展的潮流，使用 Python 3.6.5。

1.1.2 Python 的应用场合

Python 可以应用于人工智能、云计算、大数据分析、机器学习、网络服务、爬虫、科学计算等众多领域。目前互联网行业内几乎所有大中型企业都在使用 Python；例如，国内的阿里巴巴、百度和腾讯等，国外的 Amazon、Google、Facebook 和 YouTube 等。

Python 目前的主要应用领域如下。

（1）应用开发：Web 框架、图形界面开发。

（2）人工智能：无人驾驶、AlphaGo（阿尔法狗）围棋。

（3）云计算：OpenStack 开源云平台、云计算平台自动化。

（4）大数据：数据可视化、数据分析、大数据挖掘。

（5）网络爬虫：selenium、scrapy、requests 等。

（6）系统运维：自动化运维、网络运维。

Python 在一些公司的应用如下。

（1）Google：Google Earth、Google 广告等项目都在大量使用 Python 进行开发。

（2）CIA：美国中央情报局网站是用 Python 开发的。

（3）NASA：美国国家航空航天局大量使用 Python 进行数据分析和运算。

（4）YouTube：世界上最大的视频网站 YouTube 是用 Python 开发的。

（5）Facebook：Facebook 的大量基础库均通过 Python 实现。

（6）Redhat：世界上最流行的 Linux 发行版本中的 yum 包管理工具是用 Python 开发的。

（7）高德地图：高德地图服务端部分是使用 Python 开发的。

（8）腾讯：腾讯游戏无人值守运维平台引擎大量使用 Python 开发。

（9）豆瓣：该公司几乎所有的业务均是通过 Python 开发的。

（10）知乎：国内最大的问答社区知乎是使用 Python 开发的。

除此之外，搜狐、金山、盛大、网易、百度、阿里巴巴、淘宝、土豆、新浪、果壳等公司也都在使用 Python 完成各种各样的任务。

1.1.3　Python 的特性

Python 是一门易读、易维护的语言，被广大编程人员所喜欢。它的适用性强，用途广泛，无论是初学者还是具备一定编程经验的程序员，都可以快速上手使用。在开始使用 Python 编写代码之前，先来了解一下 Python 具有的一些特性。

Python 简单易学。Python 是一门容易上手的编程语言，因为吉多的设计哲学就是要让 Python 程序具有良好的可阅读性，就像是在读英语一样，尽量让开发者能够专注于解决问题，而不是去搞明白语言本身。

Python 是面向对象的高层语言。Python 同时支持面向过程的编程和面向对象的编程，只是程序内容有所不同。在使用 Python 语言编写程序时，无须考虑 C 语言等需要考虑的内存回收等一类的底层细节问题。

Python 语言是免费且开源的，是 FLOSS（自由/开放源码软件）之一。免费并开源的 Python 让使用者毫无限制地阅读它的源代码、对软件源代码进行更改或者应用到新的开源软件中，从而得到更好的维护和发展。

Python 是解释性语言。Python 语言编写的程序不需要编译成二进制代码，是通过解释器直接解释源代码来运行的。

Python 程序编写需使用规范的代码风格。吉多设计 Python 时采用强制缩进的方式，使代码的可读性更高。另外，PEP8 代码编写规范也是 Python 的开发者非常乐于遵从的标准之一。

Python 是可扩展和可嵌入的。在 Python 程序中，想要一段关键代码运行加快或者某些算法不便公开时，可以选择使用 C 或 C++语言来编写关键部分，编译成二进制的库；然后在 Python 程序中调用该库即可。

Python 是可移植的。由于 Python 是开源和解释性语言，可以移植到大多数平台并流畅运行，这些平台包括 Linux、Windows、mac OS 和移动客户端的 Android 平台等。

Python 运行速度快。Python 程序运行速度比 Java 程序快，因为 Python 的底层是用 C 语言写的，很多标准库和第三方库也都是用 C 语言写的。当然，如果还想加快速度，可以使用 C 语言来写程序的关键部分。

Python 提供了丰富的库。Python 的标准库很庞大，可用来帮助用户处理各种工作，包括正则表达式、单元测试、线程、数据库、网页浏览器和其他与系统有关的操作。除了标准库，还有许多其他高质量的库来提供支持；例如，wxPython、Twisted 和 Python 图像库等。

1.1.4　Python 的版本

由于 Python 的发布，早于第一版 Unicode 标准（在 1991 年 10 月发布），在其后的几年中，陆续出现的各种编程语言几乎都支持 Unicode 编码，而 Python 2 不支持，这让 Python 2 处于尴尬的境地。虽然之后对 Python 2 进行了一定程度的更新，但收效不大。

为了解决类似问题，2008 年 10 月，Python 3.0 版本发布，该版本在 Python 2 的基础上进行了很大的改变，使得两者互不兼容。现存的大量 Python 2 的代码需要经过修改后才能在 Python 3 上运行，这个工作量也非常可观，于是大多数使用 Python 2 的应用选择维持现状。因此，目前是一个 Python 2 和 Python 3 共存的时代。

我们该如何选择 Python 的版本呢？由于 Python 3 相较于 Python 2 有大量的改进和提升，这就使得 Python 2 有了些许"鸡肋"之感。因此，我们跟随技术的发展潮流，选择 Python 3 作为学习对象。

Python 3 相较 Python 2 有以下改进。

（1）Python 3 中的文本使用 Unicode 字符集，支持 UTF-8 编码规则，可以很好地支持中文和其他非英文字符。Python 2 默认使用 ASCII 编码格式，因此在编写时，若要使用中文字符，Python 2 强制要求在代码第一行进行标注# -*- coding:utf8 -*-，解释器便会以 UTF-8 编码来处理 Python 文件。在使用 Python 3 编写程序文件时也推荐进行标注，使程序在解释执行时正确处理，防止乱码的发生。

在 Python 3 中，可以使用中文字符作为变量名称，代码如下。

```
>>> 身高 = 160
>>> print(身高)
160
```

若代码需要上传到开源社区分享，不推荐使用中文作为标识符。

（2）print()函数代替 print 语句。Python 3 中使用 print()函数作为输出函数，用于输出数据。

（3）面向对象更加完全。Python 3 中将 Python 2 中的各种数据类型升级为类（class），代码如下。

```
>>> int, float, str
(<class 'int'>, <class 'float'>, <class 'str'>)
```

（4）整数类型变化。① 删除长整型（long），只保留 int 一种整数类型。② 整数不再限制大小，删除 sys 模块的 maxint 常量。③ 修改八进制常量的表示前缀为"0o"，例如，0o11。

（5）比较运算符的改变。用"!="代替"<>"表示不等于，比较运算符无法比较两个数据的大小时，返回 TypeError 异常，判断数据类型不兼容的数据时，"=="\"!="的判断为不相等。

除以上列举的不同以外，还有其他的不同，这里不再一一列举，可以在学习或者使用过程中慢慢发现。

1.2　Python 开发环境

Python 的开发和运行环境是学习 Python 的基本工具，下面以 Python 3.6.5 为例，介绍 Python 3 在各主流操作系统上的安装过程，并配置开发环境，如需安装更高版本，本节可供参考。

1.2.1　在 Windows 系统中安装 Python 3

进入 Python 官方网站（https://www.python.org）下载安装包，单击导航栏中的 Downloads 按钮，选择"Windows 系统"命令，进入 Windows 版的下载页面（https://www.python.org/downloads/windows/），会看到适用于 Windows 的多个版本，每个版本又有多个下载选项，这里对选项进行说明。

❑　web-based installer：基于 Web 的安装文件，安装过程中需要一直连接网络。
❑　executable installer：可执行的安装文件，下载后直接双击开始安装。
❑　embeddable zip file：安装文件的 ZIP 格式压缩包，下载后需要解压缩之后再进行安装。

这里单击 Windows x86-64 executable installer，即下载 x86 架构的计算机的 Windows 64 位操作系统的可执行安装文件，如图 1.1 所示。

下载完成后，双击该文件，进行安装。

安装时，要根据 Windows 系统的实际情况进行选择或配置。为了更好地熟悉 Python 3 的环境，这里选择自定义安装。

如图 1.2 所示，安装时需要选中最下方的 Add Python 3.6 to PATH 复选框，即把 Python 3.6 的可执行文件、库文件等路径添加到环境变量，这样可以在 Windows Shell 环境下运行 Python。然后选择 Customize installation（自定义安装），进入下一步。

Optional Features（可选功能）窗口，主要包括以下选项。
❑　Documentation：安装 Python 文档文件。
❑　pip：下载和安装 Python 包的工具。
❑　td/tk and IDLE：安装 tkinter 和 IDLE 开发环境。
❑　Python test suite：Python 标准库测试套件。
❑　py launcher：Python 启动器。

❑ for all users (requires elevation)：所有用户使用。

图 1.1　下载页面

图 1.2　开始安装

　　单击 Next 按钮，进入下一步，如图 1.3 所示。

　　在 Advanced Options（高级选项）窗口选中 Install for all users 复选框（针对所有用户安装），就可以按自己的需求修改安装路径，如图 1.4 所示。这里将安装路径修改到 D:\Program Files\Python36 下，单击 Install 按钮开始安装，安装进度如图 1.5 所示。

　　安装完成后的界面，如图 1.6 所示。

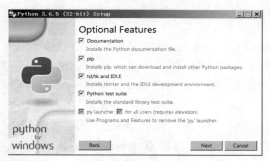

图 1.3　可选功能

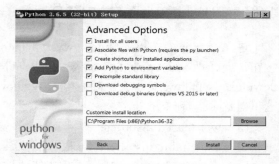

图 1.4　高级选项

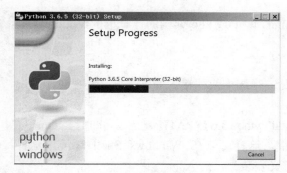

图 1.5　安装进度

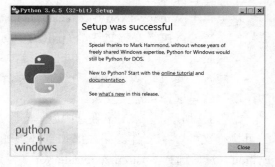

图 1.6　安装完成

　　下面使用命令提示符进行验证。打开 Windows 的命令行模式，输入 Python 或 python，屏幕输出如图 1.7 所示，则说明 Python 解释器成功运行，Python 安装完成，并且相关环境变量配置成功。

```
管理员: C:\Windows\system32\cmd.exe - python                              _ □ ×

C:\>python
Python 3.6.5 (v3.6.5:f59c0932b4, Mar 28 2018, 16:07:46) [MSC v.1900 32 bit (Intel)] on win32
Type "help", "copyright", "credits" or "license" for more information.
>>>
```

图 1.7　验证安装

1.2.2　在 Linux 系统中安装 Python 3

Linux 系统中自带 Python 2.7，建议不要进行改动，因为系统中有依赖目前的 Python 2 的程序。

由于安装时会使用 gcc 对 Python 3 进行编译，这里需要先安装 gcc，在命令行中输入命令，命令如下。

```
[root@python Desktop]# yum install gcc -y
```

再使用 wget 命令到 Python 官网下载 Python 3.6.5 的源码安装包，命令如下。

```
[root@python Desktop]# wget https://www.python.org/ftp/python/3.6.5/Python- 3.6.5.tar.xz
```

下载完成后使用 tar 命令对压缩包解压，命令如下。

```
[root@python Desktop]# tar -xzvf Python-3.6.5.tar.xz
```

在当前目录下生成目录 python-3.6.5，使用 cd 命令切换到该目录下，编译安装，命令如下。

```
[root@python Desktop]# cd python-3.6.5
[root@python python-3.6.5]# ./configure
[root@python python-3.6.5]# make && make install
```

编译安装完成后，在命令行使用 python3 命令运行 Python 3 的解释器，验证安装，如图 1.8 所示。

```
[root@python /]# python3
Python 3.6.5 (default, May 23 2018, 21:48:41)
[GCC 4.8.5 20150623 (Red Hat 4.8.5-28)] on linux
Type "help", "copyright", "credits" or "license" for more information.
>>> █
```

图 1.8　验证安装

1.2.3　在 mac OS 系统中安装 Python 3

mac OS 系统中自带的是 Python 2.x，如果需要 Python 3.x，则需要手动安装。使用 python-V 命令可以在终端查看自己的 Python 版本，如图 1.9 所示。

在 Python 官方的下载页面（https://www.python.org/downloads/mac-osx/）下载 mac OS 版本的 Python 3.6.5，如图 1.10 所示。

```
● ● ●  apple2 — -bash — 40×24

heideMac:~ apple2$ python -V
Python 2.7.10
heideMac:~ apple2$ █
```

```
ⓘ 🔒 Python Software Foundation (US)  https://www.python.org/downloads/mac-osx/
        ▸ Download macOS 64-bit/32-bit installer
    ● Python 3.6.5 - 2018-03-28
        ▸ Download macOS 64-bit installer
        ▸ Download macOS 64-bit/32-bit installer
```

图 1.9　查看 Python 版本　　　　　　　　　　　　图 1.10　下载页面

下载完成后，双击安装文件，按提示进行安装。安装过程较简单，安装完成后，在 Launchpad 中多了两个 App 图示，如图 1.11 所示。

单击 IDLE 进入 Python 解释器的 Shell，验证安装，如图 1.12 所示。

图 1.11　新添加的 App 图标

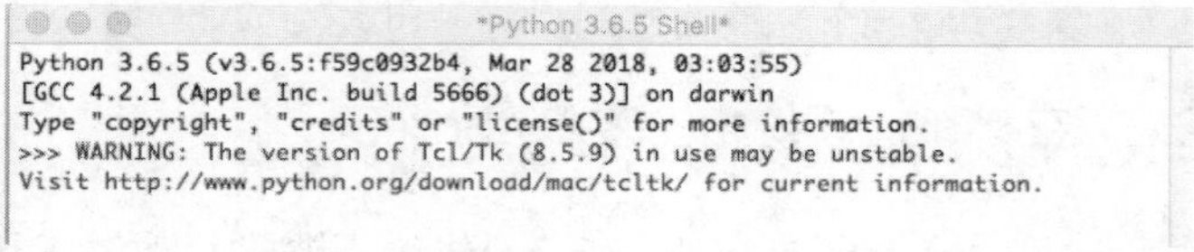

图 1.12　验证安装

1.3　第一个程序——Hello World!

Python 3.6.5 安装完成后，其自有的集成开发和学习环境（Python's integrated development and learning environment，IDLE）也一并安装，如非特别说明，本书的代码均以 IDLE 作为开发环境，后续章节中安装、配置和使用其他集成开发环境仅作为示例，以供参考。

1.3.1　代码示例

这里，将编写并执行第一个 Python 程序——Hello World!。在 Windows 中，可以使用三种方法调用 Python 解释器来编写和执行 Python 程序。

第一种方法，在命令行模式下，进入 Python 解释器编写代码，该方法可以简单快速地开始编程。

在 Windows 7 或 Windows 10 操作系统中，按快捷键 Win+R，弹出"运行"对话框，输入 cmd 并单击"确定"按钮，在打开的窗口中输入 Python 进入 Python 命令行，在提示符"＞＞＞"之后输入程序代码。这里输入第一个 Python 程序的代码，代码如下。

```
>>> print("Hello World!")
```

完成输入后按 Enter 键，执行结果显示在该代码下一行，如图 1.13 所示。

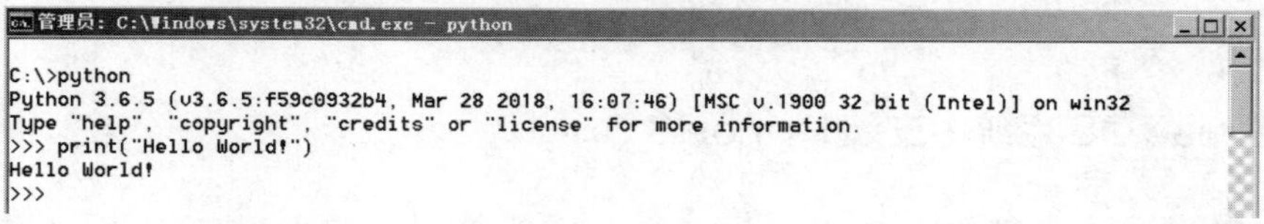

图 1.13　输出 Hello World!

第二种方法，单击 Windows 的"开始"菜单，从程序组中找到 Python 3.6 下的 IDLE (Python 3.6 32-bit) 快捷方式，如图 1.14 所示。

单击快捷方式进入 Python IDLE Shell 窗口，在提示符"＞＞＞"之后输入第一个 Python 程序的代码，代码如下。

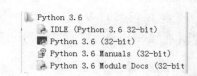

图 1.14　启动 IDLE Shell 的快捷方式

```
>>> print("Hello World!")
```

完成输入后按 Enter 键执行，如图 1.15 所示。

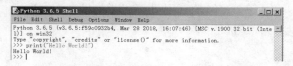

图 1.15 IDLE Shell 输出 Hello World！

第三种方法，参照第二种方法打开 IDLE 时，系统默认打开的是 IDLE Shell 窗口，修改 IDLE 启动时的默认设置，使其直接打开 IDLE 的编辑器窗口（Editor Window）：选择菜单中的 Options→Configure IDLE 命令，打开 Settings 对话框，选择 General 选项卡，在 Window Preferences 的 At Startup 中选中 Open Edit Window 单选按钮，单击 Ok 按钮确认，如图 1.16 和图 1.17 所示。

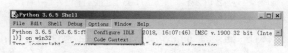

图 1.16 IDLE Shell 窗口 Options 菜单

图 1.17 Settings 对话框

关闭 Shell 窗口后，再次启动 IDLE，此时可直接进入编辑器窗口。将代码复制到该窗口，按 Ctrl+S 快捷键，将其保存为 HelloWorld.py，选择菜单中的 Run→Run Module 命令，IDLE Shell 窗口被弹出并显示执行结果，如图 1.18 所示。

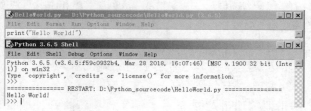

图 1.18 HelloWorld.py 执行结果

至此，第一个 Python 程序就编写完成并成功执行了，读者可以选择自己喜欢的方法进行 Python 语言的学习和开发。

1.3.2 代码解析

这里，对第一个程序做一个简单的分析。

（1）print()：Python 的内置函数，作用是输出括号中的内容。

（2）"Hello World！"：字符串类型的数据，作为参数传递给 print()函数。

1.3.3 注释

在 Python 代码中加入必要的注释，可使其具有较好的可读性。注释分为两种：单行注释和多行注释。

（1）单行注释：使用 "#"，其后（右边）的内容将不会被执行；例如，代码如下。

```
# 单行注释的内容
```

单行注释一般放在一行程序代码之后，或者独自成行。

（2）多行注释：使用三个连续的双引号（或者单引号）作为注释的开头和结尾，包含多行注释的内容；例如，代码如下。

```
"""
多行注释的内容
"""
```

一个标准的完整 Python 程序文件的头部，应有相关注释来记录编写者姓名、实现的功能和编写日期（修改日期）等重要信息。

1.3.4　IDLE 简介与代码调试

为了更好地使用 IDLE 进行 Python 程序编写，这里介绍一下 IDLE 的使用方法。

IDLE 作为 Python 的默认开发和学习工具，具有以下特点。

（1）IDLE 是完全使用 Python 编写的应用程序，使用了 Tkinter 的用户界面工具集（GUI toolkit）。

（2）跨平台，在 Windows、UNIX 和 mac OS X 上具有相同的效果。

（3）交互式的解释器，对代码的输入、运行结果的输出和错误信息均有友好的颜色提示，并且用户可自定义显示的颜色方案。

（4）支持多窗口的代码编辑器，也支持多重撤销、Python 语法颜色区分、智能缩进、调用提示和自动补全等。

（5）支持任意窗口内的搜索、编辑器窗口中的替换，以及多文件中的查找。

（6）具有断点、步进及全局和本地命名空间的调试器。

IDLE 有两个类型的窗口，一个是编辑器窗口（Editor window），另一个是 Shell 窗口（Shell window），编辑器窗口可对 Python 的源文件进行打开、编辑和保存等操作，Shell 窗口则显示的是编辑器窗口中 .py 文件运行后的输出信息，如图 1.19 和图 1.20 所示。

图 1.19　IDLE 编辑器窗口

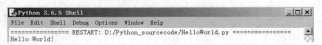

图 1.20　IDLE Shell 窗口

可同时打开多个编辑器窗口，便于多个文件的编辑和运行调试，如图 1.21 所示。

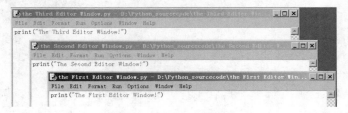

图 1.21　多个编辑器窗口

文件运行后的输出信息都显示在 Shell 窗口中，如图 1.22 所示。

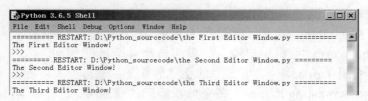

图 1.22　输出信息

用户还可以使用 Shell 窗口编写简单的 Python 语句，直接与解释器进行交互，按 Enter 键后运行并显示输出结果，例如 1.3.1 节的示例"Hello World！"。

编辑器窗口和 Shell 窗口的菜单项，根据自身所具有的功能，有些许不同，如图 1.19 和图 1.20 所示。下面对一级和二级菜单做一下简要说明（如非特别标注，该菜单项二者都有）。

（1）File：文件菜单，如图 1.23 所示。图中左边一列是菜单项名称，右边一列是该项的快捷键，之后的菜单截图与此相同。

图 1.23　File（文件）菜单

❑ New File：打开一个新的编辑器窗口。

❑ Open…：打开一个已存在的文件。

❑ Open Module…：打开已存在的模块。

❑ Recent Files：最近打开的文件。

❑ Module Browser：在当前编辑器窗口中，以树形结构显示函数、类和方法。

❑ Path Browser：以树形结构显示 sys.path 的目录、模块、函数、类和方法。

❑ Save：保存当前窗口的内容。

❑ Save As…：将当前窗口的内容另存为文件。

❑ Save Copy As…：将当前窗口的内容保存为一个副本。

❑ Print Window：打印当前窗口的内容。

❑ Close：关闭当前窗口。

❑ Exit：关闭所有窗口并退出 IDLE。

（2）Edit：编辑菜单，如图 1.24 所示。

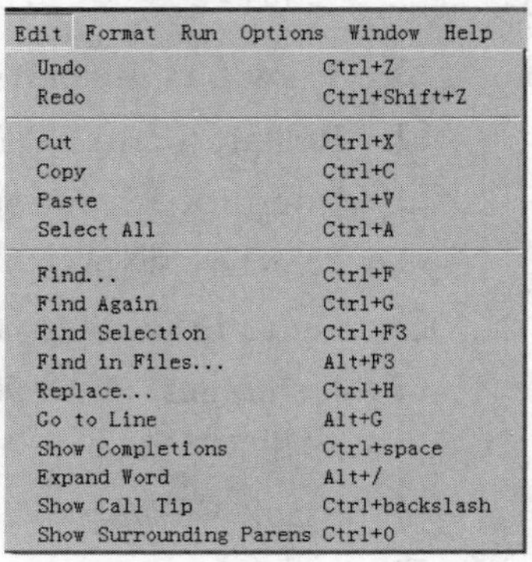

❑ Undo：撤销上一步操作。

❑ Redo：重复上一步操作。

❑ Cut：剪切。

❑ Copy：复制。

❑ Paste：粘贴。

❑ Select All：全选。

❑ Find…：查找。

❑ Find Again：重复上一次的查找。

❑ Find Selection：查找选定的内容。

❑ Find in Files…：在文件中查找。

图 1.24　Edit（编辑）菜单

❑ Replace…：替换。
❑ Go to Line：跳转到指定行。
❑ Show Completions：显示自动补全列表。
❑ Expand Word：根据用户输入的前缀自动补全匹配的词。
❑ Show Call Tip：显示调用方法的格式。
❑ Show Surrounding Parens：高亮显示匹配的圆括号。
（3）Format：格式菜单，仅编辑器窗口有，如图 1.25 所示。
❑ Indent Region：增加缩进（默认为 4 个空格）。
❑ Dedent Region：减少缩进（默认为 4 个空格）。
❑ Comment Out Region：添加注释（插入两个井号，即##）。
❑ Uncomment Region：取消注释。
❑ Tabify Region：将前置的空格转换为 tab。
❑ Untabify Region：将所有 tab 转换为对应数量的空格。

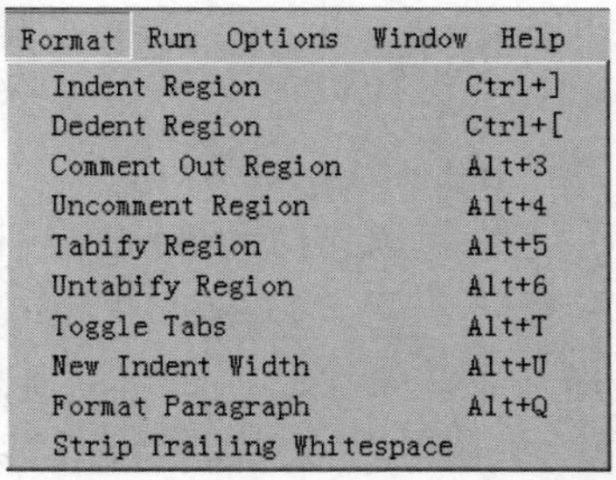

Format	Run Options	Window	Help
Indent Region			Ctrl+]
Dedent Region			Ctrl+[
Comment Out Region			Alt+3
Uncomment Region			Alt+4
Tabify Region			Alt+5
Untabify Region			Alt+6
Toggle Tabs			Alt+T
New Indent Width			Alt+U
Format Paragraph			Alt+Q
Strip Trailing Whitespace			

图 1.25　Format（格式）菜单

❑ Toggle Tabs：转换用于缩进的空格和 tab。
❑ New Indent Width：定义缩进宽度。
❑ Format Paragraph：格式化段落，将每行字符数限制为默认值 72 个。
❑ Strip Trailing Whitespace：移除单行末尾的多余空格字符。
（4）Run：运行菜单，仅编辑器窗口有，如图 1.26 所示。
❑ Python Shell：打开 Shell 窗口。
❑ Check Module：对当前窗口内容进行语法检查。
❑ Run Module：进行语法检查，并运行当前窗口内容。
（5）Shell：Shell 菜单，仅 Shell 窗口有，如图 1.27 所示。

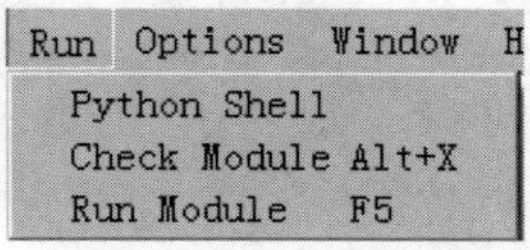

Run	Options	Window	H
Python Shell			
Check Module	Alt+X		
Run Module	F5		

图 1.26　Run（运行）菜单

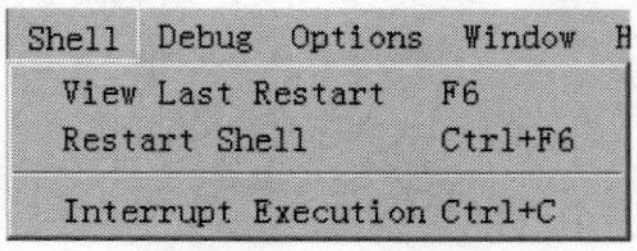

Shell	Debug Options	Window	H
View Last Restart		F6	
Restart Shell		Ctrl+F6	
Interrupt Execution		Ctrl+C	

图 1.27　Shell 菜单

❑ View Last Restart：显示最近一次的输出。
❑ Restart Shell：重启 Shell，清理运行环境。
❑ Interrupt Execution：停止正在运行的程序。
（6）Debug：调试菜单，仅 Shell 窗口有，如图 1.28 所示。
❑ Go to File/Line：跳转至文件或行。
❑ Debugger：打开或关闭调试器，当调试器打开时，Set Breakpoint（设置断点）将出现在编辑器的鼠标右键上下文菜单中。
❑ Stack Viewer：堆栈查看器。
❑ Auto-open Stack Viewer：自动打开堆栈查看器。

（7）Options：选项菜单，如图 1.29 所示。

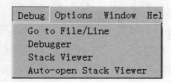
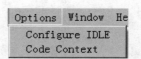

图 1.28　Debug（调试）菜单　　　　　图 1.29　Options（选项）菜单

☐　Configure IDLE：配置 IDLE，选择该菜单项后打开 IDLE 设置对话框。

☐　Code Context：在编辑器窗口顶部打开窗格，仅编辑器窗口。

（8）Window：窗口菜单，如图 1.30 所示。

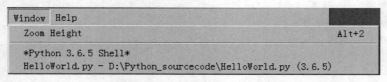

图 1.30　Window（窗口）菜单

☐　Zoom Height：拉伸窗口高度，以显示更多行。

☐　其他选项：当前打开的其他 IDLE 窗口，选择后可转至前台。

（9）Help：帮助菜单，如图 1.31 所示。

☐　About IDLE：关于 IDLE，显示版本和版权等信息。

☐　IDLE Help：显示帮助文件等提示。

☐　Python Docs：访问本地 Python 文档，或访问在线文档。

☐　Turtle Demo：运行 turtledemo 示例。

此外，还有 Context（右键）菜单，即鼠标右键上下文菜单，具有标准的剪贴板和编辑菜单功能，根据当前窗口（Editor 或 Shell）不同，此菜单功能会有所不同，如图 1.32 所示，左边是编辑器窗口上下文菜单，右边为 Shell 窗口上下文菜单。

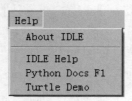
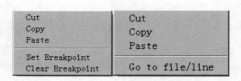

图 1.31　Help（帮助）菜单　　　　　图 1.32　Context（右键）菜单

☐　Cut：剪切。

☐　Copy：复制。

☐　Paste：粘贴。

☐　Set Breakpoint：设置断点。

☐　Clear Breakpoint：清理断点。

☐　Go to file/line：跳转至文件或行。

Python IDLE 的调试器是 IDLE 的一项功能，在每一次执行程序时，调试器将运行一行代码，再由程序员告诉它继续运行下一行代码，如此，让程序运行在调试器之下，编程人员可以逐行对代码进行检查，没有时间的限制，通过调试器可以在程序运行的任意时刻检查变量的值，发现和解决代码中的问题。对于发现代码缺陷，调试器是很好用的工具。

在 Shell 窗口中，选择 Debug 菜单下的 Debugger 命令，可打开 Debug Control 窗口进行调试控制，如图 1.33 所示。打开后，Shell 窗口会显示 DEBUG ON 模式，按 F5 键运行则可在如图 1.34 所示调试窗口不同的功能区显示程序代码对应的特征。

| 图 1.33 Debug Control 窗口 | 图 1.34 DEBUG ON 模式 |

选中 Stack、Locals、Source 和 Globals 复选框，即可显示全部的调试信息。

调试窗口显示时，通过文件编辑器运行程序，调试器将在第一条指令前暂停代码的执行，并显示如下信息。

❏ Stack：将要执行的代码行。

❏ Source：在文件编辑器深色底纹显示将要执行的代码行。

❏ Locals：所有局部变量及其值的列表。

❏ Globals：所有全局变量及其值的列表。

如图 1.35 所示，可以看到一些代码执行时的信息，在全局变量列表中会有 Python 自动设置的变量；例如，__builtins__、__doc__、__file__等，这些将在之后介绍。这时候代码依旧是被暂停的状态，可以单击调试控制窗口中的 Go、Step、Over、Out 或 Quit 按钮进行操作。

图 1.35 运行代码的调试器窗口

❏ Go：单击 Go 按钮可使程序正常执行至终止，或到达一个"断点"。如果完成调试，希望程序正常继续，则单击 Go 按钮。

❑ Step：单击 Step 按钮可使调试器执行下一行代码，然后再次暂停。如果变量的值发生了变化，调试控制窗口的全局变量和局部变量列表就会更新。如果下一行代码是一个函数调用，调试器就会"步入"该函数，跳到该函数的第一行代码。

❑ Over：单击 Over 按钮将执行下一行代码，与 Step 按钮类似。但是，如果下一行代码是函数调用，Over 按钮将"跨过"该函数的代码。该函数的代码将以全速执行，调试器将在该函数返回后暂停。例如，如果下一行代码是 print()调用，你实际上不关心内建 print()函数中的代码，只希望传递给它的字符串打印在屏幕上，则使用 Over 按钮比使用 Step 按钮更合适。

❑ Out：单击 Out 按钮可使调试器全速执行代码行，直到从当前函数返回。如果单击 Step 按钮进入了一个函数，现在想继续执行指令，直到该函数返回，则单击 Out 按钮，"跳出"当前的函数调用。

❑ Quit：如果希望完全停止调试，不继续执行剩下的程序，则单击 Quit 按钮，将马上终止该程序。如果希望再次正常运行程序，就再次选择 Debug→Debugger，禁用调试器。

下面调试一个简单的节日贺卡程序。

打开 Python 的文件编辑器窗口，输入代码，代码如下。

```
holiday = input("请输入节日：")
To_name = input("请输入收件人：")
For_name = input("请输入送件人：")
print("-*--*--*--*--*--*--*--*-")
print("                节日祝福                ")
print(To_name)
print()
print("          祝你"+holiday+"快乐！")
print()
print("                          "+For_name)
print("-*--*--*--*--*--*--*--*-")
```

将代码保存为自定义的名称，不启用调试器，运行后如图 1.36 所示。

当打开调试器后再逐行运行代码，运行完第一行后，如图 1.37 所示。

图 1.36　运行结果

图 1.37　运行完第一行后的调试器窗口

在变量列表中，获取到了第一个变量的内容：hoilday '圣诞节'。这是一行一行代码的执行情况，当只需在某行代码停下时，可以设置断点。断点可以设置在特定的代码行上，当程序执行到该行时，迫使调试器暂停。设置断点命令如图 1.38 所示。设置完成后，断点行会以黄色高亮显示。

```
holiday = input("请输入节日：")
To_name = input("请输入收件人：")
For_name = input("请输入送件人：")
print("-*-*-*-*-*-*-*-*-*-*-*-*-*")
print("           福
print(To_name)
print("        祝你"+holiday+"快乐！")
print("
print("                 "+For_name)
print("-*-*-*-*-*-*-*-*-*-*-*-*-*")
```

图 1.38　设置断点

如果在调试器下运行该程序，开始后它会暂停在第一行，但如果单击 Go 按钮，程序将全速运行，直到设置了断点的代码行。然后可以单击 Go、Over、Step 或 Out 按钮，正常继续。如果希望清除断点，则在文件编辑器中该行代码上右击，并从菜单中选择 Clear Breakpoint 命令。黄色高亮显示消失，以后调试器将不会在该行代码上中断。

这样就完成了 IDLE 的调试，是不是很简单？那就开始书写和调试自己的代码吧！

本书后续章节的示例中，代码行前有提示符 ">>>" 的，均可在 Python IDLE Shell 窗口中直接运行。

1.3.5　输入/输出函数

1. input()函数

input()函数是 Python 语言中值的最基本输入方法，通过用户输入，接收一个标准输入数据，默认为 string 类型，基本语法如下。

```
object = input('提示信息')
```

object 是需要接收用户输入的对象，"提示信息"的内容在函数执行时会显示在屏幕上，用于提示用户输入。提示信息可以为空，即括号内无内容，函数执行时将没有提示信息。

input()函数的数据输入时默认为字符串类型，可以使用数据类型转换函数进行转换；例如，代码如下。

```
>>> age = input("请输入年龄:")          # 定义变量
请输入年龄:18                           # 执行，输入数值
>>> print(type(age))                   # 查看变量类型
<class 'str'>                          # 返回结果
>>> age = int(input("请输入年龄:"))      # 重置变量，嵌套整型转换
请输入年龄:18                           # 执行，输入数值
>>> print(type(age))                   # 查看变量类型
<class 'int'>                          # 返回结果
```

2. eval()函数

eval()函数可返回字符串的内容，即相当于删除字符串的引号。eval()函数很强大，将字符串 str 当成有效的表达式来求值并返回计算结果。基本语法如下：

```
eval(表达式)
```

eval()函数的表达式一定是字符串，通常可以将一个为字符串的表达式转换为表达式，并进行运算；例如，代码如下。

```
>>> print(eval("1+1"))
2
```

或者

```
>>> a = input("请输入数字")
请输入数字 2
>>> type(a)
<class 'str'>
>>> type(eval(a))
<class 'int'>
>>> 1+eval(a)
3
```

3. print()函数

print()函数用于将数据输出到控制台，可以输出任何类型的数据，基本语法如下。

```
print(*objects, sep=' ', end='\n', file=sys.stdout)
```

括号中参数的含义如下。

❑　objects：要输出的对象。输出多个对象时，对象之间需要用分隔符","分隔。
❑　sep：用于设定分隔符，默认使用空格作为分隔符。
❑　end：用于设置输出的结尾，默认值为换行符"\n"。
❑　file：表示数据输出的文件对象。

当省略所有参数后，即括号中为空时，print()函数处于无参数的状态，将输出一个空行；例如，代码如下。

```
>>> print()
```

当需要输出一个或多个数据时，print()可同时输出一个或多个数据；例如，代码如下。

```
>>> a = "abc"
>>> print(a)
abc
>>> b = 123
>>> c = "red"
>>> print(a, b, c)
abc   123   red
```

若需要指定输出分隔符，可以使用 sep 参数；例如，代码如下。

```
>>> print(a, b, c, sep='*')
abc*123*red
```

若需要指定输出结尾符号，可以使用 end 参数；例如，代码如下。

```
>>> print(a, b, c);print(a, b, c)
abc 123 red
abc 123 red
>>> print(a, b, c, end="++");print(a, b, c)
abc 123 red++abc 123 red
```

print()函数默认的结尾符号为换行符，在输出所有数据后会换行，后续的 print()函数在新行中继续输出。

若需要将内容输出到文件，可以使用 file 参数指定；例如，代码如下。

```
>>> file1=open(r'd:\file1.txt','w')        # 打开文件
>>> print(a, b, c, file=file1)              # 用 file 参数指定输出到文件
>>> file1.close()                           # 关闭文件
```

上述代码在 D 盘创建了一个 file1.txt 文件，print()函数根据参数将内容输出到指定的 file1.txt，找到该文件，使用记事本打开后如图 1.39 所示。

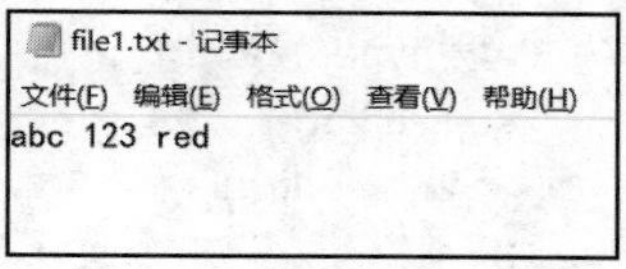

图 1.39　file1 文件内容

1.4　实验

除了 IDLE，还有很多 Python 集成开发工具，一般都具有友好的使用界面，以及语法高亮、代码跳转、智能提示和自动完成等功能；例如，VS Code、Eclipse（with PyDev）和PyCharm 等。

本节将介绍一些好用的 Python 集成开发工具，并安装和使用一个广受好评的 Python集成开发工具——PyCharm，然后使用比较简单的代码，编写一个绘制桃心的小程序，演示 PyCharm 的使用方法；为读者选择适合的 Python 开发工具提供参考。

1.4.1　好用的集成开发工具

"工欲善其事，必先利其器。"初学者在学习 Python 时，往往会因为没有好用的软件工具而走了很多弯路。一些好用的软件工具可以极大地提高开发效率，那么学习 Python 需要安装什么软件呢？本节将介绍几款好用的 Python 集成开发工具。

1. PyCharm

PyCharm 是程序员常常使用的开发工具，其简单、易用，并且能够设置不同的主题模式，用户可根据自己的喜好来设置代码风格；内置编码规范提示，可以很好地让初学者学习规范编程；当然也有相关的编程方面的提示，通过相关联想，让初学者不必为记不清名字而痛苦。

2. Anaconda

Anaconda 可以帮助用户安装好 Python 环境、pip 包管理工具、常用的库，配置好环境路径等，编程界面也比较好理解和使用，可以让初学者更快捷地拥有编程环境。如果想用Python 研究大数据和科学计算，Anaconda 是不二之选。

3. IPython

IPython 是交互式编程集成开发工具，IPython 相对于 Python 自带的 Shell，要好用得多，并且支持代码缩进、Tab 键补全代码等功能。如果进行交互式编程，IPython 是不可缺少的工具。

1.4.2　PyCharm 的安装

　　PyCharm 是 JetBrains 推出的一款 Python 的集成开发环境（IDE），具备一般 IDE 的常用功能，例如，调试、语法高亮显示、项目管理、代码跳转、智能提示、自动完成和版本控制等。另外，PyCharm 还提供了一些用于 Django（一种基于 Python 的 Web 应用框架）开发的功能，同时支持 Google App Engine 和 IronPython。

　　PyCharm 有两个重要版本：社区版和专业版。社区版是免费提供给使用者学习 Python 的版本，其功能可以满足读者目前的学习需求，官方下载地址：http://www.jetbrains.com/pycharm/download/。如果对功能有更高要求，可以购买专业版，或者使用教育机构的邮箱（edu.cn 域名的邮箱）在 JetBrains 官网注册并认证，获得可以免费使用更多功能的教育版。本节推荐使用 PyCharm 的社区版，安装和配置过程如下。

　　（1）在官方网站下载最新版本的 PyCharm 社区版，如图 1.40 所示。

　　下载页面提供了适用于 Windows、macOS 和 Linux 等操作系统的各版本 PyCharm，其中 Professional（专业版）可供试用，Community（社区版）是轻量级的免费版，这里单击 Community 下的 DOWNLOAD 按钮下载该版本。

　　（2）下载完成后双击进入安装向导，如图 1.41 所示。

图 1.40　PyCharm 下载 　　　　　　　　　　　图 1.41　开始安装

　　（3）单击 Next 按钮进入下一步，指定安装的位置。默认的安装目录是 C 盘的相应目录，这里改成了 D 盘，如图 1.42 所示。

　　（4）单击 Next 按钮，选择 Installation Options（安装选项），如图 1.43 所示。

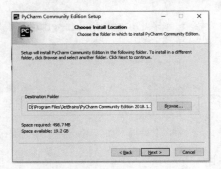
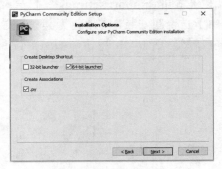

图 1.42　选择安装位置 　　　　　　　　　　　图 1.43　安装选项

❑ Create Desktop Shortcut：创建桌面快捷方式。

❑ 32-bit launcher：32 位启动器，适用于 32 位操作系统。

❑ 64-bit launcher：64 位启动器，适用于 64 位操作系统。

❑ Create Associations：创建文件关联，使得
PyCharm 与 Python 代码源文件，即文件名
后缀为.py 的文件相关联；当在资源管理器
中双击.py 文件时，PyCharm 将自动启动，
并打开该文件。

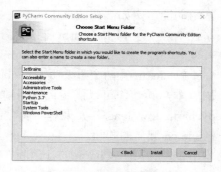

图 1.44　选择开始菜单目录

（5）单击 Next 按钮，进入 Choose Start Menu Folder
（选择开始菜单目录）界面，这里使用默认值，如图 1.44
所示。

（6）单击 Install 按钮开始安装，安装进度如图 1.45
所示。

（7）选中 Run PyCharm Community Edition（运行
PyCharm）复选框，然后单击 Finish 按钮完成安装，如图 1.46 所示。

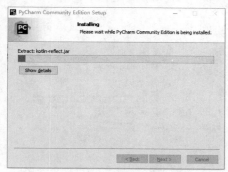

图 1.45　安装进度

图 1.46　安装完成

（8）单击 Finish 按钮后，PyCharm 开始运行，首次运行时需要进行简单配置，界面上
的选项如下。Import PyCharm settings from（导入已存在的 PyCharm 设置）：

❑ Custom location, Config folder or installation home of the previous version：自定
义位置，配置文件的目录或上一版本的安装目录。

❑ Do not import settings：不导入任何设置。

由于是全新安装，本地暂无其他可导入的配置，这里选中 Do not import settings 单选按
钮即可，然后单击 OK 按钮，如图 1.47 所示。

图 1.47　首次配置

（9）阅读用户使用协议，将对话框右侧的滚动条拖动到底部，Accept 按钮上的字样从灰色变为黑色，单击该按钮同意协议，如图 1.48 所示。

（10）同意用户协议之后，出现 Data Sharing（数据共享）的提示，如图 1.49 所示，意为是否愿意发送使用数据和统计信息，帮助 JetBrains 持续改进 PyCharm。下方两个按钮的含义分别如下所示。

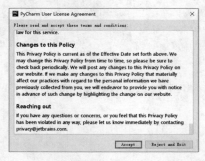

图 1.48　用户许可协议　　　　　　　　图 1.49　数据共享

❑　Send Usage Statistics：发送使用过程中的统计数据。
❑　Don't Send：不发送。

这里单击 Send Usage Statistics，为 PyCharm 的改进做一点小小的贡献。

（11）进入 PyCharm 启动界面，如图 1.50 所示。

（12）完成启动加载后进入 PyCharm 欢迎界面。至此，完成 PyCharm 的首次安装和相关配置，如图 1.51 所示。

图 1.50　启动界面　　　　　　　　图 1.51　欢迎界面

1.4.3　示例：绘制桃心

打开 PyCharm，开始程序编写示例。

（1）新建一个项目。单击 Create New Project，创建新的 Python 项目，项目名称为 Python，代码存放位置为 D 盘的 python 文件夹，如图 1.52 所示。

（2）单击 Create 按钮完成项目创建，进入控制台界面。创建 Python 的源文件 demo01_04_01.py，右击窗口左侧 Project 下的 python，选择 New→Python File 命令，如图 1.53 所示。

图 1.52　新建项目

图 1.53　新建文件

（3）在弹出的 New Python file 对话框的 Name 文本框中输入文件名 demo01_04_01，如图 1.54 所示。

（4）单击 OK 按钮，完成创建，PyCharm 自动打开该文件，如图 1.55 所示。

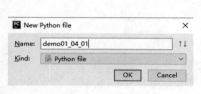

图 1.54　命名新文件

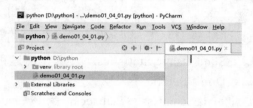

图 1.55　控制台界面

（5）在 PyCharm 中编写 Python 程序。在编写时，要注意添加注释，并注意程序内的空格等，如图 1.56 所示。

（6）单击该窗口右上角的绿色三角形按钮，或按 Shift+F10 快捷键运行程序，运行结果如图 1.57 所示。

```
1  # -*- coding = utf-8 -*-
2  #
3  # ==============================
4  # @Time : 2021/3/7 13:15
5  # @Author : xx
6  # @File :  demo01_04_01.py
7  # @Software : PyCharm
8  # ==============================
9  import turtle             # 导入turtle（海龟绘图）库
10 t = turtle.Pen()          # 设置t为turtle.Turtle()函数的别名
11 t.right(90)               # 向右旋转90度
12 t.pencolor("red")         # 设置画笔颜色为红色
13 t.penup()
14 t.speed(6)
15 t.forward(90)
16 t.pendown()
17 t.pensize(3)
18 t.right(130)
19 t.begin_fill()
20 t.forward(235)
21 # 设置填充时画笔颜色为红色，填充颜色为粉色
22 t.color("red", "pink")
23 t.right(180)
24 # 绘制半径为120，圆心角为200的圆弧，正负代表逆时针和顺时针绘制
25 t.circle(120, extent=-200)
26 t.left(120)
27 t.circle(120, extent=-200)
28 t.left(180)
29 t.forward(235)
30 t.end_fill()
31 turtle.done()
32
```

图 1.56　程序内容

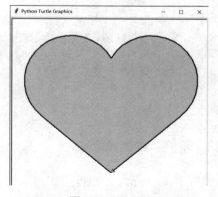

图 1.57　运行结果

关于 PyCharm 的更多使用方法，请参考附录 C "PyCharm 指南"。

1.4.4　示例简析

在代码的第 1 行，指定了本程序的编码格式为 UTF-8，第 2～8 行为程序的注释，简单

说明了编写程序的时间、编写者和使用的工具等，便于程序的后续修改和维护。

在注释之下，导入 turtle（海龟绘图）库，创建画笔对象，调用该对象的方法；例如，前进（forward）、右转（right）、抬笔（penup）和落笔（pendown）等。begin_fill 为开始颜色填充，end_fill 为结束颜色填充，完成绘制桃心，具体的实现原理见后续章节。可见，掌握一些简单的英文词汇，对于阅读和理解代码是非常有帮助的。

在部分代码行后面，使用了"#"添加注释，是为了便于读者阅读和理解。在实际项目中，需要按照代码编写规范为代码添加注释。

1.5　小结

本章简单介绍了 Python 的发展历程、特性和版本，Python 3.6.5 在主流操作系统中的安装方法，Python 自带的集成开发和学习环境（IDLE）的使用方法，以及另一种 Python 集成开发环境——PyCharm 的安装和使用方法。

当前，Python 语言已经与最热门的大数据、人工智能等技术紧密地联系在一起，成为世界上广受欢迎的编程语言之一。重要的是，Python 语言给人们带来简单、愉快的感受，在全球掀起了学习和使用的热潮，Python 学习者的年龄已经低至七八岁；帮助人们学习 Python 的积木式、游戏式的编程工具大量涌现；例如，mPython、Mind+等。可以非常乐观地认为，Python 语言一定能更加强大，更加完美。

1.6　习题

一、单项选择题

1．Python 语言特点众多，以下不属于其特点的是（　　）。
　　A．免费　　　　B．开源　　　　C．执行效率高　　D．面向对象
2．Python 的注释不包括（　　）。
　　A．#　　　　　B．//　　　　　C．"""　　　　　　　D．'''
3．print(1+2)的输出是（　　）。
　　A．1+2　　　　B．1　　　　　C．2　　　　　　　D．3
4．下列描述错误的是（　　）。
　　A．Python 是从 ABC 语言发展而来
　　B．Python 是一门高级计算机语言
　　C．Python 简单易学、可读性强
　　D．Python 拥有丰富的第三方库
5．Python 程序源文件的扩展名是（　　）。
　　A．.python　　B．.pyc　　　C．.pp　　　　　D．.py
6．Python 模块的三种组织方式不包括（　　）
　　A．库　　　　　B．模块　　　C．包　　　　　D．子包

二、简答题

1．简述 Python 语言的设计特点。

2．简述 Python 2 和 Python 3 的区别。

三、编程题

使用 turtle（海龟绘图）库绘制如图 1.58 所示图形。

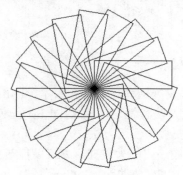

图 1.58　绘制图样

第 2 章

基本语法

Python 语言在编程语法上和其他语言（例如，Java、C 等）有很多相似的地方，不同之处也非常明显，一般来说，在完成相同功能的程序中，用 Python 编写的代码更加简洁、精练和易于阅读，体现出 Python 具有很好的"亲和力"。

本章就 Python 的代码格式、变量与数据类型、运算符等进行介绍。让我们从编码风格和处理数值类型开始，开启学习 Python 语言的旅程。

2.1 代码格式

良好的代码格式可以提升代码的可读性，Python 语言与其他语言的不同之处之一便是代码格式，代码格式也是 Python 语法的组成部分，不符合格式规范的代码，Python 解释器将无法正确地解释执行。为保证读者编写的代码符合代码规范，下面将根据 PEP 8 进行 Python 代码格式的讲解。

PEP 8 即 Python Enhancement Proposal #8，是 Python 增强提案（Python Enhancement Proposals）中的第 8 号，它是针对 Python 代码格式而编订的风格指南。本节将介绍 PEP 8 的部分内容，并强烈建议读者在编写 Python 程序源代码时遵循该指南；这样不仅可以使项目更利于多人协作，而且后续的维护工作也将变得更容易。

当使用某些内置了 PEP 8 检查工具的 Python IDE（例如，PyCharm）进行开发时，用户编写的代码将会被自动或手动按照 PEP 8 规范进行检查，不符合规范的代码将以波浪线或高亮显示等形式给出相关提示。

2.1.1 编码

前文提到 Python 2.x 中默认的编码格式是 ASCII，如果在代码中没有修改编码格式，当代码中有中文时就会报错，无法正确打印中文。因此，若要在 Python 2.x 代码中使用中文，则应该在文件开头加入 # -*- coding: utf-8 -*- 或者 # coding=utf-8。

Python 3.x 的源码文件默认编码格式为 UTF-8，如无特殊情况，文件一律使用 UTF-8 编码，无须特别指明。但是为了排除一些不确定因素的影响，推荐在 Python 3.x 代码的文件头部加上对编码格式的指定，以防止在使用到中文时，程序运行出现报错或者乱码的问题。

注意：如果使用编辑器，同时需要设置.py 文件存储的格式为 UTF-8，否则会出现错误信息。

2.1.2 注释

注释是代码中穿插的辅助性文字，用于对代码的含义或功能进行说明，提高代码的可读性，但注释相关的内容会在程序解释运行时被忽略。Python 程序中的注释分为两种：一种是以"#"号开始的单行注释，另一种是以三个单引号或双引号包起来的多行注释。

（1）单行注释。使用"#"号，其后（右边）的内容不会被执行；例如，代码如下。

```
# 单行注释的内容
```

单行注释一般放在一行程序代码之后，或者独自成行。为了确保注释的可读性，Python 官方建议在"#"后添加一个空格，再添加相应的注释内容；如果注释与代码同行，则需要在代码后至少添加两个空格再开始添加注释。

（2）多行注释。使用三个连续的双引号（或者单引号）将多行注释的内容括起来；例如，代码如下。

```
"""
多行注释的内容
"""

'''
多行注释的内容
'''
```

多行注释主要用于说明函数或类的功能，因此多行注释基本上用于说明文档。在编制代码文件时可以使用多行注释来进行调试，但为了防止实际解释执行时出现问题，一般要求 Python 程序代码使用单行注释。

在 Python 代码文件的开头，建议使用单行注释对该文件的相关信息做出说明，代码如下。

```
# -*- codeing = utf-8 -*-
#
# ========================
# @Time : 2021/1/27 13:12
# @Author : xx
# @File :   test1.py
# @IDE : PyCharm
# ========================
```

其中，第一行指定编码格式为 UTF-8；第二行为空行注释；第三行开始就是对这个代码文件的一些标识性说明，包括代码文件的创建时间、编制代码的程序员、文件的名称、编制代码文件所使用的 IDE 等，也可以根据实际需求添加其他内容。

2.1.3　缩进

Python 解释器默认从第一行有效代码开始，向下顺序执行各条语句，将代码块视为复合语句进行解释执行。不同于 C 或者 Java 等语句，Python 使用"缩进"，每一行代码前的空白区域用于确定代码之间的逻辑关系和层次关系，即使用缩进来确认代码块；连续多条具有同等缩进量的代码视为一个代码块；例如，if、for、while 等语句使用的代码块。

Python 代码的缩进使用 Tab 或者空格键，Python 3 推荐使用空格键作为缩进的控制键，一般 4 个空格为一级缩进，Python 3 不允许 Tab 键与空格键混合使用。

示例，代码如下。

```
if True:
    print("True!")
else:
    print("False!")
```

Python 代码强制缩进，程序中不允许出现不规范或者无意义的缩进，否则在执行时会产生错误。在编制代码块时，必须保证同一代码块的每行代码缩进量一致。虽然代码缩进量的不同不会改变语义，但在解释执行时，会因为缩进量的不一致导致运行错误。

2.1.4　行宽

Python 的代码风格要求每行代码不得超过 80 个字符，在特殊情况（长的导入模块语句、注释里的 URL）下可以略微超过 80 个字符，但最长，不得超过 120 个字符，若代码过长，则需要换行或者检查代码的设计是否存在缺陷。

如果确实需要特别长的内容，那么可以参考以下方法：Python 会将位于圆括号、中括号或花括号中的多行代码，隐式地连接起来。如果需要，可以利用这个特点，在表达式外增加一对额外的圆括号，来实现长语句的换行显示。例如，代码如下。

```
>>> n = ('这是一个非常长非常长非常长非常长 '
    '非常长非常长非常长非常长非常长非常长的字符串')
```

注意
（1）不要使用反斜杠连接行。
（2）注释里特别长的 URL 不使用"\"进行换行。

2.1.5　空行

为了保证 Python 代码良好的可读性，需要在相应的地方添加空行。

（1）编码格式声明、模块导入、常量和全局变量声明、顶级定义和执行代码之间空两行。

（2）顶级定义之间空两行，方法定义之间空一行。

（3）在函数或方法内部，可以在必要的地方空一行来标识不同的逻辑单元，但应避免连续空行

（4）顶级函数（当前文件中的第一个函数）或者顶级类（当前文件中的第一个类）之前要空两行。

（5）定义在类内部的函数（成员函数）之间空一行。

（6）可以使用额外的空行（但要注意节制）来区分不同的函数组。

（7）在一堆只有一行的函数之间不要使用空行（例如，一些函数的空实现）。

注意

不能随意地空很多行，否则影响代码的阅读。

2.1.6　空格

Python 的代码风格要求在代码中注意空格的使用。

（1）=、+、-、<、>、==、>=、<=、and、or、not 等运算符前后都需使用一个空格，例如，代码如下。

```
i = i + 1
submitted += 1
x = x * 2 - 1
hypot2 = x * x + y * y
c = (a + b) * (a - b)
```

（2）函数的参数列表中，","之后要有空格；例如，代码如下。

```
# 正确的写法
def complex(real, imag):
    pass


# 不推荐的写法
def complex(real,imag):
    pass
```

（3）函数的参数列表中，默认值等号两边不要添加空格；例如，代码如下。

```
# 正确的写法
def complex(real, imag=0.0):
    pass
# 不推荐的写法
def complex(real, imag = 0.0):
    pass
```

（4）不要为对齐赋值语句而使用额外的空格；例如，代码如下。

```
# 正确的写法
x = 1
y = 2
```

```
long_var = 3

# 不推荐的写法
x = 1
y = 2
long_var    = 3
```

2.2　Python 语言构成要素

2.2.1　标识符

标识符即为名称。为了方便沟通，人们对各种事物进行命名；例如，用车、船、飞机等来命名一类事物，或者使用编号对事物进行命名，不管怎么命名，都是对事物进行标识，名字就是一个标识符。同理，在代码中也需要对其中某一部分进行命名，以方便后续调用时进行区别；例如，变量名、函数名、类名等，这些都是标识符。

Python 语言对标识符的命名有如下要求。

（1）由字母、数字和下画线组成，不能以数字开头。

（2）区分大小写。

（3）禁止使用关键字。

（4）命名应当规范，做到见名知意。

2.2.2　关键字

Python 3 的关键字和保留字可以从 Shell 命令行中查看，方法如下。

```
>>> import keyword                      # 导入 keyword 模块
>>> keyword.kwlist                      # 调用 kwlist 显示保留关键字列表
['False', 'None', 'True', 'and', 'as', 'assert', 'break', 'class', 'continue', 'def', 'del', 'elif', 'else', 'except',
'finally', 'for', 'from', 'global', 'if', 'import', 'in', 'is', 'lambda', 'nonlocal', 'not', 'or', 'pass', 'raise', 'return',
'try', 'while', 'with', 'yield']
```

还可以使用 keyword 的 iskeyword()方法查看某个字符串是否是保留关键字，如果返回值是 True，则表示该字符串是保留关键字；如果返回值是 False，则表示该字符串不是保留关键字；例如，代码如下。

```
>>> import keyword                      # 导入 keyword 模块
>>> keyword.iskeyword('pass')           # 查看 pass 是否保留关键字
True                                    # 是保留关键字
>>> keyword.iskeyword('fail')           # 查看 fail 是否保留关键字
False                                   # 不是保留关键字
```

2.2.3　变量

全局变量使用英文大写，单词之间加下画线；例如，代码如下。

```
SCHOOL_NAME = 'Tsinghua University'     # 学校名称
```

全局变量一般只在模块内有效，实现方法：使用__All__机制或添加一个前置下画线。私有变量使用英文小写和一个前导下画线；例如，代码如下。

_student_name

内置变量使用英文小写，有两个前导下画线和两个后置下画线；例如，代码如下。

__maker__

一般变量使用英文小写，单词之间加下画线；例如，代码如下。

class_name

变量命名规则如下。

（1）名称第一字符为英文字母或者下画线。

（2）名称第一字符后可以使用英文字母、下画线和数字。

（3）名称不能使用 Python 的关键字或保留字。

（4）名称区分大小写，单词与单词之间使用下画线连接。

2.2.4　函数和方法

函数名是英文小写，单词之间加下画线，以提高可读性。

函数名不能与保留关键字冲突，如果冲突，最好在函数名后面添加一个后置下画线，不要使用缩写或单词拆减，最好的方式是使用近义词代替。

实例方法的第一个参数总是使用 self。

类方法的第一个参数总是使用 cls。

2.2.5　属性和类

类的命名遵循首字母大写的方式，大部分内置的名字都是单个单词（或两个），首字母大写方式只适用于异常名称和内置的常量，模块内部使用的类采用添加前导下画线的方式。

类的属性（方法和变量）命名使用全部小写的方式，可以使用下画线。公有属性不应该有前导下画线，如果公有属性与保留关键字发生冲突，在属性名后添加后置下画线。对于简单的公有数据属性，最好是暴露属性名，不使用复杂的访问属性或修改属性的方法。

如果一个类是为了被继承，有不让子类使用的属性，给属性命名时可以添加双前导下画线，不要加后置下画线。

为避免与子类属性命名冲突，在类的一些属性前添加两条下画线。例如，类 Faa 中声明__a，访问时，只能通过 Faa._Faa__a，以避免歧义。

2.2.6　模块和包

模块命名要使用简短的英文小写的方式，可使用下画线来提高可读性。

包的命名和模块命名类似，但不推荐使用下画线。

模块名对应到文件名，有些模块底层使用 C 或 C++语言书写，并有对应的高层 Python 模块，C/C++模块名有一个前置下画线。

2.2.7 规定

更多 PEP 8 规则请参考附录 A "Python 代码风格指南：PEP 8"。

在 IDLE 的 Edit 窗口中输入 "import this"，保存该文件并运行，在 Shell 窗口中显示的结果如图 2.1 所示。

```
>>> import this
The Zen of Python, by Tim Peters

Beautiful is better than ugly.
Explicit is better than implicit.
Simple is better than complex.
Complex is better than complicated.
Flat is better than nested.
Sparse is better than dense.
Readability counts.
Special cases aren't special enough to break the rules.
Although practicality beats purity.
Errors should never pass silently.
Unless explicitly silenced.
In the face of ambiguity, refuse the temptation to guess.
There should be one-- and preferably only one --obvious way to do it.
Although that way may not be obvious at first unless you're Dutch.
Now is better than never.
Although never is often better than *right* now.
If the implementation is hard to explain, it's a bad idea.
If the implementation is easy to explain, it may be a good idea.
Namespaces are one honking great idea -- let's do more of those!
```

图 2.1　Python 之禅

这是隐藏在 Python IDLE 中的惊喜，用寥寥数语写出了使用 Python 语言编程时的指导思想和思维模式。这就是出自著名 IT 大神 Tim Peters 之手的 "Python 之禅"，引起了 Python 语言众多使用者的共鸣，参考译文如下。

Python 之禅——Tim Peters

优美胜过丑陋（Python 推荐的代码编写风格很优美 ）

明了胜过隐晦（Python 的每一个标识符的意义应该是明确的，每一行代码、每一个函数都应该让人一目了然)

简洁好于复杂 (Python 的代码应当是简洁的，一行代码只有一个子功能)

复杂好于凌乱 (如果复杂不可避免，也要尽量保证代码模块之间明确简洁的关系，"高内聚、低耦合")

扁平好于嵌套(Python 的代码结构应该是扁平的，不应该有太多嵌套的结构)

稀疏好于密集 (Python 代码的功能块、函数、参数、类和运算符两端应有适当的间距)

代码可读性很重要(Python 代码应该具有很好的可读性，注释、标识符、代码块等的作用和含义都应一目了然)

虽然实用性很重要，但任何特殊情况都不足以特殊到违背上述规则(不要为了处理某一个特殊情况，而破坏了上述任何一个规则)

不要忽视任何错误，除非有意为之(任何时候都要对异常和错误进行处理，不要写 except:pass 风格的代码)

面对模棱两可的情况，不要让人去猜测

提供有且仅有的一种最明显的解决方法(在使用 Python 解决问题时，只选择最明显的那一种方法)

虽然起初这很难做到，除非你是荷兰人(暗指 Python 之父吉多)

动手行动好于什么都不做，但不加思考就行动还不如不做

如果某个方法或某些代码很难解释，那说明这个方法可能不是很好

如果某个方法实现很简单，那这可能是个好方法

命名空间是一个很棒的主意，应当多加利用

读者可以从中体会出 Python 语言的精彩所在，将这样的指导思想贯穿在学习和编码的过程中，相信一定会有满满的收获！

2.3 变量与数据类型

Python 语言是面向对象（object）的编程语言，可以说在 Python 中一切皆对象。对象是某类型具体实例中的某一个，每个对象都有身份、类型和值。

（1）身份（identity）与对象都是唯一对应关系，每一个对象的身份产生后都是独一无二的，并无法改变。对象的 ID 是对象在内存中获取的一段地址的标识。

（2）类型（type）决定对象将以哪种数据类型进行存储。

（3）值（value）存储对象的数据，某些情况下可以修改，某些对象声明值过后则不可以修改。

2.3.1 变量

指向对象的值的名称就是变量（variable），也是标识符的一种，是对内存中存储位置的命名。

不同的对象有不同的类型，得到的内存地址也不一样；通过对得到的地址进行命名得到变量名称；将数据存入变量，为存储的数据设置不同的数据结构。

变量的值是在不断地动态变化的，Python 的变量可以不声明而直接赋值使用。由于 Python 采用动态类型（dynamic type），变量可以根据赋值类型决定数据类型。

在 Python 中，变量使用等号赋值以后会被创建，定义完成后可以直接使用。

2.3.2 变量命名规则

Python 对编码格式要求严格，对变量的命名建议遵守 2.2.3 节关于变量的命名规则。

需要说明的是，如果在 IDLE 或 PyCharm 中编写源代码时使用了 Python 的关键字或保留字（参见 2.2.2 节），会有相应的提示，或者以颜色加以区分。

2.3.3 数据类型

Python 有可以自由改变变量数据类型的动态类型和事先说明变量的静态类型，特定类型是数值数据存入相应的数据类型的变量中，相比之下，动态数据类型更加灵活。

变量的数据类型有多种，Python 3 中有 6 个标准的数据类型。

（1）numbers（数字）类型。

（2）strings（字符串）类型。

（3）lists（列表）类型。

（4）tuples（元组）类型。

（5）dictionaries（字典）类型。

（6）sets（集合）类型。

其中，字符串、列表和元组属于序列类型（sequences），字典属于映射类型（mappings），集合属于集合类型（sets），在后面章节中将进行详解。

数字类型用于变量存储数值，是不可改变的（immutable）数据类型，如果改变数字类型，就会分配一个新的对象。

Python 内置的数字类型有整型（integers）、浮点型（float）和复数型（complex numbers）3 种，通常作为可以进行算术运算等的数据类型。

1. 整型

整型即整数类型（int），包括正负整数；例如，0110、-123、123456789。

Python 的整型是长整型，能表达的数的范围是无限的，只要内存足够大，就能表示足够多的数。使用整型的数还包括其他进制，0b 开始的是二进制（binary），0o 开始的是八进制（octonary），0x 开始的十六进制（hexadecimal），进制之间可以使用函数进行转换，使用时需要注意数值符合进制要求。

使用内置函数可以进行进制的转换，格式说明如下。

❑　bin(int)：将十进制数转为二进制数，返回的值以 0b 开始。

❑　oct(int)：将十进制数转为八进制数，返回的值以 0o 开始。

❑　hex(int)：将十进制数转为十六进制数，返回的值以 0x 开始。

❑　int(s,base)：将字符串 s 按照 base 参数提供的进制转为十进制值。

内置函数 input()输入值时，由于输入的是字符串，需要使用 int()函数转换为整型。

2. 布尔型

布尔型（booleans）是整型的子类，用于逻辑判断真（True）或假（False），分别用数值 1 和 0 代表常量 True 和 False。

在 Python 语言中，False 可以是数值为 0、对象为 None 或者是序列中的空字符串、空列表、空元组。

3. 浮点型

浮点型是含有小数的数值，用于表示实数，由正负号、数字和小数点组成，正号可以省略；例如，-3.0、0.13、7.18。Python 的浮点型执行 IEEE 754 双精度标准，8 个字节一个浮点，范围-1.8^{308}～$+1.8^{308}$的数均可以表示。

浮点型方法说明如下。

❑　fromhex(s)：十六进制浮点数转换为十进制数。

❑　hex()：以字符串形式返回十六进制的浮点数。

❑　is_integer()：判断是否为小数，小数非 0 返回 False，为 0 返回 True，转换为布尔值。

4. 复数型

复数型由实数和虚数组成，用于复数的表示，虚数部分需加上 j 或 J；例如，-1j、0j、1.0j。Python 的复数型是其他语言一般没有的。

5. 字符串类型

字符串类型用于表示 Unicode 字符序列，使用一对单引号、双引号和使用三对单引号或者双引号引起来的字符就是字符串；例如，'hello world'、"20180520"、'''hello'''、"""happy!"""。

严格地说，Python 中的字符串是一种对象类型，使用 str 表示，通常用单引号或者双引号包裹起来。

字符串和前面讲过的数字一样，都是对象的类型，或者说都是值。如果不想让反斜杠发生转义，可以在字符串前面加 r 表示原始字符串，加号（+）是字符串的连接符，星号（*）表示复制当前的字符串，紧跟的数字为复制的次数。

2.3.4 查看数据类型

type()函数是内建的用来查看变量类型的函数，调用它可以简单地查看数据类型，基本语法如下：

```
type(对象)
```

对象即为需要查看类型的对象或数据，通过返回值返回相应的类型；例如，代码如下。

```
>>> type(1)              # 查看数值 1 的数据类型
<class 'int'>            # 返回结果
>>> type("int")          # 查看"int"的数据类型
<class 'str'>            # 返回结果
```

Python 中一切皆对象，并且 Python 不支持方法或函数重载，必须保证调用的函数或对象是正确的。在查看一个对象是什么类型时使用 type()，返回任意 Python 对象的类型，而且不局限于标准类型。

2.3.5 数据类型的转换

（1）转换为整型，代码如下。

```
int(x [,base])
```

int()函数将 x 转换为一个整数，x 为字符串或数字，base 为进制数，默认为十进制，代码如下。

```
>>> int(100.1)           # 浮点转整数
100                      # 返回结果
>>> int('01010101',2)    # 二进制转换整数
85                       # 返回结果
```

（2）转换为浮点型，代码如下。

```
float(x)
```

float()函数将 x 转换为一个浮点数，x 为字符串或数字，没有参数时默认返回 0.0，代码如下。

```
>>> float()              # 空值转换
0.0                      # 返回结果
>>> float(1)             # 整数转浮点数
1.0                      # 返回结果
>>> float('120')         # 字符转浮点数
120.0                    # 返回结果
```

（3）转换为字符串型，代码如下。

```
str(x)
```

str()函数将对象转换为适于人阅读的形式，x 为对象，返回值为对象的 string 类型，代码如下。

```
>>> x = "今天是晴天"        # 定义 x
>>> str(x)                 # 对 x 进行转换
'今天是晴天'               # 返回结果
```

（4）转换为布尔型，代码如下。

```
bool(x)
```

bool() 函数将给定参数转换为布尔型，返回值为 True 或者 False，没有参数时默认返回 False，代码如下。

```
>>> bool()                 # 空值转布尔型
False                      # 返回结果
>>> bool(0)                # 整数 0 转布尔值
False                      # 返回结果
>>> bool(1)                # 整数 1 转布尔值
True                       # 返回结果
>>> bool(100)              # 整数 100 转布尔值
True                       # 返回结果
```

Python 中常用的数据类型之间可以按规则互相转换。

2.4 运算符

2.4.1 算术运算符

算术运算符主要用于数字类型的数据基本运算，如表 2.1 所示。Python 支持直接进行计算，即可以将 Python Shell 当作计算器来使用。

表 2.1 算数运算符

运 算 符	说 明	表 达 式	结 果
+	加：把数据相加	10 + 24	34
-	减：把数据相减	34 - 10	24
*	乘：把数据相乘	34*10	340
/	除：把数据相除	34/10	3.4
%	取模：除法运算求余数	34 % 10	4
**	幂：返回 x 的 y 次幂	2**4	16
//	取整除：返回商的整数部分	34 // 10	3

*可以返回一个被重复若干次的字符串

2.4.2 比较运算符

比较运算符用于判断同类型的对象是否相等，如表 2.2 所示。比较运算的结果是布尔值 Ture 或 False，比较时因数据类型不同，比较的依据不同。复数不可以比较大小，但可以比较是否相等。在 Python 中，比较的值相同时也不一定是同一个对象。

表 2.2 比较运算符

运 算 符	说 明	表 达 式	结 果
==	等于：判断是否相等	1 == 1	True
!=	不等于：判断是否不相等	1 != 1	False
>	大于：判断是否大于	1 > 2	False
<	小于：判断是否小于	1 < 2	True
>=	大于或等于：判断是否大于或等于	1 >= 2	False
<=	小于或等于：判断是否小于或等于	1 <= 2	True

2.4.3 复合赋值运算符

复合赋值运算符是将一个变量参与运算的结果赋值给该变量，表 2.3 所示列举了复合赋值运算符及其对应的等效表达式。

表 2.3 复合赋值运算符

运 算 符	说 明	表 达 式	等效表达式
=	直接赋值	x = y + z	x = z + y
+=	加法赋值	x += y	x = x + y
-=	减法赋值	x -= y	x = x - y
*=	乘法赋值	x *= y	x = x * y
/=	除法赋值	x /= y	x = x / y
%=	取模赋值	x %= y	x = x % y
**=	幂赋值	x **= y	x = x ** y
//=	整除赋值	x //= y	x = x // y

2.4.4 位运算符

位运算符用于二进制位的运算，运算的操作数必须为整数，一般将数值转换为二进制进行相关运算，如表 2.4 所示。

表 2.4 位运算符

运 算 符	说 明	表 达 式	结 果
<<	按位左移运算符：将二进制形式操作数的所有位全部左移 n 位，高位丢弃，低位补 0	8<<2 0b1000	32 0b100000
>>	按位右移运算符：将二进制形式操作数的所有位全部右移 n 位，低位丢弃，高位补 0	8>>2 0b1000	2 0b0010
&	按位与运算符：将参与运算的两个数的二进制进行"与"操作，全 1 为 1，否则为 0	18&19 0b10010 0b10011	18 0b10010
|	按位或运算符：将参与运算的两个数的二进制进行"或"操作，有一位为 1，则为 1	18|19 0b10010 0b10011	19 0b10011

续表

运　算　符	说　明	表　达　式	结　果
^	按位异或运算符：将参与运算的两个数的二进制进行"异或"操作，一位为 1，另一位为 0 时为 1，否则为 0	18^19 0b10010 0b10011	1 0b00001
~	按位取反运算符：将数的二进制的每一位进行"取反"操作，0 取反为 1，1 取反为 0	~8 0b1000	7 0b0111

2.4.5　逻辑运算符

逻辑运算符包括 and（与）、or（或）、not（非），用于逻辑运算，判断表达式的 True 或者 False，通常与流程控制一起使用，如表 2.5 所示。

表 2.5　逻辑运算符

运算符	表达式	x	y	结果	说明
and	x and y	True	True	True	表达式一边为 False 就会返回 False，当两边都是 True 时返回 True
		True	False	False	
		False	True	False	
		False	False	False	
or	x or y	True	True	True	表达式一边为 True 就会返回 True，当两边都是 False 时返回 False
		True	False	True	
		False	True	True	
		False	False	False	
not	not x	True	/	False	表达式取反，返回值与原值相反
		False	/	True	

2.4.6　成员运算符

成员运算符用于判断指定序列中是否有查找的值，如表 2.6 所示。

表 2.6　成员运算符

运　算　符	说　明	举　例
in	如果在指定的序列中找到值则返回 True，否则返回 False	>>> a = 6 >>> b = 7

not in	如果在指定的序列中没有找到值则返回 True，否则返回 False	>>> list = [1,2,3,4,5]
		>>> a in list
		False
		>>> b not in list
		True

2.4.7　身份运算符

身份运算符用于比较两个对象的存储单元，如表 2.7 所示。

表 2.7　身份运算符

运　算　符	说　　明	举　　例

is	判断两个标识符是否引用自一个对象，类似 id(x) == id(y)	>>> a = 1
		>>> b = 2
		>>> a is b
		False

is not	判断两个标识符是否引用自不同对象，类似 id(a) != id(b)	>>> a is not b
		True
		>>> a = b
		>>> a is b
		True

2.4.8　运算符优先级

由数值、变量、运算符组合而成的表达式与数学中的表达式相同，是有运算优先级的，优先级高的运算符先进行运算，同级运算符自左向右运算，遵从圆括号优先原则。等号的同级运算时例外，一般都是自右向左进行运算，如表 2.8 所示。

表 2.8　运算符优先级

优　先　级	类　　别	运　算　符	说　　明
最高	算术运算符	**	指数，幂
高	位运算符	+x,-x,~x	正取反，负取反，按位取反
	算术运算符	*,/,%,//	乘，除，取模，取整
	算术运算符	+,-	加，减
	位运算符	>>,<<	右移，左移
	位运算符	&	按位与，集合并
	位运算符	^	按位异或，集合对称差
	位运算符			按位或，集合并
↓	比较运算符	<=,<,>,>=	小于等于，小于，大于，大于等于
	比较运算符	==,!=	等于，不等于
	赋值运算符	=,%=,/=,//=, -=,+=,*=,**=	赋值运算
	逻辑运算符	not	逻辑"非"
	逻辑运算符	and	逻辑"与"
低	逻辑运算符	or	逻辑"或"

2.5　实验

2.5.1　常量和变量的使用

在 Python 中，程序运行时不会被更改的量称为常量（constant），是一旦初始化就不能再修改的固定值。Python 中定义常量需要用对象的方法来创建。

例如，现在有直径为 68cm 的下水道井盖，需要求其面积，其中 π 直接使用数学库中的 pi，pi 即为 Python 中的常量。实验实例，代码如下。

```
>>> from math import *              # 引入数学库
>>> pi*(68/2)**2                    # 计算
3631.681107549801                   # 计算结果
>>> int(pi*(68/2)**2)               # 嵌套转换为 int 类型
3631                                # 返回取整的结果
```

Python 中的变量不需要声明，使用等号直接赋值，值的数据类型为动态类型，也可以使用等号为多个变量赋值。

例如，为 a、b、c 赋值为 "Python 编程" "3.6" "2018"，然后输出 "2018Python 编程 3.6"，再计算 b 和 c 的和，最后输出 a 的内容。实验实例，代码如下。

```
>>> a , b , c = 'Python 编程',3.6,2018    # 定义变量和赋值
>>> print(str(c) + a + str(b))           # 打印
2018Python 编程 3.6                       # 打印结果
>>> b+c                                   # 计算 b+c
2021.6                                    # 计算结果
>>> a                                     # 输出 a 的内容
'Python 编程'                             # 输出
```

2.5.2　运算符和表达式的使用

由于 Python Shell 可以直接当作计算器使用，输入表达式后可以直接计算出结果，也可以使用变量。下面计算 $2^3+3\times5\div10+2+1$ 的结果，先直接计算，再使用变量。实验实例，代码如下。

```
>>> 1 + 2 + 3*5/10 + 2**3           # 输入表达式
12.5                                # 返回计算结果
>>> a = 1 + 2 + 3*5/10 + 2**3       # 给变量表达式
>>> print (a)                       # 输出变量
12.5                                # 返回计算结果
```

2.5.3　type()函数的使用

type()函数是 Python 内置的函数，用于返回数据类型，当要对一个变量赋值时，先要确定变量的数据类型，就会使用到 type()函数。下面对 pi 和一些变量进行 type()函数的使用实验。实验实例，代码如下。

```
>>> from math import *              # 导入数学库
>>> type(pi)                        # 查询 pi 的数据类型
<class 'float'>                     # 返回为 float 类型
>>> a = 1                           # 定义变量 a 并赋值
>>> b = "python"                    # 定义变量 b 并赋值
>>> c = 2.5                         # 定义变量 c 并赋值
>>>
>>> type(a)                         # 查询 a 的数据类型
```

```
<class 'int'>                                    # 返回 int 类型
>>> type(b)                                      # 查询 b 的数据类型
<class 'str'>                                    # 返回 str 类型
>>> type(c)                                      # 查询 c 的数据类型
<class 'float'>                                  # 返回 float 类型
```

2.5.4　help()函数的使用

　　help() 函数是 Python 内置的，用于查看函数或模块用途的详细说明文档的帮助函数。在 Python 语言中有很多函数，一般在定义函数时会加上说明文档，说明函数的功能以及使用方法。下面通过查看 print()函数、input()函数的帮助和一些数据类型的说明来进行 help()函数的使用实验（部分文档内容进行了删减）。实验实例，代码如下。

```
>>> help(print)                        # 查询 print()函数的帮助
Help on built-in function print in module builtins:
print(...)
    print(value, ..., sep=' ', end='\n', file=sys.stdout, flush=False)
    Prints the values to a stream, or to sys.stdout by default.
    Optional keyword arguments:
    file:    a file-like object (stream); defaults to the current sys.stdout.
    sep:     string inserted between values, default a space.
    end:     string appended after the last value, default a newline.
    flush: whether to forcibly flush the stream.
>>> help(input)                        # 查询 input()函数的帮助
Help on built-in function input in module builtins:
input(prompt=None, /)
    Read a string from standard input.   The trailing newline is stripped.
    The prompt string, if given, is printed to standard output without a
    trailing newline before reading input.
    If the user hits EOF (*nix: Ctrl-D, Windows: Ctrl-Z+Return), raise EOFError.
    On *nix systems, readline is used if available.
>>> help("int")                        # 查询 int 的使用说明
Help on class int in module builtins:
class int(object)
 |  int(x=0) -> integer
 |  int(x, base=10) -> integer
 |
 |  Convert a number or string to an integer, or return 0 if no arguments
 |  are given.   If x is a number, return x.__int__().   For floating point
 |  numbers, this truncates towards zero.
>>> help("float")                      # 查询 float 的使用说明
Help on class float in module builtins:
class float(object)
 |  float(x) -> floating point number
部分略
```

2.6 小结

本章主要对 Python 的代码风格、变量、数据类型、运算符进行了简单讲解，这些是学习 Python 语言的基础知识，希望读者在学习时多加理解，对代码风格多加记忆和练习，对 Python 的变量和运算符要经常使用，加深印象，为后面更好地学习 Python 做好准备。

2.7 习题

一、填空题

1. 在 Python 中，float 的数据类型是如何表达的（实例）_____。
2. int 类型的数据转换为布尔值类型的结果有_____和_____。
3. 查询变量的类型可以用_____。
4. 运算符中优先级最高的是_____。
5. Python 中的数据类型分为_____个大类，bool 是大类中的。

二、选择题

1. 幂函数运算符是（　　）。
   A．*　　　　B．/　　　　C．**　　　D．&
2. 使用_____函数可以查看函数的相关文档（　　）。
   A．type()　　B．help()　　C．print()　　D．input()
3. int()可以将数据类型转换为（　　）。
   A．bool　　　B．int　　　C．float　　　D．long
4. float(0)的返回结果是（　　）。
   A．0　　　　B．/　　　　C．0.0　　　D．错误
5. 下列是 str 类型的是（　　）。
   A．123　　　B．python　　C．abcd　　D．"123"

三、简答题

简述 PEP8 的意义。

第 3 章

基本数据类型

Python 基本数据类型包括数字（number）、字符串（string）、元组（tuple）、列表（list）、字典（dictionary）、集合（set）等，本章列举了它们的基本用法和其常用的方法。除此之外，还介绍了一些运算符的使用方法，因为基本数据类型常常会用于一些运算。

3.1 数字

Python 的数字数据类型用于存储数值，且此种数据类型是不可变的，这就意味着如果改变数字数据类型的值，将重新分配内存空间。

3.1.1 数字的表示

Python 支持 3 种不同的数字类型。

（1）整数类型（int）：通常被称为整型或整数，是正或负整数，不带小数点。Python 3 中的整型没有大小限制，可以当作 long 类型使用；所以 Python 3 没有 Python 2 中的 long 类型。

（2）浮点型（float）：浮点型由整数部分与小数部分组成，也可以使用科学计数法表示（例如，$2.5e2 = 2.5 \times 10^2 = 250$）。

（3）复数（complex）：复数由实数部分和虚数部分构成，可以用 a+bj 或者 complex(a,b) 表示，复数的实部 a 和虚部 b 都是浮点型，代码如下。

```
>>> a = 1                        # 整型
>>> b = 1.0                      # 浮点型
>>> c = 2+4j                     # 复数
>>> d = complex(2,4)            # 复数
```

运行结果如下。

```
>>> print(type(a))
<class 'int'>
>>> print(type(b))
<class 'float'>
>>> print(type(c))
<class 'complex'>
>>> print(type(d))
<class 'complex'>
```

3.1.2　数字类型的转换

数字类型之间可以进行相互转换，除此之外，它们还能与字符、字符串进行转换，代码如下。

```
>>> a = 1                    # 整型
>>> b = float(a)             # 整型转换为浮点型
>>> c = int(b)               # 浮点型转换为整型
>>> d = str(a)               # 整型转换为字符串
>>> e = chr(a)               # 整型转换为字符
```

3.1.3　数字的运算

数字的运算主要包括加（+）、减（-）、乘（*）、除（/）、指数（**）、取余（%）、整除（//）、赋值（=）等，代码如下。

```
>>> a = 1 + 2                # 加法
3
>>> b = 3 - 1                # 减法
2
>>> c = 2 * 3                # 乘法
6
>>> d = 5 / 2                # 除法
2.5
>>> e = 3 ** 2               # 指数
9
>>> f = 5 % 2                # 取余
1
>>> g = 5 // 2               # 整除
2
>>> h = g                    # 赋值
2
```

3.1.4　数字相关函数

数字相关函数包括求数字绝对值、返回数字的向上（下）取整、求对数、给定参数的最大值、给定参数的最小值、返回指定函数的整数部分与小数部分、指数次方、指定浮点数的四舍五入值、指定数字的平方根等，如表 3.1 所示。

表 3.1 数字相关函数

函 数 格 式	说明（其中 a 为数字或数字型变量）
abs(a)	返回 a 的绝对值，Python 内置函数，可对复数使用
fabs(a)	返回 a 的绝对值，a 为浮点型或整型，需 math 支持
ceil(a)	将 a 向上取整数并返回，需 math 支持
floor(a)	将 a 向下取整数并返回，需 math 支持
exp(a)	返回自然常数 e 的 a 次幂，需 math 支持
log(a)	默认返回以自然常数 e 为基数，a 的对数；也可以指定基数；例如，math.log(100,10) 返回 2.0。需 math 支持
log10(a)	返回以 10 为基数的 a 的对数，需 math 支持
max(a1,a2,…)	返回若干数字或数字型序列的最大值，Python 内置函数
min(a1,a2,…)	返回若干数字或数字型序列的最小值，Python 内置函数
modf(a)	返回 a 的小数部分和整数部分（浮点型），两部分的符号与 a 相同，需 math 支持
pow(a,b)	返回 a 的 b 次幂，Python 内置函数
round(a[,n])	返回浮点数 a 保留 n 位的四舍五入值，如不指定 n，默认不保留小数部分。Python 内置函数
sqrt(a)	返回 a 的平方根，需 math 支持

在使用以上函数之前，需要导入 math 模块，代码如下。

```
>>> import math   # 导入 math 库
>>> abs(-4)
4
>>> math.fabs(-4.78)
4.78
>>> math.ceil(4.2)
5
>>> math.floor(4.2)
4
>>> math.exp(2)
7.38905609893065
>>> math.log(2)
0.6931471805599453
>>> math.log10(2)
0.3010299956639812
>>> max(0, 1, 2.34, -5.6, 7.8)
7.8
>>> min(0, 1, 2.34, -5.6, 7.8)
-5.6
>>> math.modf(3.1415926)
(0.14159260000000007, 3.0)
>>> pow(2,-4)
0.0625
```

```
>>> round(3.1415926)
3
>>> math.sqrt(4)
2.0
```

3.2 元组

元组属于 Python 中的序列类型，是任意对象的有序集合，可通过位置或者索引访问其中的元素。元组具有可变长度、异构和任意嵌套的特点，与列表不同的是，元组中的元素是不可修改的。

3.2.1 创建元组

元组的创建很简单，把元素放入圆括号，并在每两个元素中间使用逗号隔开即可，格式如下。

```
tuplename = (元素 1, 元素 2, 元素 3, ……, 元素 n)
```

例如，代码如下。

```
sample_tuple1 = (1, 2, 3, 4, 5, 6)
sample_tuple2 = "p", "y", "t", "h", "o", "n"
sample_tuple3 = ('python', 'sample', 'tuple', 'for', 'your', 'reference')
sample_tuple4 = ('python', 'sample', 'tuple', 1989, 1991, 2018)
```

元组中的元素可以是各种可迭代的数据类型，也可以为空，代码如下。

```
sample_tuple5 = ()
```

需要注意的是，为避免歧义，当元组中只有一个元素时，必须在该元素后加上逗号；否则括号会被当作运算符；例如，代码如下。

```
sample_tuple6 = (123,)
```

元组也可以嵌套使用；例如，代码如下。

```
>>> sample_tuple1 = (1, 2, 3, 4, 5, 6)
>>> sample_tuple2 = "P", "y", "t", "h", "o", "n"
>>> sample_tuple7 = (sample_tuple1, sample_tuple2)
>>> print (sample_tuple7)
((1, 2, 3, 4, 5, 6), ('P', 'y', 't', 'h', 'o', 'n'))
```

3.2.2 使用元组

与字符串相同，可以使用索引来访问元组中的元素；例如，代码如下。

```
sample_tuple1 = (1, 2, 3, 4, 5, 6)
```

sample_tuple1[1]表示元组 sample_tuple1 中的第 2 个元素，即 2。
sample_tuple1[3:5] 表示元组 sample_tuple1 中的第 4 个和第 5 个元素，不包含第 6 个元

素：4 和 5。

sample_tuple1[-2] 表示元组 sample_tuple1 中从右向左数的第 2 个元素，即 5。

代码示例，代码如下。

```
>>> sample_tuple1 = (1, 2, 3, 4, 5, 6)
>>> sample_tuple1[1]              # 截取第 2 个元素
2
>>> sample_tuple1[3:5]            # 第 4 个和第 5 个元素，不包含第 6 个元素
(4, 5)
>>> sample_tuple1[-2]            # 从右向左数的第 2 个元素
5
```

元组也支持"切片"操作；例如，代码如下。

```
sample_tuple2 = "P", "y", "t", "h", "o", "n"
```

sample_tuple2[:] 表示取元组 sample_tuple2 中的所有元素。

sample_tuple2[3:] 表示取元组 sample_tuple2 中索引为 3 的元素之后的所有元素。

sample_tuple2[0:4:2] 表示元组 sample_tuple2 中索引为 0～4 的元素，每隔一个元素取一个。

代码示例，代码如下。

```
>>> sample_tuple2 = "P", "y", "t", "h", "o", "n"
>>> print (sample_tuple2[:])          # 取元组 sample_tuple2 中的所有元素
('P', 'y', 't', 'h', 'o', 'n')
>>> print (sample_tuple2[3:])         # 取元组 sample_tuple2 中索引为 3 的元素之后的所有元素
('h', 'o', 'n')
>>> print (sample_tuple2[0:4:2])      # 元组 sample_tuple2 中索引为 0～4 的元素，每隔一个元素
                                      # 取一个
('P', 't')
```

3.2.3 删除元组

元组中的元素是不可变的，也就是不允许被删除，但可以使用 del 语句删除整个元组，代码如下。

```
del tuple
```

代码示例，代码如下。

```
>>> sample_tuple3 = ('Python', 'sample', 'tuple', 'for', 'your', 'reference')
>>> print (sample_tuple3)                          # 输出删除前的元组 sample_tuple3
('Python', 'sample', 'tuple', 'for', 'your', 'reference')
>>> del sample_tuple3                              # 删除元组 sample_tuple3
>>> print (sample_tuple3)                          # 输出删除后的元组 sample_tuple3
Traceback (most recent call last):
  File "<pyshell#49>", line 1, in <module>
    print (sample_tuple3)
NameError: name ' sample_tuple3' is not defined    # 系统报告 sample_tuple3 没有定义
```

3.2.4　元组的内置函数

元组的内置函数有 len()、max()、min()、tuple()等，其用法和说明如表 3.2 所示。

表 3.2　元组的内置函数

函　　数	说　　明
len(tuplename)	返回元组的元素数量
max(tuplename)	返回元组中元素的最大值
min(tuplename)	返回元组中元素的最小值
tuple(listname)	将列表转换为元组

代码示例，代码如下。

```
>>> sample_tuple1 = (1, 2, 3, 4, 5, 6)        # 创建元组 sample_tuple1
>>> len(sample_tuple1)                        # 输出元组长度
6
>>> max(sample_tuple1)                        # 输出元组最大值
6
>>> min(sample_tuple1)                        # 输出元组最小值
1
>>> a = [1,2,3]                               # 创建列表 a
>>> print (a)                                 # 输出列表 a
[1, 2, 3]
>>> print (tuple(a))                          # 转换列表 a 为元组后输出
(1, 2, 3)
```

3.3　列表

列表与元组一样属于序列类型，它是任意对象的有序集合，可使用索引访问其中的元素。它是一种可变的数据类型，并具有可变长度、异构和任意嵌套等特点。

3.3.1　创建列表

列表里第一个元素的位置或者索引是从 0 开始的，第二个元素的则是 1，以此类推。在创建列表时，列表元素放置在方括号中，以逗号来分隔各元素，格式如下。

```
listname = [元素 1, 元素 2, 元素 3, ......, 元素 n]
```

例如，代码如下。

```
sample_list1 = [0, 1, 2, 3, 4]
sample_list2 = ["P", "y", "t", "h", "o", "n"]
sample_list3 = ['Python', 'sample', 'list', 'for', 'your', 'reference']
```

运行结果如下。

```
>>> sample_list1 = [0, 1, 2, 3, 4]                 # 列表 sample_list1
>>> sample_list2 = ["P", "y", "t", "h", "o", "n"]  # 列表 sample_list2
```

```
>>> sample_list3 = ['Python', 'sample', 'list', 'for', 'your', 'reference']   # 列表 sample_list3
>>> print (sample_list1)                                # 打印输出列表
[0, 1, 2, 3, 4]                                         # 输出结果
>>> print (sample_list2)                                # 打印输出列表
['p', 'y', 't', 'h', 'o', 'n']                          # 输出结果
>>> print (sample_list3)                                # 打印输出列表
['Python', 'sample', 'list', 'for', 'your', 'reference']   # 输出结果
```

列表中允许有不同数据类型的元素，即异构特性；例如，代码如下。

```
sample_list4 = [0, "y", 2, "h", 4, "n", 'Python']
```

但通常建议列表中元素最好使用相同的数据类型。
列表可以嵌套使用；例如，代码如下。

```
sample_list5 = [sample_list1, sample_list2, sample_list3]
```

运行结果如下。

```
>>> sample_list1 = [0, 1, 2, 3, 4]
>>> sample_list2 = ["P", "y", "t", "h", "o", "n"]
>>> sample_list3 = ['Python', 'sample', 'list', 'for', 'your', 'reference']
>>> sample_list5 = [sample_list1, sample_list2, sample_list3]          # 创建一个嵌套列表
>>> sample_list5
[[0, 1, 2, 3, 4], ['P', 'y', 't', 'h', 'o', 'n'], ['Python', 'sample', 'list', 'for', 'your', 'reference']]
```

3.3.2　使用列表

可以使用索引来访问列表中的值，将索引值放在方括号中。强调一下，索引是从 0 开始的。代码示例，代码如下。

```
>>> sample_list1 = [0, 1, 2, 3, 4]
>>> print ("sample_list1[0]: ", sample_list1[0])        # 输出索引为 0 的元素
sample_list1[0]:   0
>>> print ("sample_list1[2]: ", sample_list1[2])        # 输出索引为 2 的元素
sample_list1[2]:   2
```

也可以用负整数表示索引；例如，sample_list1[-2]，意为列表从右向左数的第 2 个元素，即索引倒数第 2 个元素；例如，代码如下。

```
>>> print ("sample_list1[-2]: ", sample_list1[-2])      # 输出索引倒数第 2 的元素
sample_list1[-2]:   3
```

与字符串和元组一样，列表中也支持"切片"操作；例如，代码如下。

```
>>> sample_list2 = ["p", "y", "t", "h", "o", "n"]
>>> print ("sample_list2[2:4]:", sample_list2[2:4])
sample_list2[2:4]: ['t', 'h']
```

对列表的元素进行修改时，可以使用赋值语句；例如，代码如下。

```
>>> sample_list3 = ['python', 'sample', 'list', 'for', 'your', 'reference']
>>> sample_list3[4] = 'my'
```

```
>>> print ("sample_list3[4]:", sample_list3[4])
sample_list3[4]: my
>>> print ("sample_list3:", sample_list3)
sample_list3: ['python', 'sample', 'list', 'for', 'my', 'reference']
```

3.3.3 删除元素和列表

删除列表的元素，可以使用 del 语句，格式如下。

```
del listname[索引]
```

该索引的元素被删除后，后面的元素将会自动移动并填补该位置。

在不知道或不关心元素的索引时，可以使用列表内置方法 remove()来删除指定的值；例如，代码如下。

```
listname.remove('值')
```

清空列表，可以采用重新创建一个与原列表名相同的空列表的方法；例如，代码如下。

```
listname = []
```

删除整个列表，也可以使用 del 语句，格式如下。

```
del listname
```

代码示例，代码如下。

```
>>> sample_list4 = [0, "y", 2, "h", 4, "n", 'Python']
>>> del sample_list4[5]                          # 删除列表中索引为 5 的元素
>>> print ("after deletion, sample_list4: ", sample_list4)
after deletion, sample_list4:   [0, 'y', 2, 'h', 4, 'Python']
>>> sample_list4.remove('Python')                # 删除列表中值为 Python 的元素
>>> print ("after removing, sample_list4: ", sample_list4)
after removing, sample_list4:   [0, 'y', 2, 'h', 4]
>>> sample_list4 = []                            # 重新创建列表并置为空
>>> print (sample_list4)                         # 输出该列表
[]
>>> del sample_list4                             # 删除整个列表
>>> print (sample_list4)                         # 打印输出整个列表
Traceback (most recent call last):
  File "<pyshell#108>", line 1, in <module>
    print (sample_list4)
NameError: name 'sample_list4' is not defined   # 系统报告该列表未定义
```

3.3.4 列表的内置函数与其他方法

列表的内置函数有 len()、max()、min()和 list()等，如表 3.3 所示。

表 3.3　列表的内置函数

函　　数	说　　明
len(listname)	返回列表的元素数量

续表

函　　数	说　　明
max(listname)	返回列表中元素的最大值
min(listname)	返回列表中元素的最小值
list(tuple)	将元组转换为列表

代码示例，代码如下。

```
>>> sample_list1 = [0, 1, 2, 3, 4]
>>> len(sample_list1)                    # 列表的元素数量
5
>>> max(sample_list1)                    # 列表中元素的最大值
4
>>> min(sample_list1)                    # 列表中元素的最小值
0
```

注意：Python 3 中已经没有了 Python 2 中用于列表比较的 cmp()函数。

另外，列表还有如表 3.4 所示的方法。

表 3.4　列表的其他方法

方　　法	说　　明
listname.append（元素）	在列表末尾添加新的元素
listname.count（元素）	统计该元素在列表中出现的次数
listname.extend（序列）	追加另一个序列类型中的多个值到该列表末尾（用新列表扩展原来的列表）
listname.index（元素）	从列表中找出某个值第一个匹配元素的索引位置
listname.insert（位置，元素）	将元素插入列表
listname.pop([index=-1])	移除列表中的一个元素（-1 表示从右向左数的第一个元素，也就是最后一个索引的元素），并且返回该元素的值
listname.remove（元素）	移除列表中第一个匹配某个值的元素
listname.reverse()	将列表中元素反向
listname.sort(cmp=None, key=None, reverse=False)	对列表进行排序
listname.clear()	清空列表
listname.copy()	复制列表

3.4　字典

字典属于映射（mapping）类型，通过键实现元素存取，具有无序、可变长度、异构和嵌套等特点。

3.4.1　创建字典

字典中的键与值中间用冒号分隔，成对出现，每对之间用逗号分隔，并放置在花括号中，格式如下。

```
dictname = {键 1: 值 1, 键 2: 值 2, 键 3: 值 3, ......, 键 n: 值 n}
```

在同一个字典中，键应该是唯一的，但值则无此限制。

例如，代码如下。

```
sample_dict1 = {'Hello': 'World', 'Capital': 'BJ', 'City': 'CQ'}
sample_dict2 = {12: 34, 34: 56, 56: 78}
sample_dict3 = {'Hello': 'World', 34: 56, 'City': 'CQ'}
```

如果创建字典时，同一个键被两次赋值，那么第一个值无效，第二个值被认为是该键的值；例如，代码如下。

```
sample_dict4 = {'Model': 'PC', 'Brand': 'Lenovo', 'Brand': 'Thinkpad'}
```

这里，键 Brand 生效的值是 Thinkpad。

字典也支持嵌套，格式如下。

```
dictname = {键 1: {键 11: 值 11, 键 12: 值 12 },
            键 2:{ 键 21: 值 21, 键 2: 值 22},
            ......,
            键 n: {键 n1: 值 n1, 键 n2: 值 n2}}
```

例如，代码如下。

```
sample_dict5 = {'office':{ 'room1':'Finance ', 'room2':'logistics'},
                'lab':{'lab1':'Physics', 'lab2':'Chemistry'}}
```

3.4.2　使用字典

使用字典中的值时，只需要把对应的键放入方括号，格式如下。

```
dictname[键]
```

例如，代码如下。

```
>>> sample_dict1 = {'Hello': 'World', 'Capital': 'BJ', 'City': 'CQ'}
>>> print ("sample_dict1['Hello']: ", sample_dict1['Hello'])
sample_dict1['Hello']:    World                        # 输出键为 Hello 的值
>>> sample_dict2 = {12: 34, 34: 56, 56: 78}
>>> print ("sample_dict2[12]: ", sample_dict2[12])
sample_dict2[12]:    34                        # 输出键为 12 的值
```

使用包含嵌套的字典；例如，代码如下。

```
>>> sample_dict5 = {'office':{ 'room1':'Finance', 'room2':'logistics'},
                    'lab':{'lab1':' Physics', 'lab2':'Chemistry'}}
>>> print ("sample_dict5['office']: ", sample_dict5['office'])
sample_dict5['office']:    {'room1': 'Finance', 'room2': 'logistics'}    # 输出键为 office 的值
```

可以对字典中已有的值进行修改；例如，代码如下。

```
>>> sample_dict1 = {'Hello': 'World', 'Capital': 'BJ', 'City': 'CQ'}
```

```
>>> print (sample_dict1['City'])                    # 输出键为 City 的值
CQ
>>> sample_dict1['City'] = 'NJ'                      # 把键为 City 的值修改为 NJ
>>> print (sample_dict1['City'])                    # 输出键为 City 的值
NJ
>>> print (sample_dict1)
{'Hello': 'World', 'Capital': 'BJ', 'City': 'NJ'}    # 输出修改后的字典
```

可以向字典加入新的键值；例如，代码如下。

```
>>> sample_dict1 = {'Hello': 'World', 'Capital': 'BJ', 'City': 'CQ'}
>>> sample_dict1['viewspot']= 'HongYaDong'          # 把新的键和值添加到字典
>>> print (sample_dict1)                            # 输出修改后的字典
{'Hello': 'World', 'Capital': 'BJ', 'City': 'CQ', 'viewspot': 'HongYaDong'}
```

3.4.3　删除元素和字典

可以使用 del 语句删除字典中的键和对应的值，格式如下。

```
del dictname[键]
```

也可以使用 del 语句删除字典，格式如下。

```
del dictname
```

例如，代码如下。

```
>>> sample_dict1 = {'Hello': 'World', 'Capital': 'BJ', 'City': 'CQ'}
>>> del sample_dict1['City']                        # 删除字典中的键 City 和对应的值
>>> print (sample_dict1)                            # 打印结果
{'Hello': 'World', 'Capital': 'BJ'}
>>> del sample_dict1                                # 删除该字典
>>> print (sample_dict1)                            # 打印该字典
Traceback (most recent call last):                  # 系统报告该字典未定义
  File "<pyshell#71>", line 1, in <module>
    print (sample_dict1)
NameError: name 'sample_dict1' is not defined
```

3.4.4　字典的内置函数和方法

字典的内置函数有 len()、str()、type()，如表 3.5 所示。

表 3.5　字典的内置函数

函　　数	说　　明
len(distname)	计算键的总数
str(distname)	输出字典
type(distname)	返回字典类型

例如，代码如下。

```
>>> sample_dict1 = {'Hello': 'World', 'Capital': 'BJ', 'City': 'CQ'}
```

```
>>> len(sample_dict1)              # 计算该字典中键的总数
3
>>> str(sample_dict1)              # 输出字典
"{'Hello': 'World', 'Capital': 'BJ', 'City': 'CQ'}"
>>> type(sample_dict1)             # 返回数据类型
<class 'dict'>
```

字典还有多种方法，如表 3.6 所示。

表 3.6　字典的其他方法

方　　法	说　　明
dictname.clear()	删除字典中的所有元素，即清空字典
dictname.copy()	以字典类型返回某个字典的浅复制
dictname.fromkeys(seq[, value])	创建一个新字典，以序列中的元素作为字典的键，值为字典所有键对应的初始值
dictname.get(value, default=None)	返回指定键的值，如果值不在字典中，则返回 default 值
key in dictname	如果键在字典 dictname 里返回 True，否则返回 False
dictname.items()	以列表返回可遍历的(键，值) 元组数组
dictname.keys()	将一个字典所有的键生成列表并返回
dictname.setdefault(value, default=None)	和 dictname.get()类似，不同点是，如果键不在字典中，将会添加键并将值设为 default 对应的值
dictname.update(dictname2)	把字典 dictname2 的键-值对更新到 dictname 里
dictname.values()	以列表返回字典中的所有值
dictname.pop(key[,default])	弹出字典给定键所对应的值，返回值为被删除的值。键值必须给出，否则返回 default 值
dictname.popitem()	弹出字典中的一对键和值（一般删除末尾对），并删除

3.5　集合

集合是一种集合类型，可以理解为数学中的集合。集合可以表示任意元素，可以通过另一个任意键值的集合进行索引，可以无序排列、可哈希。

集合分为两类：可变集合（set）和不可变集合（frozenset）。可变集合，在被创建后，可以通过很多种方法改变，例如，add()、update()等。不可变集合，由于其不可变特性，它是可哈希的（hashable，表示为一个对象在其生命周期中，其哈希值不会改变，并可以和其他对象做比较），也可以作为一个元素被其他集合使用，或者作为字典的键。

3.5.1　创建集合

使用花括号 { } 或者 set()创建非空集合，格式如下。

```
sample_set = {值 1, 值 2, 值 3, ……, 值 n}
```

或

```
sample_set = set([值 1，值 2，值 3，……，值 n])
```

创建一个不可变集合，格式如下。

```
sample_set = frozenset([值 1，值 2，值 3，……，值 n])
```

例如，代码如下。

```
sample_set1 = {1, 2, 3, 4, 5}
sample_set2 = {'a', 'b', 'c', 'd', 'e'}
sample_set3 = {'Beijing', 'Tianjin', 'Shanghai', 'Nanjing', 'Chongqing'}
sample_set4 = set([11, 22, 33, 44, 55])
sample_set5 = frozenset(['CHS', 'ENG', '', '', ''])    #创建不可变集合
```

创建空集合时必须使用 set()，格式如下。

```
emptyset = set()
```

3.5.2　使用集合

集合的一个显著特点就是可以去掉重复的元素；例如，代码如下。

```
>>> sample_set6 = {1, 2, 3, 4, 5, 1, 2, 3, 4,}
>>> print (sample_set6)                        # 输出去掉重复元素的集合
{1, 2, 3, 4, 5}
```

可以使用 len()函数来获得集合中元素的数量；例如，代码如下。

```
>>> sample_set6 = {1, 2, 3, 4, 5, 1, 2, 3, 4,}
>>> len(sample_set6)                           # 输出集合中元素的数量
5
```

注意：这里集合中元素的数量是去掉重复元素之后的数量。

集合是无序的，因此没有索引或者键来指定调用某个元素，但可以使用 for 循环输出集合的元素；例如，代码如下。

```
>>> sample_set6 = {1, 2, 3, 4, 5, 1, 2, 3, 4,}
>>> for x in sample_set6:
print (x)
1
2
3
4
5
```

注意：这里输出的集合的元素也是去掉重复元素之后的。

向集合中添加一个元素，可以使用 add()方法，即把需要添加的内容作为一个元素（整体）加入集合中，格式如下。

```
setname.add(元素)
```

向集合中添加多个元素，可以使用 update()方法，即将另一个类型中的元素拆分后，添加到原集合中，格式如下。

```
setname.update(others)
```

上述两种增加集合元素的方法对可变集合有效，例如：

```
>>> sample_set1 = {1, 2, 3, 4, 5}
>>> sample_set1.add(6)                # 使用 add()方法添加元素到集合
>>> print ("after being added, the set is: ", sample_set1)
after being added, the set is:   {1, 2, 3, 4, 5, 6}
>>> sample_set1.update('python')      # 使用 update()方法添加另一个集合
>>> print ("after being updated, the set is:", sample_set1)
after being updated, the set is: {'y', 1, 2, 3, 4, 5, 6, 'p', 't', 'n', 'o', 'h', }
```

集合可以被用来做成员测试，使用 in 或 not in 检查某个元素是否属于某个集合；例如，代码如下。

```
>>> sample_set1 = {1, 2, 3, 4, 5}
>>> sample_set2 = {'a', 'b', 'c', 'd', 'e'}
>>> 3 in sample_set1                  # 判断 3 是否在集合中，是则返回 True
True
>>> 'c' not in sample_set2            # 判断 "c 没有在集合中"
False                                 # 如果 c 在该集合中，返回 False，否则返回 True
```

集合之间可以做集合运算，求差集（difference）、并集（union）、交集（intersection）、对称差集（symmetric difference）；例如，代码如下。

```
>>> sample_set7 = {'C', 'D', 'E', 'F', 'G'}
>>> sample_set8 = {'E', 'F', 'G', 'A', 'B'}
>>> sample_set7 - sample_set8        # 差集
{'D', 'C'}
>>> sample_set7 | sample_set8        # 并集
{'A', 'G', 'B', 'F', 'E', 'D', 'C'}
>>> sample_set7 & sample_set8        # 交集
{'E', 'G', 'F'}
>>> sample_set7 ^ sample_set8        # 对称差集
{'A', 'B', 'D', 'C'}
```

3.5.3　删除元素和集合

可以使用 remove()方法删除集合中的元素，格式为。

```
setname.remove(元素)
```

可以使用 del 方法删除集合，格式如下。

```
del setname
```

例如，代码如下。

```
>>> sample_set1 = {1, 2, 3, 4, 5}
>>> sample_set1.remove(1)            # 使用 remove()方法删除元素
>>> print (sample_set1)
```

```
{2, 3, 4, 5}
>>> sample_set1.clear()              # 清空集合中的元素
>>> print (sample_set1)
set()                                # 返回结果为空集合
>>> del sample_set1                  # 删除集合
>>> print (sample_set1)
Traceback (most recent call last):   # 系统报告该集合未定义
    File "<pyshell#64>", line 1, in <module>
        print (sample_set1)
NameError: name 'sample_set1' is not defined
```

3.5.4 集合的方法

可变集合与不可变集合都具有如表 3.7 所示的方法，其中 ss 为集合的名称。

表 3.7 集合的内置方法

方　　法	说　　明
len(ss)	返回集合的元素个数
x in ss	测试 x 是否集合 ss 中的元素，返回 True 或 False
x not in ss	如果 x 不在集合 ss 中，返回 True，否则返回 False
ss.isdisjoint(otherset)	当集合 ss 与另一集合 otherset 不相交时，返回 True，否则返回 False
ss.issubset(otherset) 或 ss <= otherset	如果集合 ss 是另一集合 otherset 的子集，返回 True，否则返回 False
ss < otherset	如果集合 ss 是另一集合 otherset 的真子集，返回 True，否则返回 False
ss.issuperset(otherset) 或 ss >= otherset	如果集合 ss 是另一集合 otherset 的父集，返回 True，否则返回 False
ss > otherset	如果集合 ss 是另一集合 otherset 的父集，且 otherset 是 ss 的子集，返回 True，否则返回 False
ss.union(*othersets) 或 ss | otherset1 | otherset2 …	返回 ss 和 othersets 的并集，包含 set 和 othersets 的所有元素
ss.intersection(*othersets)或 ss & otherset1 & otherset2 …	返回 ss 和 othersets 的交集，包含在 ss 并且也在 othersets 中的元素
ss.difference(*othersets) 或 ss - otherset1 - otherset2 …	返回 ss 与 othersets 的差集，只包含在 ss 中但不在 othersets 中的元素
ss.symmetric_difference(otherset) 或 set ^ otherset	返回 ss 与 otherset 的对称差集，只包含在 ss 中但不在 othersets 中和不在 ss 中但在 othersets 中的元素
ss.copy()	返回集合 ss 的浅复制

可变集合具有一些特有的方法，如表 3.8 所示，其中 ss 为集合的名称。

表 3.8 可变集合的特有方法

方　　法	说　　明
ss.update(*othersets) 或 ss |= otherset1 | otherset2 …	将另外的一个集合或多个集合元素添加到集合 ss 中

续表

方　法	说　明
ss.intersection_update(*othersets) 或 set &= otherset1 & otherset2 …	在 ss 中保留它与其他集合的交集
ss.difference_update(*othersets) 或 ss -= otherset1 | otherset2 …	从 ss 中移除它与其他集合的交集，保留不在其他集合中的元素
ss.symmetric_difference_update(otherset) 或 ss ^= otherset	集合 ss 与另一集合 otherset 交集的补集，将结果返回到 ss
ss.add(元素)	向集合 ss 中添加元素
ss.remove(元素)	从集合 ss 中移除元素，如果该元素不在 ss 中，则报告 KeyError
ss.discard(元素)	从集合 ss 中移除元素，如果该元素不在 ss 中，则什么都不做
ss.pop()	移除并返回集合 ss 中的任一元素，如果 ss 为空，则报告 KeyError
ss.clear()	清空集合 ss 中的所有元素

3.6　数据类型转换

Python 3 中有 6 个标准的数据类型，分别为数字、字符串、列表、元组、集合和字典。有时需要用到类型转换；例如，想要将 input()函数接收的数字进行计算，就需要将字符串类型转换为数字类型中的 int 或 float。

3.6.1　六大数据类型之间的转换

在 Python 中，提供了如表 3.9 所示的进行数据类型转换的函数。

表 3.9　常用类型转换函数

函　数	说　明
int(x [,base])	将 x 转换为一个整数
float(x)	将 x 转换为一个浮点数
str(x)	将对象 x 转换为字符串
tuple(s)	将序列 s 转换为一个元组
list(s)	将序列 s 转换为一个列表
set(s)	将序列 s 转换为可变集合
dict(d)	创建一个字典。d 必须是一个 (key, value)元组序列
frozenset(s)	将序列 s 转换为不可变集合
chr(x)	将一个整数 x 转换为一个字符
complex(real [,imag])	创建一个复数
repr(x)	将 x 转换为表达式字符串
eval(str)	计算在字符串中的有效 Python 表达式，并返回一个对象
ord(x)	将一个字符 x 转换为它的整数值
oct(x)	将一个整数 x 转换为一个八进制字符串
hex(x)	将一个整数 x 转换为一个十六进制字符串

3.6.2 类型转换的使用场景

假设某超市因为找零麻烦，特设抹零行为。现编写一段 Python 代码，模拟超市的这种带抹零的结账行为。代码示例，代码如下。

```
>>> money_all = 56.75 + 72.91 + 88.50 + 26.37 + 68.51        # 累加总计金额
>>> money_all_str = str(money_all)                           # 转换为字符串
>>> print("商品总金额为:" + money_all_str)
商品总金额为:313.04
>>> money_real = int(money_all)                              # 进行抹零处理
>>> money_real_str = str(money_real)                         # 转换为字符串
>>> print("实收金额为: " + money_real_str)
实收金额为: 313
```

3.7 实验

3.7.1 不可变类型的使用

Python 的数据类型对象分为可变的和不可变的，主要的核心类型中，数字、字符串、元组、不可变集合是不可变的，列表、字典和可变集合是可变的。对不可变类型的变量重新赋值，实际上是重新创建一个不可变类型的对象，并将原来的变量重新指向新创建的对象（如果没有其他变量引用原有对象，其引用计数为 0，原有对象就会被回收）。

以 int 类型为例，实际上 i += 1 并不是真的在原有的 int 对象上+1，而是重新创建一个值为 i+1 的 int 对象，i 引用自这个新的对象。代码示例，代码如下。

```
>>> i = 5
>>> i += 1
>>> i
6
```

使用 id()函数可查看变量 i 的内存地址（可使用 hex(id(i))查看十六进制表示的内存地址）。代码示例，代码如下。

```
>>> id(i)
1721986240
>>> i += 1
>>> id(i)
1721986272
```

可以看到执行 i += 1 时，内存地址发生了变化；因为 int 类型是不可变的。再修改一下代码，多个 int 类型的变量值相同时，看看它们的内存地址是否相同。代码示例，代码如下。

```
>>> i = 5
>>> j = 5
```

```
>>> id(i)
1721986208                    #i 在内存中的地址
>>> id(j)
1721986208                    #j 在内存中的地址，与 i 的地址相同
>>> k = 5
>>> id(k)
1721986208                    #k 在内存中的地址，与 i、j 的地址相同
>>> x = 6
>>> id(x)
1721986240                    #x 在内存中的地址
>>> y = 6
>>> id(y)
1721986240                    #y 在内存中的地址，与 x 的地址相同
>>> z = 6
>>> id(z)                     #z 在内存中的地址，与 x、y 的地址相同
1721986240
```

由此可看出，对于不可变类型 int，无论创建多少个变量，只要值相同，都指向同一个内存地址。同样情况的还有较短的字符串。

其他类型则不同。以浮点类型为例，从代码运行结果可以看出它是个不可变类型，对 i 的值进行修改后，指向新的内存地址。代码示例，代码如下。

```
>>> i = 1.5
>>> id(i)
2653240564424                 #i 在内存中的地址
>>> i = i + 1.8
>>> i
3.3
>>> id(i)
2653240564376                 #i 的值改变后在内存中的地址
>>> j = 3.3
>>> id(j)
2653240564520                 #i 的值改变后在内存中的地址
```

修改代码，声明两个相同值的浮点型变量，查看它们的 id，发现它们并不是指向同一个内存地址，这和 int 类型不同（这涉及 Python 内存管理机制，Python 对 int 类型和较短的字符串进行了缓存，无论声明多少个值相同的变量，实际上都指向同一个内存地址）。代码示例，代码如下。

```
>>> i = 2.5
>>> id(i)
2653240564524                 #i 在内存中的地址
>>> j = 2.5
>>> id(j)
2653240564544                 #j 的赋值与 i 相同，但在内存中的地址不同
```

3.7.2　可变类型的使用

以 list 为例，list 在 append 之后，还是指向同一个内存地址，因为 list 是可变类型，可

以在原地址处修改。代码示例，代码如下。

```
>>> a = [1, 2, 3]
>>> print(id(a))
59841928
>>> a.append(4)
>>> print(id(a))
59841928
```

当存在多个值相同的可变类型变量时，看看它们是不是跟 int 类型一样指向同一个内存地址。代码示例，代码如下。

```
>>> a = [1, 2, 3]
>>> print(id(a))
56962440
>>> b = [1, 2, 3]
>>> print(id(b))
56962056
```

从运行结果可以看出，虽然 a、b 的值相同，但是指向的内存地址不同。也可以通过 b = a 的赋值语句，让它们指向同一个内存地址。代码示例，代码如下。

```
>>> a = [1, 2, 3]
>>> print(id(a))
57089416
>>> b = [1, 2, 3]
>>> print(id(b))
57089032
>>> b = a
>>> print(id(b))
57089416
```

需要注意的是，因为 a、b 指向同一个内存地址，而 a、b 的类型都是 list，即可变类型，对 a、b 任意一个 list 进行修改，都会影响另外一个 list 的值。代码示例，代码如下。

```
>>> b.append(4)
>>> print(a)
[1, 2, 3, 4]
>>> print(b)
[1, 2, 3, 4]
>>> print(id(a))
51060072
>>> print(id(b))
51060072
```

代码中，b 变量 append(4)，对 a 变量也是有影响的。输出它们的内存地址，还是指向同一个内存地址。

3.8　小结

本章讲解了 Python 的 5 个数据类型：数字、列表、元组、字典和集合，以及它们的特点、使用方法和转换方式等知识点。

同时，从数据类型是否可变的视角对其进行分类，不可变数据类型有 4 个：数字、字符串、元组、不可变集合；可变的数据类型有 3 个：列表、字典、可变集合。其中，列表是 Python 中使用最为频繁的数据类型之一。

人们常说：一切语言的基础就是数据类型。因此，读者应理解、掌握和学会运用本章节的内容，为学习今后的课程做好准备。

3.9　习题

一、编程题

1. 创建列表：

```
list1 = ['Lift','is','short']
list2 = ['You','need','python']
```

完成以下任务：

（1）输出 list1 中的第一个元素 Lift 及其索引（下标）。

（2）在'short'后面增加一个!。

2. 创建列表，内容为 a~z、A~Z 和 0~9，从中随机抽出 6 个字符作为验证码。

3. 创建一个空字典 student，输入学生姓名和成绩，并一一对应，当所有学生的信息输入完之后，输入-1 退出。

注意：学生成绩取值范围为 0~150，如果输入数值超出范围，则需重新输入。

二、简答题

1. 简述元组和列表的相同点和不同点。

2. 简述字典和集合的相同点和不同点。

3. Python 的六大数据类型分别是什么？哪些是不可变数据类型？哪些是可变数据类型？

第 4 章

流程控制

流程控制是指在程序运行时，对指令运行顺序的控制。

通常，程序流程结构分为 3 种：顺序结构、分支结构和循环结构。顺序结构是程序中最常见的流程结构，按照程序中语句的先后顺序，自上而下依次执行，称为顺序结构；分支结构是根据 if 条件的真假（True 或者 False）来决定要执行的代码；循环结构则是重复执行相同的代码，直到整个循环完成或者使用 break 强制跳出循环。

在 Python 语言中，一般使用 if 语句实现分支结构，使用 for 和 while 语句实现循环结构。

条件语句用来判断给定的条件是否满足，并根据判断的结果（True 或 False）决定是否执行或如何执行后续流程的语句，它使代码的执行顺序有了更多选择，以实现更多的功能。

一般来说，条件表达式是由条件运算符和相应的数据所构成的；在 Python 中，所有合法的表达式都可以作为条件表达式。条件表达式的值只要不是 False、0、空值（None）、空列表、空集合、空元组、空字符串等，则均为 True。

4.1 流程图

流程图（flow chart）是使用图形来表示流程控制的一种方法，是一种传统的算法表示方法；用特定的图形符号和文字对流程和算法加以说明，也称为算法的图。

流程图有自己的规范，按照规范所绘制出的流程图便于技术人员之间的交流，也是软件项目开发所必备的基本组成部分，因此绘制流程图应是开发者的基本功。

4.1.1 流程图符号

绘制流程图的软件主要有 Visio、PowerPoint 和 SmartDraw 等。

为了在后续章节中更方便和直观地展示各种流程控制的原理，将使用流程图对它们进行描述。流程图的基本元素如表 4.1 所示。

表 4.1　流程图的基本元素

符　号	说　　　　明
▭	圆角矩形用来表示开始与结束
▯	矩形用来表示要执行的动作或算法
◇	菱形用来表示逻辑条件
▱	平行四边形用来表示输入/输出
→	箭头用来表示工作流方向
○	连接符号连接另一页，避免流线太长或交叉

4.1.2　流程图示例

任何复杂的算法都可以由顺序结构、选择（分支）结构和循环结构这 3 种基本结构组成，遵守 3 种基本结构的规范。基本结构之间可以并列，可以相互包含，但不允许交叉，不允许从一个结构直接转到另一个结构的内部。就像用模块构造建筑一样，这样描述算法的方法结构清晰，易于正确性验证，易于纠错，这就是结构化方法。遵循这种方法的程序设计是结构化程序设计。

顺序结构是程序运行的过程中，从上往下依次执行代码块，如图 4.1 所示。

选择结构是通过一条或多条语句的执行结果（True 或者 False）来决定执行的代码块，如图 4.2 所示。

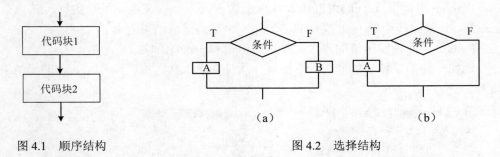

图 4.1　顺序结构　　　　　　　　　图 4.2　选择结构

Python 中的循环语句有 for 和 while。当条件为 True 时执行循环里面的语句；为 False 时执行循环之后的语句。如图 4.3 所示为循环结构。

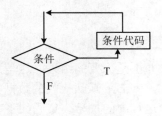

图 4.3　循环结构

4.2 顺序结构

顺序结构是简单的线性结构，按照程序运行的顺序从上往下依次执行。如图 4.1 所示，执行代码块 1 后紧接着执行代码块 2。

例如，计算 1+1=2，将变量 a 赋值为 1，变量 b 赋值为 1，s 保存变量 a 和 b 的计算结果，代码如下。

```
>>> a=1                        # 变量 a 赋值为 1
>>> b=1                        # 变量 b 赋值为 1
>>> s=a+b                      # 计算 a+b 的和
>>> s                          # 输出变量 s
```

运行结果如下。

```
2
```

4.2.1 输入、处理和输出

I/O 是指 input 和 output，即输入和输出。输入设备包含鼠标、键盘、摄像头和麦克风等，由用户制造信息交给计算机接收；输出设备包含显示屏、扬声器、耳机和打印机等，由计算机制造信息输出给用户；在输入和输出之间，就是计算机处理这些信息的过程。基本的程序处理流程是 IPO，即 input→processing→output。

下面将主要介绍最基本的输入，输出方法，即键盘输入、显示屏输出。

Python 提供了 input()内置函数从标准输入读入一行文本，默认的标准输入是键盘。Input()可以接收一个 Python 表达式作为输入，并将运算结果返回。

Python 有两种输出值的方式：表达式语句和 print()函数。

例如，变量 a 和 b 的值由用户控制（从键盘输入），然后计算 a+b 并输出结果，代码如下。

```
>>> a = input("请输入一个数值：")      # 从键盘获取一个值
请输入一个数值：11
>>> b = input("请输入一个数值：")
请输入一个数值：22
>>> s = a + b
>>> print(s)                          # 输出到屏幕
```

运行结果如下。

```
1122
```

由此可以看出，输出的结果并不是想要的结果，这是为什么呢？

因为使用 input()从键盘输入，Python 默认接收的数据类型为字符型，所以这里的 "+" 被认为是连字符号，并不是数学运算中的加号，代码如下。

```
>>> type(a)                           # 输出变量 a 的数据类型
```

运行结果如下。

```
<class 'str'>
```

那么这就要进行数据转换，将从键盘输入的字符转换成想要的数据类型，代码如下。

```
>>> a = int(input("请输入一个数值："))
请输入一个数值：11
>>> b = int(input("请输入一个数值："))
请输入一个数值：22
>>> s = a + b   # s = int(a) + int(b)，如果输入的时候不转换，也可以在计算的时候进行转换
>>> print(s)
```

运行结果如下。

```
33
>>> type(a)
```

运行结果如下。

```
<class 'int'>
```

函数说明如下。

❑ type()：输出变量或表达结果的数据类型。
❑ str()：返回一个用户易读的表达形式。
❑ repr()：产生一个解释器易读的表达形式。

例如，代码如下。

```
>>> s = 'Hello，Python'
>>> str(s)
```

运行结果如下。

```
'Hello，Python'
>>> repr(s)
```

运行结果如下。

```
"'Hello，Python'"
```

在输出时也可以进行格式化。整数：%o 表示八进制、%d 表示十进制、%x 表示十六进制，代码如下。

```
>>> print('%o' % 16) # 八进制
```

运行结果如下。

```
20
>>> print('%d' % 21) # 十进制
```

运行结果如下。

```
21
>>> print('%x' % 1024) # 十六进制
```

运行结果如下。

```
400
```

浮点数：%f 表示保留小数点后面 6 位有效数字；%e 表示保留小数点后面 6 位有效数字；%g 表示在保证 6 位有效数字的前提下，使用小数方式，否则使用科学计数法，代码如下。

```
>>> print('%f' % 1.23)                    # 默认保留 6 位小数
```

运行结果如下。

```
1.230000
>>> print('%.1f' % 1.23)                  # 取 1 位小数
```

运行结果如下。

```
1.2
>>> print('%e' % 1.23)                    # 默认 6 位小数，用科学计数法
```

运行结果如下。

```
1.230000e+00
>>> print('%.3e' % 1.23)                  # 取 3 位小数，用科学计数法
```

运行结果如下。

```
1.230e+00
>>> print('%g' % 1234.1234)               # 默认 6 位有效数字
```

运行结果如下。

```
1234.12
>>> print('%.7g' % 1234.1234)             # 取 7 位有效数字
```

运行结果如下。

```
1234.123
>>> print('%.2g' % 1234.1234)             # 取两位有效数字，自动转换为科学计数法
```

运行结果如下。

```
1.2e+03
```

字符串：%s 表示字符串输出；%10s 表示右对齐，占位符 10 位；%-10s 表示左对齐，占位符 10 位；%.2s 表示截取两位字符串；%10.2s 表示 10 位占位符，截取两位字符串，代码如下。

```
>>> print('%s' % 'hello python')          # 字符串输出
```

运行结果如下。

```
hello python
>>> print('%20s' % 'hello python')        # 右对齐，取 20 位，不够则补位
```

运行结果如下。

```
        hello python
>>> print('%-20s' % 'hello python')          # 左对齐，取 20 位，不够则补位
```

运行结果如下。

```
hello python
>>> print('%.2s' % 'hello python')           # 取两位
```

运行结果如下。

```
he
>>> print('%10.2s' % 'hello python')         # 右对齐，取两位
```

运行结果如下。

```
        he
>>> print('%-10.2s' % 'hello python')        # 左对齐，取两位
```

运行结果如下。

```
he
```

使用 str.format() 函数来格式化输出值，其中，符号如下。
- <：左对齐。
- >：右对齐。
- ^：居中对齐。
- =：在正负号（如果有的话）和数字之间填充，该对齐选项仅对数字类型有效。
  它可以输出类似 +0000120 这样的字符串，代码如下。

```
>>> print("|",format("Python","*>30"),"|")    # 右对齐
```

运行结果如下。

```
| ************************Python |
>>> print("|",format("Python","*^30"),"|")    # 居中对齐
```

运行结果如下。

```
| ************Python************* |
>>> print("|",format("Python","*<30"),"|")    # 左对齐
```

运行结果如下。

```
| Python************************* |
```

4.2.2 顺序程序示例

示例 1：通过键盘输入两个值，并相互交换位置，代码如下。

```
>>> x = input('请输入 x 的值：')
请输入 x 的值：123
>>> y = input('请输入 y 的值：')
请输入 y 的值：666
>>> temp = x
```

```
>>> x = y
>>> y = temp
>>> print('交换后 x 的值为: {}'.format(x))
```

运行结果如下。

```
交换后 x 的值为: 666
>>> print('交换后 y 的值为: {}'.format(y))
```

运行结果如下。

```
交换后 y 的值为: 123
```

在以上示例中，创建了临时变量 temp，并将 x 的值存储在 temp 变量中，接着将 y 的值赋给 x，最后将 temp 的值赋给 y 变量。除了使用临时变量来交换位置，还可以使用 x,y = y,x 来交换变量。想一想，除了以上方法，还有其他方法实现吗？

示例 2：将摄氏温度转为华氏温度，公式为 celsius * 1.8 = fahrenheit – 32，代码如下。

```
>>> celsius = float(input('输入摄氏温度: '))
输入摄氏温度: 36
>>> fahrenheit = (celsius * 1.8) + 32          # 计算华氏温度
>>> print('%0.1f 摄氏温度转为华氏温度为 %0.1f ' %(celsius,fahrenheit))
```

运行结果如下。

```
36.0 摄氏温度转为华氏温度为 96.8
```

示例 3：将字符串转换为大写字母，或者将字符串转换为小写字母，代码如下。

```
>>> str = "python"
>>> print(str.upper())                         # 把所有字符中的小写字母转换成大写字母
```

运行结果如下。

```
PYTHON
>>> print(str.lower())                          # 把所有字符中的大写字母转换成小写字母
```

运行结果如下。

```
python
>>> print(str.capitalize())                     # 把第一个字母转换为大写字母，其余小写
```

运行结果如下。

```
Python
>>> print(str.title())                          # 把每个单词的第一个字母转换为大写字母，其余小写
```

运行结果如下。

```
Python
```

4.3 选择结构

if 语句是由 if 发起的一个条件语句，在满足此条件后执行相应内容，Python 的 if 语句

基本结构如下，流程图如图 4.4 所示。

```
if 表达式 1:
    语句块 1
elif 表达式 2:
    语句块 2
……
else:
    语句块 n
```

这里的 elif 为 else if 的缩写，同时需要注意以下几点。

（1）else、elif 为 if 语句的子语句块，不能独立使用。

（2）每个条件后面要使用冒号 ":"，表示满足条件后需要执行的语句块，后面几种其他形式的选择结构和循环结构中的冒号也是必须要有的。

（3）使用缩进来划分语句块，相同缩进数的语句组成一个语句块。

（4）在 Python 中没有 switch…case 语句。

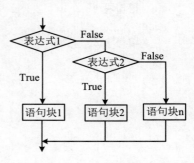

图 4.4 分支选择结构

4.3.1 单分支（if…）

单分支选择结构是最简单的一种形式，不包含 elif 和 else，其语法如下，流程图如图 4.5 所示。

```
if 表达式:
    语句块
```

当表达式值为 True 时，执行语句块，否则该语句块不执行，继续执行后面的代码。

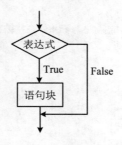

图 4.5 单分支选择结构

例如，判断变量 a（条件表达式）的值是否为 True，是则执行 a=0，否则直接输出 a 的值，代码如下。

```
>>> a = 1
>>> if a:                          # 等价于 a>0 或 a!=0
        a = 0
>>> print(a)                       # 如果 if 条件的值为 False，则输出结果为 1
```

运行结果如下。

```
0
```

4.3.2 双分支（if...else）

双分支选择语句由 if 和 else 两部分组成，当表达式的值为 True 时，执行语句块 1，否则执行语句块 2。双分支选择结构的语法如下，流程图如图 4.6 所示。

```
if  表达式:
    语句块 1
else:
    语句块 2
```

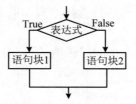

图 4.6 双分支选择结构

例如，判断条件表达式的值是否为 True，是则执行语句块 1，否则执行 else 部分，最后输出 a 的值。这里特别注意代码缩进，代码如下。

```
>>> a = 5
>>> if a < 0:              # 判断 a 是否小于 0
        a = 10
        print(a + 1)       # 如果 if 的条件为 True，就输出 11
    else:
        a = 15
        print(a + 2)       # 如果 if 的条件为 False，就输出 17
>>> print(a)
```

运行结果如下。

```
17
15
```

4.3.3 多分支（if...elif...else）

多分支选择结构由 if、一个或多个 elif 和一个 else 子块组成，else 子块可省略。一个 if 语句可以包含多个 elif 语句，但结尾最多只能有一个 else。多分支选择结构的语法如下，流程图如图 4.7 所示。

```
if   表达式 1:
     语句块 1
elif   表达式 2:
     语句块 2
elif   表达式 3:
```

```
    语句块 3
……
else:
    语句块 n
```

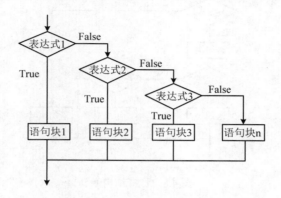

图 4.7　多分支选择结构

例如，根据你带的钱，来决定你今天中午能吃什么，代码如下。

```
>>> money = float(input("请输入你带的钱："))
请输入你带的钱：50
>>> if (money >= 1) and (money <= 5):    # 判断 money 是否在 1 和 5 之间
        print("你可以吃包子")
    elif (money > 5) and (money <= 10):  # 判断 money 是否在 6 和 10 之间
        print("你可以吃面条")
    elif money < 0:          # 如果 money 小于 0，就说明你没有钱，否则就说明你的钱大于 10 元
        print("你的钱不够")
    else:
        print("你可以吃大餐")
```

运行结果如下。

```
你可以吃大餐
```

4.3.4　分支嵌套

选择结构可以进行嵌套来表达更复杂的逻辑关系。使用选择结构嵌套时，一定要控制好不同级别代码块的缩进，否则就不能被 Python 正确理解和执行。在 if 语句嵌套中，if、if...else、if...elif...else 可以进行一次或多次相互嵌套，语法结构如下，流程图如图 4.8 所示。

```
if  表达式 1:
    语句块 1
    if  表达式 2:
        语句块 2
else:
        if  表达式 3:
            语句块 3
```

```
else:
    语句块 4
```

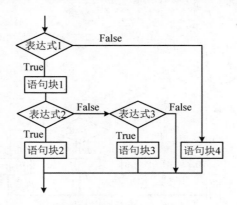

图 4.8　选择结构嵌套

例如，输入一个正整数，判断它是否能同时被 2 和 3 整除，代码如下。

```
>>> a = int(input("请输入一个正整数："))
请输入一个正整数：666
>>> if a % 2 == 0:                        # 判断一个数是否能被 2 整除
        if a % 3 == 0:                    # 判断一个数是否能被 3 整除
            print(a)
        else:
            print("此数能够被 2 整除，但是不能被 3 整除！")
    else:
        print("此数不能被 2 整除！")
```

运行结果如下。

```
666
```

4.4　循环结构

循环结构是指在程序中因需要反复执行某个功能而设置的一种程序结构。

Python 提供 for 和 while 两种循环语句。for 语句用来遍历序列对象内的元素，通常在已知循环次数的情况下使用；while 语句提供了编写通用循环的方法，流程图如图 4.9 所示。

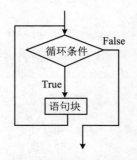

4.4.1　for 循环（包含 range()函数）

for 循环的语法结构类似于 if...else，要注意区分。for 循环的语法结构如下所示。

图 4.9　循环流程图

```
for  变量  in 序列或迭代对象:
```

```
        循环体（语句块 1）
else:
        语句块 2
```

执行时，依次将可迭代对象中的值赋给变量，变量每赋值一次，则执行一次循环体。循环执行结束，并且是正常结束时，如果有 else 部分，则执行对应的语句块；如果使用 break 跳出循环，则不会执行 else 部分。根据实际编程需求，else 部分可以省略。

注意

for 和 else 后面的冒号不能丢，循环体、语句块缩进严格对齐。

例如，求 1~100 的累加和，range()函数是生成 1~100 的整数，Sum 是累加的和，代码如下。

```
>>> Sum = 0
>>> for s in   range(1, 101):           # 从 1 循环到 100，当 101 时就退出循环
        Sum += s                        # 求 1~100 的累加和
>>> print(Sum)
```

运行结果如下。

```
5050
```

例如，删除列表对象中所有偶数，代码如下。

```
>>> x = list(range(20))                 # 创建列表对象
>>> for i in x:                         # 从 0 循环到 19
        x.remove(i)                     # 删除列表对象中下标为 i 的值
else:
        print("delete over")            # for 循环正常执行完成后，执行 else 部分
>>> print(x)                            # 输出 x
```

运行结果如下。

```
delete over
[1, 3, 5, 7, 9, 11, 13, 15, 17, 19]
```

第一次执行时，列表对象和变量 i 的值都为 0，所以删除的是下标为 0 的数。当删除该元素后，列表对象中的所有数都向前移动，下标为 0 的元素的值变成了 1。第一次循环执行完成后，i 的值要加 1，第二次循环要删除的是下标为 1 的数。现在下标为 1 的数是 2，那么第二次删除的就是 2，然后列表中的数再向前移动。以此类推，就能删除所有偶数。如果想删除所有奇数，要怎么做呢？

4.4.2 for 循环嵌套

for 循环嵌套是指在 for 循环里有一个或多个 for 语句，循环里面再嵌套一重循环的叫双重循环，嵌套两层以上的叫多重循环。

例如，使用两个 for 循环打印九九乘法表，利用 for 循环和 range()函数，变量 i 控制外层循环的次数，变量 j 控制内层循环的次数，代码如下。

```
>>> for i in range(1, 10):                    # 外循环循环 9 次
        for j in range(1, i + 1):             # 内循环控制每行输出的个数
            print(str(j) + "x" + str(i) + '=' + str(i * j), end=" ")
# 把数值类型转换成字符型，然后进行输出
        print()                               # 换行
```

运行结果如下。

```
1x1=1
1x2=2 2x2=4
1x3=3 2x3=6  3x3=9
1x4=4 2x4=8  3x4=12 4x4=16
1x5=5 2x5=10 3x5=15 4x5=20 5x5=25
1x6=6 2x6=12 3x6=18 4x6=24 5x6=30 6x6=36
1x7=7 2x7=14 3x7=21 4x7=28 5x7=35 6x7=42 7x7=49
1x8=8 2x8=16 3x8=24 4x8=32 5x8=40 6x8=48 7x8=56 8x8=64
1x9=9 2x9=18 3x9=27 4x9=36 5x9=45 6x9=54 7x9=63 8x9=72 9x9=81
```

例如，求 1！+2！+3！+4！+...+10！的值，代码如下。

```
>>> Sum = 0
>>> for i in range(1, 11):                    # 外循环完成累加
        m = 1                                 # 阶乘初始化为 1
        for j in range(1, i + 1):             # 内循环完成 i!的计算
            m *= j                            # m 为 i 的阶乘
        Sum += m                              # 累加
>>> print(Sum)
```

运行结果如下。

```
4037913                                       #运行结果
```

4.4.3 for...if...else 循环

在循环体中可以包含另一个循环或分支语句，在分支语句中也可以包含另一个分支或循环。

例如，将小写字母转换成大写字母，大写字母转换成小写字母。注意代码缩进，代码如下。

```
>>> x = input("请输入字母：")
请输入字母：Hello world!
>>> for i in range(len(x)):
        if (x[i] >= 'a') and (x[i] <= 'z'):      # 判断是否为小写字母
            print(chr(ord(x[i]) - 32), end=')    # 首先将字符转换成 ASCII 码进行计算，然后将
ASCII 码转换成字符
        elif (x[i] >= 'A') and (x[i] <= 'Z'):    # 判断是否为大写字母
            print(chr(ord(x[i]) + 32), end=')
        if x[i] == ' ':                          # 如果遇到空格，原样输出
            print(end=" ")
```

```
else:                                          #  for 循环的 else
    print('\nover!')
```

运行结果如下。

```
hELLO WORLD
over!
```

4.4.4 break 及 continue 语句

break 语句的作用是跳出循环或叫终止循环，继续执行循环后面的语句。continue 语句是结束本次循环（不执行循环体中 continue 后面的语句），进入下一次循环。

例如，循环条件为 True，当 i=7 时强制跳出循环，代码如下。

```
>>> i = 1
>>> while True:                    # 循环条件永远为 True
        if i == 7:                 # 判断变量 i 的值是否等于 7
            break                  # 如果变量 i 等于 7 就跳出循环
        print(i, end=' ')
        i += 1
    else:                          # 循环 while 的 else 部分
        print('yes')
```

运行结果如下。

```
1 2 3 4 5 6
```

例如，输出 50～80 中不能被 3 整除的数，代码如下。

```
>>> for i in range(50, 80):        # 从 50 循环到 79
        if i % 3 == 0              # 如果能被 3 整除就不输出
            continue
        print(i, end=' ')
```

运行结果如下。

```
50 52 53 55 56 58 59 61 62 64 65 67 68 70 71 73 74 76 77 79
```

4.4.5 while 循环

当不知道循环次数，但知道循环条件时，一般使用 while 语句，其结构如下。

```
while  循环条件:
    循环体（语句块 1）
else:
    语句块 2
```

与 for 循环类似，可在循环体中使用 break 和 continue 语句。else 部分可以省略。

注意

在 Python 中没有 do...while 语句。

例如，打印出一个倒三角形图案，代码如下。

```
>>> i = 0
>>> while i < 5:                        # 外循环 0～4
        j = 5                           # 每循环一次变量 j 初始化为 5
        while j > i:
            print('。', end=' ')
            j -= 1                       # 控制内循环
        print()
        i += 1                          # 控制外循环
```

运行结果如下。

```
。 。 。 。 。
。 。 。 。
。 。 。
。 。
。
```

例如，求 50 以内所有 5 的倍数的和，代码如下。

```
>>> i = 1
>>> Sum = 0
>>> while i <= 50:                      # 从 1 循环到 50
        if i % 5 == 0:                  # 判断变量 i 是否能被 5 整除
            Sum += i
            print(i, end=' ')
        i += 1                          # 循环控制变量
    else:                               # 循环正常结束，执行 else 部分
        print("\nover")
>>> print(Sum)
```

运行结果如下。

```
5 10 15 20 25 30 35 40 45 50
over
275
```

⚠ 4.5 迭代器

迭代器（iterator）有时又称光标（cursor），是程序设计的软件设计模式，可在容器对象（container；例如，链表或数组）上遍历的接口，设计人员无须关心容器对象的内存分配的实现细节。

迭代是 Python 最强大的功能之一，是访问集合元素的一种方式。迭代器是一个可以记住遍历的位置的对象。迭代器对象从集合的第一个元素开始访问，直到所有的元素被访问完结束。迭代器只能往前，不会后退。字符串、列表或元组对象都可用于创建迭代器。

4.5.1 iter()函数

iter(object[, sentinel])函数用于创建迭代对象，它有两种用法，一种是传一个参数，一

种是传两个参数。结果都是返回一个 iterator 对象，第一个参数必选，第二个参数可选。

传一个参数：参数 object 必须支持迭代协议（即定义有 __iter__()函数），或者支持序列访问协议（即定义有 __getitem__()函数），否则会返回 TypeError 异常。

传两个参数：当第二个参数 sentinel 出现时，object 应是一个可调用对象（实例），即定义了 __call__()方法，当枚举的值等于 sentinel 时，就会抛出异常 StopIteration。

例如，创建一个迭代器对象，输出迭代器的元素，代码如下。

```
>>> x = iter([2020, 2021, 2022])          # 创建迭代器对象
>>> for i in x:                           # 通过 for 循环遍历迭代器对象
        print(i, end=" ")
```

运行结果如下：

```
2020 2021 2022
```

例如，创建一个 Python 字符串的迭代器对象，代码如下。

```
>>> s = 'Python'
>>> it = iter(s)                          # 创建迭代器对象
>>> for x in s:                           # 通过 for 循环遍历迭代器对象
        print(x)
```

运行结果如下。

```
P
y
t
h
o
n
```

4.5.2 next()函数

迭代器对象有一个 next()函数，调用后返回下一个元素。所有元素迭代完成后，迭代器引发一个 StopIteration 异常，告诉程序循环结束。for 语句可用于序列类型，也可以用于迭代器类型，它会在内部调用 next()并捕获异常。

例如，在 4.5.1 节的第一个示例中，迭代对象可以使用 for 循环遍历其中的元素，这次使用 next()函数来访问迭代器对象，代码如下。

```
>>> x = iter([2020, 2021, 2022])          # 创建迭代器对象
>>> print(next(x))                        # 输出迭代器的下一个元素
```

运行结果如下。

```
2020
>>> print(next(x))
```

运行结果如下。

```
2021
>>> print(next(x))
```

运行结果如下。

```
2022
>>> print(next(x))
```

运行结果如下。

```
Traceback (most recent call last):
  File "<pyshell#4>", line 1, in <module>
    print(next(x))
StopIteration
```

当 使 用 next() 迭 代 时，如 果 迭 代 次 数 超 过 了 迭 代 器 中 的 元 素 个 数 就 会 引 发 StopIteration，由此可以利用 while 循环迭代，并不断捕捉迭代结束的异常，完成 while 循环的迭代过程，代码如下。

```
>>> s = 'Python'
>>> it = iter(s)
>>> while True:
        try:                         # 异常处理
            print(next(it))
        except StopIteration:        # 抛出 StopIteration 异常
            break
```

运行结果如下。

```
P
y
t
h
o
n
```

4.5.3 生成器函数

一个包含 yield 关键字的函数就是一个生成器函数，常规函数定义，但是使用 yield 语句而不是 return 语句返回结果。yield 语句一次返回一个结果，在每个结果中间，挂起函数的状态，以便下次从离开的地方继续执行，代码如下。

```
>>> def test():          # 定义生成器 test()函数
        yield 'a'        # 生成字符'a'
        yield 'b'
        yield 'c'
>>> t = test()           # t 是一个迭代器，由生成器返回生成
>>> next(t)
```

运行结果如下。

```
'a'
>>> next(t)
```

运行结果如下。

```
'b'
>>> next(t)
```

运行结果如下。

```
'c'
```

4.6 实验

4.6.1 使用条件语句

（1）从键盘输入三位同学的成绩，然后找出最高分，代码如下。

```
>>> st1 = float(input("请输入第一位同学的成绩："))
请输入第一位同学的成绩：75
>>> st2 = float(input("请输入第二位同学的成绩："))
请输入第二位同学的成绩：90
>>> st3 = float(input("请输入第三位同学的成绩："))
请输入第三位同学的成绩：88
>>> max = st1              # 假设第一个为最高分
>>> if max < st2:          # 如果第一个数小于第二个数，最大的数就变成第二个
        max = st2
>>> if max < st3:          # 把前面两个较大的数和第三个数比
        max = st3
>>> print(max)
```

运行结果如下。

```
90.0
```

（2）输入三位同学的成绩，然后由大到小排列，代码如下。

```
>>> st1 = float(input("请输入第一位同学的成绩："))
请输入第一位同学的成绩：78
>>> st2 = float(input("请输入第二位同学的成绩："))
请输入第二位同学的成绩：66
>>> st3 = float(input("请输入第三位同学的成绩："))
请输入第三位同学的成绩：80
>>> if st1 < st2:                    # 第一个数和第二个数进行比较
        tmp = st1
        st1 = st2
        st2 = tmp                    # 交换两个数的值
>>> if st1 < st3:                    # 第一个数和第三个数进行比较
        tmp = st1
        st1 = st3
        st3 = tmp
>>> if st2 < st3:                    # 第二个数和第三个数进行比较
```

```
        tmp = st2
        st2 = st3
        st3 = tmp
>>> print(st1, st2, st3)
```

运行结果如下。

```
80.0 78.0 66.0
```

4.6.2 使用 for 语句

（1）求出 1000 以内的所有完数。所谓完数，就是除了它自身，其他因子之和等于它本身；例如，6 的因子有 1、2、3、6，并且 6=1+2+3，因此 6 是一个完数，代码如下。

```
>>> for i in range(1, 1000):          # 外循环从 1 到 999
        Sum = 0                       # 创建 Sum 变量作为各因子之和
        for j in range(1, i):         # 内循环判断这个数是不是完数
            if i % j == 0:            # 求出它的所有因数
                Sum += j              # 把求出来的因数相加
        if Sum == i:                  # 判断它的因子之和是否等于它本身
            print(i, end=' ')
```

运行结果如下。

```
6 28 496
```

（2）用循环语句求 1+22+333+4444+55555 的值，代码如下。

```
>>> Sum = 1                          # 直接把 1 放到总和里面
>>> for i in range(2, 6):            # 外层循环运行 4 次
        x = i                        # 控制最高位的数
        for j in range(1, i+1):
            x = x * 10 + i           # 如 22=2*10+2，加的变量 i 就是个位的数
        Sum += x
>>> print("1+22+333+…+55555 的值为：%d" % Sum)
```

运行结果如下：

```
1+22+333+…+55555 的值为：603555
```

4.6.3 使用 while 语句

（1）求出 2000～2100 的所有闰年。闰年是能同时被 4 和 100 整除，或者能被 400 整除的年份，代码如下。

```
>>> year = 2000
>>> while year <= 2100:                                        # 从 2000 循环到 2100
        if (year % 4 == 0 and year % 100 != 0) or (year % 400 == 0):  # 判断是否为闰年
            print(year, end=' ')
        year += 1                                              # 循环控制变量
```

运行结果如下。

```
2000 2004 2008 2012 2016 2020 2024 2028 2032 2036 2040 2044 2048 2052 2056 2060 2064
2068 2072 2076 2080 2084 2088 2092 2096
```

（2）输入两个正整数，并求出它们的最大公约数和最小公倍数，代码如下。

```
>>> x = int(input("请输入第一个数"))
请输入第一个数 12
>>> y = int(input("请输入第二个数"))
请输入第二个数 18
>>> r = x % y                      # 取两个数的余数，作为循环控制变量
>>> b = y
>>> while r:                       # 等价于 r>0
        a = b
        b = r                      # 保存最大公约数
        r = a % b                  # 求两个数的最大公约数
>>> gbs = x * y / b                # 两个数相乘，再除以最大公约数就是最大公倍数
>>> print("最大公约数为：%d\n 最小公倍数为：%d" % (b,gbs))
```

运行结果如下。

```
最大公约数为：6
最小公倍数为：36
```

4.6.4 使用 break 语句

（1）输出 100 以内的所有质数，代码如下。

```
>>> for i in range(2, 100):
        x = 1                      # 每次初始化为 1，默认是质数
        for j in range(2, i):      # 内层循环判断是否为质数
            if i % j == 0:         # 判断 i 是否能被 j 整除
                x = 0
                break              # 跳出内层循环
        if x:                      # 等价于 x==1 或 x!=0
            print(i, end=' ')
```

运行结果如下。

```
2 3 5 7 11 13 17 19 23 29 31 37 41 43 47 53 59 61 67 71 73 79 83 89 97
```

（2）求 100 以内最大的 10 个质数的和，代码如下。

```
>>> i = 100
>>> sum = p = 0                    # 变量 sum 求和，变量 p 记录个数
>>> while i > 0:
        x = 1                      # 每次初始化为 1，默认是质数
        for j in range(2, i):      # 内层循环判断是否为质数
            if i % j == 0:         # 判断 i 是否能被 j 整除
                x = 0
                break              # 跳出内层循环
        if x:                      # 等价于 x==1 或 x!=0
```

```
        if p < 10:                  # 控制输出的个数
            print(i, end=' ')
            sum += i                # 求和
            p += 1
        else:
            break
    i -= 1
>>> print('\n100 内最大的 10 个质数和为：%d'%sum)
```

运行结果如下。

```
97 89 83 79 73 71 67 61 59 53
100 内最大的 10 个质数和为：732
```

4.6.5 使用 continue 语句

（1）求 1～10 的所有偶数的和，代码如下。

```
>>> Sum = 0                         # 创建 Sum 变量作为和
>>> for i in range(1, 11):          # 从 1 循环到 10
        if i % 2 != 0:              # 如果不是偶数就不输出，也不做计算
            continue
        print(i, end=' ')
        Sum += i
2 4 6 8 10                          # 运行结果
>>> print('\n10 以内的偶数和为：%d' % Sum)
```

运行结果如下。

```
10 以内的偶数和为：30
```

（2）输出 10～20 中不能被 2 或 3 整除的数，代码如下。

```
>>> for i in range(10, 20):         # 从 10 循环到 19
        if i % 2 == 0 or i % 3 == 0:   # 判断是否能被 2 或 3 整除，是就不输出
            continue
        print(i, end=' ')
```

运行结果如下。

```
11 13 17 19
```

4.6.6 使用迭代器

（1）假如 15:10 有个会议，需要设置一个闹钟 15:00。实现方法是先生成 0～23 的有序数列，用户输入要设置闹钟的整数，时间从 0 开始循环到用户输入的数为止，代码如下。

```
>>> t = [ ]                         # 定义一个空数组
>>> for i in range(24):             # 生成 0～23 的有序整数
        t.append(i)                 # 将变量 i 的值添加到数组 t
```

```
>>> time = iter(t)                          # 创建迭代器 time
>>> setT = int(input("请输入要设置闹钟的时间"))
请输入要设置闹钟的时间 15
>>> while True:                             # 循环输出时间并判断输入的数
        try:                                # 异常处理
            temp = next(time)               # 返回迭代器下一个元素
            print("当前时间: ",temp,":00")
            if setT == temp:                # 判断当前值是否等于输入的数
                print("XXX 会议")
                break
        except StopIteration:
            break
```

运行结果如下。

```
当前时间:  0 :00
当前时间:  1 :00
当前时间:  2 :00
当前时间:  3 :00
当前时间:  4 :00
当前时间:  5 :00
当前时间:  6 :00
当前时间:  7 :00
当前时间:  8 :00
当前时间:  9 :00
当前时间:  10 :00
当前时间:  11 :00
当前时间:  12 :00
当前时间:  13 :00
当前时间:  14 :00
当前时间:  15 :00
XXX 会议
```

（2）使用生成器实现斐波那契数列，代码如下。

```
>>> def fib(max):                # 定义 fib 生成器
        n = 0
        a, b = 0, 1              # a 的值为 0，b 的值为 1
        while n < max:
            yield b
            a, b = b, a + b      # 将右边变量 b 赋值给左边变量 a，a+b 的值赋值给左边变量 b
            n = n + 1
        return "done"           # 返回"done"字符串
>>> for i in t:
        print(i)
```

运行结果如下。

```
1
2
```

```
3
5
8
13
21
34
55
```

4.7 小结

本章讲解了 Python 流程控制的相关知识，包括流程图、顺序结构、选择结构、循环结构以及迭代器等。if、for 和 while 语法很简单，但通过组合或嵌套，可以实现由简单到复杂的各种程序逻辑结构。迭代器只能往前，不会后退。yield 语句一次返回一个结果，在每个结果中间，挂起函数的状态，以便下次从离开的地方继续执行。

为了保证程序流程控制的灵活性，Python 提供了 continue 和 break 两个语句来控制循环语句。continue 语句用来结束本次循环，并提前进入下一次循环。break 语句用于强制退出循环，不执行循环体中剩余的循环次数。

4.8 习题

一、选择题

1. 下列选项中，语法正确的是（　　）。
   A. if 1:　　　B. if True　　　C. while 2　　　D. for i in (1,2,3,4):
   　　break　　　　　continue　　　　　break　　　　　　continue
2. 下列选项中，布尔值不是 False 的是（　　）。
   A. 0　　　　　B. -1　　　　　C. {}　　　　　D. None
3. 在 Python 中，不存在流程控制语句（　　）。
   A. if...elif　　B. while...else　　C. do...while　　D. if...else
4. 在循环中，可以使用_____语句跳出循环。（　　）
   A. Break　　　B. Continue　　　C. break　　　　D. continue
5. 在 for i in range(5)语句中，i 的取值是（　　）。
   A. [0,1,2,3,4,5]　　　　　　　B. [0,1,2,3,4,]
   C. [1,2,3,4,5]　　　　　　　　D. [1,2,3,4]
6. 在迭代器中，所有元素迭代完后，迭代器引发一个_____异常，告诉程序循环结束。（　　）
   A. TypeError　　　　　　　　　B. StopIteration
   C. ValueError　　　　　　　　　D. StopAsyncIteration

二、填空题

1. _____语句是 else 和 if 的组合。
2. _____、_____不能单独和 if 分支配合使用。
3. 每个流程结构语句后面必须要有_____。
4. Python 中的流程控制语句有_____、_____和_____。
5. 当循环_____结束时才会执行 else 部分。
6. _____函数用于创建迭代对象，_____函数用于返回下一个元素。

三、编程题

1. 输入一行字符，统计字母、数字、空格和其他字符个数。
2. 将一个正整数分解质因数。例如，输入 60，打印 60=2*2*3*5。
3. 打印以下图形。

```
A B C D E F G
G A B C D E F
F G A B C D E
E F G A B C D
D E F G A B C
C D E F G A B
B C D E F G A
```

第 5 章

字符串与正则表达式

字符串是 Python 的数据类型之一，用于表示文本类型的数据，也是有序的字符数组集合。从严格意义上来说，字符串的序列是不可变的；所以不能直接修改字符串中的字符。字符串中的字符是按照从左到右的顺序，并且字符的索引或位置以 0 开始，依次累加 1 而进行标识的。

正则表达式是操作字符串的特殊字符串，通过正则表达式可以验证相应的字符串是否符合对应的规则。本章将对字符串的基本操作、字符串的格式化、字符串的内置函数以及正则表达式、re 模块等内容进行讲解。

5.1 字符串

字符串是 Python 语言中的一种非数值数据类型，主要用于存储文本数据；它可看作有序的字符数值集合。

5.1.1 创建字符串

创建字符串很简单，只要为变量分配一个值即可。
代码示例，代码如下。

```
>>> var1 = 'Hello World!'
>>> var2 = "Python Runoob"
```

字符串中还有一种特殊的字符叫作转义字符，转义字符通常用于表示不能够直接输入的各种特殊字符。Python 中常用转义字符如表 5.1 所示。

表 5.1　转义字符

转 义 字 符	说　　明	转 义 字 符	说　　明
\\	反斜线	\r	回车符
\'	单引号	\t	水平制表符
\"	双引号	\v	垂直制表符
\a	响铃符	\0	Null，空字符串
\b	退格符	\000	以八进制表示的 ASCII 码对应符
\f	换页符	\xhh	以十六进制表示的 ASCII 码对应符
\n	换行符		

5.1.2　使用字符串

在 Python 中，可以直接访问字符串中的值。但是 Python 不支持单字符类型，单个字符在 Python 中也被看作一个字符串。

字符串的基本操作主要有访问字符串中的值、求字符串的长度、字符串的连接、字符串的遍历、字符串的包含判断以及字符串的索引和切片等。

1. 访问字符串中的值

由于字符串是有序的数据类型，在访问字符串中的值时，可以将字符串的索引（即 index，也被称为下标）放在方括号中来表示。代码示例，代码如下。

```
>>> var1 = 'Hello World!'
>>> print("var1[0]: ", var1[0])
```

运行结果如下。

```
var1[0]:   H
```

假设字符串中字符个数为 n，字符的索引值从左向右以 0 开始，直到 n-1；如果从右向左，则是以-1 开始，直到-n。

注意：因字符串是不可变的数据类型，虽然可以使用索引获得该位置上的字符，但是不能通过该索引修改对应的字符；例如，代码如下。

```
>>> var2 = "Python Runoob"
>>> var2[0] = 'b'                        # 修改字符串的第一个字符
Traceback (most recent call last):       # 系统报错
   File "<pyshell#7>", line 1, in <module>
var2[0] = 'b'
TypeError: 'str' object does not support item assignment
```

2. 求字符串的长度

字符串的长度是指字符数组的长度，也可以理解为字符串中的字符个数（空格也是字符）。可以用 len()函数查看字符串的长度；例如，代码如下。

```
>>> sample_str1 = 'Jack loves Python'
>>> len(sample_str1)                              # 查看字符串的长度
```

运行结果如下。

```
17
```

3. 字符串的连接

字符串的连接是指将多个字符串连接在一起，组成一个新的字符串；例如，代码如下。

```
>>> sample_str2 = 'Jack', 'is', 'a', 'Pythonista'      # 字符串用逗号隔开，组成元组
>>> print('sample_str2:' , sample_str2 , type(sample_str2))
```

运行结果如下。

```
sample_str2: ('Jack', 'is', 'a', 'Pythonista') <class 'tuple'>
```

当字符串之间没有任何连接符时，这些字符串会直接连接在一起，组成新的字符串；例如，代码如下。

```
>>> sample_str3 = 'Jack''is''a''Pythonista'          #字符串间无连接符，默认合并
>>> print('sample_str3: ' , sample_str3)
```

运行结果如下。

```
sample_str3: JackisaPythonista
```

字符串之间用"+"号连接时，也会出现同样的效果，这些字符串将连接在一起，组成一个新的字符串；例如，代码如下。

```
>>> sample_str4 = 'Jack' + 'is' + 'a' + 'Pythonista'    # 字符串之间用"+"连接，默认合并
>>> print('sample_str4: ' , sample_str4)
```

运行结果如下。

```
sample_str4: JackisaPythonista
```

用字符串与正整数进行乘法运算时，相当于创建对应次数的字符串，最后组成一个新的字符串；例如，代码如下。

```
>>> sample_str5 = 'Jack'*3                        # 重复创建相应的字符串
>>> print('sample_str5: ', sample_str5)
```

运行结果如下。

```
sample_str5: JackJackJack
```

注意：字符串直接以空格隔开时，该字符串会组成元组类型。

4. 字符串的遍历

通常使用 for 循环对字符串进行遍历；例如，代码如下。

```
>>> sample_str6 = 'Python'                        # 遍历字符串
>>> for a in sample_str6:
print(a)
```

其中，变量 a 每次循环按顺序代指字符串里面的一个字符。

运行结果如下。

```
P
y
t
h
o
n
```

5. 字符串的包含判断

字符串是字符的有序集合，因此用 in 操作来判断指定的字符是否存在包含关系；例如，代码如下。

```
>>> sample_str7 = 'Python'
>>> 'a' in sample_str7              # 字符串中不存在包含关系
>>> 'Py' in sample_str7            # 字符串中存在包含关系
```

运行结果如下。

```
False
True
```

6. 切片

字符串具有索引的特性；例如，代码如下。

```
>>> sample_str8 = 'Python'
>>> sample_str8[0]                 # 获取字符串中索引为 0 的字符
'P'
```

利用该特性，字符串还衍生出切片的操作。

切片也叫分片，是指从某一个索引范围中获取连续的多个字符（又称为子字符串）。常用格式如下。

```
stringname[start:end]
```

其中，stringname 是指被切片的字符串，start 和 end 分别指开始和结束时字符的索引，切片的最后一个字符的索引是 end-1，这里有一个诀窍叫"包左不包右"；例如，代码如下。

```
>>> sample_str9 = 'abcdefghijkl'
>>> sample_str9[0:4]               # 获取索引为 0～3 的 4 个字符，不包括索引为 4 的字符
```

运行结果如下。

```
'abcd'
```

若不指定起始切片的索引位置，默认从 0 开始；若不指定结束切片的位置，默认是字符串的长度-1；例如，代码如下。

```
>>> sample_str10 = 'abcdefg'
>>> print("起始不指定", sample_str10[:3])
# 获取索引为 0～3 的字符串，不包括 3
>>> print("结束不指定", sample_str10[3:])
```

```
# 从索引 3 到最后一个字符，不包括 len
```

运行结果如下。

```
起始不指定 abc
结束不指定 defg
```

默认切片的字符串是连续的，但是也可以通过指定步进数（step）来跳过中间的字符，默认的 step 是 1。例如，指定步进数为 2，代码如下。

```
>>> sample_str11 = '012345678'
>>> print('跳 2 个字符', sample_str11[1:7:2])              # 索引为 1~7，每两个字符截取
```

运行结果如下。

```
跳 2 个字符 135
```

由于元组与列表也是有序的数据类型，并支持索引，因此也具备切片的特性。

5.1.3　字符串的格式化

除了对字符串进行运算处理，还能对字符串进行格式化输出的操作。例如，使用 format() 方法，代码如下。

```
>>> print('My name is {0}, and I am a {1}!'.format('Jack', Pythonista))     # 函数格式化
My name is Jack, and I am a Pythonista!
```

还有一种方法是将一个参数按指定的格式插入一个字符串中，代码示例，代码如下。

```
>>> print ("My name is %s, and I am %d years old!"%('Jack', 12))
My name is Jack, and I am 12 years old!
```

Python 中字符串格式化符号如表 5.2 所示。

表 5.2　字符串格式化符号

格式控制符	说　　明
%s	字符串（采用 str() 的显示）或其他任何对象
%r	与 %s 相似（采用 repr() 的显示）
%c	单个字符
%b	参数转换成二进制整数
%d	参数转换成十进制整数
%i	参数转换成十进制整数
%o	参数转换成八进制整数
%u	参数转换成十进制整数
%x	参数转换成十六进制整数，字母小写
%X	参数转换成十六进制整数，字母大写
%e%E	按科学计数法格式转换成浮点数
%f%F	按定点小数格式转换成浮点数
%g%G	按定点小数格式转换成浮点数，与 %f%F 不同，%g%G 专指 e^x 指 x 所代表的浮点数

5.1.4　字符串的内置函数

由于字符串是 str 类型对象，所以内置了一系列的函数，其中常用的函数如下。

1.　str.strip([chars])

若不指定 chars，默认去掉字符串的首尾空格或者换行符；如果指定了 chars，那么会删除首尾的 chars。例如，代码如下。

```
>>> sample_fun1 = '   Hello world^#'
>>> print(sample_fun1.strip())              # 默认去掉首尾空格
>>> print(sample_fun1.strip('#'))           # 指定首尾需要删除的字符
>>> print(sample_fun1.strip('^#'))
```

运行结果如下。

```
Hello world^#
Hello world^
Hello world
```

2.　str.count('chars', start, end)

统计 chars 字符串或者字符在 str 中出现的次数，从 start 顺序开始查找，一直到 end 结束，默认是从顺序 0 开始。例如，代码如下。

```
>>> sample_fun2 = 'abcdabfabbcd'
>>> sample_fun2.count('ab',2,9)             # 统计字符串出现的次数
```

运行结果如下。

```
2
```

3.　str. capitalize()

将字符串的首字母大写；例如，代码如下。

```
>>> sample_fun3 = 'abc'
>>> print(sample_fun3.capitalize())         # 首字母大写
```

运行结果如下。

```
Abc
```

4.　str.replace(oldstr, newstr, count)

用旧的子字符串替换新的子字符串，若不指定 count，默认全部替换；例如，代码如下。

```
>>> sample_fun4 = 'ab12cd3412cd'
>>> print(sample_fun4.replace('12','21'))      # 不指定替换次数 count
>>> print(sample_fun4.replace('12','21',1))    # 指定替换次数 count
```

运行结果如下。

```
ab21cd3421cd
ab21cd3412cd
```

5. str.find('str',start,end)

查找并返回子字符在 start 到 end 范围内的顺序，默认范围是从父字符串的头到尾；例如，代码如下。

```
>>> sample_fun5 = '0123156'
>>> print(sample_fun5.find('5'))              # 查看子字符串的顺序
>>> print(sample_fun5.find('5',1,4))          # 指定范围内没有该字符串，默认返回-1
>>> print(sample_fun5.find('1')               # 多个字符串返回第一次出现时的顺序
```

运行结果如下。

```
5
-1
1
```

6. str.index('str',start,end)

该函数与 find()函数一样，但是如果在某一个范围内没有找到该字符串，则不再返回-1，而是直接报错；例如，代码如下。

```
>>> sample_fun6 = '0123156'
>>> print(sample_fun6.index(7))               # 指定范围内没有找到该字符串会报错
```

运行结果如下。

```
Traceback (most recent call last):
  File "D:/python/space/demo05-02-03.py", line 2, in <module>
    print(sample_fun6.index(7))               # 指定范围内没有找到该字符串会报错
TypeError: must be str, not int
```

7. str.isalnum()

字符串由字母或数字组成则返回 True，否则返回 False；例如，代码如下。

```
>>> sample_fun7 = 'abc123'                    # 字符串由字母和数字组成
>>> sample_fun8 = 'abc'                       # 字符串由字母组成
>>> sample_fun9 = '123'                       # 字符串由数字组成
>>> sample_fun10 = 'abc12%'                   # 字符串由数字、字母和其他字符组成

print(sample_fun7.isalnum())
print(sample_fun8.isalnum())
print(sample_fun9.isalnum())
print(sample_fun10.isalnum())
```

运行结果如下。

```
True
True
True
False
```

8. str.isalpha()

字符串全由字母组成则返回 True，否则返回 False；例如，代码如下。

```
>>> sample_fun11 = 'abc123'                    # 字符串中不是字母
>>> sample_fun12 = 'abc'                       # 字符串中只有字母
print(sample_fun11.isalpha())
print(sample_fun12.isalpha())
```

运行结果如下。

```
False
True
```

9. str.isdigit()

字符串全由数字组成则返回 True，否则返回 False；例如，代码如下。

```
>>> sample_fun13 = 'abc12'                     # 字符串中不是数字
>>> sample_fun14 = '12'                        # 字符串中只有数字
print(sample_fun13.isdigit())
print(sample_fun14.isdigit())
```

运行结果如下。

```
False
True
```

10. str.isspace()

字符串全由空格组成则返回 True，否则返回 False；例如，代码如下。

```
>>> sample_fun15 = ' abc'                      # 字符串中不是空格
>>> sample_fun16 = '   '                       # 字符串中只有空格
>>> print(sample_fun15.isspace())
>>> print(sample_fun16.isspace())
```

运行结果如下。

```
False
True
```

11. str.islower()

字符串全是小写字母则返回 True，否则返回 False；例如，代码如下。

```
>>> sample_fun17 = 'abc'                       # 字符串中的字母全是小写
>>> sample_fun18 = 'Abcd'                      # 字符串中的字母不全是小写
>>> print(sample_fun17.islower())
>>> print(sample_fun18.islower())
```

运行结果如下。

```
True
False
```

12. str.isupper()

字符串全是大写字母则返回 True，否则返回 False；例如，代码如下。

```
>>> sample_fun19 = 'abCa'                      # 字符串中的字母不全是大写
```

```
>>> sample_fun20 = 'ABCA'                        # 字符串中的字母全是大写
>>> print(sample_fun19.isupper())
>>> print(sample_fun20.isupper())
```

运行结果如下。

13. str.istitle()

字符串首字母大写则返回 True，否则返回 False；例如，代码如下。

```
>>> sample_fun21 = 'Abc'                          # 字符串首字母大写
>>> sample_fun22 = 'aAbc'                         # 字符串首字母不是大写
>>> print(sample_fun21s.istitle())
>>> print(sample_fun22.istitle())
```

运行结果如下。

```
True
False
```

14. str.lower()

将字符串中的字母全部转换成小写字母；例如，代码如下。

```
>>> sample_fun23 = 'aAbB'                         # 将字符串中的字母全部转换成小写字母
>>> print(sample_fun23.lower())
```

运行结果如下。

```
aabb
```

15. str.upper()

将字符串中的字母全部转换成大写字母；例如，代码如下。

```
>>> sample_fun24 = 'abcD'                         # 将字符串中的字母全部转换成大写字母
>>> print(sample_fun24.upper())
```

运行结果如下。

```
ABCD
```

16. str.split(sep,maxsplit)

将字符串按照指定的 sep 字符进行分割，maxsplit 是指定需要分割的次数，若不指定 sep，默认是分割空格；例如，代码如下。

```
>>> sample_fun25 = 'abacdaef'
>>> print(sample_fun25.split('a'))               # 指定分割字符串
>>> print(sample_fun25.split())                  # 不指定分割字符串
>>> print(sample_fun25.split('a',1))             # 指定分割次数
```

运行结果如下。

```
['', 'b', 'cd', 'ef']
['abacdaef']
['', 'bacdaef']
```

17. str.startswith(sub[,start[,end]])

判断字符串在指定范围内是否以 sub 开头，默认范围是整个字符串；例如，代码如下。

```
>>> sample_fun26 = '12abcdef'
>>> print(sample_fun26.startswith('12',0,5))          # 指定范围内是否以该字符开头
```

运行结果如下。

```
True
```

18. str.endswith(sub[,start[,end]])

判断字符串在指定范围内是否以 sub 结尾，默认范围是整个字符串；例如，代码如下。

```
>>> sample_fun27 = 'abcdef12'
>>> print(sample_fun27.endswith('12'))                # 指定范围内是否以该字符结尾
```

运行结果如下。

```
True
```

19. str.partition(sep)

将字符串从 sep 第一次出现的位置开始分隔成三部分：sep 顺序前、sep、sep 顺序后，最后返回一个三元数组。如果没有找到 sep，返回字符本身和两个空格组成的三元数组；例如，代码如下。

```
>>> sample_fun28 = '123456'
>>> print(sample_fun28.partition('34'))               # 指定字符分割，能够找到该字符
>>> print(sample_fun28.partition('78'))               # 指定字符分割，找不到该字符
```

运行结果如下。

```
('12', '34', '56')
('123456', '', '')
```

20. str.rpartition(sep)

该函数与 partition(sep)函数一致，但是 sep 不再是第一次出现的位置，而是最后一次出现的位置；例如，代码如下。

```
>>> sample_fun29 = '12345634'
>>> print(sample_fun29.rpartition('34'))              # 指定字符最后一次的位置进行分隔
```

运行结果如下。

```
('123456', '34', '')
```

5.2 正则表达式

5.2.1 认识正则表达式

正则表达式即 regular expression，其中的 regular 是"规则""规律"的意思，regular expression 即"描述某种规则的表达式"，因此它又可称为正规表示式、正规表示法、正规

表达式、规则表达式、常规表示法等，在代码中常常简写为 regex、regexp 或 RE。正则表达式是用某些单个字符串来描述或匹配某个句法规则的字符串。在很多文本编辑器里，正则表达式被用来检索或替换符合某个模式的文本，如表 5.3～表 5.6 所示。

表 5.3　单个字符匹配

字　　符	说　　明
.	匹配任意一个字符（除了\n）
[ ]	匹配[ ]中列举的字符\d
\d	匹配数字，即 0～9
\D	匹配非数字，即不是数字
\s	匹配空白，即空格、Tab 键
\S	匹配非空白
\w	匹配单词字符，即 a～z、A～Z、0～9、_
\W	匹配非单词字符

表 5.4　表示数量的匹配

字　　符	说　　明
*	匹配前一个字符出现 0 次或者无限次，即可有可无
+	匹配前一个字符出现 1 次或者无限次，即至少有 1 次
?	匹配前一个字符出现 1 次或者 0 次，即要么有 1 次，要么没有
{m}	匹配前一个字符出现 m 次
{m,}	匹配前一个字符至少出现 m 次
{m,n}	匹配前一个字符出现 m～n 次

表 5.5　表示边界的匹配

字　　符	说　　明	字　　符	说　　明
^	匹配字符串开头	\b	匹配一个单词的边界
$	匹配字符串结尾	\B	匹配非单词边界

表 5.6　匹配分组

字　　符	说　　明
|	匹配左右任意一个表达式
(ab)	将括号中字符作为一个分组
\num	引用分组 num 匹配到的字符串
(?P<name>)	分组起别名
(?P=name)	引用别名为 name 分组匹配到的字符串

5.2.2　re 模块

在 Python 中，需要通过正则表达式对字符串进行匹配时，可以导入一个库（模块），名为 re，它提供了对正则表达式操作所需的方法，如表 5.7 所示。

表 5.7　re 模块常见的方法

方法	说明
re.match(pattern,string flags)	从字符串的开始匹配一个匹配对象；例如，匹配第一个单词
re.search(pattern,string flags)	在字符串中查找匹配的对象，找到第一个后就返回，如果没有找到就返回 None
re.sub(pattern,repl,string count)	替换字符中的匹配项
re.split(r',',text)	分割字符
re.findall(pattern,string flags)	获取字符串中所有匹配的对象
re.compile(pattern,flags)	创建模式对象

1. re.match()方法

re.match()是用来进行正则匹配检查的方法，若字符串匹配正则表达式，则该方法返回匹配对象（match object），否则返回 None（注意不是空字符串）。匹配对象具有 group() 方法，用来返回字符串的匹配部分。

re.match()方法的常用格式如下。

```
re.match(pattern, string, flags=0)
```

这里的 pattern 代表正则表达式，string 代表匹配的字符串例如，代码如下。

```
>>> import re                                    # 导入 re 包
>>> sample_result1 = re.match('Python','Python12')   # 从头查找匹配字符串
>>> print(sample_result1.group())                # 输出匹配的字符串
```

运行结果如下。

```
Python
```

2. re.search()方法

re.search()方法和 re.match()方法相似，也是用来进行正则匹配检查，但不同的是，re.search()方法是在字符串的开始一直到尾进行查找，若正则表达式与字符串匹配成功，则返回匹配对象，否则返回 None；例如，代码如下。

```
>>> import re
>>> sample_result2 = re.search('Python','354Python12')      # 依次匹配字符串
>>> print(sample_result2.group())
```

运行结果如下。

```
Python
```

3. re.match()与 re.search()的区别

虽然 re.match()和 re.search()方法都是指定的正则表达式与字符串进行匹配，但是 re.match()是从字符串的开始位置进行匹配，若匹配成功则返回匹配对象，否则返回 None。而 re.search()方法则是从字符串的全局进行扫描，若匹配成功则返回匹配对象，否则返回 None；例如，代码如下。

```
>>> import re
```

```
>>> sample_result3 = re.match('abc','abcdef1234')          # re.match()方法只能够匹配头
>>> sample_result4 = re.match('1234','abcdef1234')
>>> print(sample_result3.group())
>>> print(sample_result4)

>>> sample_result5 = re.search('abc','abcdef1234')          # re.search()方法匹配全体字符
>>> sample_result6 = re.search('1234','abcdef1234')
>>> print(sample_result5.group())
>>> print(sample_result6.group())
```

运行结果如下。

```
abc
None
abc
1234
```

5.3   实验

5.3.1   使用字符串处理函数

（1）计算机中的文件路径形如 C:\Windows\Logs\dosvc，请将该路径分割为不同的文件夹，代码如下。

```
>>> sample_str1 = 'C:\Windows\Logs\dosvc'
>>> sample_slipstr = sample_str1.split('\\')          # \转义字符要转一次才是本意
>>> print(sample_slipstr)
```

运行结果如下。

```
['C:', 'Windows', 'Logs', 'dosvc']
```

（2）Python 的官网地址是 https://www.python.org，判断该网址是否以 org 结尾，代码如下。

```
>>> sample_str2 = 'https://www.python.org'
>>> print(sample_str2.endswith('org'))          # 从字符串末尾开始查找
```

运行结果如下。

```
True
```

5.3.2   使用正则表达式

写出一个正则表达式来匹配一串数字是否手机号，代码如下。

```
>>> import re                                      # 定义一个正则表达式
>>> phone_rule = re.compile('1\d{10}')
>>> phone_num = input('请输入一个手机号')          # 通过规则去匹配字符串
>>> sample_result3 = phone_rule.search(phone_num)
>>> if sample_result3 != None:
```

```
        print('这是一个手机号')
    else:
        print('这不是一个手机号')
```

运行结果如下。

```
请输入一个手机号 12312345678
这是一个手机号
Process finished with exit code 0


请输入一个手机号 24781131451
这不是一个手机号
Process finished with exit code 0
```

5.3.3　使用 re 模块

用两种方式写出一个正则表达式，匹配字符'Python123'中的'Python'并输出字符串'Python'，代码如下。

```
>>> import re                                            # 导入 re 包
>>> sample_regu = re.compile('Python')                   # 定义正则表达式规则
>>> sample_result4 = sample_regu.match('Python123')      # 用 re.match 方法匹配字符串
>>> print(sample_result4.group())                        # 用 re.search 方法匹配字符串
>>> sample_result5 = sample_regu.search('Python123')
>>> print(sample_result5.group())
```

5.4　小结

本章首先讲解了 Python 中字符串的创建和使用；然后介绍字符串的格式化和内置函数；最后讲解了正则表达式和 re 模块的相关知识，这些知识在 Python 的开发中会经常使用。

正则表达式的用途非常广泛，几乎所有编程语言都会使用到它；所以学好正则表达式，对于提高编程能力有非常重要的作用。

5.5　习题

一、选择题

1．以下方法中，可以查看字符串长度的是（　　　）。
  A．length()　　　　　　　　　　　　　B．len()
  C．lenth()　　　　　　　　　　　　　　D．lan()
2．下列关于字符串索引的说法，正确的是（　　　）。
  A．字符串中的第一个字符是索引 0　　　B．索引不是连续的
  C．索引的长度就是字符串的长度　　　　D．索引是从 1 开始的

3．在 Python 的正则表达式 re 模块中，关于 search()和 match()方法说法正确的是（　　）。

  A．search()只能够匹配字符串起始位置的字符

  B．match()能够匹配任意位置的字符

  C．search()匹配成功后直接返回匹配的字符串

  D．search()能够匹配任意位置的字符

二、填空题

1．表达式'Life is short!'[-5]的值为_____。

2．表达式' Life is short!'[-5:]的值为_____。

3．表达式'1,2,'*3 的值为_____。

4．代码 print(re.match('[a-zA-Z]+$','abcdEGF000'))的输出结果为_____。

三、编程题

1．将字符串'abcdefg'使用函数的方式进行倒序输出。

2．在我们生活中，节假日的问候是必不可少的，请使用字符串格式化的方式写一个新年问候语模板。

3．写出能够匹配 163 邮箱（@163.com）的正则表达式。

四、简答题

简述 re 模块中 re.match()与 re.search()的区别。

第 6 章

函数

随着学习的深入，编写的 Python 代码也将逐一增加，并且逻辑也越来越复杂，这就需要找到一种方法对这些复杂的代码进行重新组织，目的是使代码的逻辑显得更加简单、易懂。人们常说优秀的东西永远是经典的，而经典的东西永远是简单的，不是说复杂不好，而是把复杂的东西简单化就可能成为经典。为了使程序的实现代码更加简单，就需要把程序分成越来越小的组成部分，在这里有 3 种实现方式，分别是函数、对象和模块。本章将详细讲解函数的概念、变量的使用、参数、返回值以及如何调用函数等。

6.1 函数概述

6.1.1 函数的定义

一个程序可以按不同的功能拆分成不同的模块，而函数就是能实现某一部分功能的代码块。

在 Python 中，定义一个函数要使用 def 语句，依次写出函数名、括号、括号中的参数和句末的冒号，然后在缩进块中编写函数体，函数的返回值用 return 语句返回。

注意：Python 是用缩进块来标明函数的作用域范围的，缩进块内是函数体，这和其他高级编程语言是有区别的；例如，C、C++、Java、R 语言中花括号（｛｝）内的是函数体。

以自定义一个求正方形面积的函数 area_of_square()为例；例如，代码如下。

```
def area_of_square(x):
    s = x * x
    return s
```

Python 不但能非常灵活地定义函数，而且本身内置了很多有用的函数，可以直接调用。

6.1.2 全局变量

在函数外面定义的变量称为全局变量。全局变量的作用域在整个代码段（文件、模块），在整个程序代码中都能被访问。在函数内部可以访问全局变量。例如：

```
def foodsprice(per_price,number):
    sum_price = per_price * number
    print('全局变量 PER_PRICE_1 的值：', PER_PRICE_1)
    return sum_price
PER_PRICE_1 = float(input('请输入单价：'))
NUMBER_1 = float(input('请输入斤数：'))
SUM_PRICE_1 = foodsprice(PER_PRICE_1, NUMBER_1)
print('蔬菜的价格是：', SUM_PRICE_1)
```

运行结果如下。

```
请输入单价：21
请输入斤数：7.5
全局变量 PER_PRICE_1： 21.0
蔬菜的价格是： 157.5
```

在上例中，在自定义的函数 foodsprice()内部访问在函数外面定义的全局变量 PER_PRICE_1，能得到期望的输入结果 21。

在函数内部可以访问全局变量，但不要修改全局变量，否则得不到想要的结果。这是因为试图在函数内部修改一个全局变量时，系统会自动创建一个新的同名的局部变量去代替全局变量，采用屏蔽（shadowing）的方式，当函数调用结束后函数的栈空间会被释放，数据也会随之释放；例如，代码如下。

```
def foodsprice(per_price,number):
    sum_price = per_price * number
    PER_PRICE_1 = 23
    print('修改后的全局变量 PER_PRICE_1 的值——1：',PER_PRICE_1)
    return sum_price
PER_PRICE_1 = float(input('请输入单价：'))
NUMBER_1 = float(input('请输入斤数：'))
SUM_PRICE_1 = foodsprice(PER_PRICE_1,NUMBER_1)
print('修改后的全局变量 PER_PRICE_1 的值——2：',PER_PRICE_1)
print('蔬菜的价格是：',SUM_PRICE_1)
```

运行结果如下。

```
请输入单价：34
请输入斤数：1.7
修改后的全局变量 PER_PRICE_1 的值——1： 23
修改后的全局变量 PER_PRICE_1 的值——2： 34.0
蔬菜的价格是： 57.8
```

在上例中，试图在函数 foodsprice()内部修改全局变量 PER_PRICE_1 的值为 23，然而在函数外部再次调用全局变量 PER_PRICE_1 的值时却为用户输入的值 34。这是因为，程序在调用函数 foodsprice()时，采用的是栈的数据结构存储变量，执行一个入栈操作，当遇到全局变量 PER_PRICE_1 时，会创建一个和全局变量 PER_PRICE_1 同名的局部变量，因此在函数内部对全局变量 PER_PRICE_1 值的修改，仅仅是对同名的局部变量重新赋值，当函数调用结束后，执行一个出栈操作，会释放、清空函数内所有的局部变量和数据。

如果要在函数内部修改全局变量的值，并使之在整个程序生效，采用关键字 global 即可；例如，代码如下。

```python
def foodsprice(per_price,number):
    sum_price = per_price * number
    global PER_PRICE_1
    PER_PRICE_1 = 23
    print('修改后的全局变量 PER_PRICE_1 的值——1：',PER_PRICE_1)
    return sum_price
PER_PRICE_1 = float(input('请输入单价：'))
NUMBER_1 = float(input('请输入斤数：'))
SUM_PRICE_1 = foodsprice(PER_PRICE_1,NUMBER_1)
print('修改后的全局变量 PER_PRICE_1 的值——2：',PER_PRICE_1)
print('蔬菜的价格是：',SUM_PRICE_1)
```

运行结果如下。

```
请输入单价：45
请输入斤数：7.5
修改后的全局变量 PER_PRICE_1 的值——1： 23
修改后的全局变量 PER_PRICE_1 的值——2： 23
蔬菜的价格是： 337.5
```

在上例中，在函数 foodsprice()的全局变量 PER_PRICE_1 前加了关键字 global，程序就不会在调用函数时创建一个和全局变量 PER_PRICE_1 同名的局部变量，因此在函数内部对全局变量 PER_PRICE_1 重新赋值为 23 时，这个值在整个作用域都有效，当在函数外再输出全局变量 PER_PRICE_1 的值时，仍然为在函数内部修改的值 23。

6.1.3 局部变量

在函数内部定义的参数和变量称为局部变量，如果超出了函数的作用域，局部变量是无效的，即局部变量的作用域仅在函数内部。Python 在运行函数时，利用栈进行存储，把函数所需要的代码、变量、参数等放入栈内。当执行完该函数时，函数会自动被删除，栈的数据会自动被清空，所以函数外是不能访问到函数内的局部变量的；例如，代码如下。

```python
def foodsprice(per_price,number):
    sum_price = per_price * number
    return sum_price
PER_PRICE_1 = float(input('请输入单价：'))
NUMBER_1 = float(input('请输入斤数：'))
SUM_PRICE_1 = foodsprice(PER_PRICE_1,NUMBER_1)
print('蔬菜的价格是：',SUM_PRICE_1)
print('局部变量 sum_price 的值：',sum_price)
```

运行结果如下：

```
请输入单价：12
请输入斤数：1.56
蔬菜的价格是： 18.72
Traceback (most recent call last):
  File "G:/Python 教材编写/书中例子/6_1_3.py", line 9, in <module>
    print('局部变量 sum_price 的值：',sum_price)
NameError: name 'sum_price' is not defined
```

在上例中，试图在函数作用域外访问函数内的局部变量 sum_price，程序运行到此处时报出了 NameError 异常，提示变量 sum_price 没有定义。

6.2 函数的参数和返回值

在了解了函数的定义、全局变量、局部变量的概念之后，接下来学习函数的参数和返回值。

函数的参数就是使得函数个性化的一个实例；例如，代码如下。

```
>>> def MyFirstFunction(name_city):
        print('我喜欢的城市:' + name_str)
```

运行结果如下。

```
>>> MyFirstFunction('南京')
我喜欢的城市:南京
>>> MyFirstFunction('上海')
我喜欢的城市:上海
```

在上例中，对函数 MyFirstFunction()的形参 name_city 赋予不同的实参"南京""上海"后，函数就输出不同的结果。

函数有了参数之后，输出结果就可变了；如果需要多个参数，用逗号"，"隔开即可；例如，代码如下。

```
>>> def Subtraction(num_1,num_2):
        result = num_1 - num_2
        print(result)
```

运行结果如下。

```
>>> Subtraction(78,12)
66
```

在上例中，在定义函数 Subtraction()时，用了两个参数：num_1 和 num_2，参数之间用逗号隔开。

在 Python 中，对函数参数的数量没有限制，但是函数参数的个数不宜太多，一般 2～3 个即可。在定义函数时，一般要把函数参数的意义注释清楚，便于阅读程序。

那什么是形参和实参呢？函数括号内的参数叫作形参，如上述 My First Function()函数中的参数 name_city 是形参，因为它只是一个形式，表示占据一个参数位置。而实参则是指函数在调用过程中传递进来的参数，如"南京""上海"叫作实参，因为它们是具体的数值。

6.2.1　参数传递的方式

在 Python 中，将函数参数分为 3 类：位置参数、可变参数和关键字参数，函数参数的类型不同，传递方式也不一致，下面将分别介绍。

1. 位置参数的传递

直接传入参数数据即可，如果有多个参数，位置先后顺序不能改变。

例如，func_name("测试数据"，23)，不能变为：func_name(23，"测试数据")，否则会引起调用错误。

2. 可变参数的传递

可变参数有两种传递方式：一种是直接传入参数值；另一种是先封装成列表或元组，再在封装后的列表或元组前面添加一个星号"*"传入。

例如，func_name(1，"string_1"，"编程")是直接传入参数值；func_name(*(1, "Python 语言"))，是封装成列表后再传入。

3. 关键字参数的传递

关键字参数有两种传递方式：一种是直接传入参数值；另一种是先将参数封装成字典，再在封装后的字典前添加两个星号"**"传入。

例如，func_test(a=1, b="string_2")是直接传入参数值；　func_name(**{'a': 12, 'b': 2})是先封装成字典后再传入。

6.2.2　位置参数和关键字参数

1. 位置参数

调用函数时，传入参数值按照位置顺序依次赋给参数，这样的参数称为位置参数；例如，代码如下。

```
def Sub(x,y):
    return x-y
```

运行结果如下。

```
>>> Sub(100,30)
70
```

上例中，Sub(x,y)函数有两个参数：x 和 y，这两个参数都是位置参数；调用函数时，传入的两个值按照位置顺序依次赋给参数 x 和 y，得到的两数相减的结果是 70。

如果交换了参数的位置，就会得到不同的结果，如上例中交换参数后的运行结果如下。

```
>>> Sub(30,100)
-70
```

从运行结果可以看出，交换了参数顺序后的运行结果是-70，而不是原来的结果 70。

2. 关键字参数

关键字参数就是在函数调用时，通过参数名指定需要赋值的参数。通常在调用一个函数时，如果参数有多个，会因混淆一个参数的顺序而达不到期望的效果。在 Python 中引入关键字参数就可解决这个潜在的问题；例如，代码如下。

```
>>> def Subtraction(num_1,num_2):
            return (num_1 - num_2)
```

运行结果如下。

```
>>> Subtraction(34,11)
23
>>> Subtraction(11,34)
-23
>>> Subtraction(num_2=11,num_1=34)
23
```

在上例中，第 1 次调用函数 Subtraction()时，给两个参数顺序赋值 34、11，得到的结果是 23；第 2 次调用该函数时，交换了两个赋值参数的顺序，得到的结果是-23，这不是所期望的结果；第 3 次调用该函数时，引用了关键字参数并对其分别赋值，虽然改变了顺序，但仍然得到了所期望的结果 23。

6.2.3　默认值参数

在定义函数时，给参数赋一个初值，这样的参数称为默认值参数。应用默认值参数的意义在于，若在函数调用时忘记了给函数参数赋值，函数就会自动去找它的初值，使用默认值来代替，而使函数调用不会出现错误；例如，代码如下。

```
>>> def Subtraction(num_1=99,num_2=45):
            return (num_1 - num_2)
```

运行结果如下。

```
>>> Subtraction()
54
>>> Subtraction(46)
1
>>> Subtraction(46,12)
34
```

在上例中，函数 Subtraction()的功能为返回两个数相减的结果，在定义函数时分别给两个参数 num_1 和 num_2 赋了初值 99 和 45，下面做了 3 次调用：第 1 次调用时没有赋值，程序就引用了两个参数的默认值 99 和 45，返回的结果是 54；第 2 次调用时，给第 1 个参数赋值为 46，程序就引用了第 2 个参数的默认值 45，返回的结果是 1；第 3 次调用时，给两个参数分别赋值为 46 和 12，程序就没有引用函数定义的默认值，返回的结果是 34。

6.2.4　可变参数

当在定义函数参数时，若不知道究竟需要多少个参数，只要在参数前面加上星号"*"即可，这样的参数称为可变参数；例如，代码如下。

```
>>> def val_par(*param):
        print('第三个参数是：',param[2]);
        print('可变参数的长度是：',len(param));
```

运行结果如下。

```
>>> val_par('南京云创科技股份',345,9,9.8,2.37,'Python')
第三个参数是： 9
可变参数的长度是： 6
```

在上例中，定义函数 val_par()的参数 param 为可变参数，在调用该函数时就可以根据实际的应用来输入不同长度、不同类型的参数值。

可变参数又称收集参数，是将一个元组赋值给可变参数。如果可变参数后面还有其他参数，在参数传递时要把可变参数后的参数作为关键字参数来赋值，或者在定义函数参数时要给它赋默认值，否则会出错；例如，代码如下。

```
>>> def val_par(*param,str1):
        print('第三个参数是：',param[2]);
        print('可变参数的长度是：',len(param));
```

运行结果如下。

```
>>>  val_par('南京云创科技股份',345,9,9.8,2.37,'Python','函数')
SyntaxError: unexpected indent
>>> val_par('南京云创科技股份',345,9,9.8,2.37,'Python',str1='函数')
第三个参数是： 9
可变参数的长度是： 6
```

在上例中，定义函数 val_par()时分别定义了一个可变参数 param，一个普通参数 str1，在第 1 次调用该函数时，由于没有将可变参数后面的普通参数作为关键字参数来传值，导致程序运行时报错。在第 2 次调用该函数时，将可变参数后的普通参数作为关键字参数传值（str1='函数'）后，程序运行正常；例如，代码如下。

```
>>> def val_par(*param,str1='可变函数'):
        print('可变参数后的参数是：',str1);
        print('可变参数的长度是：',len(param));
```

运行结果如下。

```
>>> val_par('南京云创科技股份',345,9,9.8,2.37,'Python')
可变参数后的参数是：可变函数
可变参数的长度是： 6
```

在上例中，定义函数 val_par()时分别定义了一个可变参数 param，一个普通参数 str1，

并给参数 str1 赋了初值"可变函数"，在调用该函数时没有将可变参数后面的普通参数值
作为关键字参数来传值，程序运行仍然正常，因为程序引用了函数的默认值参数。

6.2.5 函数的返回值

有时需要函数返回一些数据来报告函数实现的结果。在函数中用关键字 return 返
回指定的值；例如，代码如下。

```
>>> def Subtraction(num_1,num_2):
        return (num_1 - num_2)
```

运行结果如下。

```
>>> print(Subtraction(65,23))
42
>>> Subtraction(34,11)
23
```

在上例中，函数 Subtraction()用关键字 return 返回了两数相减的结果。

函数中如果没有用关键字 return 指定返回值，则返回一个 None 对象；例如，代码
如下。

```
>>> def test_return():
        print('Hello First1')
```

运行结果如下。

```
>>> tempt = test_return()
Hello First1
>>> tempt
>>> print(tempt)
None
>>> type(tempt)
<class 'NoneType'>
```

在上例中，定义函数 test_return()时没有用关键字 return 指定返回值，当检查函数返回
类型时，系统就返回一个默认的类型 None。

Python 是动态地确定变量类型，Python 中没有变量，只有名字。Python 可以返回多个
类型的值；例如，代码如下。

```
>>> def back_test():
        return ['南京云创科技',3.67,567]
```

运行结果如下。

```
>>> back_test()
['南京云创科技', 3.67, 567]
```

在上例中，Python 返回的多个值是列表数据；例如，代码如下。

```
>>> def back_test():
```

```
        return '南京云创科技',3.67,567
```

运行结果如下。

```
>>> back_test()
('南京云创科技', 3.67, 567)
```

在上例中，Python 返回的多个值是元组数据。

6.3　函数的调用

6.3.1　函数的调用方法

要调用一个函数，需要知道函数的名称和参数。

函数分为自定义函数和内置函数。自定义函数需要先定义再调用，内置函数可以直接调用，有的内置函数是在特定的模块下，这时需要用 import 命令导入模块后再调用。

可以在交互式命令行通过 help(函数名)查看函数的帮助信息。

调用函数时，如果传入的参数数量不对，会报 TypeError 的错误，同时 Python 会明确地给出参数的个数。如果传入的参数数量正确，但参数类型不能被函数所接受，也会报 TypeError 的错误，同时给出错误信息。

函数名其实就是指向一个函数对象的引用，可以把函数名赋给一个变量。

6.3.2　嵌套调用

允许在函数内部创建另一个函数，创建的函数叫内嵌函数或者内部函数。内嵌函数的作用域在定义它的函数的内部，如果内嵌函数的作用域超出了这个范围就不起作用；例如，代码如下。

```
>>> def function_1():
        print('正在调用 function_1()...')
        def function_2():
            print('正在调用 function_2()...')
        function_2()
```

运行结果如下。

```
>>> function_1()
正在调用 function_1()...
正在调用 function_2()...
>>> function_2()
Traceback (most recent call last):
  File "<pyshell#7>", line 1, in <module>
    function_2()
NameError: name 'function_2' is not defined
```

在上例中，function_2()是在 function_1()内部定义的内嵌函数，当调用 function_1()时，程序运行正确；当直接调用 function_2()时，程序报错，提示函数 function_2()没有定义，这是因为函数 function_2()是 function_1()的内嵌函数，在内嵌函数的外部调用，已经超出了作用域范围。

6.3.3 使用闭包

闭包（closure）是函数式编程的一个重要的语法结构。从表现形式上定义为，如果在一个内嵌函数里对一个外部作用域（但不是在全局作用域）的变量进行引用，那么内嵌函数就认为是闭包；例如，代码如下。

```
def Fun_sub(a):
    def Fun_sub2(b):
        return a-b
    return Fun_sub2
i = float(input('请输入减数：'))
j = float(input('请输入被减数：'))
print(Fun_sub(i)(j))
```

运行结果如下。

```
请输入减数：67
请输入被减数：45
22.0
>>> Fun_sub2(23)
Traceback (most recent call last):
  File "<pyshell#8>", line 1, in <module>
    Fun_sub2(23)
NameError: name 'Fun_sub2' is not defined
```

在上例中，内嵌函数 Fun_sub2()引用了外部作用域的变量 a。如果在全局范围内直接访问闭包 Fun_sub2()，程序会报错，提示闭包函数 Fun_sub2()没有定义。

在调用时要注意：不能在全局域内访问闭包，否则会出错。在闭包中，外部函数的局部变量和闭包中的局部变量相当于全局变量和局部变量的关系，在闭包中能访问外部函数的局部变量，但是不能进行修改。

6.3.4 递归调用

递归是算法的范畴，从本质上讲不是 Python 的语法范围。

函数调用自身的行为是递归。

递归有两个条件：调用函数自身和设置了正确的返回条件。递归是有"进去"必须有"回来"。

例如，要计算正整数 M 的阶乘，数学计算公式是：Number=M*(M-1)*(M-2)*…*3*2*1。用常规的迭代算法实现；例如，代码如下。

```
def factorial(m):
    result = m
    for i in range(1,m):
```

```
        result *=i
    return result
number = int(input('请输入一个正整数：'))
result = factorial(number)
print("%d 的阶乘是：%d" % (number,result))
```

运行结果如下。

```
请输入一个正整数：10
10 的阶乘是：3628800
```

用递归算法实现；例如，代码如下。

```
def jiecheng(L):
    if L == 1:
        return 1
    else:
        return L* jiecheng(L-1)
number = int(input('请输入阶乘的数字：'))
result = jiecheng(number)
print("%d 的阶乘是：%d" % (number,result))
```

运行结果如下。

```
请输入阶乘的数字：23
23 的阶乘是：25852016738884976640000
```

在上述两个例子中，都实现了计算正整数阶乘的功能，但后例中的递归算法比常规的迭代算法代码简洁、易读。

Python 默认递归深度为 100 层（Python 限制）。设置递归深度的系统函数是 sys.setrecursionlimit(stepcount)，参数 stepcount 用于设置递归的深度。

递归有危险性：消耗时间和空间，因为递归是基于弹栈和出栈操作。递归忘记返回会使程序崩溃，消耗掉所有内存。

◢ 6.4　实验

6.4.1　声明和调用函数

声明一个函数，求 x 的 y 次方。

（1）打开 IDLE，选择菜单 File 中的 New File 命令，打开新的编辑窗口，输入程序代码；例如，代码如下。

```
def func(x,y):              #函数名、参数
    number =x**y            #函数体，求 x 的 y 次方
    return number           #返回值
```

（2）调用已经声明好的函数，直接引用函数名传入参数即可。

（3）在上述声明函数窗口保存文件，选择菜单 Run 中的 Run Module 命令，或者按 F5

键，在 Shell 窗口中调用函数。

（4）传入实验参数，运行结果如下。

```
>>> print(func(34,12))
2386420683693101056
```

6.4.2 在调试窗口中查看变量的值

本实验采用 Python 3.6.5 Shell 环境。启动 IDLE 调试窗口的步骤如下。

（1）在 Shell 窗口中选择 Debug 菜单中的 Debugger 命令，打开 Debug Control 窗口，在 Shell 窗口中输出[DEBUG ON]和命令提示符"＞＞＞"。Shell 窗口显示信息如下。

```
Python 3.6.5 (v3.6.5:f59c0932b4, Mar 28 2018, 16:07:46) [MSC v.1900 32 bit (Intel)] on win32
Type "copyright", "credits" or "license()" for more information.
>>>
[DEBUG ON]
>>>
```

信息[DEBUG ON]表示调试器开启。在命令符"＞＞＞"后面输入语句行，按 Enter 键后，语句行信息就会显示在 Debug Control 窗口，就可查看局部变量和全局变量等有关内容。

输入实验数据如下。

```
>>>45+78
```

Debug Control 窗口显示如图 6.1 所示。

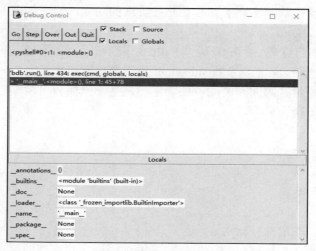

图 6.1 Debug Control 窗口

窗口中有 4 个复选框，选中 Stack 显示堆栈，选中 Locals 显示局部变量，选中 Globals 显示全局变量，选中 Source 显示源代码。

窗口中有 5 个功能按钮，单击 Go 运行到断点处，单击 Step 单步调试，单击 Over 进入所调用的函数内部，单击 Out 跳出函数体，单击 Quit 停止调试运行。

（2）再次在 Shell 窗口中选择 Debug 菜单中的 Debugger 命令，系统会关闭 Debug

Control 窗口，并在 Shell 窗口中输出[DEBUG OFF]，表示调试器关闭。显示信息如下。

```
>>>
[DEBUG ON]
>>> 45+78
123
[DEBUG ON]
>>>
[DEBUG OFF]
>>>
```

在调试窗口中查看 Python 文件的变量对于程序调试非常重要。下面将实现如何在调试窗口中查看文件中的变量值。具体步骤如下。

（1）启动 Shell。

（2）在 Shell 窗口中选择 Debug 菜单中的 Debugger 命令。

（3）在 Shell 窗口中选择 File 菜单中的 Open 命令，打开实验文件 6_4_2.py，文件信息显示如下。

```
def foodsprice(per_price,number):
    sum_price = per_price * number
    return sum_price
per_price_1 = float(input('请输入单价：'))
number_1 = float(input('请输入斤数：'))
sum_price_1 = foodsprice(per_price_1,number_1)
print('蔬菜的价格是：',sum_price_1)
```

（4）在.py 文件中要设置调试断点的语句处右击，选择 Set Breakpoint 命令，调试断点语句行高亮黄色显示，如图 6.2 所示。

图 6.2　在.py 文件中设置调试断点

（5）在打开的.py 文件窗口中选择 Run 菜单中的 Run Module 命令，或者按 F5 键，系统切换到 Debug Control 窗口。此时用户可以根据程序调试的需要选择相应的模式。实验中，单击 Go 按钮运行程序，根据程序功能，按照提示，依次在 Shell 窗口输入信息如下。

```
>>>
[DEBUG ON]
>>>
======== RESTART: G:\Python\例子\实验例子\6_4_2.py ========
请输入单价：7.8
请输入斤数：2.1
```

（6）程序运行到设置的断点语句 print('蔬菜的价格是：',sum_price_1)处，然后在 Debug Control 窗口显示如图 6.3 所示的变量信息。

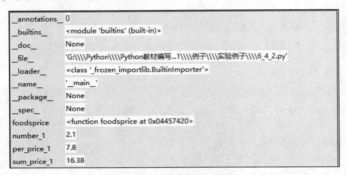

图 6.3　在.py 文件中显示的 Locals 变量

（7）再次在 Shell 窗口中选择 Debug 菜单中的 Debugger 命令，结束调试。

6.4.3　使用函数参数和返回值

Python 函数的参数类型一共有 5 种：位置或关键字参数（POSITIONAL_OR_KEYWORD）、任意数量的位置参数（VAR_POSITIONAL）、任意数量的关键字参数（VAR_KEYWORD）、仅关键字的参数（KEYWORD_ONLY）、仅位置的参数（POSITIONAL_ONLY）。

函数的返回值就是 return 语句的结果，返回值作为函数的输出，可以用作变量调用。返回类型可以有多种，但只能返回单值，值可以存在多个元素。

下面的实验将演示如何使用函数参数和返回值。

（1）参数的类型为位置或关键字参数时，可以通过位置或关键字传值；例如，代码如下。

```
>>> def func_test(args):
        return args
```

运行结果如下。

```
# 通过位置传值
>>> test1 = func_test('人工智能')
>>> print(test1)
```

人工智能
```
# 通过关键字传值
>>> test2 = func_test(args='Python')
>>> print(test2)
Python
```

（2）参数类型为任意数量的位置参数时，即*args 参数，只能通过位置传值；例如，代码如下。

```
>>> def para_test(*args):
        return args
```

运行结果如下。

```
# 通过位置传值
>>> test_args = para_test('Python','人工智能')
>>> print(test_args)
('Python', '人工智能')
```

（3）参数类型为任意数量的关键字参数时，即 **kwargs 参数，只能通过关键字传值；例如，代码如下。

```
>>> def func_test(**args):
        return args
```

运行结果如下。

```
# 通过关键字传值
>>> str1 = func_test(test1=123,test2='测试数据')
>>> print(str1)
{'test1': 123, 'test2': '测试数据'}
```

（4）参数类型为仅关键字的参数时，只能通过关键字传值；例如，代码如下。

```
>>> def func_test(*args,c,str):
        return (args,c,str)
```

运行结果如下。

```
# 只能通过关键字传值
>>> str_test = func_test('云计算','java','R 语言',c='480',str='test12')
>>> print(str_test)
(('云计算', 'java', 'R 语言'), '480', 'test12')
```

（5）参数类型为仅位置的参数时，只能通过位置传值。这种形式常用在 Python 的很多内建函数中；例如，代码如下。

```
>>> def func_2(x,y):
        return x/y
```

运行结果如下：

```
# 只能通过位置传值
>>> fina_c = func_2(5,8)
```

```
>>> print(fina_c)
0.625
# 再举一个 Python 内建函数的例子：求 x 的 y 次方
>>> pow(5,8)
390625
>>> pow(8,5)
32768                           # 交换位置得到完全不同的结果
```

6.4.4　使用闭包和递归函数

闭包就是内部函数使用外部函数局部变量的行为；例如，代码如下。

```
def multiply(x):
    m = x
    def multiply_y(y):
        l = y
        return m*l
    return multiply_y
i = float(input("请输入乘数："))
j = float(input("请输入被乘数："))
print('两数相乘的结果是：', multiply(i)(j))
```

运行结果如下。

```
请输入乘数：7.5
请输入被乘数：8.9
两数相乘的结果是：  66.75
```

递归函数就是函数的自我调用。例如，求 1 到某个正整数的和；例如，代码如下。

```
def func_sum(m):
    if(m==0):
        return 0
    else:
        return m + func_sum(m - 1)
num=int(input("请输入要求和的正整数："))
print(func_sum(num))
```

运行结果如下。

```
请输入要求和的正整数：98
4851
```

6.4.5　使用 Python 的内置函数

Python 的内置函数通常使用频繁或者是元操作。一般包括以下类型：数学运算类（除了加、减、乘、除）、集合类操作、逻辑操作、I/O 操作、反射操作等。

（1）查看 Python 内置的全部变量和函数，按以下步骤操作：打开 IDLE Shell，输入 dir(__builtins__)，按 Enter 键，代码如下。

```
>>> dir(__builtins__)
['ArithmeticError', 'AssertionError', 'AttributeError', 'BaseException', 'BlockingIOError', 'BrokenPipeError',
'BufferError', 'BytesWarning', 'ChildProcessError', 'ConnectionAbortedError', ......
```

（2）可以用 help([function]) 查看某个内置函数的具体用法及定义，代码如下。

```
>>> help(pow)
Help on built-in function pow in module builtins:
pow(x, y, z=None, /)
    Equivalent to x**y (with two arguments) or x**y % z (with three arguments)
    Some types, such as ints, are able to use a more efficient algorithm when
    invoked using the three argument form.
```

（3）内置函数直接调用即可；例如，代码如下。

```
>>> abs(-17.5)                          # 求绝对值
17.5
>>> print('Python 3.6.5')               # 打印函数
Python 3.6.5
```

6.5 小结

定义函数时，需要确定函数名和参数个数；函数体内用 return 返回函数结果；函数没有 return 语句或 return 语句后面为空时，自动返回 None；函数可以同时返回多个值。

默认值参数一定要用不可变对象，如果是可变对象，程序运行时会有逻辑错误。

命名的关键字参数是为了限制调用者可以传入的参数名，同时可以提供默认值。

使用递归函数的优点是逻辑简单清晰，缺点是过深的调用会导致栈溢出。

6.6 习题

一、简答题

1. 在函数内部，可以通过什么关键字来定义全局变量？

2. 如果函数中没有 return 语句或者 return 语句不带任何返回值，那么该函数的返回值是什么？

二、编程题

1. 设计一个程序，用递归算法求解汉诺塔。

2. 用递归算法求解斐波那契数列。斐波那契数列的数学定义是：$F0 = 0(n=0)$；$F1 = 1(n=1)$；$Fn = F(n-1) + F(n-2)(n \geqslant 2)$。

3. 设计一个函数，实现输入一个 5 位数的正整数（程序要对输入数据的合法性进行检查），对输入的数据加密后再返回，加密规则如下：每位数字都加上 7，然后用 10 取模，再将得到的结果交换顺序，即第 1 位和第 2 位交换，第 3 位和第 5 位交换，第 1 位和第 4 位交换。

第 7 章

模块

第 6 章详细介绍了函数的使用场景和调用方法等，然而对于一个复杂的程序，同时为了编写可维护的程序代码，往往把很多函数分组，分别放到不同的文件里，这里的每个文件就是模块。Python 提供了可以从模块中获取定义的方法，在程序脚本或者 Shell 解释器的一个交互式环境中使用。本章将详细介绍模块的相关基础知识和使用方法等。

7.1 模块概述

在 Python 中，模块（module）就是更高级的封装。在前面讲解的知识中，容器（元组，列表）是数据的封装，函数是语句的封装，模块就是程序的封装。第 8 章将要介绍的类是方法和属性的封装。

7.1.1 模块与程序

以 .py 为后缀的 Python 文件就是一个独立的模块，模块包含对象定义和语句；例如，代码如下。

```
def fbnc(n):
    result = 1
    result_1 = 1
    result_2 = 1
    if n < 1 :
        print('输入有误！')
        return -1
    while (n-2) > 0:
        result = result_2 + result_1
        result_1 = result_2
```

```
        result_2 = result
        n -= 1
    return result
number = int(input('请输入一个正整数：'))
result = fbnc(number)
print("%d 的斐波那契数列是：%d" % (number,result))
```

在上例中，定义了一个模块，程序代码 fbnc 运行结果如下。

```
请输入一个正整数：13
13 的斐波那契数列是：233
```

从上例代码运行结果看，得到了所期望的运行结果。

由此可见，模块就是一个以.py 为后缀的独立的程序代码文件，实现了特定的功能。

7.1.2　命名空间

命名空间是一个包含一个或多个变量名称和它们各自对应的对象值的字典。

Python 可以调用局部命名空间和全局命名空间里的变量。如果一个局部变量和一个全局变量重名，则在函数内部调用时，局部变量会屏蔽全局变量。

如果要修改函数内的全局变量的值，必须使用 global 语句，否则会出错；例如，代码如下。

```
Price = 5687
def SubPrice():
    Price =Price - 100
    print (Price)
```

运行结果如下。

```
>>> SubPrice()
Traceback (most recent call last):
  File "<pyshell#1>", line 1, in <module>
    SubPrice()
  File "G:/Python/ Modle.py", line 4, in SubPrice
    Price =Price - 100
UnboundLocalError: local variable 'Price' referenced before assignment
```

在上述的代码片段中，定义了一个名为 Price 的变量，并赋初值为 5687。然后，定义了一个 SubPrice()函数，并在函数内尝试对 Price 的值进行修改。运行结果表明，Python 中同名变量的作用域是有严格边界的；在使用变量时务必先初始化，尤其是函数内部的局部变量会覆盖函数体外的同名全局变量，不然系统会报出一个 UnboundLocalError 的错误。

在函数内部用 global 关键字对全局变量 Price 重新定义；例如，代码如下。

```
Price = 5687
def SubPrice():
    global Price
    Price =Price - 100
    print (Price)
```

运行结果如下。

```
>>> SubPrice()
5587
```

从上例代码运行结果看，程序运行正确。

7.1.3 模块导入方法

要导入系统模块或者已经定义好的模块，有 3 种方法。

（1）最常用的方法如下。

```
import module
```

其中，module 是模块名，如果有多个模块，模块名之间用逗号“,”隔开。

导入模块后，就可以引用模块内的函数，语法格式如下。

```
模块名.函数名
```

导入模块，引用模块的函数；例如，代码如下。

```
>>> import os
>>> os.getcwd()
'C:\\Users\\Administrator\\AppData\\Local\\Programs\\Python\\Python36-32'
>>> import math,hanshu
>>> hanshu.area_of_square(100)
10100
>>> help(math)
Help on built-in module math:
NAME
    math
DESCRIPTION
    This module is always available.   It provides access to the
    mathematical functions defined by the C standard.
FUNCTIONS
    acos(...)
        acos(x)
        Return the arc cosine (measured in radians) of x.
```

在上例中，使用 import 指令导入模块 os，然后用 os.getcwd()方法获取当前的目录。同时导入了系统模块 math 和自定义模块 hanshu。

注意事项：

① 在 IDLE 中，当输入导入的模块名和点号“.”之后，系统会将模块内的函数罗列出来供用户选择。

② 可以通过 help(模块名)查看模块的帮助信息，其中，FUNCTIONS 介绍了模块内函数的使用方法。

③ 不管执行了多少次 import，一个模块只会被导入一次。

④ 导入模块后，就可用模块名访问模块的函数了。

（2）第 2 种方法如下。

```
from 模块名 import 函数名
```

如果有多个函数名，可用逗号"，"隔开。

"函数名"中可用通配符"*"导出所有的函数。

要慎用这种方法，因为导出的函数名称容易和其他函数名称冲突，从而失去了模块命名空间的优势。

（3）第 3 种方法如下。

```
import 模块名 as 新名字
```

这种导入模块的方法相当于给导入的模块名称重新起一个别名，便于记忆，以方便在程序中调用。

7.1.4 自定义模块和包

1. 自定义模块

在安装 Python 的目录下，新建一个以.py 为后缀的文件，然后编辑该文件。输入代码，代码如下。

```
def area_of_square(x):
    s = x * x + 100
    return s
```

代码中定义了一个函数，实现的功能是计算正整数的平方，再加上 100。新建的 Python 文件名是 hanshu.py。

调用模块的过程，代码如下。

```
>>> import hanshu
>>> hanshu.area_of_square(99)
9901
```

用 import 导入模块 hanshu，然后调用模块中定义的函数 hanshu.area_of_square(99)，最后函数运行得到了正确的结果 9901。

在自定义模块时，需要注意以下几点。

（1）为了使 IDLE 能找到自定义模块，该模块要和调用的程序在同一目录下，否则在导入模块时会出现找不到模块的错误。

（2）模块名要遵循 Python 变量命名规范，不要使用中文、特殊字符等。

（3）自定义的模块名不要和系统内置的模块名相同，可以先在 IDLE 中使用 import modle_name 命令检查，若成功则说明系统已存在此模块；然后考虑更改自定义的模块名。

2. 自定义包

在大型项目开发中，一般多个程序员共同开发一个项目，为了避免模块重名，Python 引入了按目录来组织模块的方法，称为包（package）。包是一个分层级的文件目录结构，它定义了由模块、子包，以及子包下的子包等组成的命名空间。

例如，文件 test_modle1.py 就是名为 test_modle1 的模块，文件 test_modle2.py 就是名为 test_modle2 的模块。假如 test_modle1 和 test_modle2 与其他模块的名称相同，则可以通过包来组织模块，避免冲突。解决方法是选择一个顶层包名；例如，mymodle；代码如下。

```
mymodle
├── __init__.py
├── test_modle1.py
└── test_modle2.py
```

这样，test_modle1 模块名变成了 mymodle.test_modle1，同理，test_modle2 模块名变成了 mymodle. test_modle2。在 Python 中引入包之后，只要顶层的包名不与其他包重名，那所有模块都不会与其他模块冲突。

在自定义包时，需要注意以下几点。

（1）每个包目录下面都会有一个 __init__.py 文件，这个文件是必须存在的，否则，系统就把这个目录作为普通目录，而不是一个包。

（2）__init__.py 可以是空文件，也可以有 Python 代码，因为 __init__.py 就是一个模块，而它的模块名是 mymodle。

（3）在 Python 中可以有多级目录，组成多层次的包结构；例如，代码如下。

```
Mymodle
├── Site
│   ├── __init__.py
│   ├── modle.py
│   └── test_modle1.py
├── __init__.py
└── test_modle1.py
```

文件 modle.py 的模块名是 Mymodle.Site. modle，两个文件 test_modle1.py 的模块名分别是 Mymodle.Site.test_modle1 和 Mymodle.test_modle1。

7.2 安装第三方模块

安装第三方模块是通过包管理工具 pip 来实现的。

本节以 Windows 10 操作系统、Python 3.6.5 为例，确保安装时选中了 pip 和 Add Python to environment variables 复选框，如图 7.1 和图 7.2 所示。

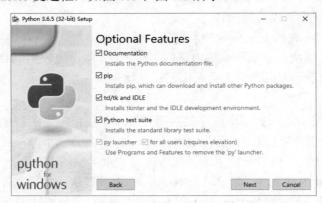

图 7.1　选中 pip 复选框

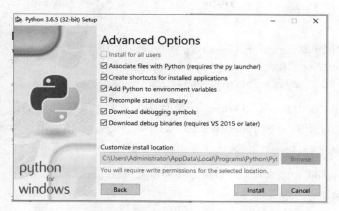

图 7.2 选中 Add Python to environment variables 复选框

按 Win+R 快捷键打开"运行"对话框,输入 cmd 命令,或者直接选择"开始"→"Windows 系统"→"命令提示符"命令,打开如图 7.3 所示的命令提示符窗口。

图 7.3 命令提示符窗口

pip 命令格式如下。

```
pip <command> [options]
Commands:
   install        Install packages.
   download       Download packages.
   uninstall      Uninstall packages.
   freeze         Output installed packages in requirements format.
   ……
```

安装第三方模块前要注意以下事项。

(1) 确保可以从命令提示符中的命令行运行 Python。确保已安装 Python,并且预期的版本可以从命令行获得,可以通过运行命令来检查,代码如下。

```
python --version
```

运行结果如下。

```
C:\Users\Administrator>python --version
Python 3.6.5
```

(2) 确保可以从命令行运行 pip。此外,还需要确保系统有 pip 可用,可以通过运行命令来检查,代码如下。

```
pip --version
```

运行结果如下。

```
    C:\Users\Administrator>pip --version
pip 10.0.1 from c:\users\administrator\appdata\local\programs\python\
python36-32\lib\site-packages\pip (python 3.6
```

（3）确保 pip、setuptools 和 wheel 是最新的。虽然 pip 单独地从预构建的二进制文件中安装即可，但是最新的 setuptools 和 wheel 版本对于确保 pip 也可以从源文件中安装是有用的。可以运行命令，代码如下。

```
python -m pip install --upgrade pip setuptools wheel
```

运行成功后得到如下提示信息：

```
Successfully installed pip-10.0.1 setuptools-39.2.0 wheel-0.31.1
```

（4）创建一个虚拟环境，这仅针对于 Linux 系统。运行命令，代码如下。

```
python3 -m venv tutorial_env
source tutorial_env/bin/activate
```

上述命令将在 tutorial_env 子目录中创建一个新的虚拟环境，并配置当前 Shell 以将其用作默认的 Python 环境。

有关更多虚拟环境配置的信息，请参见 Python 官方的 virtualenv 或 venv 文档。

本节仅以从 PyPI 安装第三方模块为例，其他安装方式请查阅相关资料。

pip 最常用的方法是从 Python 包索引中使用需求说明符来安装。一般来说，需求说明符由项目名称和版本说明符组成。

在 PyPi 官网 https://pypi.org 可以查询、注册、发布第三方库，包括包的历史版本号、支持的应用环境等包信息。

下面以安装 web 模块为例。

（1）在 PyPi 官网查询 web，得到包的名称是 web3，最新版本号是 4.3.0（截至本书写作时间）。在命令提示符下输入命令，代码如下。

```
pip install web3==4.3.0
```

（2）系统自动从 PyPI 官网下载文件，并进行安装。

（3）在安装过程中，有的系统环境也许会出现错误提示，代码如下。

```
error: Microsoft Visual C++ 14.0 is required. Get it with "Microsoft
 Visual C++ Build Tools": http://landinghub.visualstudio.com/
visual-cpp-build-tools
```

解决办法是下载 visualcppbuildtools_full.exe 并安装即可。

（4）升级包。将已安装的项目升级到 PyPI 的最新项目，运行以下命令：

```
pip install --upgrade web3
```

（5）安装到用户站点。若要安装与当前用户隔离的包，请使用用户标志，运行以下命令：

```
pip install --user SomeProject
```

（6）安装需求文件中指定的需求列表，如果没有则忽略。运行以下命令：

```
pip install -r requirements.txt
```

（7）在 Python Shell 环境中验证安装的第三方模块。在 IDLE Shell 交互环境中使用如下 import 命令：

```
>>> import web3
```

运行结果如下：

```
>>> dir(web3)
['Account', 'EthereumTesterProvider', 'HTTPProvider', 'IPCProvider', 'TestRPCProvider', 'Web3',
'WebsocketProvider', '__all__', '__builtins__', '__cached__', '__doc__', '__file__', '__loader__',
'__name__', '__package__', '__path__', '__spec__', '__version__', 'admin', 'contract', 'eth',
'exceptions', 'iban', 'main', 'manager', 'middleware', 'miner', 'module', 'net', 'parity', 'personal',
'pkg_resources', 'providers', 'sys', 'testing', 'txpool', 'utils', 'version']
```

从以上运行结果可以看出，第三方模块 web 已成功安装。

7.3 模块应用实例

7.3.1 日期和时间：datetime 模块

datetime 是 Python 处理日期和时间的标准模块。

（1）获取当前日期和时间；例如，代码如下。

```
>>> from datetime import datetime
>>> now = datetime.now() # 获取当前 datetime
```

运行结果如下。

```
>>> print(now)
2018-06-19 13:07:58.726038
>>> print(type(now))
<class 'datetime.datetime'>
```

从上例可以看出，datetime 是模块，它还包含一个 datetime 类。通过 from datetime import datetime 导入的才是 datetime 类，如果仅导入 datetime，则必须引用全名 datetime.datetime。datetime.now()返回当前日期和时间，其类型是 datetime。

（2）获取指定日期和时间；例如，代码如下。

```
>>> from datetime import datetime
>>> dt = datetime(2018, 6, 19, 13, 15) # 用指定日期和时间创建 datetime
```

运行结果如下。

```
>>> print(dt)
2018-06-19 13:15:00
```

（3）datetime 转换为 timestamp。

在计算机中，时间实际上是用数字表示的；把 1970 年 1 月 1 日 00:00:00 UTC+00:00 时区的时刻称为 epoch time，记为 0（1970 年以前的时间 timestamp 为负数），当前时间就是相对于 epoch time 的秒数，称为 timestamp。

可以认为，代码如下。

```
timestamp = 0 = 1970-1-1 00:00:00 UTC+0:00
```

对应的北京时间，代码如下。

```
timestamp = 0 = 1970-1-1 08:00:00 UTC+8:00
```

可见 timestamp 的值与时区毫无关系，因为 timestamp 一旦确定，其 UTC 时间就确定了，转换到任意时区的时间也是完全确定的，这就是为什么计算机存储的当前时间是以 timestamp 表示的，因为全球各地的计算机在任意时刻的 timestamp 都是完全相同的。

把 datetime 类型转换为 timestamp 只需要简单调用 timestamp()方法，代码如下。

```
>>> from datetime import datetime
>>> dt = datetime(2018, 6, 19, 13, 15)          # 用指定日期和时间创建 datetime
```

运行结果如下。

```
>>> dt.timestamp()                              # 把 datetime 转换为 timestamp
1529385300.0
```

注意：Python 的 timestamp 是一个浮点数。如果有小数位，小数位表示毫秒数。某些编程语言（例如，Java 和 JavaScript）的 timestamp 使用整数表示毫秒数，这种情况下只需要把 timestamp 除以 1000 就得到 Python 的浮点表示方法。

（4）timestamp 转换为 datetime。

要把 timestamp 转换为 datetime，使用 datetime 提供的 fromtime stamp()方法，代码如下。

```
>>> from datetime import datetime
>>> t = 1529385300.0
```

运行结果如下。

```
>>> print(datetime.fromtimestamp(t))
2018-06-19 13:15:00
```

从上例可以看出，timestamp 是一个浮点数，没有时区的概念，而 datetime 是有时区的。

上述转换是在 timestamp 和本地时间之间做转换。本地时间是指当前操作系统设定的时区。timestamp 也可以直接被转换到 UTC 标准时区的时间，使用 datetime 提供的 utcfromtimestamp()方法即可，代码如下。

```
>>> from datetime import datetime
>>> t = 1529385300.0
```

运行结果如下。

```
>>> print(datetime.fromtimestamp(t))            # 本地时间
2018-06-19 13:15:00
```

```
>>> print(datetime.utcfromtimestamp(t))                    # UTC 时间
2018-06-19 05:15:00
```

（5）str 转换为 datetime。

用户输入的日期和时间是字符串，要处理日期和时间，首先必须把 str 转换为 datetime，可通过 datetime 提供的 strptime()方法实现，代码如下。

```
>>> from datetime import datetime
>>> datee_test = datetime.strptime('2018-06-19 13:15:00', '%Y-%m-%d %H:%M:%S')
```

运行结果如下。

```
>>> print(datee_test)
2018-06-19 13:15:00
```

在上例中，字符串'%Y-%m-%d %H:%M:%S'规定了日期和时间部分的格式。转换后的 datetime 是没有时区信息的。

（6）datetime 转换为 str。

如果已经有了 datetime 对象，要把它格式化为字符串显示给用户，就需要转换为 str，可通过 datetime 提供的 strftime()方法实现，代码如下。

```
>>> from datetime import datetime
>>> now = datetime.now()
```

运行结果如下。

```
>>> print(now.strftime('%a, %b %d %H:%M'))
Tue, Jun 19 13:07
```

（7）datetime 加减。

对日期和时间进行加减，实际上是把 datetime 往后或往前计算，得到新的 datetime。加减可以直接用 "+" 和 "-" 运算符，需要导入 timedelta 类，代码如下。

```
>>> from datetime import datetime, timedelta
>>> now = datetime.now()
```

运行结果如下。

```
>>> now
datetime.datetime(2018, 6, 19, 14, 42, 36, 664596)
>>> now + timedelta(hours=10)
datetime.datetime(2018, 6, 20, 0, 42, 36, 664596)
>>> now - timedelta(days=10)
datetime.datetime(2018, 6, 9, 14, 42, 36, 664596)
>>> now + timedelta(days=12, hours=23)
datetime.datetime(2018, 7, 2, 13, 42, 36, 664596)
```

从上例可见，使用 timedelta 类可以很容易地算出前几天和后几天的时间。

（8）本地时间转换为 UTC 时间。

本地时间是指系统设定时区的时间，例如，北京时间是 UTC+8:00 时区的时间，而 UTC 时间指 UTC+0:00 时区的时间。

datetime 类型有时区属性 tzinfo，默认为 None，所以无法区分 datetime 到底是哪个时区，除非强行给 datetime 设置一个时区，代码如下。

```
>>> from datetime import datetime, timedelta, timezone
>>> utc_8 = timezone(timedelta(hours=8)) # 创建时区 UTC+8:00
>>> now = datetime.now()
```

运行结果如下。

```
>>> now
datetime.datetime(2018, 6, 19, 15, 20, 8, 373839)
>>> dt_test = now.replace(tzinfo=utc_8) # 强制设置为 UTC+8:00
>>> dt_test
datetime.datetime(2018, 6, 19, 15, 20, 8, 373839, tzinfo=datetime.timezone(datetime.timedelta(0,
28800)))
```

从上例可以看出，如果系统时区恰好是 UTC+8:00，那么上述程序代码正确；否则，不能强制设置为 UTC+8:00 时区。

（9）时区转换。

先通过 datetime 提供的 utcnow()方法获取当前的 UTC 时间，再用 astimezone()方法转换为任意时区的时间。

获取 UTC 时间，并强制设置时区为 UTC+0:00，代码如下。

```
>>> utc_dtime = datetime.utcnow().replace(tzinfo=timezone.utc)
```

运行结果如下。

```
>>> print(utc_dtime)
2018-06-19 07:27:27.085313+00:00
```

转换时区为北京时间，代码如下。

```
>>> bj_dtime = utc_dt.astimezone(timezone(timedelta(hours=8)))
```

运行结果如下。

```
>>> print(bj_dtime)
2018-06-19 15:27:27.085313+08:00
```

从上例可见，时区转换的关键在于得到 datetime 时间，要获知其正确的时区，然后强制设置时区，作为基准时间。利用带时区的 datetime，通过 astimezone()方法，可以转换到任意时区。

7.3.2 读写 JSON 数据：json 模块

JSON（JavaScript object notation）是一种轻量级的数据交换格式。JSON 的数据格式等同于 Python 中的字典格式，其中可以包含方括号括起来的数组，即 Python 中的列表。

在 Python 中，json 模块专门处理 json 格式的数据，提供了 4 种方法：dumps()、dump()、loads()、load()。

1.　dumps()和 dump()

dumps()和 dump()方法用于实现序列化功能，其区别是 dump()需要一个类似于文件指针的参数（并不是真正的指针，而是可以称之为类文件的对象），它可以与文件操作结合，也就是说可以将字典序列化为字符串，然后存入文件中；而 dumps()直接将字典序列化为字符串。

dumps()方法的使用，代码如下。

```
>>> import json
```

运行结果如下。

```
>>> json.dumps('Python')                              # 字符串
'"Python"'
>>> json.dumps(12.78)                                 # 数字
'12.78'
>>>dict_test = {"teacher_name":"Mr.Liu","teach_age":18}   # 字典
>>> json.dumps(dict_test)                             # 字典
'{"teacher_name": "Mr.Liu", "teach_age": 18}'
```

在上例中，dumps 将数字、字符串、字典等数据序列化为标准的字符串格式。

dump()方法的使用，代码如下。

```
import json
dict_test = {"teacher_name":"Mr.Liu","teach_age":18}
with open("G:\\json_test.json","w",encoding='utf-8') as file_test:
    json.dump(dict_test,file_test,indent=4)
```

在上例中，使用 dump()方法将字典数据 dict_test 保存到 G 盘根目录下的 json_test.json 文件中。运行效果，代码如下。

```
{
    "teacher_name": "Mr.Liu",
    "teach_age": 18
}
```

2.　loads()和 load()

loads()和 load()是反序列化方法。Loads()只完成了反序列化，load()只接收文件描述符，完成了读取文件和反序列化。

loads()方法的使用，代码如下。

```
>>> import json
>>> json.loads('{"teacher_name":"Mr.Liu","teach_age":18}')
```

运行结果如下。

```
{'teacher_name': 'Mr.Liu', 'teach_age': 18}
```

在上例中，loads()将已经序列化的字典字符串数据反序列化为字典数据。

load()方法的使用，代码如下。

```
import json
```

```
with open("G:\\json_test.json", "r", encoding='utf-8') as file_test:
    test_loads = json.loads(file_test.read())
    file_test.seek(0)
    test_load = json.load(file_test) # 同 json.loads(file_test.read())
print(test_loads)
print(test_load)
```

在上例中，load 将已经序列化的文件的字典字符串数据反序列化为字典数据，loads()
实现了和 load()一样的功能。运行结果，代码如下。

```
{'teacher_name': 'Mr.Liu', 'teach_age': 18}
{'teacher_name': 'Mr.Liu', 'teach_age': 18}
```

7.3.3　系统相关：sys 模块

sys 模块是 Python 自带的模块，包含与系统相关的信息。通过运行以下命令导入该模
块，代码如下。

```
>>> import sys
```

通过 help(sys)或者 dir(sys)命令查看 sys 模块可用的方法，代码如下。

```
>>> dir(sys)
```

运行结果如下。

```
['__displayhook__', '__doc__', '__excepthook__', '__interactivehook__', '__loader__', '__name__',
'__package__', '__spec__', '__stderr__', '__stdin__', '__stdout__', '_clear_type_cache',
'_current_frames', '_debugmallocstats', '_enablelegacywindowsfsencoding',......]
```

下面列举 sys 模块常用的几种方法。

1. sys.path

sys.path 包含输入模块的目录名列表。

运行命令，代码如下。

```
>>> sys.path
```

运行结果如下。

```
['G:/Python 教材编写/例子 20180619/例子', 'C:\\Users\\Lenovo\\AppData\\Local\\Programs\\
Python\\Python36-32\\Lib\\idlelib', 'C:\\Users\\Lenovo\\AppData\\Local\\Programs\\Python\\ Python36-32\\
python36.zip', 'C:\\Users\\Lenovo\\AppData\\Local\\Programs\\Python\\Python36-32\\DLLs', 'C:\\Users\\
Lenovo\\AppData\\Local\\Programs\\Python\\Python36-32\\lib', 'C:\\Users\\Lenovo\\AppData\\ Local\\
Programs\\Python\\Python36-32', 'C:\\Users\\Lenovo\\AppData\\Local\\Programs\\Python\\
Python36-32\\lib\\site-packages']
```

从运行结果可以看出，该命令获取了指定模块搜索路径的字符串集合。可以将写好的
模块放在得到的某个路径下，这样就可以在程序中 import 时正确找到。在 import 导入模块
名时，就是根据 sys.path 的路径来搜索模块名，也可以用命令 sys.path.append（"自定义模
块路径"）添加模块路径。

2. sys.argv

sys.argv 在外部向程序内部传递参数。

运行命令，代码如下。

```
>>> sys.argv
```

运行结果如下。

```
['G:/Python 教材编写/例子 20180619/例子/json_load_test.py']
```

从运行结果可以看出，sys.argv 变量是一个包含了命令行参数的字符串列表，利用命令行向程序传递参数。其中，脚本的名称是 sys.argv 列表的第一个参数。

7.3.4　数学：math 模块

math 模块是 Python 自带的模块，包含与数学运算公式相关的信息。通过运行以下命令导入该模块，代码如下。

```
>>> import math
```

通过 dir(math)命令查看 math 模块可用的方法，代码如下。

```
>>> dir(math)
```

运行结果如下。

```
['__doc__', '__loader__', '__name__', '__package__', '__spec__', 'acos', 'acosh', 'asin', 'asinh',
'atan', 'atan2', 'atanh', 'ceil', 'copysign', 'cos', 'cosh', 'degrees', 'e', 'erf', 'erfc', 'exp', 'expm1', 'fabs',
'factorial', 'floor', 'fmod', 'frexp', 'fsum', 'gamma', 'gcd', 'hypot', 'inf', 'isclose', 'isfinite', 'isinf', 'isnan',
'ldexp', 'lgamma', 'log', 'log10', 'log1p', 'log2', 'modf', 'nan', 'pi', 'pow', 'radians', 'sin', 'sinh', 'sqrt',
'tan', 'tanh', 'tau', 'trunc']
```

运行结果显示了 math 模块可用的函数，常用的函数如表 7.1 所示。

表 7.1　math 模块常用函数列表

函　　数	说　　明	示　　例
math.e	自然常数 e	>>> math.e 2.718281828459045
math.pi	圆周率 pi	>>> math.pi 3.141592653589793
math.degrees(x)	弧度转度	>>> math.degrees(2.7) 154.6986046853223
math.radians(x)	度转弧度	>>> math.radians(90) 1.5707963267948966
math.exp(x)	返回 e 的 x 次方	>>> math.exp(7) 1096.6331584284585
math.expm1(x)	返回 e 的 x 次方减 1	>>> math.expm1(7) 1095.6331584284585

续表

函　　数	说　　明	示　　例
math.log(x[, base])	返回 x 的以 base 为底的对数，base 默认为 e	>>> math.log(7,34) 0.5518182657364911
math.log10(x)	返回 x 的以 10 为底的对数	>>> math.log10(9) 0.9542425094393249
math.log1p(x)	返回 1+x 的自然对数（以 e 为底）	>>> math.log1p(9) 2.302585092994046
math.pow(x, y)	返回 x 的 y 次方	>>> math.pow(10,12) 1000000000000.0
math.sqrt(x)	返回 x 的平方根	>>> math.sqrt(35) 5.916079783099616
math.ceil(x)	返回不小于 x 的整数	>>> math.ceil(7.6) 8
math.floor(x)	返回不大于 x 的整数	>>> math.floor(9.3) 9
math.trunc(x)	返回 x 的整数部分	>>> math.trunc(19.82) 19
math.modf(x)	返回 x 的小数和整数	>>> math.modf(11.47) (0.47000000000000064, 11.0)
math.fabs(x)	返回 x 的绝对值	>>> math.fabs(-48.5) 48.5
math.fmod(x, y)	返回 x%y（取余）	>>> math.fmod(45,10) 5.0
math.fsum([x, y, ...])	返回无损精度的和	>>> math.fsum([1,3.6,7.8]) 12.4
math.factorial(x)	返回 x 的阶乘	>>> math.factorial(6) 720
math.isinf(x)	判断参数是否为无穷大。若 x 为无穷大，返回 True；否则，返回 False	>>> math.isinf(45664987.98) False
math.isnan(x)	若 x 不是数字，返回 True；否则，返回 False	>>> math.isnan(9.6) False
math.hypot(x, y)	返回以 x 和 y 为直角边的斜边长	>>> math.hypot(3,4) 5.0

math.copysign(x, y)	若 y<0，返回 x 的绝对值乘以-1；否则，返回 x 的绝对值	>>> math.copysign(-17.8,-0.5)
		-17.8
		>>> math.copysign(-17.8,0.5)
		17.8

math.frexp(x)	返回 m 和 i，满足 x 等于 m 乘以 2 的 i 次方	>>> math.frexp(7) (0.875, 3)

续表

函　　数	说　　明	示　　例
math.ldexp(m, i)	返回 m 乘以 2 的 i 次方	>>> math.ldexp(8,2) 32.0
math.sin(x)	返回 x（弧度）的三角正弦值	>>> math.sin(90) 0.8939966636005579
math.asin(x)	返回 x 的反三角正弦值	>>> math.asin(1) 1.5707963267948966
math.cos(x)	返回 x（弧度）的三角余弦值	>>> math.cos(180) -0.5984600690578581
math.acos(x)	返回 x 的反三角余弦值	>>> math.acos(0.5) 1.0471975511965979
math.tan(x)	返回 x（弧度）的三角正切值	>>> math.tan(90) -1.995200412208242
math.atan(x)	返回 x 的反三角正切值	>>> math.atan(7) 1.4288992721907328
math.atan2(x, y)	返回 x/y 的反三角正切值	>>> math.atan2(2,5) 0.3805063771123649
math.sinh(x)	返回 x 的双曲正弦值	>>> math.sinh(15) 1634508.6862359024
math.asinh(x)	返回 x 的反双曲正弦值	>>> math.asinh(90) 5.192987713658941
math.cosh(x)	返回 x 的双曲余弦值	>>> math.cosh(234) 2.1080396231041644e+101
math.acosh(x)	返回 x 的反双曲余弦值	>>> math.acosh(32) 4.158638853279167
math.tanh(x)	返回 x 的双曲正切值	>>> math.tanh(1.6) 0.9216685544064713
math.atanh(x)	返回 x 的反双曲正切值	>>> math.atanh(0.6) 0.6931471805599453
math.erf(x)	返回 x 的标准正态分布中的误差	>>> math.erf(9) 1.0
math.erfc(x)	返回 x 的标准正态分布中的余误差	>>> math.erfc(91.4) 0.0
math.gamma(x)	返回 x 的伽马值	>>> math.gamma(7) 720.0
math.lgamma(x)	返回 x 的绝对值的自然对数的伽马值	>>> math.lgamma(987) 5815.511016865267

7.3.5　随机数：random 模块

random 模块是 Python 自带的模块，功能是生成随机数。通过运行以下命令导入该模块：

```
>>> import random
```

通过 dir(random)命令查看 random 模块可用的方法，代码如下。

```
>>> dir(random)
```

运行结果如下。

```
['BPF',   'LOG4',   'NV_MAGICCONST',   'RECIP_BPF',   'Random',   'SG_MAGICCONST',
'SystemRandom', 'TWOPI', '_BuiltinMethodType', '_MethodType', '_Sequence', '_Set', '__all__',
'__builtins__', '__cached__', ...]
```

下面列举 random 模块常用的几种方法。

1. randint()

使用 randint()方法可生成随机整数；例如，代码如下。

```
>>> random.randint(10,2390)
1233
```

注意：上例用于生成一个指定范围内的整数，其中下限必须小于上限；否则程序会报错，代码如下。

```
>>> random.randint(20,10)                          # 下限 20 大于上限 10
Traceback (most recent call last):                 # 以下是错误提示信息
  File "<pyshell#70>", line 1, in <module>
    random.randint(20,10)
  File  "C:\Users\Lenovo\AppData\Local\Programs\Python\Python36-32\lib\random.py",  line  221,
in randint
    return self.randrange(a, b+1)
  File  "C:\Users\Lenovo\AppData\Local\Programs\Python\Python36-32\lib\random.py",  line  199,
in randrange
    raise ValueError("empty range for randrange() (%d,%d, %d)" % (istart, istop, width))
ValueError: empty range for randrange() (20,11, -9)
```

2. random()

使用 random()可生成随机浮点数；例如，代码如下。

```
>>> random.random()                                # 不带参数
0.47203863107027433
>>> random.uniform(35, 100)                        # 带上限、下限参数
78.02991602825188
>>> random.uniform(350, 100)
232.2659504153889
```

从运行结果可见，生成随机浮点数时，下限可以大于上限。

3. choice()

使用 choice()可生成随机字符；例如，代码如下。

```
>>> random.choice('98&@!~gho^')
'g'
```

4. shuffle()

shuffle()具有"洗牌"功能；例如，代码如下。

```
>>> test_shuffle = ['A','Q',1,6,7,9]
>>> random.shuffle(test_shuffle)
```

运行结果如下。

```
>>> test_shuffle
[7, 6, 1, 'A', 'Q', 9]
```

7.4　在 Python 中调用 R 语言

在 Python 中调用 R 语言的前提条件是在本机安装 rpy2 模块和 R 语言工具。

7.4.1　安装 rpy2 模块

Python 调用 R 语言的模块是 rpy2。

安装时注意，rpy2 的版本要和 Python 及 R 语言的版本对应。以下操作以 Python 3.6.5 (v3.6.5:f59c0932b4, Mar 28 2018, 16:07:46) [MSC v.1900 32 bit (Intel)] on win32 为例。

1. 下载

rpy2 模块的下载地址为 http://www.lfd.uci.edu/~gohlke/pythonlibs/#rpy2。

选择下载 rpy2-2.9.4-cp36-cp36m-win32.whl，其对应 Python 3.6.5 的 32 位版本。

2. 安装

在命令提示符下输入命令，代码如下。

```
pip install G:\Python 教材编写\安装文件\RPY2\ rpy2-2.9.4-cp36-cp36m-win32.whl
```

安装成功后会提示信息，代码如下。

```
Successfully built MarkupSafe
Installing collected packages: MarkupSafe, jinja2, rpy2
Successfully installed MarkupSafe-1.0 jinja2-2.10 rpy2-2.9.4
```

至此，rpy2 就成功安装到计算机中了。

7.4.2　安装 R 语言工具

1. 下载

R 语言工具的下载地址为 https://www.r-project.org/。

（1）单击 R 官网主页面上的 download R，如图 7.4 所示。

（2）在跳转的镜像界面，下拉选择中国的镜像，选择清华大学的第一个地址，如图 7.5 所示。

（3）根据自己的操作系统选择相应的版本，这里单击 Download R for Windows（本机的操作系统是 Windows 10），如图 7.6 所示。

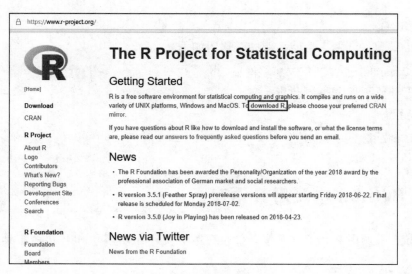

图 7.4　R 官网首页

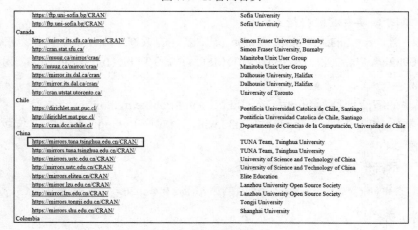

图 7.5　清华大学镜像地址

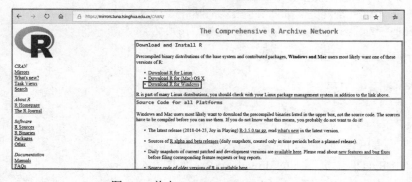

图 7.6　单击 Download R for Windows

（4）在 base 一行，单击 install R for the first time，如图 7.7 所示。

（5）单击 Download R 3.5.0 for Windows，保存到计算机，如图 7.8 所示。

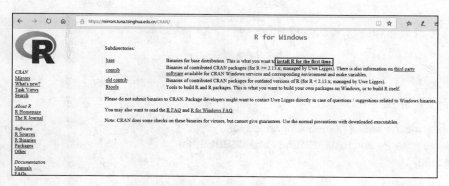

图 7.7 单击 install R for the first time

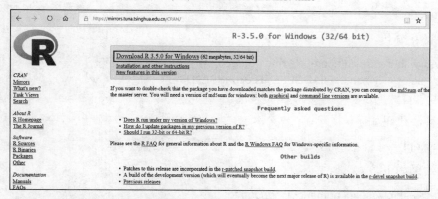

图 7.8 单击 Download R 3.5.0 for Windows

2. 安装

双击下载的可执行文件，如图 7.9 所示。

图 7.9 下载的可执行文件

按照安装提示一步步操作即可。

7.4.3 测试安装

在 Python Shell 中输入命令，代码如下。

```
>>> import rpy2.robjects as rob
```

如果没有任何错误提示，则表示 rpy2 模块和 R 语言工具安装成功，可以调用 R。

7.4.4 调用 R 示例

1. 调用 R 对象

使用 rpy2.robjects 包的 R 对象，调用方法，代码如下。

```
>>> import rpy2.robjects as rob
```

调用 R 对象有以下 3 种语法格式。

第 1 种，代码如下。

```
>>> rob.r['pi']
```

运行效果如下。

```
R object with classes: ('numeric',) mapped to:
<FloatVector - Python:0x06ADE0A8 / R:0x08BBE9D8>
[3.141593]
```

第 2 种，代码如下。

```
>>> rob.r('pi')
```

运行效果如下。

```
R object with classes: ('numeric',) mapped to:
<FloatVector - Python:0x06ADCE68 / R:0x08BBE9D8>
[3.141593]
```

第 3 种，代码如下。

```
>>> rob.r.pi
```

运行效果如下。

```
R object with classes: ('numeric',) mapped to:
<FloatVector - Python:0x06ADE030 / R:0x08BBE9D8>
[3.141593]
```

2. 载入和使用 R 包

使用 rpy2.robjects.packages.importr 对象，调用方法，代码如下。

```
>>> from rpy2.robjects.packages import importr
>>> base = importr('base')
>>> stats = importr('stats')
```

调用示例，代码如下。

```
>>> stats.rnorm(10)
R object with classes: ('numeric',) mapped to:
<FloatVector - Python:0x06ADB5A8 / R:0x0A1E6F80>
[-0.921976, 0.049949, 0.306161, 1.092040, ..., -0.415047, 0.321349, -0.271509, 0.852308]
```

7.5 实验

7.5.1 使用 datetime 模块

使用 import 将 datetime 模块导入系统中，代码如下。

```
>>> import datetime
```

datetime 模块中包含的常量和类如表 7.2 所示。

表 7.2　datetime 模块的常量和类

常量/类	功 能 说 明
MAXYEAR	返回能表示的最大年份
MINYEAR	返回能表示的最小年份
date	日期对象，常用的属性有 year、month、day
datetime	日期时间对象，常用的属性有 hour、minute、second, microsecond
datetime_CAPI	日期时间对象 C 语言接口
time	时间对象
timedelta	时间间隔，即两个时间点之间的长度
timezone	时区对象
tzinfo	时区信息对象，抽象类不能直接用

datetime 模块常用示例如下。

（1）date 类对象的应用示例，代码如下。

```
>>> import datetime
>>> now = datetime.date.today()
>>> now.year
2018
>>> now.month
6
>>> now.day
26
```

（2）让所使用的日期符合 ISO 标准，代码如下。

```
>>> import datetime
>>> now = datetime.date.today()
>>> now.isocalendar()                # 年份，周数，星期数
(2018, 26, 2)
```

（3）计算公元公历开始到现在的天数，代码如下。

```
>>> import datetime
>>> now = datetime.date.today()
>>> now.toordinal()                  # 公元 1 年 1 月 1 日为 1
736871
```

7.5.2　使用 sys 模块

sys 模块的常用函数实验如下。

（1）sys.argv：从程序外部向程序传递参数，代码如下。

```
>>> import sys
>>> sys.argv
['']
```

（2）sys.exit([arg])：程序中间的退出，arg=0 为正常退出，代码如下。

```
>>> import sys
>>> sys.exit(0)
```

（3）sys.getdefaultencoding()：获取系统当前编码，代码如下。

```
>>> import sys
>>> sys.getdefaultencoding()
'utf-8'
```

（4）sys.getfilesystemencoding()：获取文件系统使用的编码方式，代码如下。

```
>>> import sys
>>> sys.getfilesystemencoding()
'utf-8'
```

（5）sys.path：获取指定模块搜索路径的字符串集合，代码如下。

```
>>> import sys
>>> sys.path
['', 'C:\\Users\\Lenovo\\AppData\\Local\\Programs\\Python\\Python36-32\\Lib\\idlelib',
'C:\\Users\\Lenovo\\AppData\\Local\\Programs\\Python\\Python36-32\\python36.zip',
'C:\\Users\\Lenovo\\AppData\\Local\\Programs\\Python\\Python36-32\\DLLs',
'C:\\Users\\Lenovo\\AppData\\Local\\Programs\\Python\\Python36-32\\lib',
'C:\\Users\\Lenovo\\AppData\\Local\\Programs\\Python\\Python36-32',
'C:\\Users\\Lenovo\\AppData\\Local\\Programs\\Python\\Python36-32\\lib\\site-packages']
```

（6）sys.platform：获取当前系统平台，代码如下。

```
>>> import sys
>>> sys.platform
'win32'
```

（7）sys.stdin，sys.stdout，sys.stderr：包含与标准 I/O 流对应的流对象，代码如下。

```
>>> import sys
>>> sys.stdin
<idlelib.run.PseudoInputFile object at 0x0319ABB0>
>>> sys.stdout
<idlelib.run.PseudoOutputFile object at 0x0319ABD0>
>>> sys.stderr
<idlelib.run.PseudoOutputFile object at 0x0319ABF0>
```

7.5.3 使用与数学有关的模块

Python 内置了数学运算类（除了加、减、乘、除）函数，直接调用即可。

（1）将整数 280 转换为十六进制字符串，代码如下。

```
>>> hex(280)
'0x118'
```

（2）将整数 19 开平方，代码如下。

```
>>> import math
>>> print(math.sqrt(19))                          # 开平方
4.358898943540674
```

在程序开发中经常用 import 导入 math 模块到 Python 中进行调用。

（3）拆分 198.679 的小数和整数，代码如下。

```
>>> print(math.modf(198.679))                     # 拆分小数和整数
(0.679000000000002, 198.0)
```

（4）计算列表[345,129,19.7,983]中数字的和（结果为浮点数），代码如下。

```
>>> print(math.fsum([345,129,19.7,983]))
1476.7
```

7.5.4　自定义和使用模块

1. 自定义模块

打开 IDLE，选择 File 菜单中的 New File 命令，新建一个名为 testmodule.py 的文件，保存到 IDLE 所在的目录下。实验的本机目录是 C:\Users\Lenovo\AppData\Local\Programs\Python\Python36-32。

代码如下。

```
def SumPrice(x,y):                                # 计算商品的价格
    return x * y
```

2. 使用自定义模块

导入文件，与当前文件在同一目录。

代码如下。

```
>>> import testmodule as A
>>> A.SumPrice(7,9)
63
```

7.6　小结

模块是一组 Python 代码的集合，可以使用其他模块，也可以被其他模块使用。

模块让用户能够有逻辑地组织 Python 代码段。

模块能定义函数、类和变量，模块里也能包含可执行的代码。

如果要存储 datetime，最佳方法是将其转换为 timestamp 再存储，因为 timestamp 的值与时区完全无关。

json 序列化方法：dumps 为无文件操作；dump 为序列化+写入文件。

json 反序列化方法：loads 为无文件操作；load 为读文件+反序列化。

7.7 习题

一、简答题

1. 简要回答模块和程序的区别是什么？
2. 简要回答模块和包的区别，并定义一个计算三角形、梯形、正方形面积的模块？

二、编程题

将输入的日期字符串（格式为 20180702）转换为指定格式的日期（格式为 07/02/2018 星期一）输出，程序中要用到 datetime 模块。

第 8 章

对象和类

在 Python 中，无处不对象，处处都是对象。然而很多时候，并不知道对象是什么，只是在学习的时候知道面向对象编程这个概念，但是使用起来却非常方便。这就类似于学开车，要学会开车不用理解汽车的原理，但是对于赛车手，理解汽车的原理非常重要，因为理解汽车的原理有助于赛车手把车开得更好。本章将向读者介绍对象和类。

8.1 面向对象概述

8.1.1 什么是面向对象编程

面向对象编程（object oriented programming，OOP），是一种程序设计思想，是通过建立模型来体现抽象的思维过程和面向对象的方法。模型是用来反映现实世界中事物特征的，是对事物特征和变化规律的抽象，是更普遍、更集中、更深刻地描述个体的特征。OOP 把对象作为程序的基本单元，一个对象包含数据和操作数据的函数。

8.1.2 面向对象术语简介

面向对象常用的术语介绍如下。

（1）类：创建对象的代码段，描述了对象的特征、属性、要实现的功能以及采用的方法等。

（2）属性：描述了对象的静态特征。

（3）方法：描述了对象的动态动作。

（4）对象：类的一个实例，就是模拟真实事件，把数据和代码都集合到一起，即属性、方法的集合。

（5）实例：类的实体。

（6）实例化：创建类的一个实例的过程。

（7）封装：把对象的属性、方法、事件集中到一个统一的类中，并对调用者屏蔽其中的细节。

（8）继承：一个类共享另一个类的数据结构和方法的机制称为继承。起始类称为基类、超类、父类，而继承类称为派生类、子类。继承类是对被继承类的扩展。

（9）多态：一个同样的函数对于不同的对象可以具有不同的实现。

（10）接口：定义了方法、属性的结构，为其成员提供规约，不提供实现。不能直接从接口创建对象，必须首先创建一个类来实现接口所定义的内容。

（11）重载：一个方法可以具有许多不同的接口，但方法的名称是相同的。

（12）事件：由某个外部行为所引发的对象方法。

（13）重写：派生类创建基类某个方法的不同实现的代码。

（14）构造函数：创建对象所调用的特殊方法。

（15）析构函数：释放对象时所调用的特殊方法。

8.2　类的定义与使用

8.2.1　类的定义

类就是对象的属性和方法的封装，静态的特征称为属性，动态的动作称为方法。

类通常的语法格式如下。

```
class ClassName:
    # 属性
    [属性定义体]
    # 方法
    [方法定义体]
```

类的定义以关键字 class 开始，类名必须以大写字母开头，类名后面紧跟冒号 “:”。

类的定义示例如下。

```
class Person: # Python 的类名约定以大写字母开头
    #----类的一个示例----
    # 属性
    skincolor = "yellow"
    high = 168
    weight = 65
    # 方法
    def goroad(self):
            print("人走路动作的测试……")
    def sleep(self):
            print("睡觉，晚安！")
```

从上例可以看出，属性就是变量，是静态的特征；方法是一个个的函数，通过这些函数来描述动作行为。

在定义类属性时一般用名词，定义类方法时一般用动词，类名约定以大写字母开头，函数约定以小写字母开头。

8.2.2　类的使用

定义类之后，就可将类实例化为对象。类实例化对象的语法格式如下。

```
对象名 = 类名()
```

实例化对象的操作符是等号"="，在类实例化对象时，类名后面要添加一个括号"()"。类实例化示例如下。

```
>>> p = Person()
```

上例将类 Person 实例化为对象 p。

8.2.3　类的构造方法及专有方法

类的构造方法是__init__(self)。

实例化一个对象时，这个方法就会在对象被创建时自动调用。

实例化对象时是可以传入参数的，这些参数会自动传入__init__(self,param1,param2,…)方法中，可以通过重写这个方法来自定义对象的初始化操作；例如，代码如下。

```
>>> class Bear:
            def __init__(self,name):
                    self.name = name
            def kill(self):
                    print("%s 是保护动物，不能杀"% self.name)
```

运行结果如下。

```
>>> a = Bear('狗熊')
>>> a.kill()
狗熊是保护动物，不能杀
```

在上例中，重写了__init__(self)方法，如果没有重写，其默认调用是__init__(self)，没有任何参数或只有一个 self 参数，所以在实例化时，参数是空的。重写为__init__(self,name)，在实例化时就可以传递参数了，因为第一个参数 self 是默认的，就把"狗熊"传给 name，运行程序后得到了期望的结果，这样使用起来便非常方便。

另外，还可以把传入的参数设置为默认参数，这样在实例化时不传入参数，系统也不会报错；例如，代码如下。

```
>>> class Bear:
            def __init__(self,name = "默认的熊"):
                    self.name = name
            def kill(self):
                    print("%s 是保护动物，不能杀"% self.name)
```

运行结果如下。

```
>>> b = Bear()
>>> b.kill()
默认的熊是保护动物，不能杀
>>> c = Bear('替代熊')
>>> c.kill()
替代熊是保护动物，不能杀
```

在上例中，把构造函数的参数 name 设置为默认值"默认的熊"，在对象实例化时没有传值给参数 name，程序运行正确，输出期望的结果：默认的熊是保护动物，不能杀。当在对象实例化时给参数 name 传值为"替代熊"，当对象 c 调用方法 kill()时，输出了正确的结果：替代熊是保护动物，不能杀。

8.2.4 类的访问权限

在 C++和 Java 中，通过关键字 public、private 来表明访问的权限是公有的还是私有的。然而在 Python 中，默认情况下对象的属性和方法都是公开的、公有的，通过点"."操作符来访问；例如，代码如下。

```
>>> class Company:
        name = "云创科技"
```

运行结果如下。

```
>>> c = Company()
>>> c.name
'云创科技'
```

在上例中，直接通过点访问了类 Company 的变量 name，运行得到了结果：云创科技。为了实现类似于私有变量的特征，Python 内部采用了 name mangling（名字重整或名字改变）技术，在变量名或函数名前加上两个下画线"__"，这个函数或变量就变为私有的；例如，代码如下。

```
>>> class Company:
        __name = "云创科技"
```

运行结果如下。

```
>>> c = Company()
>>> c.__name
Traceback (most recent call last):
  File "<pyshell#74>", line 1, in <module>
    c.__name
AttributeError: 'Company' object has no attribute '__name'
>>> c.name
Traceback (most recent call last):
  File "<pyshell#75>", line 1, in <module>
    c.name
AttributeError: 'Company' object has no attribute 'name'
```

在上例中，在类 Company 的属性 name 前面加了两个下画线，使其变为私有变量，在程序外面以命令 c.__name 和 c.name 访问都会出错。

为了访问类中的私有变量，有一个折中的处理办法，代码如下。

```
>>> class Company:
        __name = "云创科技"
        def getname(self):
            return self.__name
```

运行结果如下：

```
>>> c = Company()
>>> c.getname()
'云创科技'
```

在上例中，在类 Company 内部重新定义一个方法 getname(self)，在程序外部通过访问对象的 getname()方法访问了类 Company 中的私有变量__name。

实际上，Python 把双下画线开头的变量名改为了单下画线类名+双下画线变量名，即_类名__变量名，因此可以通过以下访问方式来访问类的私有变量，代码如下。

```
>>> class Company:
        __name = "云创科技"
        def getname(self):
            return self.__name
```

运行结果如下。

```
>>> c = Company()
>>> c.getname()
'云创科技'
>>> c._Company__name
'云创科技'
```

在上例中，访问了对象 c 的_Company__name，运行得到了期望的结果。

综上所述，就目前而言，Python 的私有机制是伪私有，Python 的类是没有权限控制的，变量可以被外部调用。

8.2.5　获取对象信息

实例化对象之后，就可以使用对象调用类的属性和方法，语法格式如下。

```
对象名 . 属性名
对象名 . 方法名
```

对象调用类的属性或方法的操作符是点 "."；例如，代码如下。

```
>>> p.goroad()
人走路动作的测试……
>>> p.skincolor
'yellow'
```

```
>>> p.sleep()
睡觉，晚安！
>>> p.high
168
>>> p.weight
65
```

在上例中，对象 p 分别调用了类 Person 的方法 goroad()、属性 skincolor、方法 sleep()、属性 high()和属性 weight。

8.3　类的特点

8.3.1　封装

从形式上看，对象封装了属性就是变量，而方法和函数是独立性很强的模块，封装就是一种信息掩蔽技术，使数据更加安全。

例如，列表是 Python 的一个序列对象，要对列表进行调整，代码如下。

```
>>> list1 = ['K','J','L','Q','M']
>>> list1.sort()
>>> list1
['J', 'K', 'L', 'M', 'Q']
```

在上例中，调用了排序函数 sort()对无序的列表进行了正序排序。由此可见，Python 的列表就是对象，它提供了若干种方法来供用户根据需求调整整个列表，但是用户并不知道列表对象里面的方法是如何实现的，也不知道列表对象里面有哪些变量，这就是封装。它封装起来，只给用户所需的方法的名字，用户调用这个名字，知道它可以实现即可，用户是怎么实现的。

8.3.2　多态

不同对象对同一方法响应不同的行为就是多态；例如，代码如下。

```
>>> class Test_X:
        def func(self):
                print("测试 X...")
>>> class Test_Y:
        def func(self):
                print("测试 Y...")
```

运行结果如下。

```
>>> x = Test_X()
>>> y = Test_Y()
>>> x.func()
测试 X...
>>> y.func()
```

测试 Y…

上例分别定义了两个类：Test_X 和 Test_Y，每个类里面都定义了同名函数 func()，函数 func()分别实现的功能是输出字符串"测试 X…"和"测试 Y…"，类 Test_X()的实例对象为 x，类 Test_Y()的实例对象为 y，对象 x 和对象 y 分别调用了同名函数 func()，分别运行得到了不同的结果：测试 X…和测试 Y…。由此可见，不同对象调用了同名方法（函数），实现的结果不一样，这就是多态。

注意：self 相当于 C++中的 this 指针。同一个类可以生成无数个对象，这些对象都来源于同一个类的属性和方法，当一个对象的方法被调用时，对象会将自身作为第一个参数传给 self 参数，接收到 self 参数时，Python 就知道是哪一个对象在调用方法了；例如，代码如下。

```
>>> class Bear:
        def setname(self,name):
            self.name = name
        def kill(self):
            print("%s 是保护动物，不能杀"% self.name)
```

运行结果如下。

```
>>> ab = Bear()
>>> ab.setname('大熊')
>>> cd = Bear()
>>> cd.setname('黑熊')
>>> ab.kill()
大熊是保护动物，不能杀
>>> cd.kill()
黑熊是保护动物，不能杀
```

在上例中，对象 ab 和对象 cd 调用了同一个方法 kill()，然而得到的结果分别是"大熊是保护动物，不能杀"和"黑熊是保护动物，不能杀"，因为在调用时，ab.kill()的第一个参数是掩藏的，把 ab 对象的标志传进去，self 收到后，self.name 就会去找到对象 ab 的 name 属性，然后把它赋值打印出来；然而这都是 Python 在后台自动完成的，只要在定义类时，把 self 写进第一个参数，这是默认的要求。

8.3.3　继承

继承是子类自动共享父类的数据和方法的机制。语法格式如下。

```
Class ClassName(BaseClassName):
        ……
```

其中，ClassName 是子类的名称，第一个字母必须大写。BaseClassName 是父类的名称。被继承的类称为基类、父类或超类，而继承的类称为子类。子类可以继承父类的任何属性和方法。

下面以列表对象为例，代码如下。

```
>>> class Test_list(list):
```

```
            pass
```

运行结果如下。

```
>>> list1 = Test_list()
>>> list1.append('O')
>>> list1
['O']
>>> list1.append('MT')
>>> list1
['O', 'MT']
>>> list1.sort()
>>> list1
['MT', 'O']
```

上例定义了一个类 Test_list()，它继承 list，将 Test_list() 赋值给变量 list1，list1 分别调用了 append() 方法和 sort() 方法，得到了所期望的结果。从中可以看出，定义了类 Test_list()，它继承了属于 list 的属性和方法；所以可以在对象 Test_list 里面使用，这就是继承。

在使用类继承机制时，需要注意以下几点。

（1）如果在子类中定义与父类同名的方法或属性，则会自动覆盖父类对应的方法或属性；例如，代码如下。

```
>>> class ParentClass:
        def printStr(self):
            print("这里调用的是父类的方法！")
>>> class ChildClass(ParentClass):
        def printStr(self):
            print("这里调用的是子类的方法！")
```

运行结果如下。

```
>>> p = ParentClass()
>>> p.printStr()
这里调用的是父类的方法！
>>> c = ChildClass()
>>> c.printStr()
这里调用的是子类的方法！
>>>
```

在上例中，p.printStr() 调用的是父类的方法，输出了结果"这里调用的是父类的方法！"，c.printStr() 调用了和父类同名的方法，输出了结果"这里调用的是子类的方法！"，这里覆盖的是子类的实例对象中的方法而已，对父类不受影响。

（2）子类重写了父类的方法就会把父类的同名方法覆盖，如果被重写的子类同名方法中没有引入父类同名的方法，实例化对象要调用父类的同名方法时，程序就会报错；例如，代码如下。

```
import random as s
class Dog:
```

```
        def __init__(self):
                self.x = s.randint(10,50)
                self.y = s.randint(10,50)
        def run_Dog(self):
                self.x += 1
                print("基狗的位置是：",self.x,self.y)
class GoldDog(Dog):
    pass
class BlackDog(Dog):
    pass
class YellowDog(Dog):
    pass
class MyDog(Dog):
    def __init__(self):
                self.hungry = True
    def chi(self):
                if self.hungry:
                        print("狗的梦想就是天天有吃的。")
                        self.hungry = False
                else:
                        print("狗已经吃饱了。")
```

运行结果如下。

```
>>> dog = Dog()
>>> dog.run_Dog()
基狗的位置是： 30 24
>>> dog.run_Dog()
基狗的位置是： 31 24
>>> golddog = GoldDog()
>>> golddog.run_Dog()
基狗的位置是： 42 46
>>> blackdog = BlackDog()
>>> blackdog.run_Dog()
基狗的位置是： 39 11
>>> yellowdog = YellowDog()
>>> yellowdog.run_Dog()
基狗的位置是： 40 21
>>> mydog = MyDog()
>>> mydog.chi()
狗的梦想就是天天有吃的。
>>> mydog.chi()
狗已经吃饱了。
>>> mydog.run_Dog()
Traceback (most recent call last):
  File "<pyshell#38>", line 1, in <module>
    mydog.run_Dog()
```

```
File "G:/jicheng_2018062101.py", line 9, in run_Dog
    self.x += 1
AttributeError: 'MyDog' object has no attribute 'x'
```

在上例中，子类 MyDog 重写了父类 Dog 的构造函数__init__(self)，那么子类就覆盖了父类的同名构造函数，然而在子类中没有对构造函数中的变量 self.x 和 self.y 重新赋值，导致子类实例对象调用方法 run_Dog()时报错，提示对象 MyDog 找不到属性 x 的值。

要解决上述问题，就要在子类重写父类同名方法时，先引入父类的同名方法。要实现继承的目的，有两种技术可采用：一是调用未绑定的父类方法，二是使用 super()函数。

先看看调用未绑定的父类方法的技术，其语法格式如下。

```
paraname.func(self)
```

语法各项解释如下。

❑ Paraname：父类的名称。

❑ .：点操作符。

❑ Func：子类要重写的父类的同名方法名称。

❑ Self：子类的实例对象，注意这里不是父类的实例对象。

示例程序代码和上例相同，仅对子类的 MyDog(Dog)的__init__(self)方法做修改，修改后的__init__(self)代码如下。

```
def __init__(self):
        Dog.__init__(self)                # 调用未绑定的父类方法
        self.hungry = True
```

运行结果如下。

```
>>> mydog = MyDog()
>>> mydog.chi()
狗的梦想就是天天有吃的。
>>> mydog.chi()
狗已经吃饱了。
>>> mydog.run_Dog()
基狗的位置是：  20 19
```

上例中，在子类 MyDog 中重写父类 Dog 的同名方法 init 时，以指令 Dog.__init__(self)引入了父类 Dog 的同名方法 init，然而参数 self 传入的是子类 MyDog 的实例化对象 mydog，所以这种技术称为调用未绑定的父类方法。

接下来看看使用 super()函数的技术。Super()函数可以自动找到父类的方法和传入 self 参数，其语法格式如下。

```
super().func([parameter])
```

语法各项解释如下。

❑ super()：super()函数。

❑ .：点操作符。

❑ func：子类要重写的父类的同名方法的名称。

❑ parameter：可选参数，如果参数是 self 可以省略。

示例程序代码和上例相同，仅对子类的 MyDog(Dog)的__init__(self)方法做修改，修改后的__init__(self)代码如下。

```
def __init__(self):
        super().__init__()                        # 使用 super()函数
        self.hungry = True
```

运行结果，代码如下。

```
>>> mydog1 = MyDog()
>>> mydog1.run_Dog()
基狗的位置是： 27 21
>>> mydog1.run_Dog()
基狗的位置是： 28 21
```

上例中，使用 super()函数调用了要重写的父类 Dog 的同名方法__init__()，参数 self 也可以省略。

使用 super()函数的方便之处在于不用写任何父类的名称，直接写重写的方法即可，这样 Python 会自动到父类中去寻找，尤其是在多重继承中，或者子类有多个祖先类的时候，super()函数会自动到多种层级关系中寻找同名的方法。使用 super()函数带来一个好处，如果以后要更改父类，直接修改括号里面的基类名称即可，不用再修改重写的同名方法里面的内容。

8.3.4 多重继承

同时继承多个父类的属性和方法称为多重继承。语法格式如下。

```
Class ClassName(Base1, Base2, Base3):
        ……
```

语法各项解释如下：

❑ ClassName：子类的名字。
❑ Base1, Base2, Base3：基类 1 的名字，基类 2 的名字，基类 3 的名字；有多少个基类，名字依次写入即可。

示例代码如下。

```
>>> class BaseClass1:
        def func1(self):
                print("func1 是我，我是 BaseClass1 的代理。")
>>> class BaseClass2:
        def func2(self):
                print("func2 是我，我是 BaseClass2 的代理。")
>>> class Ds(BaseClass1,BaseClass2):
        pass
```

运行结果如下。

```
>>> c = Ds()
```

```
>>> c.func1()
func1 是我，我是 BaseClass1 的代理
>>> c.func2()
func2 是我，我是 BaseClass2 的代理
```

在上例中，子类 Ds 分别继承了基类 BaseClass1 和基类 BaseClass2，可以调用基类 BaseClass1 的方法 func1()，也可以调用基类 BaseClass2 的方法 func2()。

虽然多重继承的机制可以让子类继承多个基类的属性和方法，使用起来很方便；但很容易导致代码混乱，有时会引起不可预见的漏洞，这对程序而言几乎是致命的。因此，当不确定必须要使用多重继承语法时，尽量避免使用。

8.4 实验

8.4.1 声明类

声明类以关键字 class 开始，类名以大写字母开头，类名后面紧跟冒号 ":"。

（1）通过函数将参数传入对象中，代码如下。

```
>>> class TestClass:
        def CreateName(self,number):
            self.name = number
        def trye(self):
            print("这是%s，谁叫我"%self.name)
```

运行结果如下。

```
    >>> ac=TestClass()
>>> ac.CreateName('猫')
>>> print(ac.trye())
这是猫，谁叫我
None
```

（2）通过构造函数将参数通过调用类导入对象中，代码如下。

```
>>> class Class_b:
            def __init__(self,num):
                    self.name=num
            def test(self):
                    print("my name is%s"%self.name)
```

运行结果如下。

```
>>> bc=Class_b("xion hong")
>>> print(bc.test())
my name isxion hong
None
```

8.4.2 类的继承和多态

在类的继承中，子类获得了父类的全部属性和功能。在类的多态特性中，对扩展开放，对修改封闭。

本实验演示组合继承，同时融合多重继承、多态特性，代码如下。

```python
class Turtle:
    def __init__(self,x):
        self.num = x
class Fish:
    def __init__(self,x):
        self.num = x
class Turtle_Child(Turtle):                    # 继承了 Turtle
    def __init__(self,x):
        super().__init__(x)                    # 重写父类构造函数
        self.hungry = True
    def eat(self):
        if self.hungry:
            print("小乌龟要吃食！")
            self.hungry = False
        else:
            print("小乌龟吃饱了，不吃了！")
class Pond:
    def __init__(self,x,y,z):                  # 组合继承实例
        self.turtle = Turtle(x)                # 继承了 Turtle
        self.fish = Fish(y)                     # 继承了 file
        self.turtle_child =Turtle_Child(z)      # 继承了 Turtle_Child
    def print_num(self):
        print(" 水池里总共有乌龟  %d 只，小鱼  %d 条，小乌龟%d 只。" %
(self.turtle.num,self.fish.num,self.turtle_child.num))
        self.turtle_child.eat()
```

运行结果如下。

```
>>> w=Pond(189,34,6)
>>> w.print_num()
水池里总共有乌龟 189 只，小鱼 34 条，小乌龟 6 只
小乌龟要吃食！
>>> w.print_num()
水池里总共有乌龟 189 只，小鱼 34 条，小乌龟 6 只
小乌龟吃饱了，不吃了！
```

在实验中，类 Turtle_Child 继承了类 Turtle，并且重写了__init__()函数，用到了函数的多态特性，在重写中使用了 super()方法。类 Pond 组合继承了类 Turtle、Fish 和 Turtle_Child。

8.4.3 复制对象

Python 中复制对象有以下几种方式。

（1）采用赋值操作符 "=" 复制对象。这种方式传递对象的引用，修改原始对象元素，引用后对象的元素也会跟着改变。

对象元素修改前的代码如下。

```
>>> arr_test=[45,'Python',[49,62],{'name':'jack','sex':'male'},'str']       # 原始对象
>>> AB=arr_test
>>> print('原始数据是：',arr_test)
原始数据是： [45, 'Python', [49, 62], {'name': 'jack', 'sex': 'male'}, 'str']
>>> print('引用后的数据是：',AB)
引用后的数据是： [45, 'Python', [49, 62], {'name': 'jack', 'sex': 'male'}, 'str']
```

对象元素修改后的代码如下。

```
>>> arr_test[2].append('481')
>>> print('引用后的数据是：',AB)
引用后的数据是： [45, 'Python', [49, 62, '481'], {'name': 'jack', 'sex': 'male'}, 'str']
```

（2）采用 copy 模块的命令 copy.copy()或 copy.deepcopy()复制对象。这两种指令在使用上的区别如下。

❑ 指令 copy.copy()仅仅复制对象的原始元素数据，copy.copy()属于线复制操作，仅仅复制列表或字段的值，其引用还是指向同一个地址。

❑ 指令 copy.deepcopy()仅仅复制对象的原始元素数据，copy.deepcopy()操作后的对象元素数据不能被复制。

实验代码如下。

```
>>> arr_test=[45,'Python',[49,62],{'name':'jack','sex':'male'},'str']       # 原始对象数据
>>> import copy
>>> A=copy.copy(arr_test)
>>> B=copy.deepcopy(arr_test)
>>> arr_test.append('addstr')                                    # 修改对象 arr_test
>>> arr_test[2].append('addstr1')                    # 修改对象 arr_test 中的[49, 62]数组对象
```

运行结果如下。

```
>>> print('修改后的原始数据为：',arr_test)
修改后的原始数据为： [45, 'Python', [49, 62, 'addstr1'], {'name': 'jack', 'sex': 'male'}, 'str', 'addstr']
>>> print('利用 copy.copy 命令后的数据为：',A)
利用 copy.copy 命令后的数据为： [45, 'Python', [49, 62, 'addstr1'], {'name': 'jack', 'sex': 'male'}, 'str']
>>> print('利用 copy.deepcopy 命令后的数据为：',B)
利用 copy.deepcopy 命令后的数据为： [45, 'Python', [49, 62], {'name': 'jack', 'sex': 'male'}, 'str']
>>> arr_test[3]='93.7'
>>> print('利用 copy.copy 命令后的数据为：',A)
利用 copy.copy 命令后的数据为： [45, 'Python', [49, 62, 'addstr1'], {'name': 'jack', 'sex': 'male'}, 'str']
>>> print('利用 copy.deepcopy 命令后的数据为：',B)
利用 copy.deepcopy 命令后的数据为： [45, 'Python', [49, 62], {'name': 'jack', 'sex': 'male'}, 'str']
```

```
>>> print('再次修改后的原始数据为：',arr_test)
再次修改后的原始数据为： [45, 'Python', [49, 62, 'addstr1'], '93.7', 'str', 'addstr']
>>> arr_test[2]='test_tidai'
>>> print('再一次修改后的原始数据为：',arr_test)
再一次修改后的原始数据为： [45, 'Python', 'test_tidai', '93.7', 'str', 'addstr']
>>> print('利用 copy.copy 命令后，再一次修改后的数据为：',A)
利用 copy.copy 命令后，再一次修改后的数据为： [45, 'Python', [49, 62, 'addstr1'], {'name': 'jack',
'sex': 'male'}, 'str']
>>> print('利用 copy.deepcopy 命令后,再一次修改的数据为：',B)
利用 copy.deepcopy 命令后,再一次修改的数据为： [45, 'Python', [49, 62], {'name': 'jack', 'sex':
'male'}, 'str']
```

8.5 小结

想要设计一门出色的语言，就要从现实世界里寻找、学习并归纳抽象出真理然后包含到其中。

继承让子类可以使用父类的所有功能，这样子类就不必从零做起，只需要新增自己特有的方法，也可以把父类不适合的方法覆盖重写。

继承可以一级一级地传承。而任何类，最终都可以追溯到根类。

有了继承，才能有多态。

8.6 习题

一、简答题

1. 面向对象程序设计的特点是什么？

2. 假设 c 为类 C 的对象且包含一个私有数据成员__name，那么在类的外部通过对象 c 直接将其私有数据成员__name 的值设置为 kate 的语句是什么？

二、编程题

1. 设计一个类，父类为人，要求有三层继承，子类对父类的某个方法重写，要求采用 super()方法。

2. 设计一个二维向量类，实现向量的加法、减法以及向量与标量的乘法和除法运算。

第 9 章

异常

人不可能总是正确的，经常会犯错。程序员也不例外，即使经验丰富，也不能保证写出来的代码完全没有问题。另外，作为一名合格的程序员，在编程时要把用户想象成黑客，想象他们每时每刻都在想方设法攻击程序，这样写出来的程序才会更加安全、稳定。出现问题时，要想办法解决问题，程序出现逻辑错误，或者用户输入不合法都有可能引起错误，而这些错误并非致命的，不会导致程序崩溃，开发人员可以利用 Python 提供的异常机制，在错误出现的时候，以程序内部的方式消化、解决。

9.1 异常概述

9.1.1 认识异常

异常就是一个事件，该事件会在程序执行过程中有语法等错误时发生，异常会影响程序的正常执行。

通常在 Python 无法正常处理程序时就会发生一个异常，程序会终止执行。

当 Python 程序发生异常时，程序员需要检测、捕获和处理它。

9.1.2 处理异常

如何检测并处理异常呢？可以通过 try 语句来实现。任何出现在 try 语句范围内的异常都可以被检测到，有 4 种模式的 try 语句：try…except 语句、try…except…finaly 语句、try…except…else 语句、try (with)…except 语句。

1. try … except 语句

语法格式如下。

```
try:
    [语句块]
except Exception[as reason]:
    出现异常(exception)后的处理代码
```

在语法格式中，"[语句块]"属于 try 语句的检测范围，它类似于 while 循环、for 循环、if...else 语句；except 后面跟一个异常的名字，as reason 报出异常的具体内容，并把详细异常信息输出；"出现异常(exception)后的处理代码"是程序员针对出现的异常进行处理的代码。

示例代码如下。

```
try:
    f = open('测试异常.txt')
    print(f.read())
    f.close()
except OSError as reason:
    print('文件出错的原因是：' + str(reason))
```

运行结果如下。

文件出错的原因是：[Errno 2] No such file or directory: '测试异常.txt'

在上例中，要打开的文件"测试异常.txt"不存在时，程序就抛出了异常，并且输出了出现异常的具体原因。

一个 try 语句还可以和多个 except 语句搭配，对异常进行检测处理；例如，代码如下。

```
try:
    test_str = 25 + '9'
    f = open('测试异常.txt')
    print(f.read())
    f.close()
except OSError as reason:
    print('文件出错的原因是：' + str(reason))
except TypeError as reason:
    print('文件出错的原因是：' + str(reason))
```

运行结果如下。

文件出错的原因是：unsupported operand type(s) for +: 'int' and 'str'

在上例程序中，设置了两种异常 OSError 和 TypeError 的检测处理语句，当程序执行到语句 test_str = 25 + '9'时，就跳转到 TypeError 处，输出了 int 和 str 数据类型不同，不能相加的异常。

如果 try 语句包含的异常没有出现在后面的 except 语句中，则程序直接报错，输出异常的类型；例如，代码如下。

```
try:
    int('det')
    test_str = 25 + '9'
    f = open('测试异常.txt')
```

```
    print(f.read())
    f.close()
except OSError as reason:
    print('文件出错的原因是：' + str(reason))
except TypeError as reason:
    print('文件出错的原因是：' + str(reason))
```

运行结果如下。

```
Traceback (most recent call last):
  File "G:/Python/ try_except2.py", line 2, in <module>
    int('det')
ValueError: invalid literal for int() with base 10: 'det'
```

上例代码在 try 语句块中定义语句 int('det')想把字符 def 转换为 int 数据，这显然是错误的语法，然而后面的 except 语句没有相应的处理，所以程序运行后直接报 ValueError 错误。

如果不确定在 try 语句块中会出现哪一种异常，可以在 except 后面不跟具体的异常类型；例如，代码如下。

```
try:
    int('det')
    test_str = 25 + '9'
    f = open('测试异常.txt')
    print(f.read())
    f.close()
except :
    print('程序有异常！')
```

运行结果如下。

```
程序有异常！
```

在上例中，当程序执行到 try 语句时，只要检测到异常，就跳转到 excep 执行异常处理代码，输出"程序有异常！"。

不推荐采用上面这种处理方式，因为这样做会掩藏程序员未想到的所有未曾处理的错误。

有一点一定要注意：try 语句检测范围一旦出现了异常，剩下的其他语句将不会被执行。如上例中，程序运行到 try 语句块的第一条语句 int('det')时检测到异常，则立即跳转到 except 执行异常处理程序，不再执行其他语句块。

另外，如果要对多个异常进行统一处理，可采用的语法格式如下。

```
try:
    [语句块]
except (Exception1, Exception2, Exception3, ...):
    出现异常(exception)后的处理代码
```

在上述语法中，多个异常之间用逗号","隔开。

示例代码如下。

```
try:
```

```
    test_str = 25 + '9'
    f = open('测试异常.txt')
    print(f.read())
    f.close()
except (OSError,TypeError):
    print('文件出错了！')
```

运行结果如下。

文件出错了！

在上例中，对异常 OSError 和 TypeError 进行了统一处理，一旦检测到 try 语句块中的语句 test_str = 25 + '9'或 f = open('测试异常.txt')的异常，就会跳转到 except 处进行异常处理。

2．Try…except…finally 语句

语法格式如下。

```
try:
    [语句块]
except Exception[as reason]:
    出现异常(exception)后的处理代码
finally:
    无论如何都会被执行的代码
```

在上述语法中，一旦检测到 try 语句块中有任何异常，程序就会根据异常类型跳转到 except 处执行对应异常类型的处理代码，最后跳转到 finally 处执行里面的代码；如果在 try 语句块中没有检测到任何异常，程序在执行完 try 语句块里的代码后，跳过 except 中的语句块，最后跳转到 finally 处执行里面的代码。

示例代码如下。

```
try:
    f = open('G:\\testexcept.txt','w')
    print(f.write('测试内容！'))
    test_str = 25 + '9'
except (OSError,TypeError):
    print('文件出错了！')
finally:
    f.close()
```

运行结果如下。

5
文件出错了！

打开文件 G:\testexcept.txt 后显示内容如下。

测试内容！

在上例中，将语句 f.close()放到了 finally 语句块里，程序运行到 try 语句块中的 test_str = 25 + '9'时检测到异常，跳转到 except 处执行了异常处理代码，最后跳转到 finally 语句处执行了语句 f.close()，使程序写入文件内容成功并关闭了新创建的文件。

3. try… except…else 语句

语法格式如下。

```
try:
    [语句块]
except Exception[as reason]:
    出现异常(exception)后的处理代码
else:
    没有异常后被执行的代码
```

在上述语法中，一旦检测到 try 语句块中有任何异常，程序就会根据异常类型跳转到 except 处执行对应异常类型的处理代码，最后终止程序的执行；如果在 try 语句块中没有检测到任何异常，程序在执行完 try 语句块里的代码后，跳转到 else 处执行里面的代码。

示例代码如下。

```
try:
    print(int('732'))
except ValueError as reason:
    print('出错了。\n 出错的原因是：'+ str(reason))
else:
    print('没有任何异常！')
```

运行结果如下。

```
732
没有任何异常！
```

在上述程序中，try 语句块中没有检测到任何异常，程序在执行完 try 语句块中的语句后，最后跳转到 else 语句处执行里面的代码，输出"没有任何异常！"。

4. try (with)…except 语句

语法格式如下。

```
try:
    with <语句> as name:
    [语句块]
except Exception[as reason]:
    出现异常(exception)后的处理代码
```

在语法中可见，with 语句出现在 try 语句块中，一般情况下就不用再写 finally 语句块了。使用 with 语句的最大好处是减少代码量；例如，当对文件操作时忘记了关闭文件，则 with 语句会自动执行关闭文件操作，代码如下。

示例代码如下：

```
try:
    with open('G:\\data.txt','w') as f:
        f.write("测试 with 功能！")
        for each_line in f:
            print(each_line)
except OSError as reason:
```

```
    print('出错的原因是：' + str(reason))
```

运行结果如下。

出错的原因是：not readable

在上述程序中，没有执行打开文件的操作，所以在执行语句 for each_line in f:时程序检测到了异常，然后跳转到 except 处执行里面的代码，最后程序自动执行了关闭文件 G:\data.txt 的操作，因为在 try 语句块中使用了 with 语句。

9.1.3　抛出异常

主动抛出异常，使用关键字 raise 来实现。语法格式如下。

raise Exception(defineexceptname)

其中，Exception 为异常名称；defineexceptname 为自定义的异常描述。示例代码如下。

raise ZeroDivisionError('1 除以 0')

运行结果如下。

```
Traceback (most recent call last):
  File "<pyshell#3>", line 1, in <module>
    raise ZeroDivisionError('1 除以 0')
ZeroDivisionError: 1 除以 0
```

在上例中，使用关键字 raise 自定义了名为"1 除以 0"，类型为 ZeroDivisionError 的异常。

9.2　异常处理流程

Python 中的异常处理流程：

当程序运行 try 语句块检测到异常时，立即终止有异常的语句的执行，跳转到匹配该异常的 except 子句执行异常处理代码；异常处理完毕后，如果有 finally 语句就执行该语句块中的代码；最后终止整个程序的执行，如果没有 finally 语句就直接终止整个程序的执行。

如果检测到异常，但没有该异常匹配的 except 子句，如果有 finally 语句就执行该语句块中的代码，最后终止整个程序的执行；如果没有 finally 语句就直接终止整个程序的执行。

如果在 try 语句块中没有检测到异常，程序执行完 try 语句块后，如果有 else 语句块就执行里面的内容，最后控制流通过整个 try 语句，如果没有 else 语句，控制流就直接通过整个 try 语句。

9.3　自定义异常

在讲解自定义异常前，先来了解 Python 的异常继承关系，如图 9.1 所示。

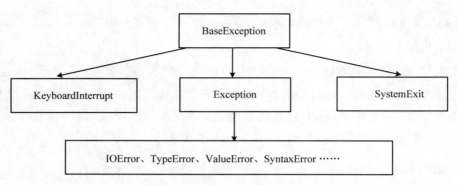

图 9.1　Python 的异常继承关系

在图 9.1 中，Python 的异常的基类是 BaseException，程序异常时抛出的错误信息 IOError、TypeError、ValueError、SyntaxError 等继承自 Exception，因此自定义类也必须继承 Exception。

自定义一个简单的异常类，代码如下。

```
class MyError(Exception):
    pass
```

在程序代码中使用关键字 raise 来抛出自定义的异常。语法格式如下。

```
raise MyException(defineexceptname)
```

其中，MyException 为自定义异常的类型；defineexceptname 为自定义异常的说明。
示例代码如下。

```
>>> class Myerror(Exception):
        pass
>>> raise Myerror('自定义的异常')
```

运行结果如下。

```
Traceback (most recent call last):
  File "<pyshell#15>", line 1, in <module>
    raise Myerror('自定义的异常')
Myerror: 自定义的异常
```

在例子中，自定义了异常类 Myerror，用关键字 raise 抛出了异常，并对自定义异常做了说明。

同时，也可以结合 try…except 主动抛出自定义的异常；例如，代码如下。

```
class Myerror(Exception):
pass
try:
    raise Myerror('测试自定义的异常')
except Myerror as e:
    print(e)
```

运行结果如下。

测试自定义的异常

9.4　实验

9.4.1　利用 try…except 处理除数为 0 的异常

使用 try…except…else 结构捕获除数为 0 的异常，代码如下。

```
try:
    i=float(input('请输入被除数：'))
    j=float(input('请输入除数：'))
    num=float(i/j)
except ZeroDivisionError as reason:
    print('出错了！除数不能为 0！错误详细提示为：',str(reason))
except Exception as reason:
    print('错误的原因是：',str(reason))
else:
    print("%.2f 除以 %.2f 等于%.2f" % (i,j,num))
```

除数不为 0 时结果如下。

```
请输入被除数：78
请输入除数：12
78.00 除以 12.00 等于6.50
```

除数为 0 时结果如下。

```
请输入被除数：456
请输入除数：0
出错了！除数不能为 0！错误详细提示为： float division by zero
```

9.4.2　自定义异常

自定义异常的步骤如下。

（1）自定义异常类，它继承于内置的异常基类 Exception。

（2）使用关键字 raise 抛出自定义异常，语法格式如下。

raise 自定义异常类名(自定义异常说明)

（3）也可以结合 try…except 进行捕获异常处理。代码如下。

```
# 自定义异常类
class Myexcept(Exception):
    pass
# 定义函数
def test_except(status):
        if status==True:
```

```
                    raise Myexcept('This is my difine except error!')
        else:
                    return
try:
        test_except(True)                    #  触发异常
except Myexcept as e:
    print(e)
else:
        print("程序没有异常发生！")
```

运行结果如下。

This is my difine except error!

9.4.3　raise 关键字

关键字 raise 用于主动抛出异常。常用语法格式如下。

raise 异常类型(自定义异常说明)

（1）抛出的异常名称没有定义过或者不是内置的异常，代码如下。

>>>raise mytestexcept("testexcept")

运行结果如下。

```
Traceback (most recent call last):
  File "<pyshell#0>", line 1, in <module>
    raise mytestexcept("testexcept")
NameError: name 'mytestexcept' is not defined
```

（2）抛出的异常名称已定义过或者是内置的异常，代码如下。

>>> raise Exception("testexcept")

运行结果如下。

```
Traceback (most recent call last):
  File "<pyshell#1>", line 1, in <module>
    raise Exception("testexcept")
Exception: testexcept
```

9.4.4　内置异常处理语句

内置异常的名字都是以 Error 结尾；例如，IOError、TypeError、ValueError、SyntaxError、ZeroDivisionError、IndexError 等。

如果知道具体的内置异常名字，就可以有针对性地具体处理；如果不知道具体的异常名字，就以默认的方式全部捕获，代码如下。

```
try:
    f = open('G:\\ test.txt','w')
    f.write('这是测试数据')
```

```
    f1=open('G:\\ test.txt','r')
    teststr=1+f1
except OSError as reason:
    print('文件出错的原因是：',str(reason))
except TypeError as reason:
    print('这是类型错误的提示信息：',str(reason))
except Exception as reason:
    print('异常的原因是：',str(reason))
finally:
    f.close()
```

运行结果如下。

这是类型错误的提示信息： unsupported operand type(s) for +: 'int' and '_io.TextIOWrapper'

9.5 小结

在 Python 中，若程序在运行时出错，系统会自动地在出错的地方生成一个异常对象，而后系统会在出错的地方向后寻找是否有对这个异常对象处理的代码，如果没有，系统会将这个异常对象抛给其调用函数，这样层层抛出，如果在程序主函数中仍然没有对这个异常对象处理的代码，系统会将整个程序终止，并将错误的信息输出。

9.6 习题

一、简答题

1. Python 异常处理结构有哪几种形式？
2. 异常和错误是同一概念吗？为什么？

二、编程题

自定义一个异常类，实现打开一个文本文件输出文件内容，用异常捕获、处理可能发生的错误。

第 10 章

文件操作

大多数程序都遵循输入、处理到输出的模型，首先接收用户输入，然后按照要求进行处理，最后输出数据。到目前为止，已经讲解了如何处理数据，然后打印出想要的结果，不过此时已经不再满足于使用 input 接收用户输入，使用 print 打印输出结果，而是迫切地想要关注系统的方方面面，需要所写的代码去自动分析操作系统的日志，需要把分析的结果保存为一个新的文本，甚至需要和外界进行交流等，这就需要用到文件。那么什么是文件呢？Windows 系统是以扩展名指出文件类型的。本章将介绍文件相关的操作。

10.1　打开文件

Python 使用内置函数 open()打开文件，创建 file 对象。在系统中，只有存在 file 对象，用户才能对文件进行相应的操作。

语法格式如下。

```
file object = open(file_name [, access_mode][, buffering])
```

各个参数的含义如下：

❑ file_name：访问文件的字符串值，必选参数项。

❑ access_mode：访问文件的模式，可选参数项。默认访问方式是只读（r）。

❑ buffering：设置文件缓冲区，可选参数项。默认缓冲区大小是 4096 字节。

以默认的只读方式打开一个文件，代码如下。

```
>>> str1 = open("G:\\str_file.txt")
```

以只读方式打开文件时，文件名称必须要包含完整路径，否则系统会提示错误，代码如下。

```
>>> str2 = open("str_file.txt")
```

```
Traceback (most recent call last):
  File "<pyshell#1>", line 1, in <module>
    str2 = open("str_file.txt")
FileNotFoundError: [Errno 2] No such file or directory: 'str_file.txt'
```

10.1.1　访问文件的模式

访问文件的模式有读、写、追加等。打开文件的不同模式，具体内容和功能如表 10.1 所述。

表 10.1　访问文件的模式

模　　式	描　　述
r	以只读方式打开文件，系统默认模式
rb	以只读方式、二进制格式打开文件
r+	打开一个文件，用于读写
rb+	以二进制格式打开一个文件，用于读写。一般用于非文本文件
w	打开一个文件，用于写入。如果该文件不存在，系统则创建新文件；如果该文件已经存在，则系统打开文件，并从文件头开始编辑，原有文件信息将被删除
wb	以二进制格式打开一个文件，用于写入。如果该文件不存在，则创建新文件；如果该文件已经存在，则系统打开文件，并从文件头开始编辑，原有文件信息将被删除。一般用于非文本文件
w+	打开一个文件，用于读写。如果该文件不存在，则系统创建新文件；如果该文件已经存在，则系统打开文件，并从文件头开始编辑，原有内容将被删除
wb+	以二进制格式打开一个文件，用于读写。如果该文件不存在，则系统创建新文件；如果该文件已经存在，则系统打开文件，并从文件头开始编辑，原有内容会被删除。一般用于非文本文件
a	打开一个文件，用于追加。如果该文件不存在，则系统创建新文件进行写入；如果该文件已经存在，文件指针在结尾，新的信息将会被添加到已有内容之后
ab	以二进制格式打开一个文件，用于追加。如果该文件不存在，则系统创建新文件进行写入；如果该文件已经存在，文件指针在文件结尾，新的内容将会被添加到已有内容之后
a+	打开一个文件，用于读写。如果该文件不存在，则系统创建新文件用于读写；如果该文件已经存在，文件指针将会放在文件结尾，新的信息将会被添加到已有内容之后
ab+	以二进制格式打开一个文件，用于追加。如果该文件不存在，则系统创建新文件用于读写；如果该文件已经存在，文件指针将会放在文件的结尾，新的信息将会被添加到已有内容之后

例如，以写模式打开并创建一个文件，代码如下。

```
>>> str_file = open("G:\\file_test.txt","w")
```

10.1.2　文件缓冲区

Python 文件缓冲区一般分为 3 种模式：全缓冲、行缓冲和无缓冲。

（1）全缓冲：默认情况下，Python 文件写入采用全缓冲模式，空间大小为 4096 字节。

前 4096 个字节的信息都会写在缓冲区中，当第 4097 个字节写入的时候，系统会把先前的 4096 个字节通过系统调用写入文件。同样，可以用 buffering=n（单位为字节）自定义缓冲区的大小。

（2）行缓冲：buffering=1，系统每遇到一个换行符（'\n'）才进行系统调用，将缓冲区的信息写入文件。

（3）无缓冲：buffering=0，当需要将系统产生的信息实时写入文件时，就需要设置为无缓冲的模式。

10.2　基本的文件方法

10.2.1　读和写

1. read()方法
语法格式如下。

```
String = fileobject.read([size]);
```

Size 为从文件中读取的字节数，如果未指定，则读取文件的全部信息。
返回值为从文件中读取的字符串。
示例代码如下。

```
>>> str_2 = open("G:\\str_file.txt","r")
>>> str_test = str_2.read()
>>> print(str_test)
这是一个测试程序！
>>> str_test.close()
```

2. write()方法
语法格式如下。

```
fileobject.write(string);
```

write()方法将字符串写入一个打开的文件。
write()方法不会自动在字符串的末尾添加换行符（'\n'），需要人为在字符串末尾添加换行符。
示例代码如下。

```
>>> str_1 = open("G:\\str_file.txt","w")
>>> str_1.write("这是一个测试程序！\n")
10
>>> str_1.close()
```

10.2.2　读取行

1. readline()方法
readline()方法用于从文件中读取整行，包括'\n'字符。

语法格式如下。

```
String = fileObject.readline([size]);
```

size 为从文件中读取的字节数，如果参数为正整数，则返回指定大小的字符串数据。
示例代码如下。

```
>>> str1 = open("G:\\str_file1.txt","w")
>>> str1.write("1.第一行测试数据;\n2.第二行测试数据;\n")
22
>>> str1.close()
>>> str2 = open("G:\\str_file1.txt","r")
>>> string1 = str2.readline()
>>> print(string1)
1.第一行测试数据;
>>> string2 = str2.readline(6)
>>> print(string2)
2.第二行测试数据;
>>> str2.close()
```

2. readlines()方法

readlines()方法用于读取文件中所有行，直到遇到结束符 EOF，并返回列表，包括所有行的信息。该列表可以由 Python 的 for... in...结构进行处理。

readlines()方法语法格式如下。

```
fileObject.readlines();
```

示例代码如下。

```
str3 = open("G:\\str_file1.txt","r")
for line in str3.readlines():
    line = line.strip()
    print(line)
str3.close()
```

运行结果如下。

```
==== RESTART: G:/Python/ readlines.py ====
1.第一行测试数据;
2.第二行测试数据;
```

10.2.3　关闭文件

close()方法用于关闭文件，并清除文件缓冲区里的信息，关闭文件后不能再进行写入。
语法格式如下。

```
fileObject.close();
```

当一个文件对象的引用被重新指定给另一个文件时，系统会关闭先前打开的文件。

10.2.4 重命名文件

rename()方法用于将当前文件名称重新命名为一个新文件名称，语法格式如下。

```
os.rename(current_filename, new_filename)
```

其中，current_filename 为当前文件的名称；new_filename 为重新命名后的文件名称。
注意：要使用内置函数 rename()，必须先导入 os 模块，然后才可以调用相关的功能。
rename()方法的应用，代码如下。

```
>>> import os
>>> os.rename("G:\\str_file.txt","G:\\str_file2.txt")
```

上述代码将已经存在的文件 str_file.txt 重命名为 str_file2.txt。

10.2.5 删除文件

remove()方法用于删除系统中已经存在的文件。语法格式如下。

```
os.remove(file_name)
```

file_name 为系统中已经存在的文件名称，即要删除的文件名称。
注意：要使用内置函数 remove()，必须先导入 os 模块，然后才可以调用相关的功能。
remove()方法的应用，代码如下。

```
>>> import os
>>> os.remove("G:\\file_test.txt")
```

上述代码将已经存在的文件 G:\file_test.txt 删除。

△ 10.3 输入/输出函数

10.3.1 输出到屏幕

语法格式如下。

```
print([string] [,string])
```

string 为可选参数，0 个或多个用逗号隔开的表达式。其中，如果是数学表达式，则直接计算出结果。
print()方法的应用，代码如下。

```
>>> print("Python 是一门简单易学的语言!\n",12.5+987)
Python 是一门简单易学的语言!
 999.5
>>> print()
```

上述代码直接输出了字符串数据，同时也将表达式计算出结果后再输出。当没有传空参数时，就输出一个空格。

10.3.2　读取键盘输入

语法格式如下。

```
input([keystring])
```

keystring 可以接收从键盘输入的字符串，也可以是一个表达式作为输入，返回的是运算结果。返回的结果作为对象供系统引用。

input()方法的应用，代码如下。

```
>>> str = input("请从键盘输入：")
请从键盘输入：Python 编程实践
>>> print(str)
Python 编程实践
>>> input(345+987)
1332'
```

上述代码演示了两种应用场景：一种是获取了从键盘中输入的字符串，并返回一个对象输出到屏幕；另一种是输入一个数学表达式，然后返回计算结果。

10.4　基本的目录方法

10.4.1　创建目录

mkdir()方法用于创建目录。语法格式如下。

```
os.mkdir("newdir")
```

newdir 为新建的目录名称，必须要带目录的完整路径。

注意：要使用目录操作相关的内置函数，必须先导入 os 模块，然后才可以调用相关的功能。

os.mkdir()方法的应用，代码如下。

```
>>> import os
>>> os.mkdir("G:\\test_dir")
```

上述代码先将 os 模块导入系统中，然后调用 mkdir()方法在 G 盘根目录新建名为 test_dir 的文件夹。

10.4.2　显示当前工作目录

getcwd()方法用于显示当前的工作目录。语法格式如下。

```
os. getcwd()
```

os.getcwd()方法的应用，代码如下。

```
>>> import os
```

```
>>> os.getcwd()
'C:\\Users\\Lenovo\\AppData\\Local\\Programs\\Python\\Python36-32'
```

上述代码先将 os 模块导入系统中，然后调用 getcwd()方法显示当前的工作目录。

10.4.3　改变目录

chdir()方法用于改变目录语法格式如下。

```
os.chdir("newdir")
```

newdir 为要改变的新的工作目录名称，需要带目录的完整路径。
os.chdir()方法的应用，代码如下。

```
>>> import os
>>> os.getcwd()
'C:\\Users\\Lenovo\\AppData\\Local\\Programs\\Python\\Python36-32'
>>> os.chdir("G:\\")
>>> os.getcwd()
'G:\\'
```

上述代码先将 os 模块导入系统中，然后调用 getcwd()方法显示当前的工作目录，再用
chdir()方法改变当前的工作目录为 G 盘根目录，最后用 getcwd()方法验证操作结果。

10.4.4　删除目录

rmdir()方法用于删除目录。语法格式如下。

```
os.rmdir("dirname")
```

dirname 为要删除的目录名称，需要带目录的完整路径。
os.rmdir()方法的应用，代码如下。

```
>>> import os
>>> os.rmdir("G:\\new_dir")
```

上述代码先将 os 模块导入系统中，然后调用 rmdir()方法删除目录 G:\new_dir。

◢ 10.5　实验

10.5.1　文件操作

文件的基本操作包括读、写、打开、关闭等。
实验任务：将文件（网络安全培训.txt）中的数据进行分割并按照以下规律保存。文
中分为 3 部分：① 网络安全形势与政策解读。② 网络安全建设与信息安全防护。③ 网
络安全人才培养和舆情应对。请分别以 3 部分的标题作为文件名保存起来，代码如下。

```
def save_file(contentstr,titlestr):                    # 保存文件
    file_name ='G://test//'+ str(titlestr) + '.txt'
```

```
    file = open(file_name,'w')
    file.writelines(contentstr)
    file.close()
def split_file(file_name):                              # 分割文件
    f = open(file_name)
    db=[]
    count=0
    # 标题
    title_str = ['1、网络安全形势与政策解读','2、网络安全建设与信息安全防护','3、网络安全人才培
养和舆情应对']
    for each_line in f:
        if str(each_line).find(title_str[count]) != -1:    # 找出标题
            if len(db) !=0:                                # 有段落内容，且遇到了下一段落标题
                save_file(db,str(title_str[count-1]))
                db=[]
            if count < 2:
                count +=1
        else:
            db.append(each_line)
    save_file(db,str(title_str[count]))
    print('文件分割完毕！')
    f.close()
split_file('G://网络安全培训.txt')
```

运行结果如下。

文件分割完毕！

名称	修改日期	类型	大小
1、网络安全形势与政策解读.txt	2018/6/28 18:41	文本文档	2 KB
2、网络安全建设与信息安全防护.txt	2018/6/28 18:41	文本文档	2 KB
3、网络安全人才培养和舆情应对.txt	2018/6/28 18:41	文本文档	2 KB

10.5.2 目录操作

实验任务：用户输入要遍历的目录，以函数的实现方式实现遍历目录下的文件，代码
如下。

```
import os,sys                                         # 导入系统模块
def dirpaths(path):                                   # 定义遍历目录的函数
    path_collection=[]
    for dirpath,dirnames,filenames in os.walk(path):
        for file in filenames:
            fullpath=os.path.join(dirpath,file)
            path_collection.append(fullpath)
    return path_collection
str_path=str(input('请输入要遍历的目录路径：'))          # 输入要遍历的目录
for files in dirpaths(str_path):                      # 输出遍历目录的文件
```

```
    print (files)
```

运行结果如下。

> 请输入要遍历的目录路径：C:\\
> C:\\Documents\Tencent Files\103652482\CloudRes\B37DC41B7146C5BAC789C9B9C8E3083C
> ……

10.5.3　I/O 函数

实验任务：通过函数 argv[]接收外部程序输入的要遍历的目录，输出目录下的文件，代码如下。

```
import os,sys                              # 导入系统模块
path=sys.argv[1]                           # 从程序外部获取参数
for dirpath,dirnames,filenames in os.walk(path):   # 遍历目录下的文件
    for file in filenames:
        fullpath=os.path.join(dirpath,file)
        print (fullpath)                   # 输出文件的完整路径
```

实验步骤如下。

（1）将文件命名为 10_5_3.py，保存在 C:\Users\Administrator 目录下。

（2）在系统“开始”菜单的“windows 系统”选项中选择“命令提示符”命令，打开“命令提示符”窗口，如图 10.1 所示（笔者的计算机操作系统是 Windows 10）。

图 10.1　“命令提示符”窗口

（3）在命令提示符下输入命令，代码如下。

```
10_5_3.py G:\\
```

运行结果如下。

```
G:\\10_5_2.py
G:\\data.txt
G:\\str_file.txt
G:\\str_file1.txt
G:\\testexcept.txt
G:\\testexcept.txt.txt
……
```

🔺10.6　小结

我们在这章里面系统学习了文件的读写操作、文件的各种系统操作以及存储对象等。当我们在保存文件的时候，如果遇到是列表、字典、集合，甚至是类的实例这些更加

复杂的数据类型的时候，我们就变得不知所措了，也许我们会把这些数据类型转换成字符串再保存到一个文本文件里，但是我们发现把这个过程反过来，从文本文件恢复数据对象，把一个字符串恢复成列表，恢复成字典，甚至恢复成集合，类，类的实例，我们发现会是一件异常困难的事情，庆幸的是 Python 提供了一个功能强大的标准模块"pickle"，使我们将非常复杂的数据类型（例如，列表，字典等）转换为二进制文件。

10.7 习题

一、简答题

二进制文件与文本文件有什么区别？

二、编程题

1．从键盘输入字符，并把输入的字符保存到磁盘，直到输入字符句号"。"终止输入为止。

2．有两个文件 testfile1.txt 和 testfile2.txt，要求把这两个文件中的内容合并保存到一个新文件 testfile3.txt 中，并输出到屏幕。

3．将当前工作目录修改为 D:\并验证，最后将当前工作目录恢复为原来的目录。

第 11 章

项目实战：爬虫程序

大数据时代，数据采集是进行数据分析的一项重要前提工作，单靠人工获取数据效率低下、成本极高。为了提高数据采集的效率，爬虫应运而生。爬虫又称网络机器人，可以代替人工自动从互联网中采集和整理数据。本章通过一个简单的爬虫案例来介绍爬虫程序的相关知识。另外，读者可通过学习 Scrapy 框架掌握借助第三方库实现爬虫程序的设计流程，并通过上机实践巩固爬虫框架 Scrapy 的典型应用。

11.1　爬虫概述

爬虫又称网络蜘蛛、网络蚂蚁、网络机器人等，它可以不受人工干涉，自动按照既定规则浏览互联网中的信息。通常把这些既定规则称为爬虫算法。使用 Python 语言可以方便地实现这些算法，编写爬虫程序，完成信息的自动获取。

> **提示**
>
> 常见的网络爬虫主要有百度公司的 Baiduspider、360 公司的 360Spider、搜狗公司的 Sogouspider、微软公司的 Bingbot 等。

大数据时代，面对海量的互联网数据，如何才能高效地获取有用的数据呢？爬虫便是最好的解决方法，人们可以根据自己的需求制定相应的规则，实现对应的爬虫程序，进而从互联网获取需要的信息。未来，随着数据量的爆炸性增长，爬虫将越来越重要。因此，本章通过爬虫程序实战案例让读者对这一网络数据获取利器有一定的认识，并能够熟练地根据需求定制规则，完成爬虫程序的编程实现。

11.1.1　准备工作

在爬取一个站点之前，通常需要对该站点的规模和结构进行大致的了解。站点自身的 robots 和 sitemap 文件都能够为了解其构成提供有效的帮助。

1. robots 文件

一般情况下，大部分站点都会定义自己的 robots 文件，以便引导爬虫按照自己的意图爬取相关数据。因此，在爬取站点之前应检查 robots 文件，了解该站点的限制条件，做到有的放矢，提升爬虫成功获取数据的概率。同时，还可以通过此文件了解站点结构的相关信息，从而有针对性地设计爬虫程序，完成数据的获取工作。

2. sitemap 文件

站点提供的 sitemap 文件呈现了整个站点的组成结构。它能够帮助爬虫根据用户的需求定位需要的内容，而无须爬取每一个页面。然而，站点地图有可能存在更新不及时或不完整的情况，因而在使用 sitemap 时需要格外谨慎。

3. 估算站点规模

目标站点的大小会影响爬取的效率。通常可以通过百度搜索引擎的 site 关键字过滤域名结果，从而获取百度爬虫对目标站点的统计信息。

提示

在百度首页搜索框中输入"site：目标站点域名"，即可获取相关统计信息。

11.1.2　爬虫类型

网络爬虫按照实现的技术和结构可以分为通用网络爬虫、聚焦网络爬虫、增量式网络爬虫和深层网络爬虫。实际的网络爬虫系统通常由这几种爬虫组合而成。下面对常见的这 4 种爬虫类型进行简单介绍。

（1）通用网络爬虫：别名全网爬虫，主要由初始 URL 集合、URL 队列、页面爬行模块、页面分析模块、页面数据库以及链接过滤模块构成。该类型的爬虫获取的目标资源在整个互联网中，其目标数据量庞大，爬行的范围广泛。正是由于这种特性，此类爬虫对性能的要求非常高。它主要用于大型的搜索引擎中；例如，百度搜索，具有比较高的应用价值。

（2）聚焦网络爬虫：别名主题网络爬虫，主要由初始 URL 集合、URL 队列、页面爬行模块、页面分析模块、页面数据库、链接过滤模块、内容评价模块以及链接评价模块构成，是一种按照预先定义好的主题有选择地进行网页爬取的网络爬虫。与通用网络爬虫相比，它的目标数据只和预定义的主题相关，爬行的范围相对固定，对网络带宽资源及服务器资源要求较低，主要用于特定信息的获取。

（3）增量式网络爬虫：主要由本地页面 URL 集、待爬行 URL 集、本地页面集、爬行模块、排序模块以及更新模块构成，是指对已下载网页采取增量式更新和只爬行新产生的或者已经发生变化的网页的爬虫，它能够在一定程度上保证所爬行的是尽可能新的页面。与周期性爬行和刷新页面的网络爬虫相比，增量式爬虫只会在需要的时候爬行新产生或发生更新的页面，并不重新下载没有发生变化的页面，可有效减少数据下载量，及时更新已爬行的网页，减少时间和空间上的耗费，但是增加了爬行算法的复杂度和实现难度。

（4）深层网络爬虫：主要由 URL 列表、LVS 列表、爬行控制器、解析器、LVS 控制器、表单分析器、表单处理器以及响应分析器构成。其中 LVS 是指标签/数值集合，用来表示填充表单的数据源。深层网络爬虫是一种用于爬取互联网中深层页面的爬虫程序。与通用网络爬虫相比，深层页面的爬取需要想办法自动填写对应的表单；因此，深层网络爬虫的核心在于表单的填写。

> **提示**
>
> 互联网中页面按存取方式可分为两类：表层页面和深层页面。表层页面是指不需要提交表单，使用静态链接能够到达的静态页面；深层页面则是指需要提交表单，使用动态链接才能够到达的动态生成页面；例如，网络中的信息查询页面。

11.1.3　爬虫原理

不同的爬虫程序，其实现原理也不尽相同，但也有许多相似之处，即共性。基于此，本节用一个通用的网络爬虫结构来说明爬虫的基本工作流程，如图 11.1 所示。其基本工作流程如下。

（1）按照预定主题，选取一部分精心挑选的种子 URL。

（2）将种子 URL 放入待抓取 URL 队列中。

（3）从待抓取 URL 队列中依次读取种子 URL，解析其对应的 DNS，并得到对应的主机 IP，将 URL 对应的网页下载下来，并存入已下载网页的数据库中，随后将已访问的种子 URL 出队，放入已抓取 URL 队列中。

（4）分析已抓取队列中的 URL，从已下载网页数据中分析出其他的 URL，并和已抓取的 URL 进行重复性比较。最后，将去重过的 URL 放入待抓取 URL 队列中，重复步骤（3）和（4）的操作，直至待抓取 URL 队列为空。

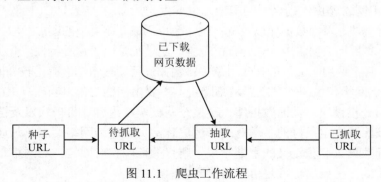

图 11.1　爬虫工作流程

⚠ 11.2　爬虫三大库

众所周知，Python 语言属于胶水语言，可扩展性强。用 Python 编写爬虫程序的最大好处就是其本身有很多实用的第三方库，免去了开发人员自己实现相应功能的环节。Python 爬虫有 3 个比较实用的库：Requests、BeautifulSoup 和 lxml，为编写爬虫程序提供了必不可少的技术支持，下面逐一介绍。

11.2.1　Requests 库

用 Requests 实现 HTTP 请求非常简单，操作也相当人性化。因此，Python 中常用 Requests 来实现 HTTP 请求过程，这也是在 Python 爬虫开发中最常用的方式。

1. Requests 库的安装

Requests 库是第三方模块，需要额外进行安装。使用 Requests 库需要先进行安装，常用的安装方式有两种。

❑ 第 1 种方式：使用 pip 进行安装。命令为 pip install requests。
❑ 第 2 种方式：直接到官网下载最新发行版，然后解压缩文件夹，运行 setup.py 即可。

这里采用第 2 种安装方式，具体操作步骤如下。

（1）打开 Requests 官方网站，如图 11.2 所示。

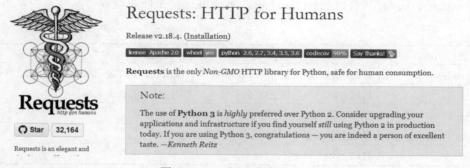

图 11.2　Requsets 库官方网站

（2）单击 Python 标签，打开下载界面，选择 Navigation 下的 Download files 菜单，选择 requests.tar.gz 压缩包，单击下载，如图 11.3 所示。

图 11.3　Requests 库下载页面

（3）解压 requests.tar.gz 安装包，通过命令运行安装包中的 setup.py 文件。

提示

Requests 库安装成功与否检查方法：在 Python 的 Shell 中输入 import requests，如果不报错，则安装成功，如图 11.4 所示。

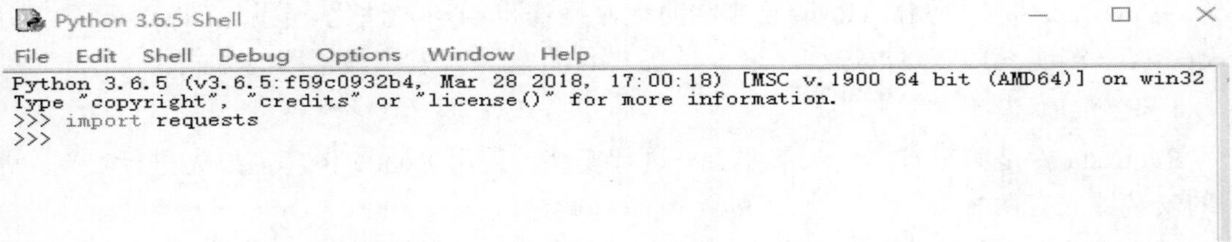

```
Python 3.6.5 Shell
File  Edit  Shell  Debug  Options  Window  Help
Python 3.6.5 (v3.6.5:f59c0932b4, Mar 28 2018, 17:00:18) [MSC v.1900 64 bit (AMD64)] on win32
Type "copyright", "credits" or "license()" for more information.
>>> import requests
>>>
```

图 11.4 检查 Requests 库安装成功与否

2. Requests 库的使用

Requests 库的主要方法有 7 种，现简单介绍如下。

（1）Requests 库的 get()方法主要用于获取 HTML 网页，相当于 HTTP 的 GET。其返回对象 response 的常用属性如表 11.1 所示，可通过这些属性获取要访问域名的基本信息。

表 11.1 response 的常用属性

属 性	说 明
r.status_code	HTTP 请求的返回状态，200 表示链接成功，404 表示失败
r.text	HTTP 响应内容的字符串形式，即 URL 对应的页面内容
r.encoding	从 HTTP header 中猜测的响应内容的编码方式
r.apparent_encoding	从内容中分析出的响应内容的编码方式
r.content	HTTP 响应内容的二进制形式

下面演示如何通过 get()方法返回对象 response 来获取 www.baidu.com 域名的基本信息。示例代码如下。

```
>>> import requests
>>> r = requests.get("http://www.baidu.com")
>>> print(r.status_code)
200
>>> print(r.text)
<!DOCTYPE html>
<!..STATUSOK..><html>
【鉴于代码篇幅较长，此处省略 www.baidu.com 页面代码】
    </html>
>>> print(r.encoding)
ISO.8859.1
>>> print(r.apparent_encoding)
utf.8
>>> print(r.content)
```

```
b'<!DOCTYPE html>\r\n<!..STATUS OK..><html>
【鉴于代码篇幅较长，此处省略 www.baidu.com 页面代码】
</html>\r\n'
```

如上代码所示，requests 对象的 get()方法返回 response 对象 r，通过 print()函数打印 r 的属性值，便可获取网站域名的相关信息。

（2）Requests库的head()方法主要用于获取HTML网页头信息，相当于HTTP的HEAD。例如，抓取百度首页的头部信息。示例代码如下。

```
>>> import requests
>>> r = requests.head('http://www.baidu.com')
>>> r.headers
{'Cache.Control': 'private, no.cache, no.store, proxy.revalidate, no.transform', 'Connection':
'Keep.Alive', 'Content.Encoding': 'gzip', 'Content.Type': 'text/html', 'Date': 'Tue, 19 Jun 2018
05:35:22 GMT', 'Last.Modified': 'Mon, 13 Jun 2016 02:50:40 GMT', 'Pragma': 'no.cache', 'Server':
'bfe/1.0.8.18'}
>>> r.text
"
>>>
```

如上代码所示，首先导入 requests 包；然后调用 head()方法，返回 response 对象 r，最后通过引用 r 的相关属性，显示对应网址的相关信息。

（3）Requests 库的 post()方法主要用于向 HTTP 网页提交 POST 请求，相当于 HTTP 的 POST。

例如，给指定的 URL 地址 http://httpbin.org 用 post()方法添加 sendinfo 信息。示例代码如下。

```
>>> import requests
>>> sendinfo = {'name':'lily','sex':'female'}
>>> r = requests.post('http://httpbin.org/post',data = sendinfo)
>>> print(r.text)
{"args":{},"data":"","files":{},"form":{"name":"lily","sex":"female"},"headers":{"Accept":"*/*","Accept.
Encoding":"gzip, deflate","Connection":"close","Content.Length":"20","Content.Type":"application/
x.www.form.urlencoded","Host":"httpbin.org","User.Agent":"python.requests/2.18.4"},"json":null,
"origin":"113.123.80.176","url":"http://httpbin.org/post"}
>>>
```

由以上代码的交互式输出结果不难发现，字典 sendinfo 以 form 表单的形式被发送给 response 对象。也可以直接向 url 地址发送字符串，示例代码如下。

```
>>> r = requests.post('http://httpbin.org/post',data = 'i am string')
>>> print(r.text)
{"args":{},"data":"i am string","files":{},"form":{},"headers":{"Accept":"*/*","Accept.Encoding":"gzip,
deflate","Connection":"close","Content.Length":"11","Host":"httpbin.org","User.Agent":"python.requ
ests/2.18.4"},"json":null,"origin":"113.123.80.176","url":"http://httpbin.org/post"}
>>>
```

从代码的交互式输出结果不难发现，字符串以 data:iam string 键-值对被保存下来。

（4）Requests 库的 put()方法主要用于向 HTML 网页提交 PUT 请求，相当于 HTTP 的 PUT。

例如，给指定的 url 地址用 put()方法添加字典 sendinfo 信息。示例代码如下。

```
>>> sendinfo = {'name':'lily','sex':'female'}
>>> r = requests.put('http://httpbin.org/put',data = sendinfo)
>>> print(r.text)
{"args":{},"data":"","files":{},"form":{"name":"lily","sex":"female"},"headers":{"Accept":"*/*","Accept.
Encoding":"gzip, deflate","Connection":"close","Content.Length":"20","Content.Type":"application/
x.www.form.urlencoded","Host":"httpbin.org","User.Agent":"python.requests/2.18.4"},"json":null,"or
igin":"113.123.80.176","url":"http://httpbin.org/put"}
```

同样，由上述交互式输出结果可以看出，put()也是用 form 表单的方式存储自定义的字典，并返回 response 对象。

（5）Requests 库的 patch()方法主要用于向 HTML 网页提交局部修改请求，相当于 HTTP 的 PATCH。

例如，用 patch()方法修改刚才用 put()方法添加的字典 sendinfo。示例代码如下。

```
>>> sendinfo = {'name':'berry','sex':'female'}
>>> r = requests.patch('http://httpbin.org/patch',data = sendinfo)
>>> print(r.text)
{"args":{},"data":"","files":{},"form":{"name":"berry","sex":"female"},"headers":{"Accept":"*/*","Accept
.Encoding":"gzip, deflate","Connection":"close","Content.Length":"21","Content.Type":"application/
x.www.form.urlencoded","Host":"httpbin.org","User.Agent":"python.requests/2.18.4"},"json":null,"
origin":"113.123.80.176","url":"http://httpbin.org/patch"}
```

由以上代码可知，通过 patch()成功修改字典中的 name 值。

（6）Requests 库的 delete()方法主要用于向 HTML 页面提交删除请求，相当于 HTTP 的 DELETE。

例如，删除刚才用 patch()方法修改的 sendinfo 字典。示例代码如下。

```
>>> r=requests.delete("https://httpbin.org/delete")
>>> print(r.text)
{"args":{},"data":"","files":{},"form":{},"headers":{"Accept":"*/*","Accept.Encoding":"gzip, deflate",
"Connection":"close","Content.Length":"0","Host":"httpbin.org","User.Agent":"python.requests/
2.18.4"},"json":null,"origin":"113.123.80.176","url":"https://httpbin.org/delete"}
```

由以上代码执行结果可以看出，form 表单的内容为空，说明删除成功。

（7）Requests 库的 request()方法主要用来构造一个请求，支撑以上各个基础方法。通常使用下面的格式来完成该方法的调用。

```
Requests.request(method,url,**kwargs)
```

其中，method 是指请求方式，对应上面所讲的 get()、put()、post()等方法；url 代表目标页面的 URL 链接地址；**kwargs 代表控制访问参数，共 13 个；例如，params 参数，代表字典或字节序列，可作为参数增加到 url 中。示例代码如下。

```
>>> sendinfo = {'name':'lily','sex':'female'}
>>> r = requests.request('PUT','http://httpbin.org/put',data = sendinfo)
>>> print(r.text)
{"args":{},"data":"","files":{},"form":{"name":"lily","sex":"female"},"headers":{"Accept":"*/*","Accept.
Encoding":"gzip,  deflate","Connection":"close","Content.Length":"20","Content.Type":"application/
x.www.form.urlencoded","Host":"httpbin.org","User.Agent":"python.requests/2.18.4"},"json":null,
"origin":"113.123.80.176", "url":"http://httpbin.org/put"}
```

由以上代码可以看出，使用 request()方法可以包装出通用的接口，来模拟 requests 对象常用方法的功能。另外，request()方法的**kwargs 参数属于可选参数。其他参数具体的使用方法可以参照 requests 文档进行学习。鉴于篇幅关系，这里不再赘述。

3. 爬取定向网页的通用代码框架

基于 Requests 定向网页爬虫程序的模板框架如下。

```
import requests
def getHTMLText(url):
try :
r = requests.get( url, timeout =30)
r.raise_for_status()                 # 如果状态码不是 200，引发 HTTPError 异常
r.encoding= r.apparent_encoding
return r.text
except:
return"产生异常"
if__name__=="__main__":             # 限定 getHTMLText()只在所定义的文件中执行
url ="http://www.baidu.com"
print(getHTMLText(url))
```

建议读者按照统一的编程风格编写程序，以提高通用代码的可读性。

11.2.2　BeautifulSoup 库

BeautifulSoup 库是用 Python 语言编写的一个 HTML/XML 的解释器，可以很好地处理不规范的标记并生成剖析树（parse tree），其本身提供了简单又常用的导航、搜索以及修改剖析树的操作，利用它可以大大缩短编程时间。本节主要介绍如何使用该库处理不规范的标记，按照指定格式输出对应的文档。

1. BeautifulSoup 的安装

安装 BeautifulSoup 库与安装 Requests 库的方式类似，有两种方式：第 1 种是使用 pip install 命令进行安装。第 2 种是到官网下载，运行 Setup.py 文件。这里采用第 1 种安装方式，在 DOS 窗口中运行安装命令，代码如下。

```
pip install beautifulsoup4
```

安装过程如图 11.5 所示。

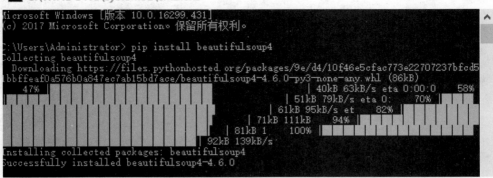

图 11.5　安装 BeautifulSoup

这里安装的是 beautifulsoup 4.4.6.0 版本。

2. Beautiful Soup 的基本操作

1）创建 BeautifulSoup 对象

创建 BeautifulSoup 对象时，首先要导入其对应的 bs4 库，格式如下：

```
from bs4 import BeautifulSoup
```

下面通过一个简单的例子来演示该库的使用。

首先，创建一个用来完成演示的 HTML 字符串，其定义了一个标准的 HTML 文档，也就是 BeautfiulSoup 对象的数据源，代码如下。

```
html = """
<html><head><title>The Dormouse's story</title></head>
<body>
<p class="title" name="dromouse"><b>The Dormouse's story</b></p>
<p class="story">Once upon a time there were three little sisters; and their names were
<a href="http://example.com/elsie" class="sister" id="link1"><!.. Elsie ..></a>,
<a href="http://example.com/lacie" class="sister" id="link2">Lacie</a> and
<a href="http://example.com/tillie" class="sister" id="link3">Tillie</a>;
and they lived at the bottom of a well.</p>
<p class="story">...</p>
"""
```

接下来，创建 BeautifulSoup 对象，代码如下。

```
soup = BeautifulSoup(html,"lxml")
```

另外，也可以用本地存在的 HTML 文件（例如，名为 index.html 的文件）来创建 soup 对象，其格式如下。

```
soup = BeautifulSoup(open('index.html'))
```

这里，需要注意路径问题。

下面通过 soup 对象的格式化函数格式化输出 soup 对象中的内容，代码如下。

```
print(soup.prettify())
```

输出结果如下。

```
<html>
<head>
 <title>
  The Dormouse's story
 </title>
</head>
<body>
 <p class="title" name="dromouse">
  <b>
   The Dormouse's story
  </b>
 </p>
 <p class="story">
  Once upon a time there were three little sisters; and their names were
  <a class="sister" href="http://example.com/elsie" id="link1">
   <!.. Elsie ..>
  </a>
  ,
  <a class="sister" href="http://example.com/lacie" id="link2">
   Lacie
  </a>
  and
  <a class="sister" href="http://example.com/tillie" id="link3">
   Tillie
  </a>
  ;
and they lived at the bottom of a well.
 </p>
 <p class="story">
  ...
 </p>
</body>
</html>
```

以上便是 soup 对象格式化输出的方式，prettify()函数是通过 soup 对象分析 HTML 文档的第一步，一定要熟练掌握该函数的用法。

2）BeautifulSoup 库的对象

通常，BeautifulSoup 库用于将一个复杂的 HTML 文档转换成一个复杂的树形结构，每个节点都是一个 Python 对象。根据功能，将 BeautifulSoup 库的对象划分为 4 类，具体介绍如下。

（1）Tag。Tag 相当于 HTML 中的一个标签，代码如下。

```
# 提取 Tag 标签
>>> print(soup.title)
<title>The Dormouse's story</title>
```

```
>>> print (type(soup.title))
<class 'bs4.element.Tag'>
```

关于 Tag 标签，有两个重要的属性：name 和 attrs，使用方法分别如下：

① name：每个 Tag 对象的 name 就是标签本身的名称；例如，超链接标签 a 的 name，代码如下。

```
>>> print(soup.a.name)
A
>>>
```

② attrs：每个 Tag 对象的 attrs 就是一个字典，包含标签的全部属性；例如，超链接 a 的 attrs 属性如下。

```
>>> print(soup.a.attrs)
{'href': 'http://example.com/elsie', 'class': ['sister'], 'id': 'link1'}
>>>
```

（2）NavigableString。使用 Tag 对象得到标签的内容。那么，要想获取标签内部的文字该怎么办呢？很简单，用 .string 即可，其类型为 NavigableString，示例代码如下。

```
>>> print (soup.p.string)
The Dormouse's story
>>> print(type(soup.p.string))
<class 'bs4.element.NavigableString'>
>>>
```

（3）BeautifulSoup。BeautifulSoup 对象表示的是一个文档的全部内容。大部分时候，可以把它当作 Tag 对象，它是一个特殊的 Tag，可以分别获取它的名称、类型以及属性。接本节例子输出如下。

```
>>> print(soup.name)
[document]
>>> print(type(soup.name))
<class 'str'>
>>> print (soup.attrs)
{}
>>>
```

（4）Comment。Comment 对象是一个特殊类型的 NavigableString 对象，其实际输出的内容仍然不包括注释符号，但是如果不好好处理，可能会给文本处理带来意想不到的麻烦。从本节开始定义的数据源 HTML 字符串中，找一个带有注释的 a 标签，代码如下。

```
<a href="http://example.com/elsie" class="sister" id="link1"><!.. Elsie ..></a>,
```

进行相关操作，代码如下。

```
>>> print(soup.a)
<a class="sister" href="http://example.com/elsie" id="link1"><!.. Elsie ..></a>
>>> print(soup.a.string)
 Elsie
```

```
>>> print(type(soup.a.string))
<class 'bs4.element.Comment'>
>>>
```

由以上代码运行结果可知，其注释输出只显示其中的内容。

3. 遍历文档

下面重点学习搜索文档树的 find_all()方法。参照 BeautifulSoup 库的帮助文档，其 find_all()方法的标准格式如下。

```
find_all( name , attrs , recursive , text , **kwargs )
```

现通过示例简单介绍其带有指定参数的使用方法。

1）name 参数

name 参数可以查找所有名字为 name 的 Tag，自动忽略字符串对象；例如，搜索文档中 name 为超链接 a 的 Tag，代码如下。

```
>>> print (soup.find_all('a'))
[<a class="sister" href="http://example.com/elsie" id="link1"><!.. Elsie ..></a>, <a class="sister"
href="http://example.com/lacie" id="link2">Lacie</a>, <a class="sister" href="http://example.com/
tillie" id="link3">Tillie</a>]
>>>
```

另外，name 参数也可以是列表、正则表达式或方法。

（1）name 参数为列表，例如，下例中的['a','b']，代码如下。

```
>>> print(soup.find_all(['a','b']))
[<b>The Dormouse's story</b>, <a class="sister" href="http://example.com/elsie" id="link1"><!..
Elsie ..></a>, <a class="sister" href="http://example.com/lacie" id="link2">Lacie</a>, <a class=
"sister" href="http://example.com/tillie" id="link3">Tillie</a>]
>>>
```

（2）name 参数为正则表达式；例如，下例中的'^b'，以 b 开头的标签都能够找到，代码如下。

```
>>> import re
>>> print(soup.find_all(re.compile('^b')))
[<body>
<p class="title" name="dromouse"><b>The Dormouse's story</b></p>
<p class="story">Once upon a time there were three little sisters; and their names were
<a class="sister" href="http://example.com/elsie" id="link1"><!.. Elsie ..></a>,
<a class="sister" href="http://example.com/lacie" id="link2">Lacie</a> and
<a class="sister" href="http://example.com/tillie" id="link3">Tillie</a>;
and they lived at the bottom of a well.</p>
<p class="story">...</p>
</body>, <b>The Dormouse's story</b>]
>>>
```

（3）传递函数。如果没有合适的过滤器，那么还可以定义一个方法，方法只接受一个元素参数，如果这个方法返回 True，表示当前元素匹配并且被找到，如果不是，则返回 False。

下面方法校验了当前元素，如果包含 class 属性却不包含 id 属性，那么将返回 True，代码如下。

```
>>> def has_class_but_no_id(tag):
        return tag.has_attr('class') and not tag.has_attr('id')
>>> soup.find_all(has_class_but_no_id)

[<p class="title" name="dromouse"><b>The Dormouse's story</b></p>, <p class="story">Once
upon a time there were three little sisters; and their names were
<a class="sister" href="http://example.com/elsie" id="link1"><!.. Elsie ..></a>,
<a class="sister" href="http://example.com/lacie" id="link2">Lacie</a> and
<a class="sister" href="http://example.com/tillie" id="link3">Tillie</a>;
and they lived at the bottom of a well.</p>, <p class="story">...</p>]
>>>
```

2）keyword 参数

如果一个指定名字的参数不是搜索内置的参数名，搜索时会把该参数当作指定名字 Tag 的属性来搜索，如果包含一个名字为 id 的参数，BeautifulSoup 会搜索每个 Tag 的 id 属性。示例代码如下。

```
>>> soup.find_all(id='link2')
[<a class="sister" href="http://example.com/lacie" id="link2">Lacie</a>]
```

Soup 对象会把 link2 当作标签搜索所有 Tag 的 id 属性。

如果传入 href 参数，BeautifulSoup 会搜索每个 Tag 的 href 属性。示例代码如下。

```
>>> soup.find_all(href=re.compile("elsie"))
[<a class="sister" href="http://example.com/elsie" id="link1"><!.. Elsie ..></a>]
```

如果使用多个指定名字的参数，可以同时过滤 Tag 的多个属性。示例代码如下。

```
>>> soup.find_all(href=re.compile("elsie"), id='link1')
[<a class="sister" href="http://example.com/elsie" id="link1"><!.. Elsie ..></a>]
>>>
```

Soup 对象只保留同时具有指定限定符的标签。

3）text 参数

通过 text 参数可以搜索文档中的字符串内容。与 name 参数的可选值一样，text 参数接受字符串、正则表达式、列表等参数。

示例代码如下。

```
>>> soup.find_all(text="Elsie")
[]
>>> soup.find_all(text=["Tillie", "Elsie", "Lacie"])
['Lacie', 'Tillie']
>>> soup.find_all(text=re.compile("Dormouse"))
["The Dormouse's story", "The Dormouse's story"]
>>> soup.find_all(text=True)
["The Dormouse's story", '\n', '\n', "The Dormouse's story", '\n', '\n', 'Once upon a time there were three
little sisters; and their names were\n', ' Elsie ', ',\n', 'Lacie', ' and\n', 'Tillie', ';\nand they lived at the
bottom of a well.', '\n', '...', '\n']
>>>
```

4）limit 参数

find_all() 方法返回全部的搜索结果，如果文档树很大，那么搜索会很慢。不需要全部结果，可以使用 limit 参数限制返回结果的数量，效果与 SQL 中的 limit 关键字类似，当搜索到的结果数量达到 limit 的限制时，就停止搜索，返回结果；例如，本节开始定义的 HTML 字符串文档，文档树中有 3 个 Tag 符合搜索条件，但结果只返回了两个，这是由于限制了返回数量。示例代码如下。

```
>>> soup.find_all("a", limit=2)
[<a class="sister" href="http://example.com/elsie" id="link1"><!.. Elsie ..></a>, <a class="sister" href="http://example.com/lacie" id="link2">Lacie</a>]
>>>
```

5）recursive 参数

通常，调用 Tag 的 find_all()方法时，BeautifulSoup 会检索当前 Tag 的所有子孙节点，如果只想搜索 Tag 的直接子节点，可以使用 recursive=False。示例代码如下。

```
>>> soup.html.find_all("title")
[<title>The Dormouse's story</title>]
>>> soup.html.find_all("title", recursive=False)
[]
>>>
```

上述代码显示了是否使用 recursive 参数的区别。另外，**find** 还有许多衍生的方法，这里就不再一一叙述，如有需要，可参阅 BeautifulSoup 的帮助文档。

11.2.3 lxml 库

前面已经学习了 Requests 和 BeautifulSoup 库的相关操作，下面学习另一种高效的网页解析的库——lxml。lxml 是 Python 语言中和 XML 以及 HTML 工作的功能中最丰富和最容易使用的库。它是 Python 爬虫的常用库，是基于 libxml2 这一 XML 解析库的 Python 封装，速度比 BeautifulSoup 快。

1. lxml 库的安装

lxml 库的安装方法也有两种。这里使用 pip install 命令进行安装，代码如下。

```
pip   install lxml
```

安装成功界面如图 11.6 所示。

图 11.6 Lxml 安装成功界面

这里安装的是 lxml 4.2.1 版本。

2. lxml 的基本操作

1）解析 html 文档

下面通过一个简单的例子了解一下 lxml 库是如何解析如下 text 字符串中的 HTML 文档的，代码如下。

```
text= """
<title>The Dormouse's story</title>
<p class="title" name="dromouse"><b>The Dormouse's story</b></p>
<p class="story">Once upon a time there were three little sisters; and their names were
<a href="http://example.com/elsie" class="sister" id="link1"><!.. Elsie ..></a>,
<a href="http://example.com/lacie" class="sister" id="link2">Lacie</a> and
<a href="http://example.com/tillie" class="sister" id="link3">Tillie</a>;
and they lived at the bottom of a well.</p>
<p class="story">...</p>
"""
```

示例代码如下。

```
>>> from lxml import etree
>>> text = """
<title>The Dormouse's story</title>
<p class="title" name="dromouse"><b>The Dormouse's story</b></p>
<p class="story">Once upon a time there were three little sisters; and their names were
<a href="http://example.com/elsie" class="sister" id="link1"><!.. Elsie ..></a>,
<a href="http://example.com/lacie" class="sister" id="link2">Lacie</a> and
<a href="http://example.com/tillie" class="sister" id="link3">Tillie</a>;
and they lived at the bottom of a well.</p>
<p class="story">...</p>
"""
>>> html = etree.HTML(text)
>>> result = etree.tostring(html)
>>> print(result)
b'<html><head><title>The         Dormouse\'s        story</title>\n</head><body><p         class="title"
name="dromouse"><b>The Dormouse\'s story</b></p>\n<p class="story">Once upon a time
there were three little sisters; and their names were\n<a href="http://example.com/elsie"
class="sister" id="link1"><!.. Elsie ..></a>,\n<a href="http://example.com/lacie" class="sister"
id="link2">Lacie</a>      and\n<a      href="http://example.com/tillie"      class="sister"      id="link3">
Tillie</a>;\nand they lived at the bottom of a well.</p>\n<p class="story">... </p>\n</body></html>'
>>>
```

如上程序运行结果显示，lxml 并没有格式化输出 HTML 文档，不过 lxml 自动补齐了 text 中缺少的 HTML 标签。那该如何进行格式化呢？这里使用 decode()函数来完成格式化输出。示例代码如下。

```
>>> print(result.decode("utf.8"))
<html><head><title>The Dormouse's story</title>
</head><body><p class="title" name="dromouse"><b>The Dormouse's story</b></p>
<p class="story">Once upon a time there were three little sisters; and their names were
```

```
<a href="http://example.com/elsie" class="sister" id="link1"><!.. Elsie ..></a>,
<a href="http://example.com/lacie" class="sister" id="link2">Lacie</a> and
<a href="http://example.com/tillie" class="sister" id="link3">Tillie</a>;
and they lived at the bottom of a well.</p>
<p class="story">...</p>
</body></html>
```

2）读取 html 文件

现在学习如何通过 parse() 方法读取 HTML 文件。首先，定义一个名为 text.html 的 HTML
文件，内容如下。

```
<body>
<p class="title" name="dromouse"><b>The Dormouse's story</b></p>
<p class="story">Once upon a time there were three little sisters; and their names were
<a href="http://example.com/elsie" class="sister" id="link1"><!.. Elsie ..></a>,
<a href="http://example.com/lacie" class="sister" id="link2">Lacie</a> and
<a href="http://example.com/tillie" class="sister" id="link3">Tillie</a>;
and they lived at the bottom of a well.</p>
</body>
```

然后，编写程序代码，代码如下。

```
from lxml import etree
html = etree.parse('text.html')
result = etree.tostring(html, pretty_print=True)
print(result.decode("utf.8"))
```

运行结果如图 11.7 所示。

注意：凡是涉及调用路径问题，在 IDE 中编辑比较方便。

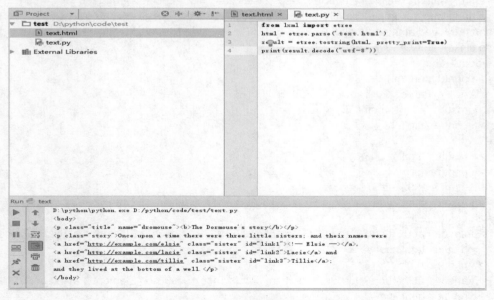

图 11.7 lxml 库文件读取功能演示

3）lxml 库中的标签搜索方法

在 lxml 库中可用 find()、findall()和 xpath()3 种方式来搜索 Element 包含的标签对象。其区别如下：

（1）find()：返回第一个匹配对象，其参数使用的 xpath 语法只能用相对路径（以"`.//`"开头）。

（2）findall()：返回一个标签对象的列表，其参数使用的 xpath 语法只能用相对路径。

（3）xpath()：返回一个标签对象的列表，其参数使用的 xpath 语法既可以是相对路径，也可以是绝对路径，示例代码如下。

```
>>> from lxml import etree
>>> text = """
<title>The Dormouse's story</title>
<p class="title" name="dromouse"><b>The Dormouse's story</b></p>
<p class="story">Once upon a time there were three little sisters; and their names were
<a href="http://example.com/elsie" class="sister" id="link1"><!.. Elsie ..></a>,
<a href="http://example.com/lacie" class="sister" id="link2">Lacie</a> and
<a href="http://example.com/tillie" class="sister" id="link3">Tillie</a>;
and they lived at the bottom of a well.</p>
<p class="story">...</p>
"""
>>> html = etree.HTML(text)
>>> result = etree.tostring(html)
>>> print(result.decode("utf.8"))
<html><head><title>The Dormouse's story</title>
</head><body><p class="title" name="dromouse"><b>The Dormouse's story</b></p>
<p class="story">Once upon a time there were three little sisters; and their names were
<a href="http://example.com/elsie" class="sister" id="link1"><!.. Elsie ..></a>,
<a href="http://example.com/lacie" class="sister" id="link2">Lacie</a> and
<a href="http://example.com/tillie" class="sister" id="link3">Tillie</a>;
and they lived at the bottom of a well.</p>
<p class="story">...</p>
</body></html>
>>> print(type(html))
<class 'lxml.etree._Element'>
>>> result   = html.xpath('//li')
>>> print(result)
[]
>>> result = html.find('.//a')
>>> print(result)
<Element a at 0x1bcf979cec8>
>>> result = html.findall('.//a')
>>> print(result)
[<Element a at 0x1bcf979cec8>, <Element a at 0x1bcf979ce48>, <Element a at 0x1bcf979ce88>]
>>> result = html.xpath('//a')
>>> print(result)
[<Element a at 0x1bcf979cec8>, <Element a at 0x1bcf979ce88>, <Element a at 0x1bcf979ce48>]
>>> result = html.find('//a')
Traceback (most recent call last):
```

```
  File "<pyshell#16>", line 1, in <module>
result = html.find('//a')
SyntaxError: cannot use absolute path on element
```

上述代码以检索目标文档 text 中的超链接标签 a 为例，分别使用 3 种标签搜索方式查找。通过实战，不难发现：

（1）find()返回目标标签第一个位置，而且必须使用相对路径，否则提示语法错误，代码如下。

```
 # 返回第一个元素位置
>>> result = html.find('.//a')
>>> print(result)
<Element a at 0x1bcf979cec8>
# find() 使用绝对路径报错
>>> result = html.find('//a')
Traceback (most recent call last):
  File "<pyshell#16>", line 1, in <module>
result = html.find('//a')
SyntaxError: cannot use absolute path on element
```

（2）findall()与 xpath() 的检索结果一致，只是 findall()中必须使用相对路径，而 xpath()使用两种路 径格式均可。

```
#find all() 函数
>>> result = html.findall('.//a')
>>> print(result)
[<Element a at 0x1bcf979cec8>, <Element a at 0x1bcf979ce48>, <Element a at 0x1bcf979ce88>]
# xpath 绝对路径检索
>>> result = html.xpath('//a')
>>> print(result)
[<Element a at 0x1bcf979cec8>, <Element a at 0x1bcf979ce88>, <Element a at 0x1bcf979ce48>]
# xpath 相对路径检索
>>> result = html.xpath('.//a')
>>> print(result)
[<Element a at 0x1bcf979cec8>, <Element a at 0x1bcf979ce48>, <Element a at 0x1bcf979ce88>]
>>>
```

提示

何为 XPath 语法？

XPath 是一门在 XML 文档中查找信息的语言，可用来在 XML 文档中对元素和属性进行遍历。XPath 是 W3C XSLT 标准的主要元素，并且 XQuery 和 XPointer 都构建于 XPath 表达之上。因此，对 XPath 的理解是很多高级 XML 应用的基础。在 XPath 中，有 7 种类型的节点：元素、属性、文本、命名空间、处理指令、注释以及文档（根）节点。XML 文档是被作为节点树来对待的。树的根被称为文档节点或者根节点。

关于 Xpath 语法的具体内容，感兴趣的读者可自行学习，鉴于篇幅的关系，这里不再详细描述。读者只需知道 Lxml 标签搜索方法参数的固定格式即可。

⚠ 11.3 案例剖析：酷狗 TOP500 数据爬取

本节以获取"酷狗 TOP500"排行榜数据为例，实战练习基于 Python 的简单爬虫程序设计思路及实现过程。

11.3.1 思路简析

1. 任务要求

以酷狗音乐"酷狗 TOP500"榜单网页为定向爬取对象，通过爬虫程序获取其页面中排名前 500 的歌曲的 rank、singer、titles 和 times 字段值，并输出结果。

2. 环境要求

确保已经正确安装 Python 安装包、Requests 模块、BeautifulSoup 模块、lxml 模块。

11.3.2 代码实现

示例代码如下。

```python
import requests
from bs4 import BeautifulSoup
import time
headers = {
    'User.Agent': 'Mozilla/5.0 (Windows NT 6.1; WOW64) AppleWebKit/537.36 (KHTML, like Gecko) Chrome/56.0.2924.87 Safari/537.36'
}
def get_info(url):
    wb_data = requests.get(url, headers=headers)
    soup = BeautifulSoup(wb_data.text, 'lxml')
    ranks = soup.select('span.pc_temp_num')
    titles = soup.select('div.pc_temp_songlist > ul > li > a')
    times = soup.select('span.pc_temp_tips_r > span')
    for rank, title, time in zip(ranks, titles, times):
        str1 = title.get_text().split('.')
        data = {
            'rank': rank.get_text().strip(),
            'singer': str1[0],
            'song': str1[-1],
            'time': time.get_text().strip()
            }
        print(data)
if __name__ == '__main__':
    urls = [
        'http://www.kugou.com/yy/rank/home/{}.8888.html'.format(str(i)) for i in range(1, 30)
    ]
    for url in urls:
        get_info(url)
        time.sleep(2)
```

11.3.3　代码分析

结合代码实现过程，分析如下。

（1）导入 Requests、BeautifulSoup 和 Time 模块，代码如下。

```
import requests
from bs4 import BeautifulSoup
import time
```

（2）定义文件头，模拟浏览器访问，防止网站屏蔽，代码如下。

```
headers = {
    'User.Agent': 'Mozilla/5.0 (Windows NT 6.1; WOW64) AppleWebKit/537.36 (KHTML, like
Gecko) Chrome/56.0.2924.87 Safari/537.36'
}
```

（3）定义 get_info()函数，获取 TOP500 信息，代码如下。

```
def get_info(url):
    wb_data = requests.get(url, headers=headers)
    soup = BeautifulSoup(wb_data.text, 'lxml')
    ranks = soup.select('span.pc_temp_num')
    titles = soup.select('div.pc_temp_songlist > ul > li > a')
    times = soup.select('span.pc_temp_tips_r > span')
```

提示

（1）BeautifulSoup 的 select()函数的使用方法：在 get_info()函数中使用 soup.select()时，括号中的参数是"标签名.类别名"；例如，对于排名字段（ranks），括号里是'span.pc_temp_num'。另外，当一个字段嵌套多个标签时，不能只写离字段值最近的标签，应当从外到内，按序依次排列，标签间用">"符号隔开；例如，上例 get_info()函数中的歌名字段（titles）所示。

（2）获取字段的标签属性的方法：通常，在网页中选中字段，然后右击，在弹出的快捷菜单中选择"审查元素"即可。

（4）定义实现 get_info()函数，用于获取标签中指定数据，代码如下。

```
    for rank, title, time in zip(ranks, titles, times):
        str1 = title.get_text().split('.')
        data = {
            'rank': rank.get_text().strip(),
            'singer': str1[0],
            'song': str1[-1],
            'time': time.get_text().strip()
                }
```

（5）定义条件 __main__()函数，用于获取排行榜数据地址，代码如下。

```
if __name__ == '__main__':
```

```
urls = [
        'http://www.kugou.com/yy/rank/home/{}.8888.html'.format(str(i)) for i in range(1, 24)
    ]
```

（6）定义 for 循环遍历 urls，代码如下。

```
for url in urls:
        get_info(url)
```

（7）代码行调用 time 模块睡眠函数，代码如下。

```
time.sleep(2)
```

程序运行结果如图 11.8 所示。

图 11.8　程序运行结果

如图 11.8 所示，爬虫程序已成功获取 TOP500 的相关数据。至此，如何使用三大库创建爬虫程序已演练完毕，接下来，将讲解如何使用 Scrapy 框架设计爬虫程序。

11.4　Scrapy 框架

Scrapy 是一个非常优秀的框架，操作简单，拓展方便。Scrapy 框架是比较流行的爬虫解决方案。本节将学习 Scrapy 框架的基本知识及安装和使用方法。

11.4.1　Scrapy 爬虫框架

Scrapy 是一个用 Python 编写的爬虫框架，简单轻巧，使用方便。Scrapy 使用 Twisted 异步网络库来处理网络通信，架构清晰，其包含的各种中间件可以满足各种需求。Scrapy 框架如图 11.9 所示，其相关组件功能如下。

（1）Scrapy Engine（引擎）：负责控制系统中所有组件间的传递，并在相应动作发生时触发对应事件。

（2）Scheduler（调度器）：负责接受引擎发送过来的 Requests（请求），并按照一定方式整理排列，入队并等待引擎来请求时，交给引擎。

（3）Downloader（下载器）：负责下载引擎发送的所有请求，并将其获取到的请求交还给引擎，由引擎交给 Spiders 来处理。

（4）Spiders：负责处理所有请求，从中分析提取数据，获取 Item 字段需要的数据，并将需要跟进的 URL 提交给引擎，再次进入调度器。

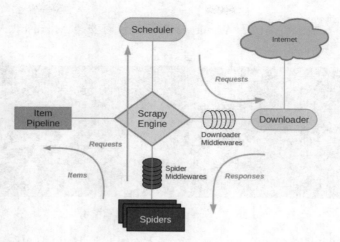

图 11.9　Scrapy 框架

（5）Item Pipeline（管道）：负责处理 Spiders 中获取到的 Item，并进行处理；例如，去重、持久化存储。

（6）Downloader Middlewares（下载中间件）：是在引擎与下载器之间的特定钩子，用于处理下载器传递给引擎的请求。通过插入自定义代码来扩展 Scrapy 的功能。

（7）Spider Middlewares（Spider 中间件）：是在引擎与 Spider 之间的特定钩子。用于处理 Spider 的输入和输出。通过插入自定义代码来扩展 Scrapy 的功能。

提示

（1）图 11.9 Scrapy 来源于 Scrapy 帮助文档。

（2）Scrapy 文档地址为 https://doc.scrapy.org/en/latest/，包括各种版本的 Scrapy 帮助文档。

11.4.2　Scrapy 的安装

Scrapy 是 Python 爬虫开发的流行框架，精巧易用。其安装方式和 Python 第三方库类似，也有两种方式，具体介绍如下。

（1）通过 pip install scrapy 命令安装。

按 Win+R 快捷键，打开"运行"对话框，输入 cmd，打开 DOS 界面，在光标处输入 pip install scrapy，如图 11.10 所示。

```
C:\Users\Administrator>pip install scrapy
Collecting scrapy
  Using cached https://files.pythonhosted.org/packages/db/9c/cb15b2dc6003a805afd
21b9b396e0e965800765b51da72fe17cf340b9be2/Scrapy-1.5.0-py2.py3-none-any.whl
Requirement already satisfied: service-identity in d:\python\lib\site-packages (
from scrapy) (17.0.0)
Requirement already satisfied: PyDispatcher>=2.0.5 in d:\python\lib\site-package
s (from scrapy) (2.0.5)
Requirement already satisfied: w3lib>=1.17.0 in d:\python\lib\site-packages (fro
m scrapy) (1.19.0)
```

图 11.10　Scrapy 安装界面

正常情况下，安装出错是由于 Windows 7 系统没有安装 Microsoft Visual C++ Build Tools，如图 11.11 所示。

图 11.11　Scrapy 安装报错提示图示

下载 visualcppbuildtools_full.exe，运行安装 Visual C++ Build Tools，然后在 DOS 界面中输入 pip install scrapy，按 Enter 键，安装成功界面如图 11.12 所示。

图 11.12　Scrapy 安装成功提示界面

（2）直接在 Scrapy 官网 https://scrapy.org/ 下载 Scrapy 安装包，解压缩，在 DOS 界面运行 setup.py 安装。

首先打开 Scrapy 官网，如图 11.13 所示。

图 11.13　Scrapy 主页

单击 Download 进入下载界面，单击右侧的 Zip 按钮进行下载，如图 11.14 所示。

图 11.14　Scrapy 下载界面

11.4.3 Scrapy 的使用

安装完 Scrapy 框架，便可以通过它快速搭建爬虫程序开发架构。具体操作如下。

在 DOS 窗口，通过 scrapy startproject ScrapyTest 命令创建 ScrapyTest 爬虫项目，如图 11.15 所示。

```
D:\python>cd code

D:\python\code> scrapy startproject ScrapyTest
New Scrapy project 'ScrapyTest', using template directory 'd:\\python\\lib\\site
-packages\\scrapy\\templates\\project', created in:
    D:\python\code\ScrapyTest

You can start your first spider with:
    cd ScrapyTest
    scrapy genspider example example.com

D:\python\code>
```

图 11.15 以命令方式创建 ScrapyTest 爬虫项目

这里将创建的 scrapy 项目存放于 pycharm 的项目代码工作空间，这样就可以借助 IDE 呈现 Scrapy 爬虫项目的组织结构，如图 11.16 所示。

从图 11.16 所示的项目目录结构不难发现，基于 Scrapy 框架的爬虫项目结构组织如下。

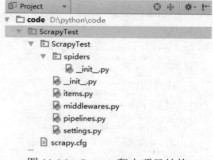

图 11.16 Scrapy 爬虫项目结构

❑ ScrapyTest/：该项目的 Python 模块名称，之后将在此加入代码。

❑ ScrapyTest/spiders/：放置 spider 代码的目录。用于编写用户自定义的爬虫。

❑ ScrapyTest/items.py：项目中的 item 文件，用于定义用户要抓取的字段。

❑ ScrapyTest/middlewares.py：中间件，主要是对功能的拓展，用于用户添加一些自定义的功能；例如，添加随机 user.agent 和 proxy。

❑ ScrapyTest/pipelines.py：项目中的 pipelines（管道）文件，当 spider 抓取到内容（item）以后送到这里，在这里对信息（item）进行清洗、去重，保存到文件或者数据库。

❑ ScrapyTest/settings.py：项目的设置文件，用来设置爬虫的默认信息及相关功能的开启与否；例如，是否遵守 robots 协议、设置默认的 header 等。

❑ scrapy.cfg：项目的配置文件。

在了解 Scrapy 框架的基础之上，动手编写第一个 spider，了解 Scrapy 的基本使用方法。下面通过爬取豆瓣网图书排行榜数据来演示如何使用 Scrapy 框架开发爬虫程序。

首先，在代码根目录通过 scrapy startproject doubanbook 命令创建名为 doubanbook 的爬虫项目，如图 11.17 所示。

使用 Pycharm IDE 打开刚才创建的 doubanbook 项目，其框架如图 11.18 所示。

在 Pycharm 下，双击 items.py 文件，在此文件中定义将要抓取的 book 字段名称。在自动生成的 class 类中添加对应字段，如图 11.19 所示。

右击 spiders 文件夹，选择 New→PythonFile 命令，打开 New Python File 对话框，输入文件名 bookspider，单击 OK 按钮，创建爬虫文件，如图 11.20 所示。

图 11.17　以命令方式创建 Scrapy 爬虫项目

图 11.18　Pycharm 下 doubanbook 项目框架

```python
# -*- coding: utf-8 -*-

# Define here the models for your scraped items
#
# See documentation in:
# https://doc.scrapy.org/en/latest/topics/items.html

import scrapy


class DoubanbookItem(scrapy.Item):
    # define the fields for your item here like:
    # name = scrapy.Field()
    name = scrapy.Field()
    price = scrapy.Field()
    publisher = scrapy.Field()
    ratings = scrapy.Field()
    edition_year = scrapy.Field()
    author = scrapy.Field()
    pass
```

图 11.19　item.py 文件

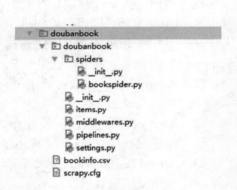

图 11.20　创建爬虫文件

双击 bookspider.py 文件，打开文件编辑界面，设计第一个爬虫程序，如图 11.21 所示。

```python
import scrapy
from doubanbook.items import DoubanbookItem


class BookSpider(scrapy.Spider):
    """docstring for BookSpider"""
    name = 'douban'
    allowed_domain = ['douban.com']
    start_urls = ['https://book.douban.com/top250']

    def parse(self, response):
        yield scrapy.Request(response.url, callback=self.parse_page)

        for page in response.xpath('//div[@class="paginator"]/a'):
            link = page.xpath('@href').extract()[0]
            yield scrapy.Request(link, callback=self.parse_page)

    def parse_page(self, response):
        for item in response.xpath('//tr[@class="item"]'):
            book = DoubanbookItem()
            book['name'] = item.xpath('td[2]/div[1]/a/@title').extract()[0]
            book['ratings'] = item.xpath('td[2]/div[2]/span[@class="rating_nums"]/text()').extract()[0]
            # book['ratings'] = item.xpath('td[2]/div[2]/span[2]/text()').extract()[0]
            book_info = item.xpath('td[2]/p[1]/text()').extract()[0]
            book_info_contents = book_info.strip().split(' / ')
            book['author'] = book_info_contents[0]
            book['publisher'] = book_info_contents[1]
            book['edition_year'] = book_info_contents[2]
            book['price'] = book_info_contents[3]
            yield book
```

图 11.21　第一个爬虫程序

然后，双击打开 settings.py 爬虫属性配置文件，输入模拟浏览器访问代码。这是必需的操作，否则爬虫容易被拒绝访问，报错，代码如下。

```
USER_AGENT = 'Mozilla/5.0 (Windows NT 6.1; WOW64) AppleWebKit/537.36 (KHTML, like Gecko) Chrome/55.0.2883.87 Safari/537.36'
```

至此，爬虫程序设计完毕，保存所有代码。接下来，运行爬虫程序，结果如图 11.22 所示。

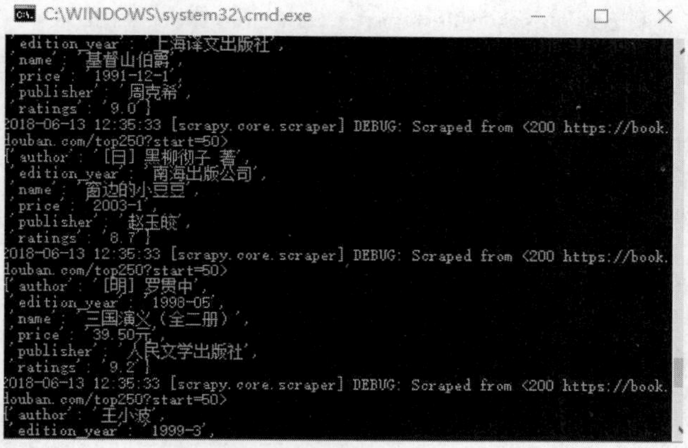

图 11.22　爬虫执行结果

提示

（1）爬虫的 DOS 执行命令：务必在爬虫项目下执行"scrapy crawl 爬虫名"命令，如图 11.23 所示。

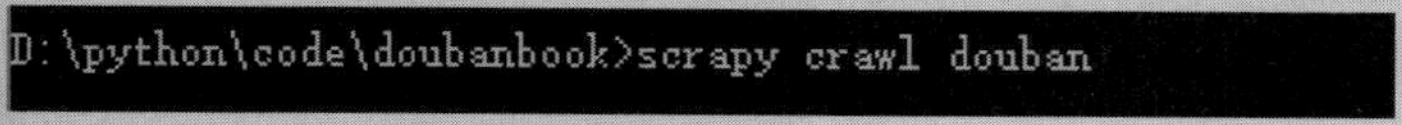

```
D:\python\code\doubanbook>scrapy crawl douban
```

图 11.23　执行"scrapy crawl 爬虫名"命令示例

（2）用 Xpath 定位时，一定要明确爬取字段所限定标签的位置关系，建议通过查看源代码，找到要爬取数据的通用模板。通常，通过反查源代码寻找显示模板，以《追风筝的人》为例，如图 11.24 所示，代码如下。

图 11.24　豆瓣图书 Top 250 截图

通过分析发现，每一个\<table\>标签正好确定一个完整的数据 item。而且\<tr\>标签的 class="item"正好闭包所有爬取的数据项。因此，可以以它为基准点定位所有数据项字段值。

```html
            <span style="font.size:12px;">The Kite Runner</span>
        </div>
        <p class="pl">[美] 卡勒德·胡赛尼 / 李继宏 / 上海人民出版社 / 2006.5 / 29.00 元</p>
        <div class="star clearfix">
            <span class="allstar45"></span>
            <span class="rating_nums">8.<table width="100%">
    <tr class="item">
      <td width="100" valign="top">
        <a class="nbg" href="https://book.douban.com/subject/1770782/"
        onclick="moreurl(this,{i:'0'})">
            <img          src="https://img3.doubanio.com/view/subject/m/public/s1727290.jpg"
width="90" />
        </a>
      </td>
      <td valign="top">
        <div class="pl2">
          <a   href="https://book.douban.com/subject/1770782/"   onclick=&#34;moreurl(this,
{i:&#39;0&#39;})&#34; title="追风筝的人">
            追风筝的人  </a>     <img  src="https://img3.doubanio.com/pics/read.gif"
alt="可试读" title="可试读"/>
            <br/>
9</span>
            <span class="pl">(
            316371 人评价
          )</span>
        </div>
        <p class="quote" style="margin: 10px 0; color: #666">
            <span class="inq">为你，千千万万遍</span>
        </p>
      </td>
    </tr>
</table>
```

（3）一定要将 Xpath 定位语法常用标示熟记于心。

▲ 11.5 实验

1. 实验目的

（1）掌握 Python 爬虫三大库（Requests、Beautiful Soup 和 lxml）的基本用法，能够熟练安装相关的库，并能使用三大库完成简单的爬虫程序的设计与实现。

（2）理解 Scrapy 爬虫框架的基本原理，掌握 Scrapy 爬虫框架的安装方法。

（3）熟练掌握使用 scrapy startproject 命令创建爬虫框架的方法以及借助第三方 IDE

Pycharm 进行基于 Scrapy 框架的爬虫程序的设计与实现。

2. 实验内容

（1）Python 爬虫三大库的安装和使用。

① 使用 pip install 命令安装 Requests、BeautifulSoup 和 lxmi 三大库。

注意：pip 不是 Python 的内部命令，且不可在 Python 命令窗口使用，应当在 DOS 环境下使用。

② 在 Python 3.6.5 Shell 中利用三大库编写简单的爬虫程序。

以"酷狗 TOP500"爬虫程序为样板，设计完成爬取"酷狗飙升榜"排名前 100 的数据。

（2）Scrapy 爬虫框架的安装方法。

① 使用 pip install 安装 Scrapy 爬虫框架。

② 登录 Scrapy 官网 https://scrapy.org/ 下载 Scrapy 安装包，解压缩，在 DOS 界面运行 setup.py 安装 Scrapy 爬虫框架。

（3）Scrapy 爬虫程序框架的创建及程序开发。

① 通过 scrapy startproject 命令创建名为 ScrapyTest 的基于 Scrapy 框架的爬虫项目，如图 11.25 所示。

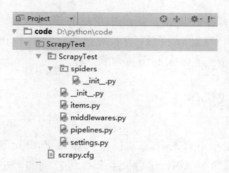

图 11.25　ScrapyTest 爬虫项目框架

注意：scrapy startproject 直接在 DOS 环境下使用。

② 下载并安装第三方 IDE JetBrains PyCharm Community Edition 2016.2.3。

③ 用第三方 IDE Pycharm 打开建好的项目框架（见图 11.25），在 Spiders 中完成豆瓣电影排行榜的爬取。

第 12 章

项目实战：数据可视化

Python 中数据可视化有多种方案。正是由于这种多样性，选用何种方案进行数据的可视化操作便极具挑战性。本章以实战项目需求为导向，介绍 Python 中比较流行的数据可视化模块，以及如何使用它们创建对应的可视化图。

12.1 matplotlib 简介

matplotlib 是基于 Python 语言的开源项目，旨在为 Python 提供一个数据绘图包。它提供了一整套和 matlab 类似的命令 API，适合交互式地进行制图，并且可以作为绘图控件，嵌入 GUI 应用程序中。它的文档相当完备，并且 Gallery 页面（https://matplotlib.org/gallery.html）中有上百幅缩略图，打开之后都有源程序。因此如果需要绘制某种类型的图，只需要在这个页面中浏览→选择图像→打开→复制→粘贴即可完成，本节作为 matplotlib 的入门，主要介绍 matplotlib 绘图的一些基本概念和操作。

12.1.1 Pyplot 模块介绍

俗话说"熟读唐诗三百首，不会作诗也会吟。"模仿是最好的老师，编写程序也不例外。本节首先通过 matplotlib 自带的 gallery.html 页面中的案例了解绘图程序的基本架构；然后以归纳的框架为原型编写程序。

首先，访问 matplotlib 官网的 Gallery 页面，如图 12.1 所示。

从图 12.1 中可以直观地看到 matplotlib 画廊的基本布局，比较简洁，由画廊分类列表和对应的分类中提供的案例展示栏构成。这里选择 Gallery 下的 Lines, bars, and markers 分类中的 line_demo_dash_control 为模仿对象，来调试运行程序。在 Gallery 页面对应的栏目下单击该 demo 的图像，进入 demo 页面，如图 12.2 所示。

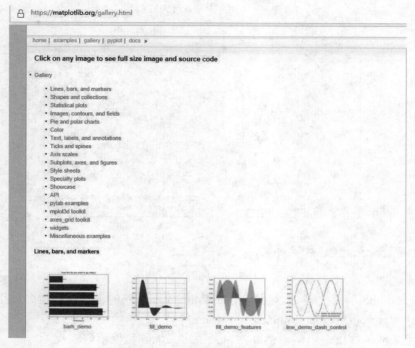

图 12.1 matplotlib 的 Gallery 页面

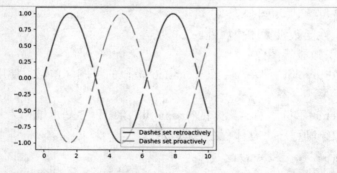

图 12.2 gallery demo

然后，复制图 12.2 中的代码，至 Python Shell 中运行，结果如图 12.3 所示。

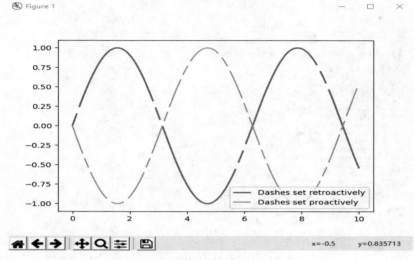

图 12.3　demo 执行

分析如上 demo 示例代码，不难得出 matplotlib 绘图程序的基本结构包含如下 6 个部分。

（1）分别导入模块 matplotlib.pyplot 、numpy。

（2）定义横轴标度并以横轴标度为自变量定义纵轴功能函数。

（3）通过 figure()函数指定图像的长宽比。

（4）通过 plot()函数绘制功能函数。

（5）通过 plt 的属性函数设置图像属性。

（6）通过 show()函数显示图像。

通常，matplotlib 的 pyplot 子库提供了与 matlab 类似的绘图 API，方便用户快速绘制 2D 图表。

接下来，以上面 demo 示例所总结出来的 matplotlib 绘图程序基本结构为基础，来完成一个正余弦函数的图像绘制程序。具体程序代码如下。

```
'\nCreated on Mon JUN 2 2018\n@author: xj\n'
>>> import matplotlib.pyplot as plt     # 载入 matplotlib 的绘图模块 pyplot，并重命名为 plt
>>> import numpy as np
>>> x= np.linspace(0,10,1000)
>>> y = np.sin(x)
>>> z = np.cos(x**2)
>>> pltfigurelfigsize = (8,4))           # 指定图像的长宽比
<Figure size 800x400 with 0 Axes>
>>> plt.plot(x,y,label="Ssin(x)$",color="red",linewidth=2)
[<matplotlib.ines.Line2D object at 0x0000017F1AF95B38>]
>>> plt.plot(x,abel="$cos(x^2)$ ",color = "blue'",linewidth=1)
[<matplotlib.lines.line2D object at 0x0000017F 1AF95D68>]
>>> plt.xabel("Time(s)")
Text(0.5,0,Time(s)")
>>> pl.ylabel("Volt")
Text(0,0.5,'Volt')
```

```
>>> plt.title("xj - PyPlot First Example")        # 子图的标题
Text(0.5,1,xj - PyPlot First Example')
>>> plt.ylim(-1.2,1.2)                            # Y 轴的显示范围
(-1.2, 1.2)
>>> plt.legend()                                  # 显示图中右上角的提示信息
<matplotlib.legend.Legend object at 0x0000017F1AFA5748>
>>> plt.show()
```

程序运行结果如图 12.4 所示。

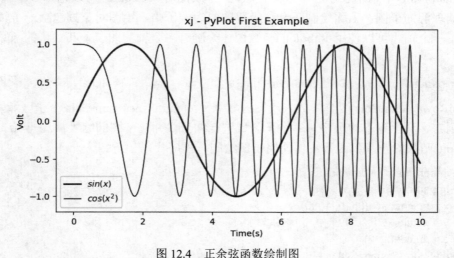

图 12.4　正余弦函数绘制图

至此，使用 matplotlib 提供的绘图方法完成了正余弦函数图像的绘制。

12.1.2　plot()函数

如 12.1.1 节例子所示，在绘制正余弦函数图像时，调用了 matplotlib 的 plot()函数。该函数主要用于绘制各种曲线，其调用形式灵活，可用其参数指定其显示风格。调用 plot()函数进行曲线绘图的示例代码如下。

```
>>> plt.plot(x,y,label='$sin(x)$',color="red",linewidth =2)
[<matplotlib.lines.Line2D object at 0x00000267CB790978>]
>>> plt.plot(x,z,label="$cos(x^2)$",color="blue",linewidth =1)
[<matplotlib.lines.Line2D object at 0x00000267CB7E6320>]
```

由以上代码可以看出，plot()常用的参数包括坐标数据和格式参数，标准格式是 plt.plot(x,y,format_string,**kwargs)。x 轴数据、y 轴数据、format_string 控制曲线的格式，format_string 由颜色字符、风格字符和标记字符构成。格式参数的含义分别如下。

❑ label：用于给所绘制的曲线定义名称，此名称在图示中显示。只要在字符串前后添加$符号，matplotlib 就会使用其内嵌的 latex 引擎绘制的数学公式。

❑ color：指定曲线的颜色。常用的颜色字符有蓝色（'b'）、绿色（'g'）、红色（'r'）、青绿色（'c'）、洋红色（'m'）、黄色（'y'）、黑色（'k'）、白色（'w'）、灰度值字串（'0.8'）其取值范围为（0～1）、RGB 颜色值（'#008000'）。

- ❏ linewidth：指定曲线的宽度。
- ❏ b..：指定曲线的颜色和线型，该参数称为格式化参数，它能够通过一些易记的符号快速指定曲线的样式。常用的线型有实线'.'、破折线'..'、点画线'..'、虚线':'、无线条''''

12.1.3 绘制子图

在 matplotlib 中用轴表示一个绘图区域，一个绘图对象（figure）可以包含多个轴（axis），可以将其理解为子图。上面绘制正余弦函数图像的例子中，绘图对象只包括一个轴，因此只显示了一个轴。可以使用 subplot()函数快速绘制有多个轴的图表。其默认的函数调用格式如下：

```
subplot(numRows, numCols, plotNum)
```

numRows、numCols 两个参数将绘图区域划分为 numRows*numCols 个子区域，然后按照从左到右、从上到下的顺序对每个子区域进行编号，并且子图的编号从 1 开始。下面通过 subplot()函数对正余弦函数图像使用子图绘制，程序代码如下。

```
>>> import matplotlib.pyplot as plt
>>> import numpy as np
>>> x = np.linspace(0, 10, 1000)
>>> y = np.sin(x)
>>> z = np.cos(x**2)
>>> plt.figure(figsize=(8,4))
<Figure size 800x400 with 0 Axes>
>>> plt.subplot(2,1,1)
<matplotlib.axes._subplots.AxesSubplot object at 0x00000267C8CBEF98>
>>> plt.plot(x,y,label='$sin(x)$',color="red",linewidth =2)
[<matplotlib.lines.Line2D object at 0x00000267CB790978>]
>>> plt.ylabel('y volt')
Text(0,0.5,'y volt')
>>> plt.subplot(2,1,2)
<matplotlib.axes._subplots.AxesSubplot object at 0x00000267CB790320>
>>> plt.plot(x,z,label="$cos(x^2)$",color="blue",linewidth =1)
[<matplotlib.lines.Line2D object at 0x00000267CB7E6320>]
>>> plt.ylabel('z volt')
Text(0,0.5,'z volt')
>>> plt.xlabel("Time(s)")
Text(0.5,0,'Time(s)')
>>> plt.show()
```

程序运行结果如图 12.5 所示。

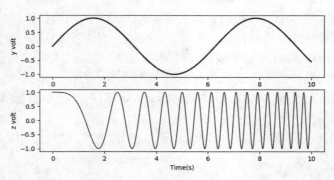

图 12.5　正余弦函数图像子图

> **提示**
>
> （1）如果 numRows、numCols 和 plotNum 参数都小于 10，可以把它们缩写为一个整数；例如，subplot(323)和 subplot(3,2,3)是相同的。
>
> （2）subplot 在 plotNum 指定的区域中创建一个轴对象。如果新创建的轴和之前创建的轴重叠，则之前的轴将被删除。
>
> （3）当绘图对象中有多个轴时，可以通过 figure 工具栏中的 Configure Subplots 按钮，交互式地调节轴之间的距离和轴与边框之间的距离。如图 12.6 所示，拖动参数滑块即可。如果希望在程序中调节，可以调用 subplots_adjust()函数，该函数有 left、right、bottom、top、wspace、hspace 等几个关键字参数，这些参数的值都是 0～1 的小数，它们是以绘图区域的宽高为 1 进行正规化之后的坐标或者长度。

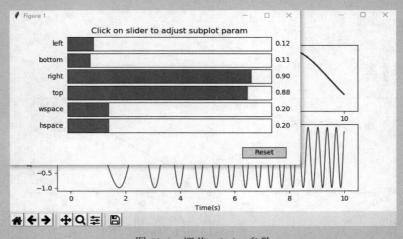

图 12.6　调节 subplot 参数

12.1.4　添加标注

标注又称注释，是在 matplotlib 所绘制的图像中，为了使用户方便理解图像的含义而添加的注释性文字。其类似于为了提高代码的可读性，程序员给代码添加的注释性语句。给图像添加标注的根本目的是提高图像的可读性，增强与使用者的可交互性。

通常，使用 text()函数可将文本放置在轴域的任意位置，用来标注绘图的某些特征。用 annotate()方法提供辅助函数进行定位，使标注变得准确、方便。添加标注时，文本的位置和标注点的位置均由元组(x,y)构成。其中参数 xy 表示标注点的位置，参数 xytext 表示文本的位置。

下面通过 annotate()函数对图 12.6 的正弦函数进行标注，实现过程，代码如下。

```
import matplotlib.pyplot as plt
import numpy as np
x = np.linspace(0, 10, 1000)
y = np.sin(x)
z = np.cos(x**2)
fig = plt.figure(figsize=(8, 4))
ax = fig.add_subplot(211)
plt.subplot(2, 1, 1)
plt.plot(x, y, label='$sin(x)$', color="red", linewidth=2)
plt.ylabel('y volt')
plt.subplot(2, 1, 2)
plt.plot(x, z, label="$cos(x^2)$", color="blue", linewidth=1)
plt.ylabel('z volt')
plt.xlabel("Time(s)")
ax.annotate('sin(x)', xy=(2, 1), xytext=(3, 1.5),
            arrowprops=dict(facecolor='black', shrink=0.05),
            )
ax.set_ylim(.2, 2)
plt.show()
```

运行结果如图 12.7 所示。

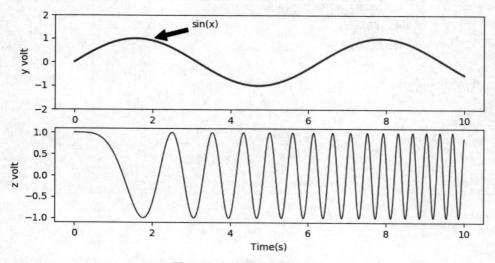

图 12.7　标注正弦函数 sin(x)

12.1.5　pylab 模块应用

matplotlib 还提供了一个名为 pylab 的模块，它是一款由 Python 提供的可以绘制二维、三维数据的工具模块，可以生成 matlab 绘图库的图像。另外，它还包括了许多 NumPy 和 pyplot 模块中常用的函数，方便用户快速地进行计算和绘图，十分适合在 Python Shell 交互式环境中使用。

1. pylab 模块的安装

通常，在安装 matplotlib 时，pylab 模块已默认完成安装，因而无须单独进行安装操作。

2. pylab 基本操作

下面使用 pylab 提供的方法来绘制正弦函数图像，通过简单的例子来介绍该模块的使用。示例代码如下。

```python
import pylab
import math
x_values = []
y_values = []
num = 0.0
while num < math.pi * 4:
    y_values.append(math.sin(num))
    x_values.append(num)
    num += 0.1
# now plot
pylab.plot(x_values, y_values, 'ro')
pylab.show()
```

运行结果如图 12.8 所示。

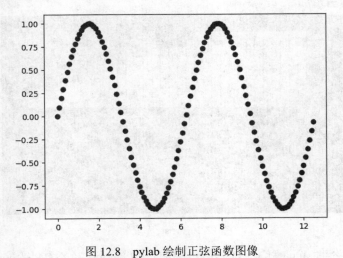

图 12.8　pylab 绘制正弦函数图像

由图 12.8 可知，pylab 所绘制的正弦函数图像是由一系列的离散点构成的。其绘制点位置的计算是通过 math 库对应的 sin() 函数来完成。最终图像的生成通过 pylab 的 plot() 函数完成，该函数格式如下。

```
pylab.plot(x_values, y_values, 'ro')
```

3 个参数分别代表 x 坐标值、y 坐标值，以及绘制点所使用的样式，这里'ro'代表红色，用 o 字符标记位置点。关于 pylab 的详细使用，可参考对应的帮助文档。

12.2 Artist 模块介绍

matplotlib 绘图库的 API 包含 3 个图层，其含义分别为 backend_bases.FigureCanvas（画板）、backend_bases.Renderer（渲染）、artist.Artist（如何渲染）。相比前两个 API 而言，Artist 用于处理所有的高层结构；例如，处理图表、文字和曲线等的绘制和布局。通常只关注 Artist，而不需要关心底层的绘制细节。

12.2.1 Artist 模块概述

Artist 分为简单类型和容器类型两种。简单类型的 Artist 为标准的绘图元件；例如，Line2D、Rectangle、Text、AxesImage 等。而容器类型则可以包含许多简单类型的 Artist，将它们组织成一个整体；例如，Axis、Axes、Figure 等。

通常，使用 Artist 创建图表的标准流程包含以下 3 个步骤。

（1）创建 Figure 对象。

（2）用 Figure 对象创建一个或者多个 Axes 对象或者 Subplot 对象。

（3）调用 Axes 等对象的方法创建各种简单类型的 Artist。

和其他第三方 Python 库一样，artist 库的安装也有两种方法，这里依然使用 pip install 命令方式进行安装，如图 12.9 所示。

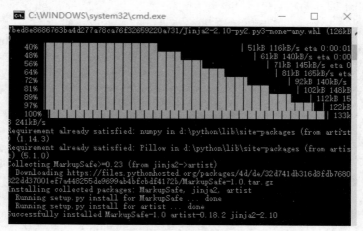

图 12.9　artist 库安装图

下面通过一个简单的例子，对 artist 库的使用进行简单介绍。该示例中，依据 Artist 创建图表的标准流程完成正弦函数图像的绘制。注意，在使用 Figure 对象创建 Subplot 对象时，若只有一个子图，则其参数为(1,1,1)，代码如下。

```
import matplotlib.pyplot as plt
fig = plt.figure()
ax = fig.add_subplot(1,1,1) # 通过 fig 对象创建子图
import numpy as np
x= np.arange(0.0, 1.0, 0.01)
y = np.sin(2*np.pi*x)
line, = ax.plot(x, y, color='blue', lw=2)
ax.lines[0]
plt.show()
```

运行结果如图 12.10 所示。

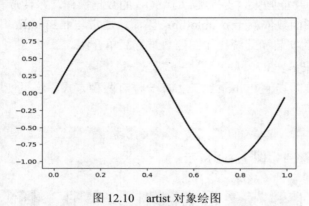

图 12.10　artist 对象绘图

12.2.2　Artist 的属性

matplotlib 所绘制的图表中的每一个元素都由 Artist 控制，而每个 Artist 对象都有许多属性控制其显示效果；例如，Figure 对象包含 Rectangle 实例，可以设置背景颜色和透明度。同样，Axes 也含有。这些实例被存储在 Figure.patch.和 Axes.patch 中。Artist 的常用属性如表 12.1 所示。

表 12.1　Artist 的常用属性

属　　性	含　　义
alpha	透明度，值的范围为 0~1，0 为完全透明，1 为完全不透明
animated	布尔值，在绘制动画效果时使用
axes	此 Artist 对象所在的 Axes 对象，可能为 None
figure	所在的 Figure 对象，可能为 None
label	文本标签
picker	控制 Artist 对象选取
zorder	控制绘图顺序

Artist 对象的所有属性都通过相应的 get_*()和 set_*()函数进行读写；例如，下面的语句将 alpha 属性设置为当前值的一半，代码如下。

```
fig.set_alpha(0.5*fig.get_alpha())
```

如果想用一条语句设置多个属性，可以使用 set()函数，代码如下。

```
fig.set(alpha=0.5, zorder=2,lable='$sin(x)$')
```

关于 Artist 对象的其他详细情况，学有余力的读者可参考对应的帮助文档进行深入学习。

12.3 pandas 绘图

pandas 是 Python 下最强大的数据分析和探索工具,包含高级的数据结构和精巧的工具,使得在 Python 中处理数据简单快捷。pandas 构建在 NumPy 之上,使得以 NumPy 为中心的应用更便捷。pandas 功能强大,支持类似于 SQL 的数据操作,并且带有丰富的数据处理函数。pandas 统计作图函数依赖于 matplotlib;因而,通常与 matplotlib 中的函数一起使用。本节将对 pandas 库的安装和其统计作图函数进行简单介绍。

1. pandas 库的安装

pandas 库的安装同其他 Python 第三方库一样有两种方式，这里使用 pip install 命令方式进行安装，格式如下。

```
pip install pandas
```

其安装结果示意图如图 12.11 所示。

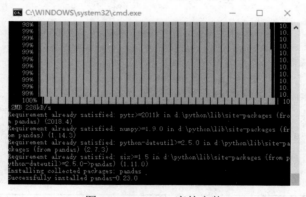

图 12.11　pandas 库的安装

2. pandas 的基本操作

为了能够熟练地使用 pandas，在学习如何使用 pandas 绘图之前，首先需要了解其自带的两个重要的数据结构：数据框（DateFrame）和系列（Series）。使用这两个数据结构，便可很容易地在计算机内存中构建虚拟的数据库。

（1）数据框：与关系数据库中的二维表类似，由行和列构成。通常，行和列都有各自的索引。使用索引，便可以快速地定位到要访问的数据框中的数据（行，列）。在数据框中，面向行的操作和面向列的操作是对称的。创建数据框的方式很多，常用包含相等长度的列表的字典或 NumPy 数组来创建数据框。以列表字典为例，创建数据框示例代码如下。

```
>>> import   pandas as pd
>>> data = {'Name':['张三','李四','王五','赵六','郭七'],'Age':[20,19,23,18,19],'Score':[89,72,65,77,80]}
```

```
>>> df = pd.DataFrame(data)
>>> print(df)
   Name  Age  Score
0  张三   20   89
1  李四   19   72
2  王五   23   65
3  赵六   18   77
4  郭七   19   80
>>>
```

如上代码所示，生成一张考生成绩二维表。行索引默认由 0 开始，列索引由用户自定义，即对应字段名称。另外，也可以显性地对行索引进行自定义，在上面代码基础之上添加语句，代码如下。

```
>>> df1 = pd.DataFrame(data,columns=['Name','Age','Score'],index=['one','two','three','four','five'])
>>> print(df1)
        Name   Age   Score
one     张三    20    89
two     李四    19    72
three   王五    23    65
four    赵六    18    77
five    郭七    19    80
>>>
```

即可完成索引的自定义工作。

（2）系列：通常是对具有同一属性的值的统称。可以将其理解为一个一维数组，即退化了的数据框。默认情况下，系列的索引是自增非负整数数列。如上示例，可以通过系列获取具有同一属性的某一列记录；例如，姓名 Name。示例代码如下。

```
>>> print(df1['Name'])
one         张三
two         李四
three       王五
four        赵六
five        郭七
Name: Name, dtype: object
>>>
```

另外，数据框可以看作字典类型，其对数据本身的增、删、改、查与 Python 中字典的操作类似，这里不再赘述。

接下来，来了解一下如何使用 pandas 库中的函数绘制图表。pandas 常用的绘图函数如表 12.2 所示。

表 12.2　pandas 常用的绘图函数

函 数 名 称	功　　能	所 属 库
plot()	绘制线性二维图	matplotlib/pandas
pie()	绘制饼形图	matplotlib/pandas

续表

函 数 名 称	功　能	所 属 库
hist()	绘制二维条形直方图	matplotlib/pandas
boxplot()	绘制样本数据箱体图	pandas
plot(logy = True)	绘制 y 轴的对数图	pandas
plot(yerr = error)	绘制误差条形图	pandas

例如，使用饼图来统计学生成绩等级占比，代码如下。

```python
import numpy as np
import pandas as pd
import matplotlib.pyplot as plt
lable = ['A', 'B', 'C', 'D']
percent = [25, 51, 19, 5]
explode = [0, 0.2, 0, 0]
plt.axes(aspect=1)
plt.pie(x=percent, labels=lable, autopct='%.2f%%',
        explode=explode, shadow=True)
plt.show()
```

运行结果如图 12.12 所示。

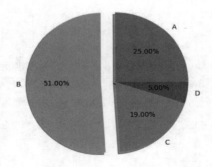

图 12.12　学生成绩等级占比饼图

提示

　　数据可视化中，主要用 pandas 作为数据的分析工具。因而用户通常以 matplotlib 为基础，将 matplotlib 和 pandas 结合在一起使用。由于 matplotlib 是基础图库，pandas 依赖于它，而 pandas 作图简单快捷，操作方便。因此，将两者有效结合，能够大大提高作图效率。

12.4　案例剖析：词云图

　　"词云"的概念是由美国西北大学新闻学副教授、新媒体专业主任里奇·戈登（Rich Gordon）提出的。戈登做过编辑、记者，曾担任迈阿密先驱报（*Miami Herald*）新媒体版的主任。他一直很关注网络内容发布的最新形式，即那些只有互联网可以采用而报纸、广播、电视等其他媒体都望尘莫及的传播方式。通常，这些最新的、最适合网络的传播方式，也是最好的传播方式。

词云图是数据分析中比较常见的一种可视化手段。词云图又称文字云，是对文本数据中出现频率较高的关键词用图像的方式以视觉上的突出展示，形成"关键词的渲染"，将文字制作成类似"云"一样的彩色图片，从而过滤掉大量的文本信息，使人一眼就可以领略文本数据的主要表达意思。为了更直观形象地理解词云图，先来感受一下百度中常见的文字云。如图 12.13 所示为由若干关键字所呈现的心形词云图。

图 12.13　百度中的词云图

12.4.1　思路简析

2018 年世界杯如火如荼，热搜榜上哪些词语单击率高？怎样才能快速、直观地获取相关的热点信息？本节将用 Python 中词云图的展示方法，展现 2018 年世界杯的热点词语图像描述。

1. 任务要求

（1）了解 Python 第三方库分词包（jieba）、词云包（wordcloud）的基本使用方法。

（2）以《2018 年世界杯球迷趋势分析报告》为分析对象，基于 Python 环境搭建词云图开发环境，完成此文本的词云图分析。

2. 环境要求

词云图程序的正常运行需要安装如下 Python 第三方常用库：matplotlib、NumPy、pandas、codecs，另外还要安装词云图程序开发的专用库：jieba 和 wordcloud。这里，首先通过 pip install 命令安装 jieba 和 wordcloud 库，分别如图 12.14 和图 12.15 所示。

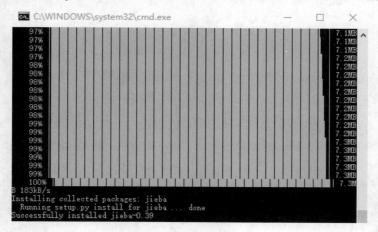

图 12.14　安装 jieba 库

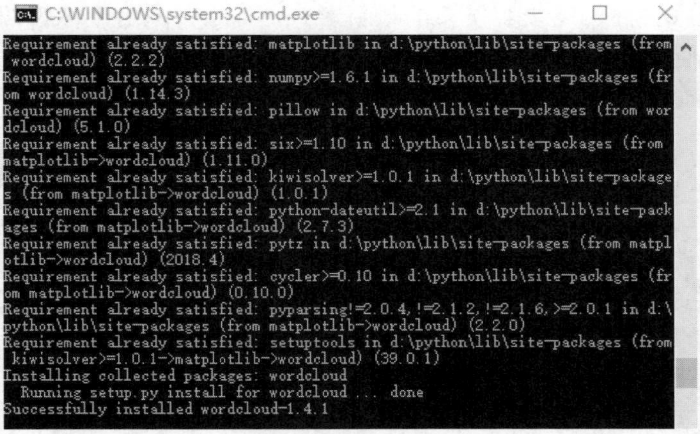

图 12.15 安装 wordcloud 库

12.4.2 代码实现

示例代码如下。

```
>>> import matplotlib.pyplot as plt
>>> from wordcloud import WordCloud,ImageColorGenerator,STOPWORDS
>>> import jieba
>>> import numpy as np
>>> from PIL import Image
>>> abel_mask = np.array(Image.open("D:/python/code/test/love_is_returned.png"))
>>> text_from_file_with_apath = open('D:/python/code/test/2018wordcup.txt').read()
>>> wordlist_after_jieba = jieba.cut(text_from_file_with_apath, cut_all = True)
>>> wl_space_split = " ".join(wordlist_after_jieba)
Building prefix dict from the default dictionary ...
Loading model from cache C:\Users\ADMINI~1\AppData\Local\Temp\jieba.cache
Loading model cost 2.740 seconds.
Prefix dict has been built succesfully.
>>> my_wordcloud = WordCloud(
width=600,
height=400,
background_color='white',                 # 设置背景颜色
mask=abel_mask,                           # 设置背景图片
max_words=400,                            # 设置最多显示的字数
stopwords=STOPWORDS,                      # 设置停用词
font_path='D:/python/code/test/msyahei.ttf',  # 设置字体格式，否则无法显示中文
max_font_size=100,                        # 设置字体最大值
prefer_horizontal=0.8,
margin=2,
random_state = 30,                        # 设置配色方案
    scale=1.5
).generate(wl_space_split)
>>> image_colors = ImageColorGenerator(abel_mask)
```

```
>>> plt.imshow(my_wordcloud)
<matplotlib.image.AxesImage object at 0x0000021A85EA5AC8>
>>> plt.axis("off")
(.0.5, 79.5, 78.5, .0.5)
>>> plt.show()
```

程序运行结果如图 12.16 所示。

图 12.16　世界杯分析报告词云图

12.4.3　代码分析

（1）导入编写词云图所需的第三方库，代码如下。

```
>>> import matplotlib.pyplot as plt
>>> from wordcloud import WordCloud,ImageColorGenerator,STOPWORDS
>>> import jieba
>>> import numpy as np
>>> from PIL import Image
```

（2）定义词云图的背景图片路径和要分析的文本路径，代码如下。

```
>>> abel_mask = np.array(Image.open("D:/python/code/test/love_is_returned.png"))
>>> text_from_file_with_apath = open('D:/python/code/test/2018wordcup.txt').read()
```

（3）设置 jieba 的格式以及分割空格分隔符，代码如下。

```
>>> wordlist_after_jieba = jieba.cut(text_from_file_with_apath, cut_all = True)
>>> wl_space_split = " ".join(wordlist_after_jieba)
```

（4）定义云词类的构造函数，代码如下。

```
>>> my_wordcloud = WordCloud(
width=600,
height=400,
background_color='white',                    # 设置背景颜色
mask=abel_mask,                              # 设置背景图片
max_words=400,                               # 设置最多显示的字数
stopwords=STOPWORDS,                         # 设置停用词
font_path='D:/python/code/test/msyahei.ttf',  # 设置字体格式，否则无法显示中文
max_font_size=100,                           # 设置字体最大值
prefer_horizontal=0.8,
margin=2,
```

```
random_state = 30,                              # 设置配色方案
    scale=1.5
).generate(wl_space_split)
```

（5）获取图片的背景色并生成词云图，代码如下。

```
>>> image_colors = ImageColorGenerator(abel_mask)
>>> plt.imshow(my_wordcloud)
```

（6）不显示坐标，显示生成的词云图，代码如下。

```
>>> plt.axis("off")
>>> plt.show()
```

12.5　实验

1．实验目的

（1）掌握 matplotlib 库的安装方法，能够使用该库中提供的函数，熟练绘制图像。

（2）掌握 Artist 对象属性的使用方法，能够熟练运用其进行相关属性的设置。

（3）掌握 pandas 库的安装方法，能够熟练利用该库进行简单的图像绘制。

2．实验内容

（1）matplotlib 库的安装和使用。

① 使用 Python 提供的两种库的安装方式练习 matplotlib 库的安装。

② 使用 matplotlib 库完成如图 12.17 所示图形的绘制。

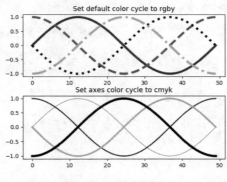

图 12.17　绘制图形

（2）Artist 对象的使用。

使用 Artist 属性对 Figure 进行装饰，使用常见的参数（例如，透明度、标签等）属性对画布进行修饰。

（3）pandas 库的安装和使用。

① 理解 pandas 库是 matplotlib 的子库，无须单独安装。

② 利用 pandas 库完善本章中学生成绩等级占比图（见图 12.12），要求使用 pandas 数据框完成数据的载入。

第 13 章

项目实战：数据分析

大数据时代，数据便是掘金的黄金地带。企业大量的历史数据能否发挥其应有的价值，取决于企业采用什么样的分析手段，去发掘数据本身所蕴含的规律。数据分析人才炙手可热，已成为大数据时代企业争抢的焦点。本章将以 Python 技术为基础，通过实际案例的讲解让读者对数据分析的流程有定性的认识。同时，通过课程实验，提高读者动手能力，为使读者成为数据分析人才做好启蒙。

△ 13.1　数据清洗

由于采样数据中常常包含许多含有噪声、不完整的、甚至不一致的数据，为了保证数据分析的最终目标质量，必须对数据进行预处理，以提高采样数据的质量。那么，如何对数据进行预处理，以改善数据质量呢？数据清洗便是规范数据，使之达到分析标准的最佳手段。

13.1.1　编码问题

源数据通常分布在不同的业务流程之中，而不同的业务流程对数据的要求、理解和规格各不相同，导致对同一数据对象的描述千差万别。因此，在清洗数据的过程中，首先要对数据的编码格式做统一要求。

对于数据项的约定可从以下几个方面进行。

（1）命名规则：对于同一数据对象，其名称应当是唯一的；例如，页面访问量字段，可能称作访问深度、页面浏览量等。

（2）数据类型：同一个数据对象的类型必须一致，而且表示方法唯一；例如，普通日期和时间戳的区分。

（3）计数方法：对于数值类型的数据，单位务必统一；例如，重量单位有千克、公斤、克、斤等，在数据表中必须使用唯一单位。

（4）约束条件：数据表之间的关系约定不能产生二义性；例如，表的主键、唯一性、外键约束等。

总之，编码问题是一个比较繁杂的问题，需要人工介入解决，更需要相关决策者指定数据的标准格式并对之加以约束。

13.1.2 缺失值分析

数据的缺失主要包括记录的缺失和记录中某个字段信息的缺失。两者都会造成最终分析结果不准确。下面介绍缺失值产生的原因、影响及应对策略。

1. 产生的原因

缺失值产生的原因主要包括三大类，具体如下。

（1）出于信息安全的需求。由于某种原因无法获取，或者获取成本过高。

（2）人为的信息遗漏。可能是由于个人主观认识不到位，导致因人为因素产生的遗漏。也可能是由于数据获取设备故障所引起的非人为原因产生的丢失。

（3）字段值的缺失。某些情况下，缺失值不一定意味着数据的错误；例如，儿童的手机号码、个人收入等字段值。

2. 影响

数据的缺失通常会给数据分析带来如下影响。

（1）数据挖掘建模将丢失大量的有用信息。

（2）数据挖掘模型表现出来的不确定性更加显著，数据背后蕴含的规律更难发掘。

（3）字段的空值会导致数据分析过程陷入混乱，致使分析产生不可靠的结果。

3. 应对策略

生活中，所采集到的数据常常错综复杂，其值的缺失也很常见。那么该如何处理这些缺失值呢？常用的有三大类方法，即删除法、替补法和插补法。

（1）删除法：当数据中的某个变量大部分值都是缺失值时，可以考虑删除该变量；当缺失值是随机分布的，且缺失的数量并不是很多时，也可以删除这些缺失的观测。

（2）替补法：对于连续型变量，如果变量的分布近似或就是正态分布，可以用均值替代缺失值；如果变量是有偏的，可以使用中位数来代替缺失值。对于离散型变量，一般用众数替换存在缺失的观测。

（3）插补法：基于蒙特卡洛模拟法，结合线性模型、广义线性模型、决策树等方法计算出预测值，替换缺失值。

13.1.3 去除异常值

异常值是指数据样本中的个别值，其数值明显偏离对应字段的所有观察值，又称离群点。异常值的分析是检验数据集中是否存在录入错误以及不合常理的数据。去除异常值的方法主要包括统计分析法和 3δ 分析法

1. 统计分析法

通常对变量的取值做一个简单的量化统计，尤其是数值型字段，进而查看哪些取值超

出合法取值范围。最常用的统计方法是求最大值、平均值、最小值。用最小值和最大值确定正常取值范围，用平均值替代空白字段值，将超出合理取值的记录从采样数据中剔除。例如，个人信息中年龄字段取值超过 150 就属于异常取值，可考虑用平均取值替代。

 2. 3δ 分析法

 通常，如果数据服从正态分布，在 3δ 思想的指导下，异常值被认定为与平均值偏差超过 3 倍标准差的数值。因为在正态分布下，距离大于 3 倍标准差的数值的概率小于等于 0.003，属于小概率事件。相反，若数据字段值不服从正态分布，可用远离平均值多少倍标准差约定异常数值。

13.1.4　去除重复值与冗余信息

 由于各种各样的原因，在获取的数据源中，经常存在重复的字段、重复的记录以及与分析主题无关的数据项。这时，为了提高数据的质量，需要对源数据做去重处理和冗余处理。

 对于重复数据的处理，通常采用的方法是排序合并。具体做法是：先将数据库表中的记录按照指定的规则排序；然后通过比较邻近记录是否相似来检测记录是否有重复。这项工作包括排序和相似度计算两个步骤。常用的排序方法有插入排序、冒泡排序、快速排序、希尔排序等。常用的相似度计算方法有基本的字段匹配算法、标准的欧氏距离法、相关系数、信息熵等。

 需要注意的是，对重复的数据项，尽量通过具体分析主题确定相关提取规则。在数据清洗阶段，切勿轻易删除重复的数据，尤其是不能将与分析主题相关的重要业务数据过滤掉。

 对于与分析主题无关的数据项，也即冗余信息，同样不可直接剔除出数据源，而是需要根据制定的提取规则，通过子表的形式，生成与分析主题相关的新的数据表。

13.2　数据存取

 数据存取是数据分析的基础，尤其是面对海量数据时，数据的存取方式显得尤为重要。本节以 pandas 库对象为基础，重点介绍 Python 数据分析中常见的几种数据存取方法。

13.2.1　CSV 文件的存取

 CSV（comma separated value，逗号分隔值）是一种常见的文件格式。数据库的转存文件一般是 CSV 格式的，文件中的各个字段对应于数据库表中的列。在 pandas 中，可以使用 read_csv() 函数将 CSV 数据读入程序；例如，读取学生成绩数据，首先创建一个 stuscore.csv 文件，如图 13.1 所示；然后使用 pandas 对象的 read_csv() 函数读取并显示数据。

图 13.1　学生成绩 CSV 文件

 示例代码如下。

```
import pandas as pd
import numpy as np
data = pd.read_csv('./stuscore.csv')
```

```
print(data)
```

运行结果如图 13.2 所示。

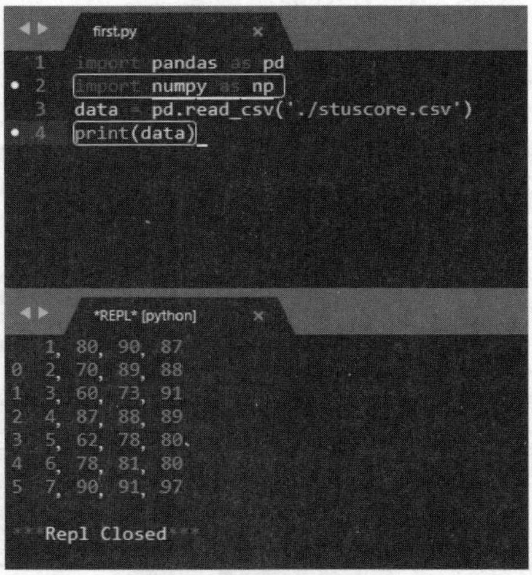

图 13.2　pandas 读取学生成绩数据

从结果可知，正确读取数据。这里需要注意文件路径问题，即保证 first.py 与 stuscore.csv 文件在同一文件层次上。

同样，可以通过 to_csv() 将数据写入 CSV 格式的文件。首先，通过 pandas 对象创建一个 info.csv 文件，代码如下。

```
>>> import    pandas as pd
>>> import    numpy as np
>>> import    matplotlib.pyplot as plt
>>> names = ['张三','李四','王五','赵六','郭七']
>>> ages = [20,19,23,18,19]
>>> DataSet = list(zip(names,ages))
>>> DataSet
[('张三', 20), ('李四', 19), ('王五', 23), ('赵六', 18), ('郭七', 19)]
>>> df = pd.DataFrame(data = DataSet ,columns =['Name','Age'])
>>> df                               # 输出 pandas 对象创建的数据表
   Name   Age
0   张三    20
1   李四    19
2   王五    23
3   赵六    18
4   郭七    19
>>> df.to_csv('./info.csv',index = False,header = False) # 将生成的数据 df 写入 info.cvs
```

然后，读取 info.csv 文件，用于验证 info.csv 文件创建成功，代码如下：

```
>>> data = pd.read_csv('./info.csv')  # 读取 info.csv 中的数据以验证写入成功
>>> print(data)
0    张三   20
```

```
1  李四   19
2  王五   23
3  赵六   18
4  郭七   19
>>>
```

13.2.2　JSON 文件的存取

JSON（JavaScript object notation）是一种与平台无关的数据格式，被广泛用于应用或系统间的数据交换。可以使用 pandas 提供的 read_json()函数创建 pandas Series 或者 pandas DataFrame 数据结构。同时，pandas 也提供了 to_json()函数用以完成数据框或序列到 JSON 格式的转换。pandas 对 JSON 数据的存取比较简单，这里通过一个简单的示例来说明两者之间的转换关系，如图 13.3 所示。

```
001.py                                    ×
1  import pandas as pd
2  #定义json字符串
3  json_str = '{"name":"Bill","country":"Netherlands"}'
4  #读取json字符串
5  data = pd.read_json(json_str, typ='series')
6  #输出pandas读取的json值
7  print(data)
8  #定义pandas序列
9  data["name","country"] = "Lily", "Brazil"
10 # 将序列数据写入json并输出
11 print(data.to_json())
12

*REPL* [python]                           ×
name           Bill
country    Netherlands
dtype: object
{"name":"Lily","country":"Brazil"}

**Repl Closed**
```

图 13.3　JSON 对象与 pandas 序列的转换

上述示例使用 pandas 自带的 read_json()和 to_json()直接解析 JSON 字符串，代码如下。

提示

也可采用 JSON 的 loads 和 pandas 的 json_normalize 进行解析或使用 JSON 的 loads 和 pandas 的 DataFrame 直接构造（这个过程需要手动修改 loads 得到的字典格式）。关于这两种方式如何实现，请学有余力的读者借助互联网自行学习。

13.2.3　XLSX 文件的存取

使用 pandas 读取 Excel 中的数据，需借助第三方库 xlrd 完成 Excel 表数据的读写操作。用 read_excel()函数完成 Excel 中数据的读取，用 to_excel()函数完成将 pandas DataFrame 中的数据写入 Excel。

为了完成 Excel 中数据的存取，先要安装 Python 第三方库 openpyxl、xlsxwriter、xlrd。这里，还是使用 pip install 命令完成，分别如图 13.4～13.6 所示。

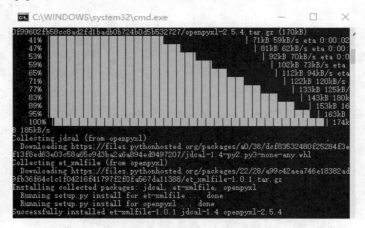

图 13.4　openpyxl 库的安装

这里安装的是 openpyxl 2.5.4 版本。

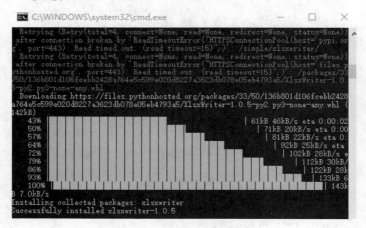

图 13.5　xlsxwriter 库的安装

这里安装的是 xlsxwriter 1.0.5 版本。

图 13.6　xlrd 库的安装

这里安装的是 xlrd 1.1.0 版本。

接下来，通过简单的示例来演示如何使用 pandas 对象对 Excel 文件进行读写操作。

读取 Excel 文件中的数据，

Excel 示例数据如图 13.7 所示。

首先用 pandas 的数据框来创建如图 13.7 的 Excel 数据表；然后将创建的 Excel 表的数据输出，再将文件读入程序并显示，程序代码如下。

```
>>> import pandas as pd
>>> df_out = pd.DataFrame([('张三', '三一班',370),('李四', '三二班',500), ('王五','三三班' ,600),('赵六',
'三二班',580),('郭七', '三三班',700)], columns=['name', 'class','score'])
>>> df_out.to_excel('stuscore.xlsx')          # 生成 Excel 文件
>>> pd.read_excel('stuscore.xlsx')            # 读取 Excel 文件
   name class    score
0    张三   三一班      370
1    李四   三二班      500
2    王五   三三班      600
3    赵六   三二班      580
4    郭七   三三班      700
>>>
```

df_out 写入的 Excel 文件通常位于 Python 的安装目录下，如图 13.8 所示。

	A	B	C	D
1	name	class	score	
2	张三	三一班	370	
3	李四	三二班	500	
4	王五	三三班	600	
5	赵六	三二班	580	
6	郭七	三三班	700	
7				

图 13.7　Excel 示例数据

python.exe	2018/3/28 星期...	
python3.dll	2018/3/28 星期...	
python36.dll	2018/3/28 星期...	
pythonw.exe	2018/3/28 星期...	
stuscore.xlsx	2018/6/10 星期...	

图 13.8　pandas 生成的 Excel 文件位置

13.2.4　MySQL 数据库文件的存取

大数据时代，海量的数据通常保存在指定的数据库中，MySQL 作为一种开源的关系型数据库，受到中小企业的青睐。本节以 MySQL 数据为对象，讲解 pandas 对象是如何对其数据进行存取的。同样，以学生成绩单为例，MySQL 数据源示例如图 13.9 所示。

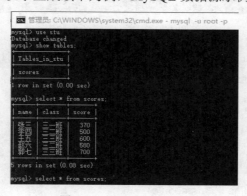

图 13.9　MySQL 数据源

关于 MySQL 的安装和使用这里不再赘述，读者可从互联网查找相关的资料进行学习。下面演示如何从 MySQL 数据库中获取 scores 学生成绩表。

首先要安装第三方库 mysql，这里采用 pip install 命令完成，代码如下。

```
pip install mysql
```

系统提示错误，代码如下。

```
_mysql.c
    _mysql.c(42): fatal error C1083: Cannot open include file: 'config.win.h': No such file or directory
    error: command 'C:\\Program Files (x86)\\Microsoft Visual Studio 14.0\\VC\\ BIN\\x86_amd64\\cl.exe' failed with exit status 2
```

因此，尝试直接下载对应的安装包进行安装。访问 https://pypi.org/project/ mysqlclient/ #files，打开 mysqlclient 1.3.12 安装包下载界面，如图 13.10 所示。

图 13.10　mysql 库下载界面

选择下载 cp36m.win_admin64.whl，将其保存到 Python 安装程序的 Scripts 文件夹内，使其和 pip.exe 位于同一目录。在 DOS 界面运行如下命令。

```
D:\python\Scripts> pip install mysqlclient.1.3.12.cp36.cp36m.win_amd64.whl
```

运行结果如图 13.11 所示。

```
D:\python\Scripts> pip install mysqlclient-1.3.12-cp36-cp36m-win_amd64.whl
Processing d:\python\scripts\mysqlclient-1.3.12-cp36-cp36m-win_amd64.whl
Installing collected packages: mysqlclient
Successfully installed mysqlclient-1.3.12

D:\python\Scripts>pip install mysqlclient
Requirement already satisfied: mysqlclient in d:\python\lib\site-packages (1.3.12)
```

图 13.11　mysql 库的安装

至此，完成了 Python.Mysql 第三方库的安装。如图 13.11 所示，再尝试用 pip install mysqlclient 命令安装该包，提示已存在。

接下来，就可以使用 mysqlclient 来访问 MySQL 数据库了，示例代码如下。

```
>>> import MySQLdb
>>> cnx= MySQLdb.connect(user='root',password='123456',host='127.0.0.1',
        database='stu')
Traceback (most recent call last):
  File "<pyshell#25>", line 5, in <module>
```

```
database='stu')
File "D:\python\lib\site.packages\MySQLdb\connections.py", line 204, in __init__
    super(Connection, self).__init__(*args, **kwargs2)
_mysql_exceptions.OperationalError: (2059, <NULL>)
```

虽然第三方库安装成功，但程序报错：2059，大概原因是 MySQL 版本升级到 8.0.11 更改新的加密方式导致的错误。

尝试使用第三方库 PyMySQL，通过 pip 命令安装，如图 13.12 所示。

图 13.12　PyMySQL 库的安装

安装成功，尝试访问 MySQL 数据库。示例代码如下。

```
>>> import pymysql
>>> cnx= MySQLdb.connect(user='root', password='123456',host='127.0.0.1',
        database='stu')
Traceback (most recent call last):
  File "<pyshell#27>", line 5, in <module>database='stu')
  File "D:\python\lib\site.packages\MySQLdb\__init__.py", line 86, in Connect
    return Connection(*args, **kwargs)
  File "D:\python\lib\site.packages\MySQLdb\connections.py", line 204, in __init__
    super(Connection, self).__init__(*args, **kwargs2)
_mysql_exceptions.OperationalError: (2059, <NULL>)
>>>
```

同样报出 2059 错误。

换种方法，尝试安装第三方库 mysql.connector.python。同样，采用 pip install 命令完成。在 DOS 界面输入如下命令。

```
pip install    mysql.connector.python
```

安装结果如图 13.13 所示。

```
D:\>pip install mysql-connector-python
Collecting mysql-connector-python
  Downloading https://files.pythonhosted.org/packages/b0/38/7c7c8ac0e791c40a54fb0be95a63cbf43
9cb40/mysql_connector_python-8.0.11-cp36-cp36m-win_amd64.whl (3.0MB)
    100% |████████████████████████████████| 3.0MB 200kB/s
Collecting protobuf>=3.0.0 (from mysql-connector-python)
  Downloading https://files.pythonhosted.org/packages/32/cf/6945106da76db9b62d11b429aa4e06281
3200e/protobuf-3.5.2.post1-cp36-cp36m-win_amd64.whl (958kB)
    100% |████████████████████████████████| 962kB 182kB/s
Requirement already satisfied: setuptools in d:\python\lib\site-packages (from protobuf>=3.0.0
hon) (39.0.1)
Requirement already satisfied: six>=1.9 in d:\python\lib\site-packages (from protobuf>=3.0.0-
(1.11.0)
Installing collected packages: protobuf, mysql-connector-python
Successfully installed mysql-connector-python-8.0.11 protobuf-3.5.2.post1
```

图 13.13　mysql.connector.python 库的安装

从安装结果可知，该第三方库支持最新的 MySQL 8.0.11。接下来，通过 Python Shell 尝试能否正常访问 MySQL 数据库中的表数据。

导入 mysql.connnector 库，判断其是否能正常工作，代码如下。

```
>>> import mysql.connector as ms
>>> ms.__version__
'8.0.11'
```

结果能够正常显示 MySQL 的版本号，输入如下代码。

```
>>> cnx= ms.connect(
        user='root',
        password='123456',
        host='127.0.0.1',
        database='stu')
>>> cursor =cnx.cursor()
>>> cursor.execute("select * from scores")
>>> result = cursor.fetchall()
>>> print(result)
[('张三', '三一班', 370), ('李四', '三二班', 500), ('王五', '三三班', 600), ('赵六', '三二班', 580), ('郭七',
'三三班', 700)]
>>>
```

结果显示，可以正常获取 MySQL 数据库中的数据。访问完 MySQL 之后，要及时关闭链接，代码如下。

```
cnx.close()
```

提示

通过 MySQL 第三方库的安装，不难明白这样一个道理："方法总比问题多"，又或"条条大道通罗马"。其实任何事情都是这样，不断尝试是最好的办法。编程也是这样，养成良好的解决问题的生活态度，对编程至关重要。笔者也是第一次使用 MySQL 8.0.11，结果衍生出一种学习态度。遇到困难时一定记住，方法总比问题多，但也别忘了借助网络等工具，它们是方法的源泉。

另外，2059 错误的根源是新版本的 MySQL 使用的是 caching_sha2_password 验证方式，但此时的 navicat 还没有支持这种验证方式。由于在命令行中登录数据库时不会出现 2059 错误，因而可在命令行中登录数据库，执行下面的命令：

ALTER USER 'root'@'localhost' IDENTIFIED WITH mysql_native_password BY '123456';

注意，'123456'为笔者 MySQL 数据密码。至此，彻底解决 2059 错误问题。当然，也可以选择低版本的 MySQL 数据库来避免 2059 错误。

言归正传，现在使用 pandas 获取 MySQL 数据库表中的数据，代码如下。

```
>>> import pandas as pd
>>> import mysql.connector as ms
>>> cnx= ms.connect(
        user='root',
```

```
        password='123456',
        host='127.0.0.1',
        database='stu')
>>> sql = "SELECT * FROM scores"
>>> df = pd.read_sql(sql,con=cnx)
>>> print(df)
   name    class    score
0  张三    三一班     370
1  李四    三二班     500
2  王五    三三班     600
3  赵六    三二班     580
4  郭七    三三班     700
>>>
```

如上 pandas 对象从数据库中获取的数据，与图 13.9 所示 MySQL 数据库中表 stu 中的数据一致。至此，通过 pandas 从 MySQL 表中获取数据的任务顺利完成。

接下来，学习如何将 pandas 中的数据存储到 MySQL 数据库的表中。依旧以 stu 数据库为例。

为了完成 pandas 数据框中的数据写入 MySQL 的任务，首先需要安装支撑这一任务的链接器——第三方 Python 库 sqlalchemy。依旧使用 pip install 命令完成安装，如图 13.14 所示。

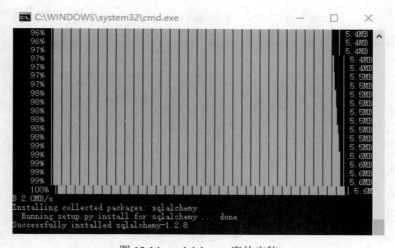

图 13.14　sqlalchemy 库的安装

做好准备工作，接下来完成 pandas 数据框数据写入 MySQL 这一任务，示例代码如下。

```
>>> import pandas as pd
>>>
>>> import pymysql
>>> from sqlalchemy import create_engine
>>>conn = create_engine('mysql+mysqldb://root:123456@localhost:3306/stu?charset=utf8')
>>> df =pd.DataFrame({'name':[' 丁 一 ',' 丁 二 ',' 丁 三 '],'class':[' 一 一 班 ',' 二 二 班 ',' 三 三 班 '],
'score':[600,700,660]})
```

```
>>> df.to_sql(name = 'scores',con = conn,if_exists = 'append',index = False,index_label = False)
```

然后，按 Win+R 快捷键打开"运行"对话框，输入 CMD 进入 DOS，再进入 MySQL 控制台，查看 scores 表中的内容，如图 13.15 所示。

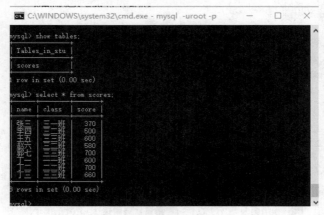

图 13.15   pandas 数据写入 MySQL

如图 13.15 所示，已成功将 df 中的数据写入 MySQL 数据库 stu 的 scores 表中。

另外，也可以重新建一个表单独存放 pandas 中的数据，只需将上面示例代码中的表名更改一下即可，代码如下。

```
df.to_sql(name = 'newscore',con = conn,if_exists = 'append',index = False,index_label = False)
```

运行结果如图 13.16 所示。

图 13.16   创建新表 newscore

至此，关于数据存取方法就讲解完毕，学有余力的读者可以尝试这几种方法的混合使用；例如通过 pandas 实现 xlsx 到 MySQL 的转换。

13.3 NumPy

NumPy（Numeric Python）是一个优秀的开源科学计算库，为用户提供了丰富的数学函数、强大的多维数组对象及强大的运算性能。本节将对 NumPy 做简单介绍，并重点讲解其基本的操作。

13.3.1 NumPy 简介

NumPy 是一个开源的 Python 科学计算库。使用 NumPy，可以很方便地使用数组和矩阵。NumPy 包含很多实用的数学函数，涵盖线性代数运算、傅里叶变换和随机数生成等功能。

NumPy 已成为 Python 科学计算生态系统的重要组成部分，其在保留 Python 语言优势的同时大大增强了科学计算和数据处理的能力。更重要的是，NumPy 与 SciPy、matplotlib 等其他众多 Python 科学计算库很好地结合在一起，共同构建了一个完整的科学计算生态系统。总之，NumPy 是使用 Python 进行数据分析的一个必备工具。

13.3.2 NumPy 基础

1. NumPy 数组对象

NumPy 中的 ndarray 是一个多维数组对象，该对象由描述数据的元数据和数据本身两部分组成。通常，大部分的操作仅仅是针对修改描述数据的元数据部分，而不改变实际数据本身。NumPy 中的数组一般是同质的，即数据的类型是一致的，这样规定最大的好处在于方便估算数组所需的存储空间。

与 Python 类似，NumPy 数组的下标也是从 0 开始的。ndarray 中的每个元素在内存中使用相同大小的块，是数据类型对象的对象（称为 dtype）。从 ndarray 对象提取的任何元素（通过切片）由一个数组标量类型的 Python 对象表示。如图 13.17 所示显示了 ndarray、数据类型对象(dtype)和数组标量类型之间的关系。

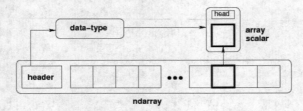

图 13.17 ndarray 数组结构

通常，ndarray 对象是使用 NumPy 中的数组函数创建的，定义如下：numpy.array(object, dtype = None, copy = True, order = None, subok = False, ndmin = 0)

其参数的含义如表 13.1 所示。

表 13.1 ndarray 对象的参数

参　　数	含　　义
object	任何暴露数组接口方法的对象都会返回一个数组或任何（嵌套）序列
dtype	数组的所需数据类型，可选
copy	默认为 True，对象是否被复制可选
order	C（按行）、F（按列）或 A（任意，默认）
subok	默认情况下，返回的数组被强制为基类数组。如果为 True，则返回子类
ndimin	指定返回数组的最小维数

创建数组最简单的办法就是使用 array()函数，可以通过 array()函数传递 Python 的序列对象创建数组，如图 13.18 所示。

数组的元素类型可以通过 dtype 属性获得，可以通过 dtype 参数在创建时指定元素类型，如图 13.19 所示。

```
In [1]: import numpy as np

In [2]: a = np.array([1,2,3,4,5])

In [3]: a
Out[3]: array([1, 2, 3, 4, 5])

In [4]: b = np.array([[1,2,3],[4,5,6],[7,8,9,]])

In [5]: b
Out[5]:
array([[1, 2, 3],
       [4, 5, 6],
       [7, 8, 9]])
```

图 13.18　创建 NumPy 数组

```
In [6]: c = np.array([[1,2,3,4,5,],[6,7,8,9,10],[11,12,13,14,15]],dtype = np.fl
   ...: oat)

In [7]: c
Out[7]:
array([[ 1.,  2.,  3.,  4.,  5.],
       [ 6.,  7.,  8.,  9., 10.],
       [11., 12., 13., 14., 15.]])

In [8]: d = np.array([[16,17,18],[19,20,21],[22,23,24],[25,26,27]],dtype = np.complex)

In [9]: d
Out[9]:
array([[16.+0.j, 17.+0.j, 18.+0.j],
       [19.+0.j, 20.+0.j, 21.+0.j],
       [22.+0.j, 23.+0.j, 24.+0.j],
       [25.+0.j, 26.+0.j, 27.+0.j]])
```

图 13.19　dtype 参数的使用

然而，通过创建 Python 序列，借助 array()函数将序列转换为数组效率不高。为此，NumPy 专门提供了很多用来创建数组的内置函数，举例如下。

- arange()函数：通过指定开始值、终止值和步长来创建一维数组，数组不包含终止值。
- linspace()函数：通过指定开始值、终止值和元素个数来创建一维数组，可以通过 endpoint 关键字指定是否包括终值，默认设置是包括终值。
- logspace()函数：与 linspace()函数类似，不过它创建等比数列，如图 13.20 所示。

```
In [10]: e = np.arange(1,20,3)

In [11]: e
Out[11]: array([ 1,  4,  7, 10, 13, 16, 19])

In [12]: f = np.linspace(1,20,30)

In [13]: f
Out[13]:
array([ 1.        ,  1.65517241,  2.31034483,  2.96551724,  3.62068966,
        4.27586207,  4.93103448,  5.5862069 ,  6.24137931,  6.89655172,
        7.55172414,  8.20689655,  8.86206897,  9.51724138, 10.17241379,
       10.82758621, 11.48275862, 12.13793103, 12.79310345, 13.44827586,
       14.10344828, 14.75862069, 15.4137931 , 16.06896552, 16.72413793,
       17.37931034, 18.03448276, 18.68965517, 19.34482759, 20.        ])

In [14]: g = np.logspace(1,20,10)

In [15]: g
Out[15]:
array([1.00000000e+01, 1.29154967e+03, 1.66810054e+05, 2.15443469e+07,
       2.78255940e+09, 3.59381366e+11, 4.64158883e+13, 5.99484250e+15,
       7.74263683e+17, 1.00000000e+20])
```

图 13.20　NumPy 内置数组函数

2. NumPy 多维数组

多维数组有多个轴，因此它的下标需要用多个值来表示。NumPy 采用组元（tuple）作为数组的下标，其基本属性如下。

- 轴（axis）：每一个线性的数组称为一个轴，也就是维度（dimensions），用 ndarray.shape 表示；例如，二维数组相当于两个一维数组的嵌套，其中第一个一维数组中每个元素又是一个一维数组；因而，一维数组就是 ndarray 中的轴，第一个轴（也就是第 0 轴）相当于一个容器数组，第二个轴（也就是第 1 轴）是容器数组里的数组。

❑ 秩（rank）：维数，一维数组的秩为 1，二维数组的秩为 2，以此类推，即轴的个数，用 ndarray.ndim 表示。

如图 13.21 所示为一个 5×5 的数组的逻辑结构示意图，该数组可以看成由 5 个一维数组构成，每个一维数组包含 5 个元素；第一维被称为第 0 轴（列），第二维被称为第 1 轴（行）；秩为 2，维度为（5，5），元素总个数为 25。

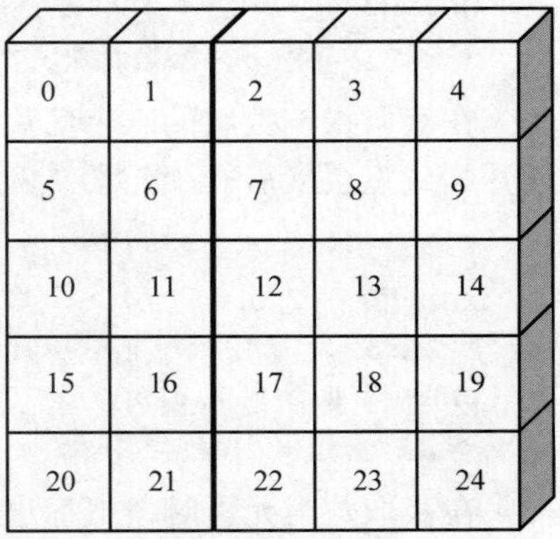

代码实现过程如图 13.22 所示，其中 h.ndim 代表数组的维数，h.shape 代表数组在每一维上的元素个数，h.size 代表数组中元素个数，h.dtype 代表数组元素的类型，h.itemsize 代表元素所占存储空间大小。

图 13.21　5×5 二维数组结构示意图

```
Python 3.6.5 (v3.6.5:f59c0932b4, Mar 28 2018, 17:00:18) [MSC v.1900 64 bit (AMD64)] on win32
Type "copyright", "credits" or "license()" for more information.
>>> import numpy as np
>>> h = np.array([(0,1,2,3,4),(5,6,7,8,9),(10,11,12,13,14),(15,16,17,18,19),(20,21,22,23,24)])
>>> h
array([[ 0,  1,  2,  3,  4],
       [ 5,  6,  7,  8,  9],
       [10, 11, 12, 13, 14],
       [15, 16, 17, 18, 19],
       [20, 21, 22, 23, 24]])
>>> h.ndim
2
>>> h.shape
(5, 5)
>>> h.size
25
>>> h.dtype
dtype('int32')
>>> h.itemsize
4
>>>
```

图 13.22　5×5 二维数组代码实现

3. ndarray 元素的存取

NumPy 中数组的存取方法和 Python 标准的方法相同。其存取方式依次介绍如下。

对于一维数组，其操作类似于 Python 中的 list。用整数作为下标可以获取数组中的某个元素。例如：

```
>>> a = np.arange(10)
>>> a[7]
7
>>>
```

用范围作为下标获取数组的一个切片，但不包括起始元素和终止元素，相当于数组的子集。例如：

```
>>> a[3:5]
```

```
array([3, 4])
>>>
```

在获取指定数组的一个切片时，可以省略起始位置或结束位置。默认表示从第 0 个元素开始或直至最后一个元素。例如：

```
>>> a[:7]
array([0, 1, 2, 3, 4, 5, 6])
>>> a[3:]
array([3, 4, 5, 6, 7, 8, 9])
>>>
```

在获取数组元素时，下标也可用负数指定，表示从后向前截取元素。例如：

```
>>> a[3:-5]
array([3, 4])
>>>
```

另外，也可以通过指定下标修改数组的元素。例如：

```
>>> a[3:7]= 116,117,118
Traceback (most recent call last):
File "<pyshell#14>", line 1, in <module>
    a[3:7]= 116,117,118
ValueError: cannot copy sequence with size 3 to array axis with dimension 4
>>> a[1:3] = 110,112
>>>a
array([ 0, 110, 112, 3, 4, 5, 6, 7, 8, 9])
```

提示

（1）在修改数组数据时，可修改元素限两个以内，否则报迭代错误。

（2）NumPy 和 Python 的列表序列不同，通过下标获取的新的子集数值切片是父数组的一个视图，它与父数组共享同一存储空间。

（3）多维数组的存取和一维数组类似，因为多维数组有多个轴，因此它的下标需要用多个值来表示。以二维数组为例，结合图 13.21 所示 5×5 二维数组，操作举例如下：

```
>>> import numpy as np
>>> h= np.ar([((0,1,2,3,4),(5,6,7,8,9),(10,11,12,13,14),(15,16,17,18,19),(20,21,22,23,24)])
>>>h
array([[O, 1, 2, 3, 4],
      [5, 6, 7, 8, 9],
      [10, 11, 12, 13, 14],
      [15, 16, 17, 18, 19],
      [20, 21, 22, 23, 24]])
>>> h[1,3:5]
array([8, 9])
>>> h[3:,3:]
```

```
arryl[[18, 19],
      [23, 24]])
>>> h[:,3]
array([3, 8, 13, 18, 23])
>>> h[ ::]
arry([[0, 1, 2, 3, 4],
      [5, 6, 7, 8, 9],
      [10, 11, 12, 13, 14],
      [15, 16, 17, 18, 19],
      [20, 21, 22, 23, 24]])
>>>
```

13.4　案例剖析：房天下西安二手房数据分析

数据分析是指用适当的统计分析方法对收集来的大量数据进行分析，为提取有用信息和形成结论而对数据加以详细研究和概括总结的过程。它是数据挖掘的基础，做好数据分析，才能保障数据挖掘的可靠性。数据分析有极广泛的应用范围，通常可划分为如下 3 类。

（1）探索性分析：源数据可能杂乱无章，看不出规律，通过作图、造表、用各种形式的方程拟合、计算某些特征量等手段探索规律性的可能形式，即往什么方向和用何种方式去寻找和揭示隐含在数据中的规律性。

（2）假设模型分析：在探索性分析的基础上提出一类或几类可能的模型，然后通过进一步的分析，从中挑选一定的模型。

（3）理论推断分析：通常使用数理统计方法对所定模型或估计的可靠程度和精确程度做出推断。

这 3 种分析方法逐次递进，探索性分析是其他分析的基础。通常，把探索性分析称为数据分析，而后两者统称为数据挖掘。

本节以房天下西安站二手房源数据为分析对象，使用 NumPy 和 pandas 库对数据进行探索性分析。

13.4.1　思路简析

本节将以房天下西安二手房数据包为分析对象，首先，通过 pandas 对象将其从 Excel 中导入数据框中。然后，对房源数据进行清洗。最后，对各关键字段进行相应的可视化处理，通过直观可视的图像，展示分析结果。

13.4.2　代码实现

示例代码如下。

```
>>> import pandas as pd
>>> import numpy as np
>>> import matplotlib.pyplot as plt
>>> df = pd.read_csv('ftx_xian2.csv',encoding='gbk')
```

```
>>> df.info()
>>> len(df.title.unique())
>>> df_duplicates =df.drop_duplicates(subset = 'title',keep ='first')
>>> df_duplicates.info()
>>> df_notnull = df_duplicates.dropna()
>>> df_notnull.info()
>>>df_clean = df_duplicates[['housetype','floor','orientation','yearbuilt','Street','area','unitprice']]
>>> df_clean.head()
>>> df_clean.yearbuilt.value_counts()
>>> import matplotlib.pyplot as plt
>>> plt.style.use('ggplot')
>>> df_clean.yearbuilt.hist()
<matplotlib.axes._subplots.AxesSubplot object at 0x000002BF8F604E48>
>>> df_clean.boxplot(column = 'unitprice',by='yearbuilt')
<matplotlib.axes._subplots.AxesSubplot object at 0x000002BF90F73AC8>
>>> plt.show()
>>> from matplotlib.font_manager import FontProperties
>>> font_zh = FontProperties(fname ="msyahei.ttf")
>>> df_label = df_clean.boxplot(column = 'yearbuilt',by='Street')
>>> for label in df_label.get_xticklabels():
       label.set_fontproperties(font_zh)
>>> plt.show()
```

13.4.3　代码分析

（1）导入数据分析需要的库，代码如下。

```
>>> import pandas as pd
>>> import numpy as np
>>> import matplotlib.pyplot as plt
```

（2）导入数据源并浏览数据源的基本信息，代码如下。

```
>>> df = pd.read_csv('ftx_xian2.csv',encoding='gbk')
>>> df.info()
```

数据源 info()，如图 13.23 所示。

图 13.23　数据源 info()

由图可知，记录数有 31026 条，索引范围为 0～31025。数据字段数为 18 个，其包好的数据类型有两类，分别有 float64 类型 4 个字段，object 类型 14 个字段。另外，诸如 link、housetype、owner、price 、speciallabel 等字段均有空值存在。

（3）查看数据源是否有重复数据，这里假定以 title 字段为关键字，若标题内容相同，则认为是同一记录，代码如下。

```
>>> len(df.title.unique())
25793
>>>
```

运行结果如图 13.24 所示。不重复记录数为 25793 条。

（4）使用 drop_duplicates()清洗数据源中的重复记录，并通过 info()验证结果，如图 13.25 所示，代码如下。

```
>>>  df_duplicates =df.drop_duplicates(subset = 'title',keep ='first')
>>>   df_duplicates.info()
```

```
<class 'pandas.core.frame.DataFrame'>
Int64Index: 25793 entries, 0 to 31023
Data columns (total 18 columns):
title        25792 non-null object
mastermap      25792 non-null object
link         25792 non-null object
housetype      25792 non-null object
floor        25792 non-null object
orientation     25404 non-null object
yearbuilt      25335 non-null float64
city         25793 non-null object
district      25793 non-null object
Street        25793 non-null object
community      25792 non-null object
address       25792 non-null object
owner        25263 non-null object
area         25792 non-null float64
price        25792 non-null float64
unitprice      25792 non-null float64
pageaddr      25793 non-null object
speciallabel    20598 non-null object
dtypes: float64(4), object(14)
memory usage: 3.7+ MB
```

```
>>> len(df.title.unique())
25793
>>>
```

图 13.24　记录唯一性检查　　　　图 13.25　数据源去重统计信息

这里，drop_duplicates()函数通过 subset 参数指定以哪个列为去重基准；keep 参数则是保留方式，first 是保留第一个，删除后面的重复值，last 是删除前面的重复值，保留最后一个。

（5）处理字段空值，这里为了方便，直接用字段空值处理函数 dropna()删除含有空值的行，代码如下。

```
>>> df_notnull = df_duplicates.dropna()
>>> df_notnull.info()
```

不过，一般情况下，对于数值数据，最好用其列值的平均值替代空值。求均值用到的统计函数是 mean()，有兴趣的读者可以尝试，这里不再赘述。

通过 info()查看数据框最新基本情况，如图 13.26 所示。

不难发现，19520 个空值数据行已完成清理。

（6）数据清洗完毕后，根据自己的分析主题来选择需要的字段。这里，以 housetype、floor、orientation、yearbuilt、Street、area、unitprice 为主题字段，创建 df_clean 数据，代码如下。

```
>>> df_clean = df_duplicates[['housetype','floor','orientation','yearbuilt','Street','area','unitprice']]
>>> df_clean.head()
```

如图 13.27 所示为主题数据前 5 条记录，这里 head()函数默认显示 5 条。

```
<class 'pandas.core.frame.DataFrame'>
Int64Index: 19520 entries, 1 to 31023
Data columns (total 18 columns):
title        19520 non-null object
mastermap    19520 non-null object
link         19520 non-null object
housetype    19520 non-null object
floor        19520 non-null object
orientation  19520 non-null object
yearbuilt    19520 non-null float64
city         19520 non-null object
district     19520 non-null object
Street       19520 non-null object
community    19520 non-null object
address      19520 non-null object
owner        19520 non-null object
area         19520 non-null float64
price        19520 non-null float64
unitprice    19520 non-null float64
pageaddr     19520 non-null object
speciallabel 19520 non-null object
dtypes: float64(4), object(14)
memory usage: 2.8+ MB
```

```
    housetype   floor orientation yearbuilt Street  area  unitprice
0   3室2厅   高层(共28层)    南北向    2012.0  北大明宫 118.0   19.492
1   2室2厅   高层(共32层)    西北向    2011.0  北大明宫  88.0   15.988
2   2室2厅   低层(共33层)    南向     2017.0  北大明宫  74.0   21.074
3   5室2厅   中层(共11层)    南北向    2014.0  北大明宫 175.0   20.000
4   3室2厅   中层(共33层)    南北向    2014.0  北大明宫 138.0   15.652
>>>
```

图 13.26　清洗完毕的数据信息　　　　　　　　图 13.27　head() 演示效果

（7）运用统计函数统计 df_clean 数据的字段取值情况；例如，统计房屋建筑时间分布情况，代码如下。

```
>>> df_clean.yearbuilt.value_counts()
```

房屋建筑时间统计结果如图 13.28 所示。

（8）为了直观，可以用直方图将其图像化展示，如图 13.29 所示，代码如下。

```
>>> import matplotlib.pyplot as plt
>>> plt.style.use('ggplot')
>>> df_clean.yearbuilt.hist()
<matplotlib.axes._subplots.AxesSubplot object at 0x000002BF8F604E48>
>>> plt.show()
```

```
2013.0  4119      1998.0  509
2012.0  2068      2018.0  455
2010.0  2060      2001.0  405
2008.0  1829      1999.0  195
2011.0  1670      2019.0  109
2009.0  1470      1996.0   63
2005.0  1457      1995.0   36
2006.0  1321      2020.0   14
2007.0  1086      1997.0   12
2014.0   951      1992.0    6
2004.0   933      1990.0    3
2015.0   830      1994.0    2
2017.0   811      1988.0    2
2000.0   806      1986.0    1
2002.0   794      Name: yearbuilt, dtype: int64
2003.0   740
2016.0   578
```

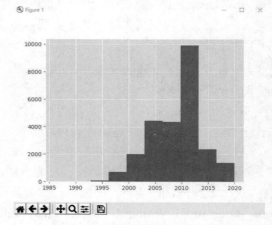

图 13.28　房屋建筑时间统计结果图　　　　　　图 13.29　房屋建筑时间分布直方图

　　由图 13.29 可以直观地看到，二手房的建筑时间主要集中于 2010—2014 年，这与用 value_counts()函数统计的计算结果吻合。

　　（9）通过箱线图更为微观地观察房屋建筑时间和楼房数量的分布关系，代码如下。

```
>>> df_clean.boxplot(column = 'unitprice',by='yearbuilt')
<matplotlib.axes._subplots.AxesSubplot object at 0x000002BF90F73AC8>
>>> plt.show()
>>> from matplotlib.font_manager import FontProperties
>>> font_zh = FontProperties(fname ="msyahei.ttf")
>>> df_label = df_clean.boxplot(column = 'yearbuilt',by='Street')
>>> for label in df_label.get_xticklabels():
        label.set_fontproperties(font_zh)
>>> plt.show()
```

结果如图 13.30 所示。

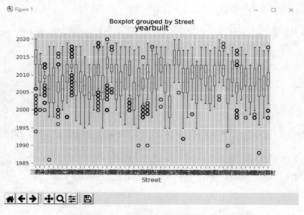

图 13.30　房屋建筑时间箱线图

这里需要说明的是：

❑　由于地址汉字比较多，导致地址显示叠加，此时，需要调整横轴坐标，让其顺时针旋转 90°，即可正常显示，结果如图 13.31 所示，代码如下。

```
>>> plt.xticks(rotation = 90)
```

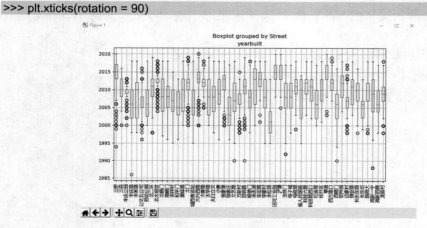

图 13.31　调整横坐标显示

❑ 要让箱线图正确显示汉字，需要对 FontProperties 字体属性进行设置，否则会出现乱码。

（10）针对房子的单价进行快速统计汇总，单位是千元(K)，结果如图 13.32 所示，代码如下。

```
>>> df_clean.unitprice.describe()
```

由图 13.32 可知，房价中的非空记录数为 25792，房价的均值为 14.500382，其标准差为 10.561374，最小值为 2.604，最大值为 1431.053，较小四分位数为 10.90225，中位数为 13.5，较大四分位数为 17.026。

```
count   25792.000000
mean       14.500382
std        10.561374
min         2.604000
25%        10.902250
50%        13.500000
75%        17.026000
max      1431.053000
Name: unitprice, dtype: float64
>>>
```

图 13.32 房价的快速统计汇总信息

俗话说"买房买位置"。经过上面的统计分析，对西安市的二手房以建筑时间和位置为重点进行了细致的研究，并且对市场价格进行了初步估算。相信读者已心中有数。当然，读者也可以继续使用工具去实现自己的需求。

13.5 实验

1. 实验目的

（1）掌握 NumPy 库的安装方法和注意事项，熟练掌握其对应的数组对象 ndarray 的基本操作。

（2）掌握数据分析的基本步骤，能够熟练使用 NumPy 完成简单的数据分析工作。

2. 实验内容

（1）NumPy 的安装与使用。

① NumPy 的安装。使用 pip install 命令完成 NumPy 科学计算库的安装。

② NumPy 的使用。使用 NumPy 提供的 ndarray 数组对象分别创建两个一维数组，利用 NumPy 提供的方法完成对应数组的四则运算。

（2）基于 pandas 的数据分析。

使用 pandas 库所提供的方法对第 11 章所采集的 Top 500 数据（见 11.3 节）进行如下操作：

① 将采集到的数据存入 Excel。

② 通过 pandas 对象方法对 Excel 中的数据进行清洗处理。

③ 将清洗完毕的数据通过 pandas 对象进行可视化操作。

第 14 章

Django

Python 下有许多款不同的 Web 开发框架，Django 是其中最有代表性的框架，很多网站，例如，领英、洋葱、比特桶、Instagram 等，以及 OpenStack 的 Dashboard 都是基于 Django 开发的。Django 是一个开源的项目，遵守 BSD 版权，初次发布于 2005 年 7 月，并于 2008 年 9 月发布了第一个正式版本 1.0。本章将学习如何应用 Django 进行开发。

14.1 Django 概述

14.1.1 基本介绍

Django 是一个由 Python 编写的开源的 Web 应用框架，使用 Django，Python 的程序开发人员只需编写很少的代码，就可以轻松地完成一个正式网站所需要的大部分内容，并进一步开发出全功能的 Web 服务。Django 本身基于 MVC 模型，即 Model（模型）+ View（视图）+ Controller（控制器）设计模式，MVC 模式简化了后续对程序的修改和扩展，并且使程序某一部分的重复利用成为可能。

Django 是由美国堪萨斯州（Kansas）劳伦斯（Lawrence）城中的一个新闻开发小组开发出来的，以比利时的吉卜赛爵士吉他手 Django Reinhardt 的名字来命名。当时，供职于 Lawrence Journal-World 报社的程序员 Adrian Holovaty 和 Simon Willison 使用 Python 编写 Web 新闻网站，他们组建的 World Online 小组制作并维护了当地的几个新闻站点。新闻界网站的特点是迭代迅速，要求以非常短的时间完成从开发到上线的一系列工作。为了能在截止时间前完成工作，Adrian 和 Simon 领衔开发了一种通用的高效网络应用开发框架——Django。

2005 年夏天，这个框架的雏形开发完成后，就被用于制作了很多个 World Online 站点。不久之后，小组中的成员 Jacob Kaplan-Moss 建议把这个框架发布为一个开源软件。短短数年，Django 项目在全球广泛传播，拥有了众多的用户和贡献者。World Online 的开发者仍然掌握着 Django，但是 Django 的发展方向受社区团队的影响更大。

14.1.2 Django 的安装

Django 是基于 Python 的 Web 框架，依赖于 Python 环境，所以需要提前安装好 Python 解释器。关于 Python 的安装请参考本书前面内容，这里不再赘述。

Django 各版本与 Python 版本的依赖关系如表 14.1 所示。

表 14.1 Django 各版本与 Python 版本的依赖关系

Django 版本	Python 版本
1.10	2.7，3.4，3.5，3.6，3.7（1.10.17 添加）
2.0	3.4，3.5，3.6，3.7
2.1	3.5，3.6，3.7
2.2	3.5，3.6，3.7，3.8（2.2.8 添加）
3.0	3.6，3.7，3.8
3.1	3.6，3.7，3.8

Django 的版本规划时间图如图 14.1 所示。

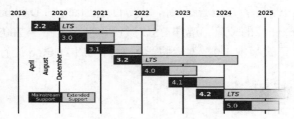

图 14.1 Django 的版本规划时间图

1. 通过 pip 安装 Django

如果是通过升级的方式安装的 Django，那么需要先卸载旧的版本。

Django 提供 3 种发行版本，推荐使用官方稳定版本。

（1）用户的操作系统提供的发行版本（Linux）。

（2）官方稳定版本（推荐）。

（3）开发测试版本。

Django 本质上是 Python 语言的一个类库，因此可以通过 pip 工具安装。这也是最简便、最好的安装方式。不建议通过下载安装包或者编译源码进行安装，除非用户的环境无法连接外部网络。

以在 Windows 系统中使用 pip 命令安装 Django 为例，按 Win+R 快捷键，打开"运行"对话框，输入 cmd，再以管理员身份运行命令 pip install django，自动安装 PyPi 提供的最新版本。如果要指定版本，可使用 pip install django==3.0.6 这种形式。

在 Linux 操作系统中，也可使用 pip 工具包安装 Django。

2. 验证安装

进入 Python 交互式环境（注意，一定要进入刚才安装了 Django 的 Python 解释器），输入代码查看安装版本，代码如下。

```
>>> import django
>>> django.get_version()
'3.1.6'
```

3. 配置系统环境

成功安装 Django 后，以 Windows 系统为例，在 Python 解释器目录下的 Scripts 文件夹中可找到一个 django-admin.exe 文件，这是 Django 的核心管理程序，最好将该文件加入操作系统的环境变量中，这样以后调用时会比较方便。

以 Windows 系统为例，首先设置系统属性，如图 14.2～图 14.4 所示。

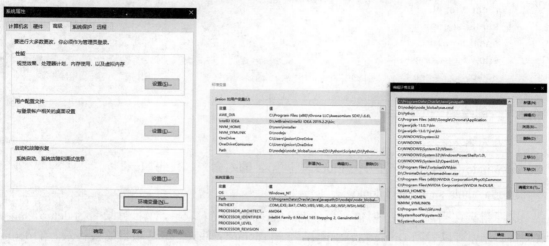

图 14.2　"系统属性"对话框　　　　　　　　图 14.3　Windows 环境变量 Path 编辑

图 14.4　浏览文件

单击"浏览文件"按钮，进入 Python 安装目录，在 Scripts 文件夹中找到 django-admin.exe 文件，将其加入环境变量中。

进入 cmd 环境，直接运行 django-admin help，如果能看到下面的内容，表示环境变量设置成功，代码如下。

```
C:\Users\jesion>django-admin help

Type 'django-admin help <subcommand>' for help on a specific subcommand.

Available subcommands:
[django]
    check
```

```
compilemessages
createcachetable
dbshell
diffsettings
dumpdata
flush
inspectdb
loaddata
makemessages
makemigrations
migrate
runserver
sendtestemail
shell
showmigrations
sqlflush...以下省略
```

14.1.3　创建第一个项目

1. 使用命令行创建项目

在 Windows 的 cmd 环境中（Linux 类同），输入命令，代码如下。

```
django-admin startproject demo
```

这样就会在当前目录下创建一个名为 demo 的 Django 项目，项目目录名为 demo，进入该项目目录，可以看到 Django 自动创建了一个 demo 文件夹，这是项目的根目录。在 demo 根目录中，又有一个 demo 目录，这是整个项目的配置文件目录（一定不要和同名的根目录混淆），还有一个 manage.py 文件，它是整个项目的管理脚本，代码如下。

```
<DIR>            .
<DIR>            ..
                 manage.py
<DIR>            demo
```

使用 cmd 运行 python manage.py runserver，Django 会以 127.0.0.1:8000 这个默认配置启动开发服务器，代码如下。

```
D:\ DjangoProject\demo>python manage.py runserver

Watching for file changes with StatReloader
Performing system checks...

System check identified no issues (0 silenced).

You have 18 unapplied migration(s). Your project may not work properly until you apply the
migrations for app(s): admin, auth, contenttypes, sessions.
Run 'python manage.py migrate' to apply them.
February 15, 2021 - 17:03:48
```

Django version 3.1.6, using settings 'demo.settings'
Starting development server at http://127.0.0.1:8000/
Quit the server with CTRL-BREAK.

在浏览器的地址栏中输入 127.0.0.1:8000，如果看到如图 14.5 所示的界面，说明 Django 一切正常，用户就可以开始 Django 之旅了！

图 14.5　Django 项目运行成功界面

2. 使用 PyCharm 创建项目

事实上，一般不使用命令行创建项目，而是通过编辑器创建项目，此处使用 PyCharm 创建 Django 项目。

PyCharm 是进行 Django 开发的最佳 IDE，请读者自行安装。

首先打开 PyCharm，选择 File→New Project 命令，在打开的 New Project 对话框中选择左边的 Django，出现如图 14.6 所示的对话框。

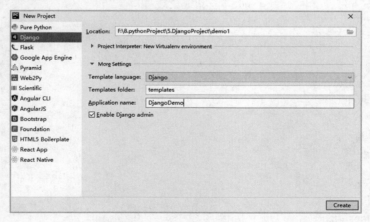

图 14.6　PyCharm 创建 Django

❑　Location（本地）：在此处选择工程目录。

❑　Template languge（模板语言）：默认为 Django。

❑　Application name（项目名称）：默认为空。

❑　Enable Django admin（开启管理站点）：用于开启后台管理的 admin，一般需选中。

设置完成后，单击 Create 按钮创建项目。

然后就是等待，PyCharm 会自动创建虚拟环境，并安装最新版本的 Django。

从 Django 3.1 开始，官方使用 pathlib 代替了 os.path。在 settings.py 文件中，第一行就是 from pathlib import Path，并且 BASE_DIR 定义如下：

```
BASE_DIR = Path(__file__).resolve(strict=True).parent.parent
```

但是在 PyCharm 的早期版本中，依然使用的是 os.path，如果在创建项目时同时指定了 template 目录，那么可能在运行服务器时出现缺少 os 模块的错误。此时，只需要在 settings.py 文件顶部添加 import os 即可。

单击右上角绿色的三角，启动默认的开发服务器，如果看到欢迎界面，说明一切正常。

注意：第一次启动服务器后，Django 会默认创建一个 db.sqlite3 文件，这是 SQLite3 数据库。

14.2　Django 框架

14.2.1　Django 管理工具

安装 Django 之后，应该已经有了可用的管理工具 django-admin.py，如果没有配置 Windows 环境变量，可以用 django-admin。

可以使用 django-admin.py 来创建一个项目，先来看一下 django-admin 的命令介绍，代码如下。

```
>django-admin.py
Type 'django-admin help <subcommand>' for help on a specific subcommand.

Available subcommands:

[django]
    check
    compilemessages
    createcachetable
    dbshell
    diffsettings
    dumpdata
    flush
    inspectdb
    loaddata
    makemessages
    makemigrations
    migrate
    runserver
    sendtestemail
    shell
    showmigrations
    sqlflush
```

```
        sqlmigrate
        sqlsequencereset
        squashmigrations
        startapp
        startproject
        test
        testserver
Note that only Django core commands are listed as settings are not properly configured (error:
Requested setting INSTALLED_APPS, but settings are not configured. You must either define the
environ ment variable DJANGO_SETTINGS_MODULE or call settings.configure() b
efore accessing settings.).
```

　　如同在 14.1.3 节讲到的创建第一个项目中使用的 django-admin. startproject 命令，利用 django-admin 可以进行项目管理操作。

14.2.2　Django 模板

　　在 14.1.3 节使用 PyCharm 创建了一个项目，接下来继续在该项目中进行相关操作。PyCharm 创建的项目的目录结构如下。

```
demo1/
|--demo1
| |--__init__.py
| |--asgi.py
| |--settings.py
| |--urls.py
| |--wsgi.py
|--DjangoDemo
| |--__init__.py
| |--admin.py
| |--apps.py
| |--models.py
| |--tests.py
| |--views.py
|--templates
|--venv
|--db.sqlete3
|--mange.py
```

　　在 templates 目录下建立 HelloWorld.html 文件，在该文件的 body 标签内添加代码，代码如下。

```
<h1>{{ hello }}</h1>
```

　　从上面代码看出，变量使用了双花括号。接下来，需要向 Django 说明模板文件的路径，即修改 demo1/demo1/settings.py 文件 TEMPLATES 段落中的'DIRS': [os.path.join(BASE_DIR, 'templates')]，实际上在使用 PyCharm 创建项目的文件时并不需要修改，代码如下。

```
TEMPLATES = [
    {
        'BACKEND': 'django.template.backends.django.DjangoTemplates',
        'DIRS': [os.path.join(BASE_DIR, 'templates')],   # 修改位置
        'APP_DIRS': True,
        'OPTIONS': {
            'context_processors': [
                'django.template.context_processors.debug',
                'django.template.context_processors.request',
                'django.contrib.auth.context_processors.auth',
                'django.contrib.messages.context_processors.messages',
            ],
        },
    },
]
```

在 views.py 文件中，新增一个对象，用来向模板提交数据，代码如下。

```
def runHelloWorld(request):
    context = {
        'hello': 'Hello World!'
    }
    return render(request, 'HelloWorld.html', context)
```

然后修改 demo1/demo1/urls.py 文件，代码如下。

```
from django.contrib import admin
from django.urls import path

from DjangoDemo import views                       # 新增 views

urlpatterns = [
    path('admin/', admin.site.urls),
    path('hello/', views.runHelloWorld)            # 新增 path
]
```

最后用浏览器打开链接 http://127.0.0.1:8000/hello/，可以看到一个显示"Hello World！"的页面。在 HelloWorld.html 文件中使用一个花括号指定了一个变量为 hello，在 views.py 文件中新增对象，指定 context 中放入 hello 参数，内容为"Hello World！"。这样就使页面中的数据与模板变量对应了起来。

至此，完成了使用模板来输出数据，从而实现数据与视图分离。下面介绍模板中常用的一些语法规则。

1. Django 模板标签

1）变量

模板语法如下。

```
view：{"HTML 变量名" : "views 变量名"}
HTML：{ {变量名} }
```

2）列表

在前一个示例的基础上添加新的返回数据，代码如下。

```
def runHelloWorld(request):
    context = {
        'hello': 'Hello World!',
        'view_list': ['test1', 'test2', 'test3']
    }
    return render(request, 'HelloWorld.html', context)
```

在 context 返回对象中新增一个参数为 view_list，然后修改 HelloWorld.html 文件 body 标签中的内容，其内容如下。

```
<p>{{ view_list }}</p>
<p>{{ view_list.0 }}</p>
```

刷新浏览器，可以看到如图 14.7 所示的内容。

如图 14.7 所示，view_list 定义的数据成功被页面取出。同样，也可以用 ".索引下标" 的形式取出对应的元素。需要注意的是，此处的索引下标以 0 开头。

3）过滤器

模板语法如下。

图 14.7 view_list 数据显示效果

```
{{变量名 | 过滤器: 可选参数}}
```

模板过滤器可以在变量被显示前修改它，过滤器使用管道字符，代码如下。

```
{{ name|lower }}
```

{{ name }} 变量被过滤器 lower 处理后，文档文本由大写转换为小写。

过滤管道可以被 "套接"，即一个过滤器管道的输出可以作为下一个管道的输入：

```
{{ my_list|first|upper }}
```

上述代码将第一个元素转换为大写。

有些过滤器有参数。过滤器的参数在冒号之后并且总是以双引号包含；例如，代码如下。

```
{{ bio|truncatewords:"30" }}
```

上述代码将显示变量 bio 的前 30 个词。

其他过滤器如下所示。

（1）addslashes：添加反斜杠到任何反斜杠、单引号或者双引号前面。

（2）date：按指定的格式字符串参数格式化 date 或者 datetime 对象。

（3）length：返回变量的长度。

（4）default：为变量提供一个默认值。如果 views 传的变量的布尔值是 False，则使用指定的默认值。0、0.0、False、0j、""、[]、()、set()、{}、None 值都是 False。

（5）length：返回对象的长度，适用于字符串和列表。

（6）filesizeformat：以更易读的方式显示文件的大小（即'13 KB', '4.1 MB', '102 bytes'等）。

（7）date：根据给定格式对一个日期变量进行格式化。格式 Y-m-d H:i:s 返回 年-月-

日 小时:分钟:秒 的格式时间。

（8）truncatechars：如果字符串包含的字符总个数多于指定的字符数量，那么会被截掉后面的部分。截断的字符串将以 "..." 结尾。

（9）safe：将字符串标记为安全，不需要转义。只有保证 views.py 传过来的数据绝对安全，才能用 safe。与后端 views.py 的 mark_safe 效果相同。Django 会自动对 views.py 传到 HTML 文件中的标签语法进行转义，令其语义失效。加 safe 过滤器是告诉 Django 该数据是安全的，不必对其进行转义，可以让该数据语义生效。

4）if…else 标签

基本语法格式如下。

```
{% if condition %}
    ... display
{% endif %}
```

或者，代码如下。

```
{% if condition1 %}
    ... display 1
{% elif condition2 %}
    ... display 2
{% else %}
    ... display 3
{% endif %}
```

根据条件判断是否输出。if…else 支持嵌套。

{% if %} 标签接受 and、or 或者 not 关键字来对多个变量做判断 ，或者对变量取反（not）；例如，代码如下。

```
{% if athlete_list and coach_list %}
    athletes 和 coaches 变量都是可用的。
{% endif %}
```

根据该语法规则，在 HelloWorld.html 文件 body 标签中添加代码，代码如下。

```
{%if level> 90 and level <= 100 %}
优秀
{% elif level > 60 and level <= 90 %}
合格
{% else %}
一边玩去～
{% endif %}
```

在 views.py 文件中添加，如下代码，代码如下。

```
def runHelloWorld(request):
    context = {
        'hello': 'Hello World!',
        'view_list': ['test1', 'test2', 'test3'],
        'level': 90
```

```
    }
    return render(request, 'HelloWorld.html', context)
```

运行效果如图 14.8 所示。

5）for 标签

{% for %} 允许在一个序列上迭代。与 Python 的 for 语句情形类似，循环语法是 for X in Y，Y 是要迭代的序列，而 X 是在每一个特定的循环中使用的变量名称。每一次循环中，模板系统会渲染{% for %} 和 {% endfor %}之间的所有内容。

例如，在之前的列表示 view_list 示例中，可以在 HelloWorld.html 文件中添加代码，代码如下。

```
<ul>
    {% for item in view_list %}
        <li>{{ item }}</li>
    {% endfor %}
</ul>
```

刷新页面，显示效果如图 14.9 所示。

图 14.8　level 数据显示效果

图 14.9　for 标签示例数据显示效果

给标签增加一个 reversed，使得该列表被反向迭代，代码如下。

```
<ul>
    {% for item in view_list %}
        <li>{{ item }}</li>
    {% endfor %}
</ul>
```

再次刷新页面，可以看到数据反向渲染。

在 {% for %} 标签里可以通过 {{forloop}} 变量获取循环序号，代码如下。

```
<ul>
    {% for item in view_list %}
        {{ forloop.counter }}
        {{ forloop.counter0 }}
        {{ forloop.revcounter }}
        {{ forloop.revcounter0 }}
        {{ forloop.first }}
        {{ forloop.last }}
    {% endfor %}
```

```
</ul>
```

（1）forloop.counter：顺序获取循环序号，从 1 开始计算。

（2）forloop.counter0：顺序获取循环序号，从 0 开始计算。

（3）forloop.revcounter：倒序获取循环序号，结尾序号为 1。

（4）forloop.revcounter0：倒序获取循环序号，结尾序号为 0。

（5）forloop.first（一般配合 if 标签使用）：第一条数据返回 True，其他数据返回 False。

（6）forloop.last（一般配合 if 标签使用）：最后一条数据返回 True，其他数据返回 False。

6）{% empty %}

可选的 {% empty %} 从句，在循环为空时执行（即 in 后面的参数布尔值为 False 时）。将 view_list 中的内容替换为空数组，然后修改 HelloWorld.html 文件中的 for 循环内容为，代码如下。

```
<ul>
    {% for item in view_list %}
        <li>{{ item }}</li>
        {% empty %}
        这里什么都没有~
    {% endfor %}
</ul>
```

刷新页面，可以看见输出内容为{% empty %}标签与{% endfor %}标签之间的内容。

7）ifequal/ifnotequal 标签

{% ifequal %} 标签比较两个值，两值相等时，显示{% ifequal %} 和 {% endifequal %}之中所有的值。在 HelloWorld.html 文件中有代码，代码如下。

```
{% ifequal color 'green' %}
    颜色是绿色
{% endifequal %}
```

在 views.py 文件中有代码，代码如下。

```
def runHelloWorld(request):
context = {
  'color': 'green'
}
    return render(request, 'HelloWorld.html', context)
```

此时刷新页面应当显示"颜色是绿色"这句话，如果将 HelloWorld.html 文件中的{% ifequal color 'green' %}修改为{% ifequal color 'red' %}，刷新页面则无法得到相应的页面。修改 HelloWorld.html 页面中的代码，代码如下。

```
{% ifequal color 'green' %}
        颜色是绿色
        {% else %}
        颜色是红色
{% endifequal %}
```

再次刷新页面，将会显示"颜色是红色"这句话。

8）注释标签

Django 中注释使用 {# #}，代码如下。

```
{# 这是一个注释 #}
```

9）include 标签

{% include %} 标签允许在模板中包含其他的模板的内容。

下面这个例子中包含了 nav.html 模板，代码如下。

```
{% include "nav.html" %}
```

10）csrf_token

csrf_token 用于 form 表单中，作用是跨站请求伪造保护。

如果不使用｛% csrf_token %} 标签，在使用 form 表单时，要再次跳转页面会报 403 权限错误。使用｛% csrf_token %} 标签，在 form 表单提交数据时才会成功。

解析：首先，向服务器发送请求，获取登录页面，此时中间件 csrf 会自动生成一个隐藏 input 标签，该标签中 value 属性的值是一个随机的字符串，用户获取登录页面的同时也获取了这个隐藏的 input 标签。然后，等用户需要使用 form 表单提交数据时，会携带这个 input 标签一起提交给中间件 csrf，原因是 form 表单提交数据时，会包括所有的 input 标签，中间件 csrf 接收到数据时，会判断这个随机字符串是不是它第一次发给用户的那个；如果是，则数据提交成功；如果不是，则返回 403 权限错误。

2. 模板继承

模板可以用继承的方式来实现复用，减少冗余内容。

网页的头部和尾部内容一般都是一致的，因此可以通过模板继承来实现复用。

父模板用于放置可重复利用的内容，子模板继承父模板的内容，并放置自己的内容。

1）父模板

标签 block...endblock 为父模板中的预留区域，该区域留给子模板填充差异性的内容，不同预留区域名字不能相同，代码如下。

```
{% block 名称 %}
预留给子模板的区域，可以设置默认内容
{% endblock 名称 %}
```

2）子模板

子模板使用标签 extends 继承父模板，代码如下。

```
{% extends "父模板路径"%}
```

子模板如果没有设置父模板预留区域的内容，则使用在父模板设置的默认内容，当然也可以都不设置，即为空。

子模板设置父模板预留区域的内容，代码如下。

```
{ % block 名称 %}
内容
{% endblock 名称 %}
```

演示这部分内容，在 templates/下新建一个名为 base.hmtl 的文件，代码如下。

```html
<!DOCTYPE html>
<html lang="en">
<head>
    <meta charset="UTF-8">
    <title>Title</title>
</head>
<body>
    <h1>模板测试</h1>
    <h1>Hello World!</h1>
    {% block mainbody %}
        <p>mainbody</p>
    {% endblock %}
</body>
</html>
```

修改 HelloWorld.html 文件中的内容，代码如下。

```html
<!DOCTYPE html>
<html lang="en">
<head>
    <meta charset="UTF-8">
    <title>Title</title>
</head>
<body>
    {%extends "base.html" %}

    {% block mainbody %}
    <p>继承了  base.html  文件</p>
    {% endblock %}
</body>
</html>
```

刷新页面，输出结果如图 14.10 所示。

图 14.10　继承演示结果

14.2.3　Django 模块

Django 对各种数据库提供了很好的支持，包括 PostgreSQL、MySQL、SQLite、Oracle。Django 为这些数据库提供了统一的调用 API。用户可以根据自己的业务需求选择不同的数据库。本节将以 MySQL 为例进行介绍。

如果未安装 pymysql，可以执行命令安装，代码如下。

```
pip3 install pymysql
```

在了解如何使用 MySQL 之前，先认识一下 ORM（object relational mapping，对象关系映射）。Django 模型使用自带的 Django ORM，

用于实现面向对象编程语言里不同类型系统的数据之间的转换。

ORM 在业务逻辑层和数据库层之间充当了桥梁的作用。

ORM 通过使用描述对象和数据库之间映射的元数据，将程序中的对象自动持久化到数据库中，如图 14.11 所示。

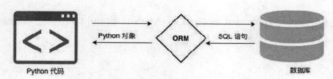

图 14.11　Django ORM

使用 ORM 有以下好处。

❑　提高开发效率。

❑　不同数据库可以平滑切换。

使用 ORM 有以下缺点。

❑　ORM 代码转换为 SQL 语句时，需要花费一定的时间，执行效率会有所降低。

❑　长期写 ORM 代码，会降低编写 SQL 语句的能力。

ORM 的解析过程如下。

（1）ORM 将 Python 代码转换为 SQL 语句。

（2）SQL 语句通过 pymysql 传送到数据库服务端。

（3）在数据库中执行 SQL 语句并将结果返回。

ORM 与数据库的对应关系如图 14.12 所示。

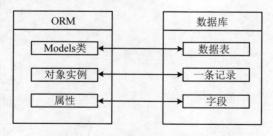

图 14.12　ORM 与数据库的对应关系

1. 数据库配置

在项目的 settings.py 文件中找到 DATABASES 配置项，将其信息修改，代码如下。

```
DATABASES = {
    'default': {
        #  'ENGINE': 'django.db.backends.sqlite3',                    #  项目本身配置
```

```
        #   'NAME': BASE_DIR / 'db.sqlite3',              #   项目本身配置
        'ENGINE': 'django.db.backends.mysql',            #  数据库引擎
        'NAME': 'djangoproject',                         #  数据库名称
        'HOST': '192.168.189.128',                       #  数据库地址，本地为 127.0.0.1
        'PORT': 3306,                                    #  端口
        'USER': 'root',                                  #  数据库用户名
        'PASSWORD': '123456',                            #  数据库密码
    }
}
```

笔者的数据库是安装在虚拟机中的，如果数据库是安装在本地的，请使用 127.0.0.1 或者 localhost。

接下来，让 Django 使用 pymysql 模块连接 MySql 数据库，再与 settings.py 同级目录下的__init__.py 中引入模块和进行配置，代码如下。

```
import pymysql
pymysql.install_as_MySQLdb()
```

2. 定义模型

Django 规定，如果要使用模型，必须创建一个 app。现在 PyCharm 的终端中使用以下命令创建一个 TestModel 的 app，代码如下。

```
django-admin.py startapp TestModel
```

此时目录结构如下。

```
demo1/
|--demo1
| |--__init__.py
| |--asgi.py
| |--settings.py
| |--urls.py
| |--wsgi.py
|--DjangoDemo
| |--__init__.py
| |--admin.py
| |--apps.py
| |--models.py
| |--tests.py
| |--views.py
|--templates
|--TestModel                                    # 新增目录
|--venv
|--db.sqlete3
|--mange.py
```

修改 TestModel/models.py 文件，代码如下。

```
from django.db import models
```

```
class Test(models.Model):
    name = models.CharField(max_length=20)
```

以上类名代表了数据库表名，且继承了 models.Model，类里面的字段代表数据表中的字段（name），数据类型则有 CharField（相当于 varchar）、DateField（相当于 datetime），max_length 参数限定长度。

接下来在 settings.py 中找到 INSTALLED_APPS，代码如下。

```
INSTALLED_APPS = (
    'django.contrib.admin',
    'django.contrib.auth',
    'django.contrib.contenttypes',
    'django.contrib.sessions',
    'django.contrib.messages',
    'django.contrib.staticfiles',
    'TestModel',                                    # 添加此项
)
```

在 PyCharm 的终端中使用命令，代码如下。

```
> python manage.py migrate                          # 创建表结构
> python manage.py makemigrations TestModel         # 让 Django 知道在模型中的变更
> python manage.py migrate TestModel                # 创建表结构
```

运行以上命令之后，到数据库中查看，会发现已经创建好了项目中所依赖的表。
然后在 demo1/demo1/目录下添加 testdb.py 文件，其内容如下。

```
from django.http import HttpResponse

from TestModel.models import Test


# 数据库操作
def testdb(request):
    test1 = Test(name='django')
    test1.save()
    return HttpResponse("<p>数据添加成功！</p>")
```

修改 urls.py，其内容如下。

```
from django.contrib import admin
from django.urls import path

from DjangoDemo import views                        # 新增 views
from . import testdb                                # 新增数据库操作

urlpatterns = [
    path('admin/', admin.site.urls),
    path('hello/', views.runHelloWorld),            # 新增 path
```

```
        path('testdb/', testdb.testdb)                              # 新增数据库操作
]
```

最后使用浏览器访问地址 http://127.0.0.1:8000/
testdb/，可得，如图 14.13 所示结果。

图 14.13 表示 Django 的 MySQL 配置没有问题。

获取数据可以将 testdb 文件中的方法更换，代码如下。

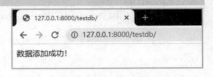

图 14.13　testdb 运行结果

```
from django.http import HttpResponse

from TestModel.models import Test


# 数据库操作
def testdb(request):
    # 初始化
    response = ""
    response1 = ""

    # 通过 objects 这个模型管理器的 all()获得所有数据行，相当于 SQL 中的 SELECT * FROM
    list = Test.objects.all()

    # filter 相当于 SQL 中的 WHERE，可设置条件过滤结果
    response2 = Test.objects.filter(id=1)

    # 获取单个对象
    response3 = Test.objects.get(id=1)

    # 限制返回的数据，相当于 SQL 中的 OFFSET 0 LIMIT 2;
    Test.objects.order_by('name')[0:2]

    # 数据排序
    Test.objects.order_by("id")

    # 上面的方法可以连锁使用
    Test.objects.filter(name="django").order_by("id")

    # 输出所有数据
    for var in list:
        response1 += var.name + " "
    response = response1
    return HttpResponse("<p>" + response + "</p>")
```

更新数据可以使用下列代码，代码如下。

```
from django.http import HttpResponse

from TestModel.models import Test
```

```
# 数据库操作
def testdb(request):
    # 修改其中一个 id=1 的 name 字段, 再 save, 相当于 SQL 中的 UPDATE
    test1 = Test.objects.get(id=1)
    test1.name = 'Google'
    test1.save()

    # 另外一种方式
    #Test.objects.filter(id=1).update(name='Google')

    # 修改所有的列
    # Test.objects.all().update(name='Google')

    return HttpResponse("<p>修改成功</p>")
```

删除数据可以使用代码, 代码如下。

```
from django.http import HttpResponse
from TestModel.models import Test

# 数据库操作
def testdb(request):
    # 删除 id=1 的数据
    test1 = Test.objects.get(id=1)
    test1.delete()

    # 另外一种方式
    # Test.objects.filter(id=1).delete()

    # 删除所有数据
    # Test.objects.all().delete()

    return HttpResponse("<p>删除成功</p>")
```

14.2.4 Django 表单

网站是以 HTTP 协议运行, HTTP 协议是以"请求-回复"的方式工作。客户发送请求时, 可以在请求中附加数据。服务器通过解析请求, 获得客户传来的数据, 并根据 URL 来提供特定的服务。而 HTML 表单是网站交互性的经典方式, 本节介绍 Django 如何对用户提交的表单数据进行处理。

1. GET 方法

首先在 templates/目录下创建 search_form.html 文件, 代码如下。

```
<!DOCTYPE html>
<html lang="en">
<head>
```

```
    <meta charset="UTF-8">
    <title>搜索测试</title>
</head>
<body>
    <form action="/search/" method="get">
        <input type="text" name="q">
        <input type="submit" value="搜索">
    </form>
</body>
</html>
```

在该文件中定义了一个 form 表单，且指定请求方法为 GET 方法。

接下来在 demo1/DjangoDemo/views.py 文件中新增代码，代码如下。

```
from django.http import HttpResponse                    # form 表单新增内容


# Create your views here.
# 表单
def search_form(request):
    return render(request, 'search_form.html')


# 接收请求数据
def search(request):
    request.encoding = 'utf-8'
    if 'q' in request.GET and request.GET['q']:
        message = '你搜索的内容为：' + request.GET['q']
    else:
        message = '你提交了空表单'
    return HttpRequest(message)
```

最后将 urls.py 文件中的内容修改为以下形式，代码如下。

```
from django.conf.urls import url
from DjangoDemo import views    # 新增 views

urlpatterns = [
    url(r'^ search_form/$', views.search_form),
    url(r'^search/$', views.search),
]
```

在浏览器中访问地址 http://127.0.0.1:8000/search_form/，得到如图 14.14 所示结果。

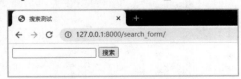

图 14.14　search_form 显示效果

　　当以空白内容搜索时，页面输出内容为"你提交了空表单"；输入任意内容进行搜索时，页面输出内容为输入的内容。

2. POST 方法

提交数据时常用 POST 方法。

首先在 templates 中创建 search_post.html，代码如下。

```html
<!DOCTYPE html>
<html>
<head>
<meta charset="utf-8">
<title>Title</title>
</head>
<body>
    <form action="/search-post/" method="post">
        {% csrf_token %}
        <input type="text" name="q">
        <input type="submit" value="搜索">
    </form>

    <p>{{ rlt }}</p>
</body>
</html>
```

　　在模板的末尾增加一个 rlt 记号，为表格处理结果预留位置。

　　表格后面还有一个{% csrf_token %}标签。Csrf（cross site request forgery）是 Django 提供的防止伪装提交请求的功能。POST 方法提交的表格，必须有此标签。

　　然后在 views.py 中添加如下代码：

```python
from django.views.decorators import csrf

# 接收 POST 请求数据
def search_post(request):
    ctx = {}
    if request.POST:
        ctx['rlt'] = request.POST['q']
    return render(request, 'search_post.html', ctx)
```

再在 urls.py 中添加页面路径，代码如下。

```python
url(r'^search-post/$', views.search_post)
```

最后访问路径 http://127.0.0.1:8000/search-post/，可以看到如图 14.15 所示的结果。

图 14.15　search_post 显示效果

初步访问好像与 GET 方法并没有什么不同，但是单击"搜索"按钮时发现，在连接后面并不会携带参数。按 F12 键打开浏览器的控制台，切换至 Network 进行观察，如图 14.16 所示。

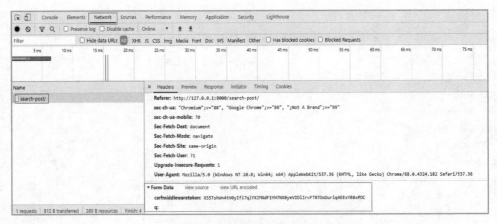

图 14.16 浏览器控制台 Network

在该界面中单击"搜索"按钮，就会出现左边板块的 search-post/，把它称为请求。网页中各种请求会向后台获取相应的数据，从而达到相应页面显示的效果。单击请求，就会出现右边的板块，最下面出现一个 Form Data，其中写了相应的数据。这是 POST 方法携带参数给后台请求数据的常用方式，之前使用 GET 方法携带的参数 q 就在此页面且显示为空内容。当在输入框中输入内容再单击"搜索"按钮后，页面效果与 GET 方法示例相同，但是不会再跳到其他页面进行显示。

3. Request 对象

HttpRequest 对象包含当前请求 URL 的一些信息，如表 14.2 所示。

表 14.2   Request 对象的 URL 信息

属　　性	描　　述
path	请求页面的全路径，不包括域名；例如，"/hello/"

method	请求中使用的 HTTP 方法的字符串表示（全大写）；例如，
	if request.method == 'GET':
	　　do_something()
	elif request.method == 'POST':
	　　do_something_else()

GET	包含所有 HTTP GET 参数的类字典对象。参见 QueryDict 文档
POST	包含所有 HTTP POST 参数的类字典对象。参见 QueryDict 文档
REQUEST	为了方便，该属性是 POST 和 GET 属性的集合体，但是有特殊性，先查找 POST 属性，然后查找 GET 属性。借鉴 PHP's $_REQUEST。 例如，如果 GET = {"name": "john"} 和 POST = {"age": '34'}，则 REQUEST["name"] 的值是"john"，REQUEST["age"]的值是"34"。 强烈建议使用 GET 和 POST，因为这两个属性更加显式化，写出的代码也更易理解
COOKIES	包含所有 cookies 的标准 Python 字典对象。keys 和 values 都是字符串

续表

属　　性	描　　述
FILES	包含所有上传文件的类字典对象。FILES 中的每个 key 都是<input type="file" name="" />标签中 name 属性的值。FILES 中的每个 value 同时也是一个标准 Python 字典对象，包含下面 3 个 keys： ● 　filename：上传文件名，用 Python 字符串表示 ● 　content-type：上传文件的 Content type ● 　content：上传文件的原始内容 注意：只有在请求方法是 POST，并且请求页面中<form>有 enctype="multipart/form-data"属性时 FILES 才拥有数据。否则，FILES 是一个空字典
META	包含所有可用 HTTP 头部信息的字典。例如： CONTENT_LENGTH CONTENT_TYPE QUERY_STRING: 未解析的原始查询字符串 REMOTE_ADDR: 客户端 IP 地址 REMOTE_HOST: 客户端主机名 SERVER_NAME: 服务器主机名 SERVER_PORT: 服务器端口 META 中这些头加上前缀 HTTP_ 为 key，冒号（:）后面的为 value；例如， HTTP_ACCEPT_ENCODING HTTP_ACCEPT_LANGUAGE HTTP_HOST: 客户发送的 HTTP 主机头信息 HTTP_REFERER: referring 页 HTTP_USER_AGENT: 客户端的 user-agent 字符串 HTTP_X_BENDER: X-Bender 头信息

user	一个 django.contrib.auth.models.User 对象，代表当前登录的用户。
	如果访问用户当前没有登录，user 将被初始化为 django.contrib.auth.models.AnonymousUser 的实例；例如，
	if request.user.is_authenticated():
	　　# Do something for logged-in users.
	else:
	# Do something for anonymous users.
	只有激活 Django 中的 AuthenticationMiddleware 时该属性才可用

session	唯一可读写的属性，代表当前会话的字典对象。只有激活 Django 中的 session 支持时该属性才可用
raw_post_data	原始 HTTP POST 数据，未解析过。高级处理时会有用处

Request 对象也有一些有用的方法，如表 14.3 所示。

表 14.3　Request 对象的常用方法

方　　法	描　　述
__getitem__(key)	返回 GET/POST 的键值，先取 POST，后取 GET。如果键不存在，抛出 KeyError。这时可以使用字典语法访问 HttpRequest 对象。 例如，request["foo"]等同于先 request.POST["foo"]，然后 request.GET["foo"]的操作
has_key()	检查 request.GET or request.POST 中是否包含参数指定的 key

方　　法	描　　述
get_full_path()	返回包含查询字符串的请求路径； 例如， "/music/bands/the_beatles/?print=true"
is_secure()	如果请求是安全的，返回 True，即发出的是 HTTPS 请求

4. QueryDict 对象

在 HttpRequest 对象中，GET 和 POST 属性是 django.http.QueryDict 类的实例。
QueryDict 类似字典的自定义类，用来处理单键对应多值的情况。
QueryDict 实现所有标准的字典方法，还包括一些特有的方法，如表 14.4 所示。

表 14.4　QueryDict 对象的方法

方　　法	描　　述
__getitem__	和标准字典的处理有一点不同，即如果 Key 对应多个 Value，__getitem__()返回最后一个 value
__setitem__	设置参数指定 key 的 value 列表（一个 Python list）。注意：它只能在一个 mutable QueryDict 对象上被调用（就是通过 copy()产生的一个 QueryDict 对象的拷贝）
get()	如果 key 对应多个 value，get()返回最后一个 value
update()	参数可以是 QueryDict，也可以是标准字典。与标准字典的 update()方法不同，该方法添加字典 items，而不是替换它们
items()	与标准字典的 items()方法有一点不同，该方法使用单值逻辑的__getitem__()
values()	标准字典的 values()方法有一点不同，该方法使用单值逻辑的__getitem__()：
copy()	返回对象的拷贝，内部实现是用 Python 标准库的 copy.deepcopy()。该拷贝是 mutable（可更改的），即可以更改该拷贝的值
getlist(key)	返回与参数 key 对应的所有值，作为一个 Python list 返回。如果 key 不存在，则返回空 list
setlist(key,list_)	设置 key 的值为 list_ (unlike __setitem__())
appendlist(key,item)	添加 item 到与 key 关联的内部 list
setlistdefault(key,list)	与 setdefault()有一点不同，它接受 list 而不是单个 value 作为参数
lists()	与 items()有一点不同，它会返回 key 的所有值，作为一个 list
urlencode()	返回一个以查询字符串格式进行格式化后的字符串（例如，"a=2&b=3&b=5"）

14.2.5　Django 视图

1. 视图

视图即一个视图函数，是一个简单的 Python 函数，它接受 Web 请求并且返回 Web 响应。响应可以是一个 HTML 页面、一个 404 错误页面、重定向页面、XML 文档或者一张图片。

无论视图本身包含什么逻辑，都要返回响应。代码写在哪里都可以，只要在 Python 目录下面即可，一般放在项目的 views.py 文件中。

每个视图函数都负责返回一个 HttpResponse 对象，对象中包含生成的响应。

视图层中有两个重要的对象：请求对象（request）与响应对象（HttpResponse）。

2．GET

GET 的数据类型是 QueryDict，是一个类似于字典的对象，包含 HTTP GET 的所有参数。

有相同的键，就把所有的值放到对应的列表里。

取值格式：对象.方法。

get()：返回字符串，如果该键对应有多个值，取出该键的最后一个值，代码如下。

```
def test(request):
    name = request.GET.get("name")
    return HttpResponse('姓名：{}'.format(name))
```

3．POST

POST 的数据类型是 QueryDict，是一个类似于字典的对象，包含 HTTP POST 的所有参数。

常用于 form 表单，form 表单里的标签 name 属性对应参数的键，value 属性对应参数的值。

取值格式：对象.方法。

get()：返回字符串，如果该键对应有多个值，取出该键的最后一个值，代码如下。

```
def test(request):
    name = request.POST.get("name")
    return HttpResponse('姓名：{}'.format(name))
```

4．body

body 的数据类型是二进制字节流,是原生请求体里的参数内容,在 HTTP 中用于 POST,因为 GET 没有请求体。

在 HTTP 中不常用，而在处理非 HTTP 形式的报文时非常有用；例如，二进制图片、XML、JSON 等，代码如下。

```
def test(request):
    name = request.body
    print(name)
    return HttpResponse("Body 测试")
```

5．path

path 的获取 URL 中的路径部分，数据类型是字符串，代码如下。

```
def runoob(request):
    name = request.path
    print(name)
    return HttpResponse("path 测试")
```

6．request method

request method 获取当前请求的方式，数据类型是字符串，且结果为大写，代码如下。

```
def runoob(request):
    name = request.method
    print(name)
    return HttpResponse("method 测试")
```

7. response method

响应对象主要有 3 种形式：HttpResponse()、render()、redirect()。

（1）HttpResponse()：返回文本，参数为字符串，字符串中写文本内容。如果参数为字符串里含有 HTML 标签，也可以渲染，代码如下。

```
def runoob(request):
    return HttpResponse("<a href='https://www.baidu.com/'>百度</a>")
```

（2）render()：返回文本，第 1 个参数为 request，第 2 个参数为字符串（页面名称），第 3 个参数为字典（可选参数，向页面传递的参数。键为页面参数名，值为 views 参数名），代码如下。

```
def runoob(request):
    name ="菜鸟教程"
    return render(request,"runoob.html",{"name":name})
```

（3）redirect()：重定向，跳转到新页面。参数为字符串，字符串中填写页面路径。一般用于 form 表单提交后，跳转到新页面，代码如下。

```
def runoob(request):
    return redirect("/index/")
```

render()和 redirect()是在 HttpResponse()的基础上进行了封装。

❑ render()：底层返回的也是 HttpResponse 对象。
❑ redirect()：底层继承的是 HttpResponse 对象。

14.2.6　Django 路由

简单地说，路由就是根据用户请求的 URL 链接来判断对应的处理程序，并返回处理结果，也就是 URL 与 Django 的视图建立映射关系。

Django 路由在 urls.py 中配置，urls.py 中的每一条配置对应相应的处理方法。

不同版本的 Django，urls.py 配置稍有不同。

1. Django1.1.x 版本

url()方法：普通路径和正则路径均可使用，需要手动添加正则首位限制符号，代码如下。

```
from django.conf.urls import url                          # 用 url 需要引入

urlpatterns = [
    url(r'^admin/$', admin.site.urls),
    url(r'^index/$', views.index),                        # 普通路径
    url(r'^articles/([0-9]{4})/$', views.articles),       # 正则路径
]
```

2. Django2.2.x 版本

（1）path：用于普通路径，不需要手动添加正则首位限制符号，底层已经添加。

（2）re_path：用于正则路径，需要手动添加正则首位限制符号，代码如下。

```
from django.urls import re_path                    # 用 re_path 需要引入
urlpatterns = [
    path('admin/', admin.site.urls),
    path('index/', views.index),                   # 普通路径
    re_path(r'^articles/([0-9]{4})/$', views.articles),   # 正则路径
]
```

总结：Django1.1.x 版本中的 url()和 Django 2.2.x 版本中的 re_path 用法相同。

14.3 Django 开发实战

学习了相关基础知识以后，就可以开始开发实践性项目了。本节将逐步完成一个基于
Django 的可重用的登录与注册系统。

在开始之前，请确定已经拥有 Python 以及网站编程的相关知识，否则请自学相关内容。
同时，本项目是教学实践内容，其中代码与逻辑并不是严格适用于生产环境，可能存在某
些不足之处，请谨慎使用。

14.3.1 需求分析

用户登录与注册系统非常具有代表性，其适用面广，灵活性大，绝大多数项目都需要
将其作为子系统之一。

本项目是打造一个针对管理系统、应用程序等可重用的登录/注册 app，而不是门户网
站、免费博客等无须登录即可访问的网站。

根据这样的需求，针对需要存储到数据库的内容的分析如表 14.5 所示。

表 14.5 需求字段分析表

字 段 名	数据有效性	描 述
Username	系统已存在用户名	用户名，用户登录使用的用户名
Password	系统已存在且匹配固定用户名	密码，用户登录使用的密码
Confirm_password	和用户数据密码匹配	确认密码，用户注册时确认的密码
Email	符合通用邮箱格式	邮箱，用户注册时使用的邮箱
Sex	男、女	性别

以上就是系统的字段需求，根据字段需求完成接下来的步骤。

14.3.2 系统设计

根据需求分析，需要完成一个登录与注册系统。现在已经知道相关字段，通过字段可
以开始设计数据库，很显然至少需要一张 User 表来保存上述字段表中的内容，如图 14.17
所示。

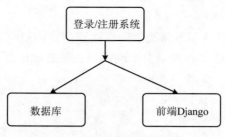

图 14.17　系统设计构思图

14.3.3　编码实现

1. 新建项目

使用 PyCharm 新建一个 Django 项目。选择本地路径为 mysite，且设置 Application name 为 login，单击 Create 按钮新建项目，如图 14.18 所示。此时，项目路径如下。

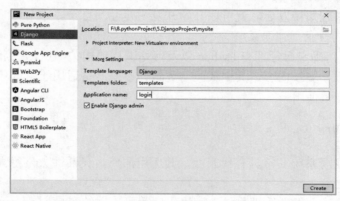

图 14.18　PyCharm 新建 Django 项目

```
mysite/
|--login
| |--migrations
| | |--__init__.py
| |--__init__.py
| |--admin.py
| |--apps.py
| |--models.py
| |--tests.py
| |--vews.py
| |--asgi.py
| |--settings.py
| |--urls.py
| |--wsgi.py
|--mysite
| |--__init__.py
| |--asgi.py
| |--settings.py
```

```
| |--urls.py
| |--wsgi.py
|--templates
|--venv
|--manage.py
```

2. 新建数据库模型

mysite/login/models.py 文件是整个 login 应用中所有模型的存放地点，内容如下。

```
from django.db import models

# Create your models here.

class User(models.Model):
    gender = (
        ('male', "男"),
        ('female', "女"),
    )

    name = models.CharField(max_length=128, unique=True)
    password = models.CharField(max_length=256)
    email = models.EmailField(unique=True)
    sex = models.CharField(max_length=32, choices=gender, default="男")
    c_time = models.DateTimeField(auto_now_add=True)

    def __str__(self):
        return self.name

    class Meta:
        ordering = ["-c_time"]
        verbose_name = "用户"
        verbose_name_plural = "用户"
```

说明：

（1）name：必填，最长不超过 128 个字符，并且唯一，即不能有相同姓名。

（2）password：必填，最长不超过 256 个字符（实际可能不需要这么长）。

（3）email：使用 Django 内置的邮箱类型，并且唯一。

（4）sex：性别，使用了 choice，只能选择男或者女，默认为男。

（5）使用 __str__ 方法帮助人性化显示对象信息。

（6）元数据里定义用户按创建时间的反序排列，也就是最近的最先显示。

注意：这里的用户名指的是网络上注册的用户名，不等同于现实中的真实姓名，所以采用了唯一机制。现实中的人名是可以重复的，不能设置 unique 为 True。另外，关于密码，建议至少为 128 位，原因后面解释。

数据模型定义好之后，接下来就是选择保存数据的数据库系统，Django 支持 MySQL、SQLite 和 Oracle 等。Django 中对数据库的设置在 mysite/mysite/settings 文件中，代码如下。

```
# https://docs.djangoproject.com/en/2.2/ref/settings/#databases

DATABASES = {
    'default': {
        'ENGINE': 'django.db.backends.sqlite3',
        'NAME': os.path.join(BASE_DIR, 'db.sqlite3'),
    }
}
```

Django 默认使用 SQLite 数据库，并内置 SQLite 数据库的访问 API，也就是说和 Python 一样原生支持 SQLite。本项目使用 SQLite 作为后端数据库，因此不需要修改 settings 中这部分内容。如果想要使用其他数据库，请自行修改该部分设置。

每次创建了新的 app 后，都需要在全局 settings 中注册，这样 Django 才知道有新的应用上线了。在 settings 的下面部分添加'login'，建议在最后添加逗号，代码如下。

```
INSTALLED_APPS = [
    'django.contrib.admin',
    'django.contrib.auth',
    'django.contrib.contenttypes',
    'django.contrib.sessions',
    'django.contrib.messages',
    'django.contrib.staticfiles',
    'login',
]
```

app 中的 models 建立之后，并不会自动地在数据库中生成相应的数据表，需要手动创建。

进入 PyCharm 的 terminal 终端，执行命令，代码如下。

```
python manage.py makemigrations
```

返回结果如下。

```
>python manage.py makemigrations
Migrations for 'login':
  login\migrations\0001_initial.py
    - Create model User
```

接着执行命令如下。

```
python manage.py migrate
```

Django 将在数据库内创建真实的数据表。如果是第一次执行该命令，那么一些内置的框架；例如，auth、session 等的数据表也将被一同创建，代码如下。

```
>python manage.py migrate
Operations to perform:
  Apply all migrations: admin, auth, contenttypes, login, sessions
Running migrations:
  Applying contenttypes.0001_initial... OK
```

```
Applying auth.0001_initial... OK
Applying admin.0001_initial... OK
Applying admin.0002_logentry_remove_auto_add... OK
Applying admin.0003_logentry_add_action_flag_choices... OK
Applying contenttypes.0002_remove_content_type_name... OK
Applying auth.0002_alter_permission_name_max_length... OK
Applying auth.0003_alter_user_email_max_length... OK
Applying auth.0004_alter_user_username_opts... OK
Applying auth.0005_alter_user_last_login_null... OK
Applying auth.0006_require_contenttypes_0002... OK
Applying auth.0007_alter_validators_add_error_messages... OK
Applying auth.0008_alter_user_username_max_length... OK
Applying auth.0009_alter_user_last_name_max_length... OK
Applying auth.0010_alter_group_name_max_length... OK
Applying auth.0010_update_proxy_permissions... OK
Applying login.0001_initial... OK
Applying sessions.0001_initial... OK
```

3．新建 URL 路由

创建好数据模型后，就要设计站点的 URL 路由、对应的处理视图函数以及使用的前端模板。初步设想，需要以下四个 URL，如表 14.6 所示。

表 14.6　URL 分析表

URL	视　　图	模　　板	说　　明
/index/	login.views.index	index.html	主页
/login/	login.views.login	login.html	登录
/register/	login.viwes.register	register.html	注册
/logout/	login.views.logout	无须专门的页面	登出

重要说明：由于本项目是打造一个可重用的登录/注册 app，所以在 URL 路由、跳转策略和文件结构的设计上都是尽量自成体系。具体访问的策略如下：

❏　未登录人员，不论是访问 index 还是 login 和 logout，全部跳转到 login 界面。

❏　已登录人员，访问 login 会自动跳转到 index 页面。

❏　已登录人员，不允许直接访问 register 页面，需先 logout。

❏　登出后，自动跳转到 login 界面。

考虑到登录/注册系统属于站点的一级功能，为了直观和更易于接受，这里没有采用二级路由的方式，而是在根路由下直接编写路由条目，同样也没有使用反向解析名（name 参数）。所以，在重用本 app 的时候，一定要按照 app 的使用说明，加入相应的 URL 路由。

根据上面的规划，在/mysite/login 路径下新建 views.py，内容如下。

```
from django.shortcuts import redirect, render

# Create your views here.
def index(request):
    pass
```

```
        return render(request, 'index.html')

def login(request):
    pass
    return render(request, 'login.html')

def register(request):
    pass
    return render(request, 'register.html')

def logout(request):
    pass
    return redirect("/login/")
```

注意

（1）在顶部额外导入了 redirect，用于 logout 后，页面重定向到'/login/'这个 URL，当然也可以重定向到别的页面。

（2）另外 3 个视图都返回一个 render()调用，render()方法接收 request 作为第 1 个参数，要渲染的页面为第 2 个参数，需要传递给页面的数据字典作为第 3 个参数（可以为空），表示根据请求的部分，以渲染的 HTML 页面为主体，使用模板语言将数据字典填入，然后返回给用户的浏览器。

（3）渲染的对象为 login 目录下的 HTML 文件，这是一种安全可靠的文件组织方式，现在还没有创建这些文件。

接着在/login/mysite 路径下的 urls.py 文件中添加 veiws，内容如下。

```
from django.contrib import admin
from django.urls import path
from . import views

urlpatterns = [
    path('admin/', admin.site.urls),
    path('index/', views.index),
    path('login/', views.login),
    path('register/', views.register),
    path('logout/', views.logout)
]
```

4. 新建 HTML 页面

根据项目需求，开始创建 HTML 页面。在 templates 目录中，创建 index.html、login.html 以及 register.html 页面，并写入如下代码。

index.html，代码如下。

```
<!DOCTYPE html>
<html lang="en">
<head>
    <meta charset="UTF-8">
```

```
    <title>Django 建站主页</title>
</head>
<body>
    <h1>恭喜你，建站成功啦！</h1>
</body>
</html>
```

login.html，代码如下。

```
<!DOCTYPE html>
<html lang="en">
<head>
    <meta charset="UTF-8">
    <title>Django 登录页面</title>
</head>
<body>
    <h1>Django 登录页面</h1>
</body>
</html>
```

register.html，代码如下。

```
<!DOCTYPE html>
<html lang="en">
<head>
    <meta charset="UTF-8">
    <title>Django 注册页面</title>
</head>
<body>
    <h1>Django 注册页面</h1>
</body>
</html>
```

到目前为止，路径如下。

```
mysite/
|--login
| |--migrations
| | |--__init__.py
| |--__init__.py
| |--admin.py
| |--apps.py
| |--models.py
| |--tests.py
| |--vews.py
| |--asgi.py
| |--settings.py
| |--urls.py
| |--wsgi.py
```

```
|--mysite
| |--__init__.py
| |--asgi.py
| |--settings.py
| |--urls.py
| |--wsgi.py
|--templates
| |--index.html
| |--login.html
| |--register.html
|--venv
|--manage.py
```

启动服务器，在浏览器访问 http://127.0.0.1:8000/index/等页面，如果能正常显示，说明一切正常，如图 14.19 所示。

图 14.19　建站成功页面

5. 设计前端页面

将原来的 login.html 页面内容修改为代码，代码如下。

```
<!DOCTYPE html>
<html lang="en">
<head>
    <meta charset="UTF-8">
    <title>Django 建站主页</title>
</head>
<body>
    <div style="margin: 15% 40%;">
        <h1>欢迎登录！</h1>
        <form action="/login/" method="post">
            <p>
                <label for="id_username">用户名：</label>
                <input type="text" id="id_username" name="username" placeholder="用户名"
autofocus required />
            </p>
            <p>
                <label for="id_password">密码：</label>
                <input type="password" id="id_password" placeholder="密码" name= "password"
required >
            </p>
            <input type="submit" value="确定">
        </form>
```

```
      </div>
  </body>
</html>
```

说明：

（1）form 标签主要确定目的地 URL 和发送方法。

（2）p 标签将各个输入框分行。

（3）label 标签为每个输入框提供一个前导提示，还有助于触屏使用。

（4）placeholder 属性为输入框提供占位符。

（5）autofocus 属性为用户名输入框自动聚焦。

（6）required 表示该输入框必须填写。

（7）password 类型的 input 标签不会显示明文密码。

再次访问 http://127.0.0.1:8000/login/，可以看到如图 14.20 所示页面。

此页面为原生 HTML 代码实现，接下来使用 Bootstrap 对其进行美化。在 login.html 文件内引入如下代码。

CSS，代码如下。

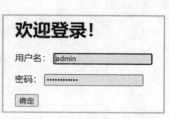

图 14.20　登录页面效果图

```
<link href="https://cdn.bootcss.com/twitter-bootstrap/4.3.1/css/bootstrap.min.css"
rel="stylesheet">
```

JS，代码如下。

```
<script src="https://cdn.bootcss.com/twitter-bootstrap/4.3.1/js/bootstrap.min.js"></script>
```

Bootstrap 依赖 JQuery，所以还需要引入 JQuery 3.3.1，代码如下。

```
<script src="https://cdn.bootcss.com/jquery/3.3.1/jquery.js"></script>
```

另外，从 Bootstrap 4 开始，额外需要 popper.js 的支持，依旧使用 CDN 的方式引入，代码如下。

```
<script src="https://cdn.bootcss.com/popper.js/1.15.0/umd/popper.js"></script>
```

具体代码如下。

```
<!doctype html>
<html lang="en">
  <head>
    <!-- Required meta tags -->
    <meta charset="utf-8">
    <meta name="viewport" content="width=device-width, initial-scale=1, shrink-to-fit=no">
    <!-- 上述 meta 标签*必须*放在最前面，任何其他内容都*必须*跟随其后！  -->
    <!-- Bootstrap CSS -->
    <link href="https://cdn.bootcss.com/twitter-bootstrap/4.3.1/css/bootstrap.min.css" rel="stylesheet">
    <title>登录</title>
  </head>
  <body>
    <div class="container">
```

```
              <div class="col">
                <form class="form-login" action="/login/" method="post">
                    <h3 class="text-center">欢迎登录</h3>
                    <div class="form-group">
                      <label for="id_username">用户名：</label>
                      <input type="text" name='username' class="form-control" id="id_username"
placeholder="Username" autofocus required>
                    </div>
                    <div class="form-group">
                      <label for="id_password">密码：</label>
                      <input type="password" name='password' class="form-control" id="id_password"
placeholder="Password" required>
                    </div>
                  <div>
                    <a href="/register/" class="text-success "><ins>新用户注册</ins></a>
                    <button type="submit" class="btn btn-primary float-right">登录</button>
                  </div>
                </form>
              </div>
    </div> <!-- /container -->

    <!-- Optional JavaScript -->
    <!-- jQuery first, then Popper.js, then Bootstrap JS -->
    {#      以下三者的引用顺序是固定的#}
    <script src="https://cdn.bootcss.com/jquery/3.3.1/jquery.js"></script>
    <script src="https://cdn.bootcss.com/popper.js/1.15.0/umd/popper.js"></script>
    <script src="https://cdn.bootcss.com/twitter-bootstrap/4.3.1/js/bootstrap.min.js"></script>

  </body>
</html>
```

再次访问 login 页面，可以看到如图 14.21 所示的画面。

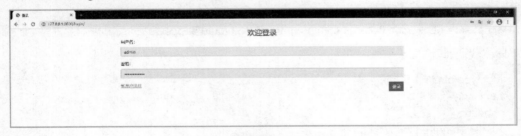

图 14.21　登录页面修改效果图

可以再简单修饰一下，写一些自己的 CSS 样式或者添加一些简单的背景图片，让页面看起来更加美观。这些 CSS 样式文件和背景图片统一存储到 static 文件目录内。然后新建目录为 mysite/login/static/login，分别在该路径下新建 css 目录和 image 目录。

在 css 目录中新建 login.css，具体内容如下。

```
body {
  height: 100%;
  background-image: url('../image/bg.jpg');
```

```
}
.form-login {
    width: 100%;
    max-width: 330px;
    padding: 15px;
    margin: 0 auto;
}
.form-login{
    margin-top:80px;
    font-weight: 400;
}
.form-login .form-control {
    position: relative;
    box-sizing: border-box;
    height: auto;
    padding: 10px;
    font-size: 16px;

}
.form-login .form-control:focus {
    z-index: 2;
}
.form-login input[type="text"] {
    margin-bottom: -1px;
    border-bottom-right-radius: 0;
    border-bottom-left-radius: 0;
}
.form-login input[type="password"] {
    margin-bottom: 10px;
    border-top-left-radius: 0;
    border-top-right-radius: 0;
}
form a{
    display: inline-block;
    margin-top:25px;
    font-size: 12px;
    line-height: 10px;
}
```

修改 login.html，代码如下。

```
{% load static %}
<!doctype html>
<html lang="en">
<head>
    <!-- Required meta tags -->
    <meta charset="utf-8">
```

```html
    <meta name="viewport" content="width=device-width, initial-scale=1, shrink-to-fit=no">
    <!-- 上述 meta 标签*必须*放在最前面，任何其他内容都*必须*跟随其后！ -->
    <!-- Bootstrap CSS -->
    <link href="https://cdn.bootcss.com/twitter-bootstrap/4.3.1/css/bootstrap.min.css" rel="stylesheet">
    <link href="{% static 'login/css/login.css' %}" rel="stylesheet"/>
    <title>登录</title>
</head>
<body>
<div class="container">
    <div class="col">
        <form class="form-login" action="/login/" method="post">
            <h3 class="text-center">欢迎登录</h3>
            <div class="form-group">
                <label for="id_username">用户名：</label>
                <input type="text" name='username' class="form-control" id="id_username"
placeholder="Username"
                       autofocus required>
            </div>
            <div class="form-group">
                <label for="id_password">密码：</label>
                <input type="password" name='password' class="form-control" id="id_password"
placeholder="Password"
                       required>
            </div>
            <div>
                <a href="/register/" class="text-success ">
                    <ins>新用户注册</ins>
                </a>
                <button type="submit" class="btn btn-primary float-right">登录</button>
            </div>
        </form>
    </div>
</div> <!-- /container -->


<!-- Optional JavaScript -->
<!-- jQuery first, then Popper.js, then Bootstrap JS -->
{#      以下三者的引用顺序是固定的#}
<script src="https://cdn.bootcss.com/jquery/3.3.1/jquery.js"></script>
<script src="https://cdn.bootcss.com/popper.js/1.15.0/umd/popper.js"></script>
<script src="https://cdn.bootcss.com/twitter-bootstrap/4.3.1/js/bootstrap.min.js"></script>

</body>
</html>
```

然后在 image 目录中放入一张名为 bg.jpg 的图片。刷新 login 页面，效果如图 14.22 所示。

图 14.22　登录页面添加背景图后效果

可以看到，背景图片尺寸太小，不适合浏览页面全屏显示，导致被平铺使用，需要在 login.css 文件中 body 属性内添加一行代码，具体如下。

```
body {
    height: 100%;
    background-image: url('../image/bg.jpg');
    background-size: 100%;
    background-repeat: no-repeat;
    color: #ffffff;
}
```

再次刷新页面，可以看到背景图片被拉伸以适应窗口最大化。

6. 登录视图

根据在路由中的设计，用户通过 login.html 中的表单填写用户名和密码，并以 POST 的方式发送到服务器的/login/地址。服务器通过 login/views.py 中的 login()视图函数，接收并处理这一请求。

可以通过下面的方法接收和处理请求，代码如下。

```
def login(request):
    if request.method == "POST":
        username = request.POST.get('username')
        password = request.POST.get('password')
        print(username, password)
        return redirect('/index/')
    return render(request, 'login.html')
```

说明：

（1）每个视图函数都至少接收一个参数，并且是第一位置参数，该参数封装了当前请求的所有数据。

（2）通常将第一参数命名为 request，当然也可以是其他名称。

（3）request.method 中封装了数据请求的方法，如果是 POST（全大写），将执行 if 语句的内容；如果不是，直接返回最后的 render()结果，也就是正常的登录页面。

（4）request.POST 封装了所有 POST 请求中的数据，这是一个字典类型，可以通过 get()方法获取具体的值。

（5）类似 get('username')中的键'username'是 HTML 模板中表单的 input 元素里'name'

属性定义的值，所以在编写 form 表单时一定不能忘记添加 name 属性。

（6）利用 print()函数在开发环境中验证数据。

（7）利用 redirect()方法将页面重定向到 index 页。

启动服务器，在 http://127.0.0.1:8000/login/的表单中随便填入用户名和密码，然后提交。页面出现了错误提示，如图 14.23 所示。

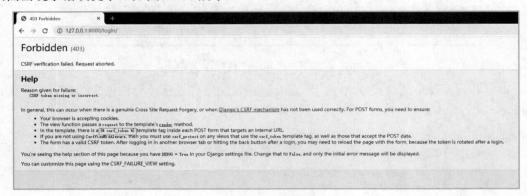

图 14.23　报错页面

错误原因是 CSRF（Cross-site request forgery）验证失败，请求被中断。CSRF 即跨站请求伪造，是一种常见的网络攻击手段。Django 自带对许多常见攻击手段的防御机制，CSRF 就是其中一种，另外还有 XSS、SQL 注入等。

解决这个问题的办法其实在 Django 的 Debug 错误页面已经给出了；需要在前端页面的 form 表单内添加一个{% csrf_token %}标签，如图 14.24 所示。

```
<form class="form-login" action="/login/" method="post">
    {% csrf_token %}
    <h3 class="text-center">欢迎登录</h3>
    <div class="form-group">
        <label for="id_username">用户名: </label>
        <input type="text" name='username' class="form-control" id="id_username" placeholder="Username"
            autofocus required>
    </div>
    <div class="form-group">
        <label for="id_password">密码: </label>
        <input type="password" name='password' class="form-control" id="id_password" placeholder="Password"
            required>
    </div>
    <div>
```

图 14.24　添加{% csrf_token %}

这个标签必须放在 form 表单内部，但是在内部的位置可以随意。

刷新 login 页面，然后再次输入内容并提交。浏览器页面跳转到了首页，在 PyCharm 开发环境中也看到接收的用户名和密码。

7. 数据验证

数据验证分前端页面验证和后台服务器验证。前端验证可以通过专门的插件或者自己编写的 JS 代码实现，也可以简单地使用 HTML5 的新特性。

前端页面验证是用来给守法用户做提示和限制的，并不能保证绝对的安全，后端服务器依然要重新对数据进行验证。目前开发的视图函数并没有对数据进行任何验证，即使在用户名处输入空格也可以正常提交，但这显然是不允许的。甚至，如果跳过浏览器伪造请求，那么用户名是 None 也可以提交请求。通常，除了数据内容本身，至少需要保证各项内容都提供且不为空，对于用户名、邮箱、地址等内容往往还需要删除前后的空白，防止用户未注意到的空格。

数据验证，代码如下。

```
def login(request):
    if request.method == "POST":
        username = request.POST.get('username')
        password = request.POST.get('password')
        if username.strip() and password:      # 确保用户名和密码都不为空
                                                # 用户名字符合法性验证
                                                # 密码长度验证
                                                # 更多的其他验证

            return redirect('/index/')
return render(request, 'login.html')
```

说明：

（1）get()方法是 Python 字典类型的内置方法，能够保证在没有指定键的情况下，返回一个 None，从而确保当数据请求中没有 username 或 password 键时不会抛出异常。

（2）通过 if username .strip() and password:确保用户名和密码都不为空。

（3）通过 strip 方法，将用户名前后无效的空格删除。

（4）更多的数据验证需要根据实际情况增加，原则是以最低的信任度对待发送过来的数据。

数据形式合法性验证通过了，不代表用户就可以登录了，因为最基本的密码对比还未进行。

通过唯一的用户名，使用 Django 的 ORM 去数据库中查询用户数据，如果有匹配项，则进行密码对比，如果没有匹配项，说明用户名不存在。如果密码对比错误，说明密码不正确。

下面为当前状态下/login/views.py 中的全部代码，注意其中添加了一句 from. import models，导入先前编写好的 model 模型，代码如下。

```
from django.shortcuts import redirect, render
from . import models

# Create your views here.

def index(request):
    pass
    return render(request, 'index.html')

def login(request):
    if request.method == "POST":
```

```
            username = request.POST.get('username')
            password = request.POST.get('password')
            if username.strip() and password:          # 确保用户名和密码都不为空
                                                        # 用户名字符合法性验证
                                                        # 密码长度验证
                                                        # 更多的其他验证

                try:
                    user = models.User.objects.get(name=username)
                except:
                    return render(request, 'login.html')
                if user.password == password:
                    return redirect('/index/')
        return render(request, 'login.html')

def register(request):
    pass
    return render(request, 'register.html')

def logout(request):
    pass
return redirect("/login/")
```

说明：

（1）首先要在顶部导入 models 模块。

（2）使用 try 异常机制，防止数据库查询失败的异常。

（3）如果未匹配到用户，则执行 except 中的语句。注意，这里没有区分异常的类型，因为在数据库访问过程中，可能发生很多种类型的异常，要对用户屏蔽这些信息，不可以将其暴露给用户，而是统一返回一个错误提示；例如，用户名不存在。这是大多数情况下的通用做法。当然，如果非要细分，也是可以的。

（4）models.User.objects.get(name=username)是 Django 提供的最常用的数据查询 API，具体含义和用法可以阅读前面的章节，不再赘述。

（5）通过 user.password == password 进行密码比对，成功则跳转到 index 页面，失败则返回登录页面。

到这一步，项目中使用的是 Django 内置的 sqlite3 数据库存储数据，目前尚未在此数据库中存入任何数据，所以以上步骤完成之后，如果到浏览器进行登录测试，会发现不能成功跳转到首页。

所以接下来应该在数据库中存入想要测试的用户信息，然后进行登录测试。在 mysite/ 路径下有一个 db.sqlite3 文件，该文件是在执行数据库初始化命令之后自建的，如果没有请返回前几步进行初始化。在 PyCharm 中双击该文件，如图 14.25 所示。

在 PyCharm 中会出现此数据库的结构，可以看到有一个 login_user 表。右击该表，然后选择 Jump to Editor 命令，如图 14.26 所示。

图 14.25　PyCharm 连接 db.sqlite3

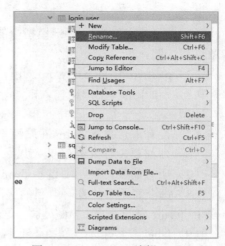

图 14.26　PyCharm 编辑 db.sqlite3

在该页面修改相应的数据之后单击 DB 按钮提交数据，就可以更新这个表中的数据，如图 14.27 所示。

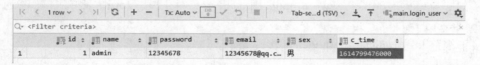

图 14.27　PyCharm 添加 db.sqlite3 数据

重启服务器，然后在登录表单内使用错误的用户名和密码，以及在表中创建的合法的测试用户分别登录，查看效果。输入数据库已注册用户，单击"登录"按钮可跳转至首页。

8. 注册视图

根据登录视图中的操作，注册用户信息是根据修改数据库来添加用户的，很明显注册也是需要一个表单进行提交，所以应在 mysite/login/ 中新建一个 forms.py，代码如下。

```python
from django import forms

class RegisterForm(forms.Form):
    gender = (
        ('male', "男"),
        ('female', "女"),
    )
    username = forms.CharField(label="用户名", max_length=128, widget=forms. TextInput
(attrs={'class': 'form-control'}))
    password1 = forms.CharField(label="密码", max_length=256, widget=forms. PasswordInput
(attrs={'class': 'form-control'}))
    password2 = forms.CharField(label="确认密码", max_length=256, widget=forms. PasswordInput
(attrs={'class': 'form-control'}))
```

```
email = forms.EmailField(label="邮箱地址", widget=forms.EmailInput(attrs={'class': 'form-control'}))
sex = forms.ChoiceField(label='性别', choices=gender)
```

说明：

（1）gender 字典和 User 模型中的一样，其实可以拉出来作为常量共用，为了直观，特意重写一遍。

（2）password1 和 password2 用于输入两遍密码，并进行比较，防止误输密码。

（3）email 是一个邮箱输入框。

（4）sex 是一个 select 下拉框。

（5）没有添加更多的 input 属性。

（6）顶部要先导入 forms 模块。

（7）所有的表单类都要继承 forms.Form 类。

（8）每个表单字段都有自己的字段类型；例如，CharField，它们分别对应一种 HTML 语言中<form>内的一个 input 元素。这一点和 Django 模型系统的设计非常相似。

（9）label 参数用于设置<label>标签。

（10）max_length 限制字段输入的最大长度。它同时起到两个作用：一是在浏览器页面限制用户输入不可超过的最大字符数；二是在后端服务器验证用户的输入也不可超过最大字符数。

（11）widget=forms.PasswordInput 用于指定该字段在 form 表单里表现为<input type='password' />，也就是密码输入框。

接下来，修改 register.html 文件，代码如下。

```
{% load static %}
<!doctype html>
<html lang="en">
<head>
    <!-- Required meta tags -->
    <meta charset="utf-8">
    <meta name="viewport" content="width=device-width, initial-scale=1, shrink-to-fit=no">
    <!-- 上述 meta 标签*必须*放在最前面，任何其他内容都*必须*跟随其后！ -->
    <!-- Bootstrap CSS -->
    <link href="https://cdn.bootcss.com/twitter-bootstrap/4.3.1/css/bootstrap.min.css" rel="stylesheet">
    <link href="{% static 'login/css/register.css' %}" rel="stylesheet"/>
    <title>注册</title>
</head>
<body>
<div class="container">
    <div class="col">
        <form class="form-register" action="/register/" method="post">

            {% if register_form.captcha.errors %}
                <div class="alert alert-warning">{{ register_form.captcha.errors }}</div>
            {% elif message %}
                <div class="alert alert-warning">{{ message }}</div>
```

```
            {% endif %}

            {% csrf_token %}
            <h3 class="text-center">欢迎注册</h3>

            <div class="form-group">
                {{ register_form.username.label_tag }}
                {{ register_form.username }}
            </div>
            <div class="form-group">
                {{ register_form.password1.label_tag }}
                {{ register_form.password1 }}
            </div>
            <div class="form-group">
                {{ register_form.password2.label_tag }}
                {{ register_form.password2 }}
            </div>
            <div class="form-group">
                {{ register_form.email.label_tag }}
                {{ register_form.email }}
            </div>
            <div class="form-group">
                {{ register_form.sex.label_tag }}
                {{ register_form.sex }}
            </div>
            <div class="form-group">
                {{ register_form.captcha.label_tag }}
                {{ register_form.captcha }}
            </div>

            <div>
                <a href="/login/">
                    <ins>直接登录</ins>
                </a>
                <button type="submit" class="btn btn-primary float-right">注册</button>
            </div>
        </form>
    </div>
</div> <!-- /container -->


<!-- Optional JavaScript -->
<!-- jQuery first, then Popper.js, then Bootstrap JS -->
{#      以下三者的引用顺序是固定的#}
<script src="https://cdn.bootcss.com/jquery/3.3.1/jquery.js"></script>
<script src="https://cdn.bootcss.com/popper.js/1.15.0/umd/popper.js"></script>
<script src="https://cdn.bootcss.com/twitter-bootstrap/4.3.1/js/bootstrap.min.js"></script>
```

```
</body>
</html>
```

然后在/mysite/login/static/login/css 目录中创建一个 register.css 文件，代码如下。

```css
body {
    height: 100%;
    background-image: url('../image/bg.jpg');
    background-size: 100%;
    background-repeat: no-repeat;
    color: #ffffff;
}
.form-register {
    width: 100%;
    max-width: 400px;
    padding: 15px;
    margin: 0 auto;
}

.form-group {
    margin-bottom: 5px;
}

form a {
    display: inline-block;
    margin-top: 25px;
    line-height: 10px;
}
```

接着，在/login/views.py 文件中完善 register()函数，代码如下。

```python
def register(request):
    if request.session.get('is_login', None):
        return redirect('/index/')

    if request.method == 'POST':
        register_form = models.RegisterForm(request.POST)
        message = "请检查填写的内容！"
        if register_form.is_valid():
            username = register_form.cleaned_data.get('username')
            password1 = register_form.cleaned_data.get('password1')
            password2 = register_form.cleaned_data.get('password2')
            email = register_form.cleaned_data.get('email')
            sex = register_form.cleaned_data.get('sex')

            if password1 != password2:
                message = '两次输入的密码不同！'
```

```
                return render(request, 'login/register.html', locals())
            else:
                same_name_user = models.User.objects.filter(name=username)
                if same_name_user:
                    message = '用户名已经存在'
                    return render(request, 'login/register.html', locals())
                same_email_user = models.User.objects.filter(email=email)
                if same_email_user:
                    message = '该邮箱已经被注册了！'
                    return render(request, 'login/register.html', locals())

                new_user = models.User()
                new_user.name = username
                new_user.password = password1
                new_user.email = email
                new_user.sex = sex
                new_user.save()

                return redirect('/login/')
        else:
            return render(request, 'login/register.html', locals())
    register_form = models.RegisterForm()
    return render(request, 'login/register.html', locals())
```

在登录页面单击新用户注册按钮或者在浏览器地址栏中输入 http://127.0.0.1:8000/register/就可以看到如图 14.28 所示的界面。

从整个过程逻辑上来说，是先实例化一个 RegisterForm 的对象，然后使用 is_valide() 验证数据，再从 cleaned_data 中获取数据。

重点在于注册逻辑，首先两次输入的密码必须相同，其次不能存在相同的用户名和邮箱，最后如果条件都满足，利用 ORM 的 API 创建一个用户实例，然后保存到数据库内。

对于注册的逻辑，不同的生产环境有不同的要求，需根据实际情况进行完善，这里只是一个基本的注册过程，不适用于所有环境。

可以使用不同的注册信息来查看效果，如图 14.29 所示。

图 14.28　注册页面效果图 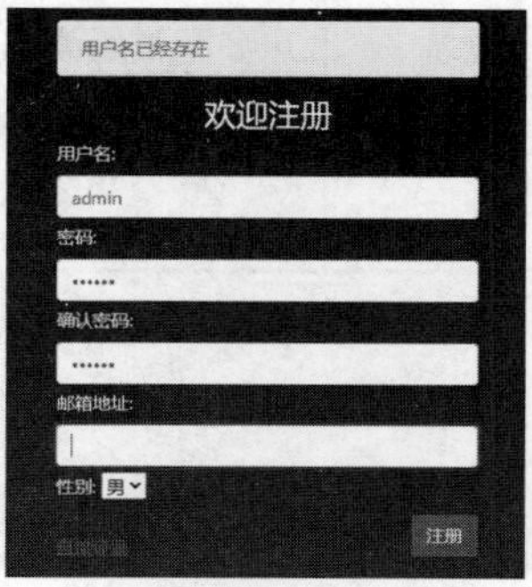　　　图 14.29　注册页面验证效果图

如果使用一个系统尚未注册的账号进行信息注册，则会跳回登录页面。

至此，整个注册/登录系统就已经完成了。其实在本系统中尚有许多细节被忽略；例如，登录时用户名或密码验证失败等友好提示信息、注册验证码、注册时进行邮箱验证等功能都未进行实现。不过作为一个测试系统来讲，已经算是很好的示例了。剩余的一些功能，就交由读者自己进行实现。

14.3.4 测试与上线

整个项目编码完成后，最为重要的步骤就是进行测试与上线。

1. 测试

软件/系统测试是众多开发步骤中最重要的一环，很多开发团队都拥有专门的测试流程和测试步骤。

根据是否关注程序内部代码实现，测试可分为白盒测试和黑盒测试等。其中，黑盒测试是通过测试来检测每个功能是否都能正常使用。在测试中，把程序看作一个不能打开的黑盒子，在完全不考虑程序内部结构和内部特性的情况下，在程序接口进行测试，它只检查程序功能是否按照需求说明书的规定正常使用，程序是否能适当地接收输入数据并产生正确的输出信息。黑盒测试着眼于程序外部结构，不考虑内部逻辑结构，主要针对软件界面和软件功能进行测试，例如，仅看系统表面。黑盒测试是检验系统的输入、单击事件的反应、界面美观度、友好性提示等，不深究系统本身代码。白盒测试则反之。

测试有很多方法；例如，等价类划分、有效类划分、边界值分析、错误推测、因果图、判断表等方法。

对于上述系统而言，可以做一些简单的测试；例如，在 views.py 中对 login()函数的定义为当用户的用户名和密码不为空且能够与数据库中保存的用户名和密码匹配时，才可以登录系统；反之则无法登录系统。那么测试用例可如表 14.7 所示。

表 14.7 测试用例

序　号	测　试　项	测　试　类　别	描述/输入/操作	期　望　结　果	真　实　结　果
1	登录	登录界面用户名和密码为空测试	用户名和密码为空，单击"登录"按钮	用户名或密码框有相关友好提示	
2		登录界面随意用户名和密码测试	用户名和密码随意输入，单击"登录"按钮	无法登录系统	
3		登录界面用户名和密码为系统已存在	输入系统已存在的用户名和密码，单击"登录"按钮	可登录系统	

表 14.7 所示是一个十分简单的测试用例，接下来可以根据表中的内容进行系统测试，并将相应的测试结果记录在表中。其中与表中的期望结果不相符合的内容，需要反馈，然后进行修复。

测试用例并不是测试人员随意制定的，而是专业的测试人员根据需求说明书的内容生成的。一份详细的需求说明书是一份详细的测试用例的根本。

2. 上线

系统的上线又称为系统部署。上线需要一个可用的公用 IP、一台服务器。可以考虑租用阿里云或腾讯云公有 IP 和服务器。另外，需要懂得服务器操作系统的使用，去搭建相应的 Web 服务器。

现以 Linux 为例，提供如表 14.8 所示的解决方案。

表 14.8 网站服务器部署建议

系 统 环 境	建议使用的系统
服务器系统	CentOS 7.x
编译环境	Python、Django
数据库	MongoDB/MySQL
缓存	Redis
Web 服务器	Uwsgi、Nginx

Windows 服务器与 Linux 类似，读者可自行搜索相关解决方案，这里不再赘述。

14.4 小结

本章讲解了 Python Web 开发的主要框架之一——Django，介绍了其特点、使用方法以及相关注意事项等。

在掌握一定的基础之后，我们开始了一个很小的实战示例，经过这个实战示例，可以快速地掌握相关知识点。

经过本章的学习，不难发现掌握多门编码语言的重要性。同时，在多门语言的学习中，要注意学以致用。只有在不断的实践中，才能发现自己的短处，磨炼自己的开发技术，提高自己的开发水平，锻炼自己的开发能力。

14.5 习题

一、选择题

1. Django 项目自带数据库的文件名为（　　）。

A. DB.sqlite　　　　　B. db.sqlite　　　　　C. db.sqlite3　　　　　D. MySQL

2. Django 中负责在开发模式下进行项目控制的项目管理文件名为（　　）。

A. Manage.py　　　　B. manage,py　　　　C. manager.py　　　　D. manage

3. Django 数据迁移，同步数据表结构的命令是（　　）。

A. python manage.py makemigration　　　　B. python manage.py makeDB

C. python manage.py makemigrations　　　　D. pip manage.py makemigrations

4. 创建超级用户的命令是（　　）。

A. python manage.py createsuperuser　　　　B. python manage.py createrootuser

C. python manage.py createsuper　　　　D. python manage.py makesuperuser

5. 创建项目的命令是（　　）。

    A. django-admin startproject   B. django-admin startprojects

    C. django-admin createproject   D. django-admin makeproject

二、填空题

1. Django 项目路由以及数据库等配置项是在_____文件中进行配置的。

2. 项目运行成功，默认访问链接为_____。

3. 可以在 form 表单中携带_____标签解决跨域问题。

4. 项目路由文件的名称为_____。

5. 项目视图文件的名称为_____。

三、简答题

1. 请简述什么是 ORM 以及 ORM 对应关系表。

2. 请简述表单常用的几个方法及特点。

第 15 章

项目实战：机器学习

机器学习是人工智能的重要组成部分，是相对人类学习所引出的重要概念。与人类学习不同的是，机器学习是以计算机为载体，在并交叉融合多学科方法技术的基础之上实现的知识发现智能技术，是大数据时代高效探索数据背后所隐藏知识的重要方式之一。因而，了解并掌握基本的机器学习技能已经成为新时代数据工作者的一项基本技能，也是数据驱动的决策管理的基本素养。为此，本章将详细介绍机器学习的内涵与外延、典型机器学习模型的基本流程、两个常用的机器学习库 scikit-learn 和 Keras 以及经典的机器学习范例——鸢尾花分类，解析机器学习的全过程。最后，通过章节实验，以 do it by yourself（自己做）的方式让读者运用所学的机器学习理论解决实际问题，进而具备基本的数据规律发现技能。

15.1　机器学习概述

机器学习是专门研究计算机模拟或实现人类学习行为，进而获取新的技能或知识，并将其用于重构已有知识结构的过程。它是一门涉及概率论、统计学、逼近论、凸分析及算法复杂度等的多学科知识融合的新兴学科。同时，也是各类学科交叉融合的纽带。本节将重点介绍机器学习的内涵、分类以及典型模型的实现过程。

15.1.1　机器学习的内涵

机器学习是相对于人类学习而言的，旨在探索如何通过计算机模拟人的学习过程，进而发现数据背后隐藏的知识，更好地服务人类决策。因此，为了更为透彻地理解机器学习的内涵与外延，本节将自然世界中的核心——人类的学习过程和机器世界核心——计算机的学习过程进行对比，从而形象地说明计算机的学习过程。为此，先来了解人类学习过程的全貌，如图 15.1 所示。

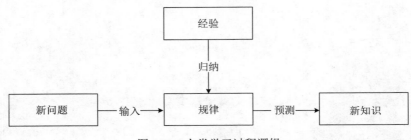

图 15.1　人类学习过程逻辑

从人类学习过程逻辑示意图中不难看出，自然世界中人类的学习过程为首先，将先验知识（已有经验或学习经验的能力）通过自身所具有的技能（例如，归纳思考）加工为某种规律或办事模式；然后，当遇到新问题时，就可以运用已有的习得规律去判断或解决，从而形成新的知识。通常把人类特有的这一思考过程称为人类学习。在与之对应的机器世界中，计算机的学习过程如图 15.2 所示。首先，计算机将已有的数据通过训练（某种算法）转换为特定的模型（函数簇）；然后，通过模型对新的未知数据的输出结果进行判定，进而实现未知数据的结果输出。同样，我们把计算机对未知数据的分析过程称为机器学习。另外，从图 15.1 和图 15.2 的对比不难看出，自然世界的经验对应机器世界的数据；自然世界的规律对应机器世界的模型，这样的对应不仅符合自然世界实体在机器世界的映射关系，也符合时下平行世界的提法。简言之，这样的对应一定程度上佐证了机器学习的演化渊源。

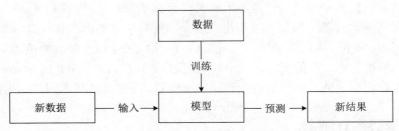

图 15.2　计算机学习过程逻辑

然而，到目前为止，关于机器学习，学术界尚未有统一的定义，不同的学者从不同的视角对机器学习的内涵进行了诠释。其中，最值得一提的便是机器学习的创始人亚瑟·塞缪尔（Arthur Samuel）于 1959 年给出的定义："Field of study that gives computers the ability to learn without being explicitly programmed."也即，不需要显式编程而使计算机具有学习能力的研究领域。直到 1997 年，学者 Tom M. Mitchell 才首次更为直观地给出了机器学习的量化定义："A computer program is said to learn from experience E with respect to some class of tasks T and performance measure P, if its performance at tasks in T, as measured by P, improves with experience E."值得一提的是，该定义首次通过引入 3 个概念（经验 E、任务 T 和性能评价 P）来阐述机器学习的概念及其相互之间的依存关系。同时，也提出了更为严谨的概念描述，即计算机程序如何随着经验的积累自主提升自身性能。

此外，不同的学者在其各自的学术著作中从不同的视角对机器学习的内涵做了不同的诠释，其中比较有代表性的解释主要包括以下两点。

（1）学者 Goodfellow、Bengio 和 Courville 在其合著的《机器学习》中对机器学习做了更为规范的定义，尤其是对其与统计学的关联给出了明确的区分，即"机器学习本质上属于应用统计学，更多地关注如何用计算机统计地估计复杂函数，不太关注为这些函数提供置信区间。"这一定义更为明确地指出了机器学习的数学实现方式和关注焦点及其与传统意义上的应用统计学的区别。通俗地讲，深度学习更为关注计算机程序对复杂函数的模拟（逼近），而非统计学中强调的是置信区间等概念。

（2）学者 Christopher Bishop 在其所著的《模式识别和机器学习》一书中从算法的视角对机器学习做了更为形式化的描述，即机器学习的本质是函数模拟，其外在表现是被称为模型的"黑盒子"，并将数据分为训练集和测试集，其中，训练集数据用于模型的训练，测试集数据用于模型的验证。

综上，学者们从不同的视角对机器学习的概念做了不同的界定；但是截至目前，机器学习仍未有一个权威的、完整的学术定义。从实践应用的角度来看，学者 Christopher Bishop 有关机器学习的定义更为实用，它继承并发展了学者 Tom M. Mitchell、Goodfellow、Bengio 和 Courville 等有关机器学习的定义，而且首次更为具体地从实践的可操作性上对机器学习的过程从算法实现的角度给出了注释。总之，机器学习就是通过某种预定义的数学形式发掘先验数据隐藏的关联关系（模型）；然后，通过模型对未知输入数据的输出结果进行预测的过程。

15.1.2 机器学习的分类

机器学习的分类方式种类繁多，从不同的分类方式可以了解机器学习学科不同维度的特点，而且通过对机器学习分类结果的认知，有助于更好地把握机器学习的本质。为此，本节从学习任务类型、学习范式和学习模型 3 个视角对机器学习的分类进行阐述，并详细介绍学习范式视角下机器学习的分类情况。其中，根据学习任务类型的不同所对应的分类结果如表 15.1 所示；根据学习模型类型的不同所对应的分类结果如表 15.2 所示。此外，根据学习范式的不同，机器学习可以划分为监督学习、无监督学习和强化学习 3 种类型。值得一提的是，这种分类方式也是业界普遍认可的机器学习分类方式。因而，本节重点介绍其相关内容。

表 15.1 学习任务类型视角下机器学习典型分类方式统计表

任 务	特 征 描 述	典 型 算 法
分类	将输入数据划分为预先规定的若干个类别	支持向量机
回归	输出结果是连续而非离散的数值	线性回归
聚类	将输入数据划分为若干个未知的类别	k-均值
排名	用输入数据的排名位置来替换数据本身的数据转换方法	网页排名
密度估计	寻找某个空间中输入的分布	增强式密度估计
维度约简	通过将输入数据映射到低维稠密实值空间以实现维度削减	等距特征映射
优化	从所有可能的解中寻找最优解的过程	Q-学习

表 15.2　学习模型视角下机器学习典型分类方式统计表

模　型	特　征　描　述	子　模　型	典　型　算　法
几何模型	运用线、面、距离、流行等几何图形模型来构建学习算法	线	线性回归
		面	支持向量机
		距离	k-近邻
		流行①	等距映射
逻辑模型	运用逻辑模型来构建学习算法	逻辑	归纳逻辑编程
		规则	关联规则
网络模型	运用网络模型构建机器学习算法	浅层	感知机
		深层	神经网络
概率模型	运用概率模式来表示随机变量之间的条件相关性	贝叶斯	贝叶斯网络
		生成	概率规划
		统计	线性回归

① 流行是指局部具有欧几里得空间性质的空间。

1. 监督学习

监督学习（supervised learning）是指让计算机程序从大量已有的知道输入/输出关系的配对数据中学习规律，并形成对应的模型，进而能够使模型对合理的新输入做出正确的输出预测的过程。需要注意，在监督学习中，数据集中每一条数据由特征（输入）和与之匹配的标签（输出）构成。学习的目的就是构建特征与标签之间的关联关系，也即模型。通常，监督学习根据模型输出结果是否连续可分为回归学习（regression learning）和分类学习（classification learning）两种方式。其中，回归学习的预测模型是一个连续的函数，并且与输入相对应的输出结果是一个确定的数值。而分类学习的预测模型的输出结果则是有限的离散值。通常，监督学习模型的训练过程可分为 6 个步骤完成，具体如图 15.3 所示。

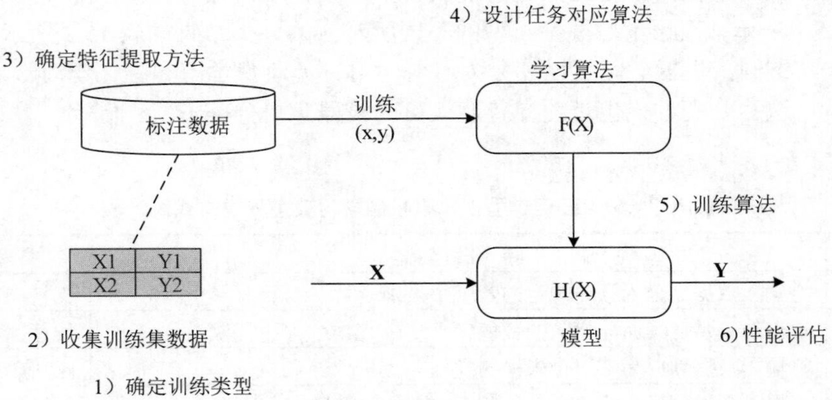

图 15.3　监督学习逻辑

2. 无监督学习

无监督学习（unsupervised learning）是相对监督学习而讲的，通常是指让计算机程序从只包含特征且无对应标签的大量数据中分析数据自身的特点和结构，并形成对应的模型，进而使模型能够对未知数据进行合理识别的过程。根据无监督学习的用途不同，可以将其划分为数据集变换和聚类（clustering）两种类型。其中，数据集变换是创建原数据集的新的表示方式，相比原数据集，新的表示方式更易于被人或其他机器学习算法所理解。通常，读者所熟知的维度约简便是数据集变换的一种形式。聚类是按照"组内相关性最大，组间相关性最弱"的原则将只包含特征的大量数据划分为若干个分组的过程。值得说明的是，与监督学习中的分类相比，在无监督学习的聚类中，分组的数目是未知的，需要通过机器学习方法去发掘数据本身所具有的特征，也即标签。

3. 强化学习

与监督学习和无监督学习相比，强化学习（reinforcement learning）是机器学习更为重要的一个分支，其灵感来源于心理学的行为主义理论，更接近人的学习过程，强调如何基于环境行动获取最大的预期利益。简单地说，强化学习是智能体在与环境的不断交互中，不断强化自身决策能力的过程。其学习过程由智能体、环境、动作、状态和奖励五要素构成，对应的学习过程结构示意图如图 15.4 所示。

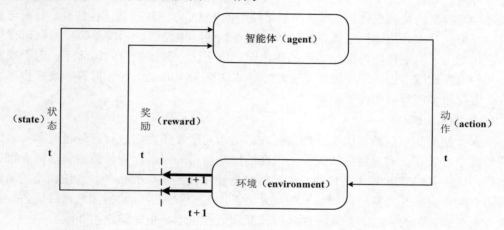

图 15.4 强化学习过程逻辑

其中，智能体是强化学习的主体，是学习或决策的执行者；环境是除智能体以外的一切要素，主要由状态集组成；状态是表示环境的数据，状态集则是环境中所有可能状态的集合；动作是指智能体可以做出的动作，动作集是指智能体所具有可能动作的集合；奖励是指智能体在执行一个动作后得到的反馈，可正可负，奖励集则是智能体所具有可能得到的反馈的集合。通常，智能体在执行某一动作后，环境将会转换到一个新的状态，并且同时会给该新的状态环境一个奖励反馈（正奖励或负奖励）。随后，智能体会根据所接收到的奖励反馈，按照一定的策略执行下一个新动作，周而复始，直到完成学习任务。需要注意的是，这里提到的策略是指智能体选择动作的思考过程。

总之，强化学习是一种基于交互的目标导向学习方法，旨在找到连续时间序列的最优策略；而监督学习是通过有标签的数据学习规律（例如，回归、分类等）；无监督学习则是通过无标签的数据学习其中隐藏的模式（例如，降维、聚类等）。

15.1.3 典型模型的实现流程

模型训练是贯穿机器学习整个过程的关键步骤，好的训练模型能够为数据驱动的支持决策提供可靠的事实依据。如图 15.5 所示，机器学习典型模型的实现过程可划分为数据集获取、探索性数据分析、数据预处理、数据分割、模型构建（学习算法、参数调优和特征选择）、模型评价 6 个步骤。

1. 数据集获取

数据集获取是整个机器学习模型实现流程的起点，简单来说，数据集本质上是一个 M 行 N 列的矩阵；这里，M 代表数据集的记录数目，N 代表样本的属性数目。值得注意的是，通常数据集中的属性数目由特征和标签构成，也即输入变量和输出变量。此外，在监督学习中，数据集中同时包含特征和标签，而在无监督学习中，数据集中则只包含特征。

2. 探索性数据分析

探索性数据分析（exploratory data analysis，EDA）是指对已有的数据在尽量少的先验假设下通过作图、制表、方程拟合和计算特征量等手段来探索数据的结构和规律的一种数据分析方法。其目的是了解数据集中属性之间可能存在的潜在规律，为后续的与任务关联的机器学习模型的特征选择提供依据。通常使用的 EDA 方法包括描述性统计、数据可视化和数据整形；其中，描述性统计常用方法包括平均数、中位数、标准差等；数据可视化常用方法包括用于辨别特征内部相关性的热力图、用于区分群体差异的箱体图、用于观察特征之间相关性的散点图、用于展现数据集中样本关联关系的主成分分析等；数据整形则是对数据进行透视、分组和过滤操作。

3. 数据预处理

数据预处理（别名数据清洗或数据处理）是指对所收集数据进行各种检查和审查，以解决数据中可能存在的属性值缺失值、潜在的拼写错误等问题，并使数值属性具有可比性的过程。详情可参考第 13.1 节内容。通常，数据质量决定模型的质量。为使模型的质量具有高可信度，应该花费精力做好数据的预处理工作。一般来讲，数据预处理时间占数据科学项目所花费时间的 80%，而实际的模型建立和后续模型分析时间仅占 20%。

4. 数据分割

通常，机器学习模型构建的目标是尽可能让训练好的模型在新的、未见过的数据上性能表现优异。那么充分利用已知数据进行机器学习模型的训练就显得尤为重要。如何高质量地划分已有数据，用于预测模型的训练、验证和测试则成为高质量模型构建的首要任务。一般来讲，对于已知数据集的划分有训练—测试集二分法、训练—验证—测试集三分法以及交叉验证法。其中，训练—测试二分法将已知数据分为训练集（占原始数据的 80%）和测试集（剩余的 20%）；训练—验证—测试三分法将已知数据分为训练集（占原始数据的 60%）、验证集（剩余 40% 的一半）和测试集（剩余 40% 的另一半）；交叉验证（又称 N 倍交叉验证）法则是将已知数据集划分为 N 等分，每次预留其中一等分为测试集，其余为训练集，循环往复，直到每一份都做过一次测试集为止。这里的 N 一般取值为 5 或 10。需要注意的是，测试集通常用于充当新的、未知的数据，它不参与任何模型的建立和准备工作。

5. 模型构建

模型构建是机器学习模型建立的核心工作，主要由学习算法、参数调优和特征选择 3 部分构成。其中，机器学习算法分为监督学习、无监督学习和强化学习 3 种，算法的选择需结合实际的任务和数据集的形态来确定。参数调优又称超参数调整，其本质上是直接影响模型训练过程和模型预测性能的学习算法的参数。通常，超参数的设置需要根据数据集中样本与模型的拟合程度进行调整或优化。参数调优的目的是使模型的损失最小，即获得最佳训练模型。特征选择也称特征子集选择（feature subset selection，FSS），其任务是从已知数据集的属性中寻找与模型关联性最大的属性子集。通常特征选择过程由产生过程（生成候选的特征子集）、评价函数（评价特征子集的好坏）、停止准则（决定什么时候该停止）和验证过程（特征子集是否有效）4 部分构成。此外，需要区分特征选择与特征提取的区别，特征提取是指利用已有的特征计算出一个抽象程度更高的特征集的过程。

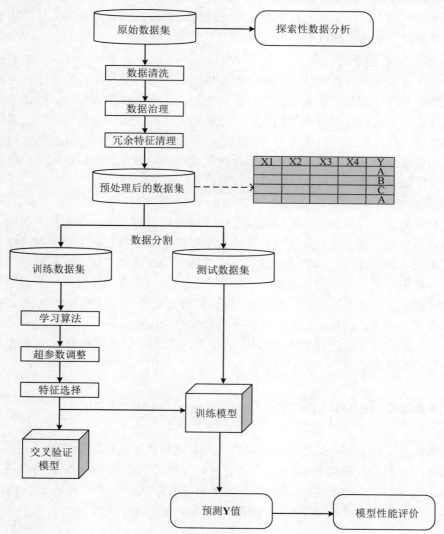

图 15.5　机器学习典型模型实现流程图

6. 模型评价

模型评价是机器学习模型开发必不可少的一个环节，它是指对建立的模型性能进行评估，以确定其是否能够满足使用要求。模型评价有相对标准的模型评价方法，并且不同的模型有不同的评价方式。通常，分类问题的机器学习模型可以采用精确率、召回率、准确率、F1 指标、平均精确率和 AUC 指标进行度量；回归模型可采用平均平方误差（MSE）、平均平方根误差（RMSE）、平均绝对值误差（MAE）、R2score 以及可解释方差得分等指标度量；无类别标签聚类问题的机器学习模型可采用紧密度、间隔性、戴维森堡丁指数、邓恩指数来度量；指定类别标签聚类问题的机器学习模型可采用聚类准确性（CA）、兰德指数标准、互信息、同质性和完整性等方法度量。

15.1.4　典型应用场景

机器学习应用广泛，无论是在军事领域还是民用领域，都有机器学习算法施展拳脚的机会。其主要应用场景包括以下几个方面。

1. 数据分析与挖掘

通常，在许多场合"数据分析"和"数据挖掘"是可以相互替代的术语。无论是数据挖掘还是数据分析，都是帮助人们收集、分析数据，并将其加工为知识，供决策者使用。因而，某种意义上可将其理解为数据分析（显性知识）与挖掘（隐性知识）。值得一提的是，数据分析与挖掘技术是机器学习算法和数据存取技术的融合体，其能够凭借机器学习技术提供的统计分析和知识发现等手段分析海量数据背后隐藏的知识。因而，机器学习在数据分析与挖掘领域拥有不可替代的作用和地位。

2. 模式识别

模式识别源于工程领域，机器学习源于计算机科学领域，机器学习技术的融入给模式识别应用研究带来了新的生机和发展方向。其主要的研究对象包括生物体如何感知对象和在指定任务中，如何运用机器学习方法实现模式识别的理论和方法。模式识别涵盖的应用领域包括计算机视觉、医学图像分析、光学文字识别、自然语言处理、语音识别、手写识别、生物特征识别、文件分类等，而这些领域也正好是机器学习技术大显身手的应用场景，因此，机器学习技术在模式识别领域具有不可估量的应用前景。

此外，机器学习也在搜索引擎、医学诊断、欺诈检测、证券市场分析、DNA 序列测序等领域取得了显著的成绩。

15.2　scikit-learn 简介

scikit-learn 又称 sklearn，是一种免费的第三方机器学习库，是 GitHub 上最受欢迎的机器学习库之一，其主要是用 Python 语言编写的，并且广泛使用 NumPy 进行高性能的线性代数和数组运算。scikit-learn 能够很好地与其他第三方库；例如，SciPy、matplotlib 和 pandas 等集成在一起使用。它囊括了常见的机器学习算法，特别适合初学者进行机器学习模型的构建与应用。

15.2.1　scikit-learn 的特点与功能

作为机器学习爱好者入门级的机器学习库，scikit-learn 封装了与监督学习和无监督学习相关的大量算法，同时，内置了丰富的公开数据集。总的来讲，其具有以下 4 方面的特点。

（1）scikit-learn 是一种简单且高效的数据分析预测工具。这是由于利用机器学习库 scikit-learn 能够方便地进行数据集的探索性分析，并完成与监督学习和无监督学习相关的模型训练等工作，从而快速熟悉并掌握机器学习的算法基本原理和使用方法。

（2）scikit-learn 能够满足不同学习者的使用需求，而且可以在不同的场景重用。这是由于作为 Python 语言重要的入门级机器学习第三方库，scikit-learn 简单易学，易于理解，是机器学习初学者必备的入门神器，并且借助于 Python 语言的胶水特性，scikit-learn 能够方便地迁移到不同的应用场景；同时，由于 Python 语言本身的超级面向对象特性，依托 scikit-learn 的源代码的可重用性也大大提高。

（3）scikit-learn 性能的发挥依托于第三方开源库。这是由于作为 Python 语言的重要机器学习第三方库，scikit-learn 专注于机器学习相关的功能实现，其性能的发挥依托于 NumPy、SciPy 和 matplotlib 等第三方的科学计算库。这样的设计机制正好继承了 Python 语言的胶水特性，并且有利于代码架构的自由构建和程序代码自身的无缝耦合。

（4）scikit-learn 不仅开放源代码，而且可用于商业场景。这是由于开放源码能够最大限度地提升代码库自身的领域关注度，并且使更多的爱好者参与到代码本身的维护和传播中。此外，在基于 BSD 许可的前提下，该库也可用于商业场景，这无形中降低了软件开发商的开发成本，也有利于提升该机器学习库的热度和应用范围。

作为机器学习初学者青睐的第三方机器学习库，scikit-learn 囊括了与监督学习和无监督学习相关的大量功能，介绍如下。

（1）分类：作为监督学习的重要构成部分，分类模型主要用于对未知数据进行预定义的类别区分；例如，垃圾邮件检测和图像识别。常用的算法包括支持向量机（SVM）、最近邻、随机森林等。

（2）回归：作为监督学习的重要构成部分，回归模型主要用于预测与输入特征相关的连续输出特征值；例如，药物反应和股票价格预测。常用的算法包括支持向量回归（SVR）、最近邻、随机森林等。

（3）聚类：作为无监督学习的重要构成部分，聚类模型主要用于挖掘不带标签的数据自身的内部规律，并自动将相似的数据归为一类；例如，客户分类和实验结果分组。常用的算法包括 k-means、谱聚类和均值漂移等。

（4）降维：作为无监督学习的重要构成部分，降维功能用于约简不带标签的数据属性，从而降低数据对象的属性维度；例如，用于可视化和数据表示能力优化。常用的算法包括 k-means、特征选择和非负矩阵分解等。

（5）模型选择：作为优化监督学习和无监督学习模型的性能模块，包括模型和参数的比较、验证和选择 3 个重要功能；例如，提升模型的准确度。常用的算法包括网格搜索、交叉验证和指标度量。

（6）数据预处理：用于监督学习和无监督学习模型训练前输入数据的特征提取和规范化处理。常用的算法包括预处理和特征抽取。

15.2.2　scikit-learn 的安装与测试

运用 scikit-learn 库构建机器学习模型，首先需要配置该机器学习库中各类算法的运行环境，以保障相关的函数调用能够正常执行。为此，本节对基于 scikit-learn 库的机器学习模型调试环境的搭建过程阐述如下。

本节假设机器学习爱好者已经安装了 Python 解释器和构建 scikit-learn 机器学习编程环境所依赖的 NumPy、SciPy 和 matplotlib 第三方 Python 库。当然，如果没有安装 scikit-learn 所依赖的相关库，可直接在 Python 命令模式下通过 pip 命令进行相关库的安装。

同样，作为第三方机器学习模块，scikit-learn 的安装方式也有两种：一种是通过执行源代码文件中的 setup.py 文件安装；另一种是通过 pip 命令安装。这里，选择第一种安装方式进行 scikit-learn 的安装。

首先需要到 scikit-learn 模块所在的网站上下载操作系统所对应的安装源码，具体可从网站 https://pypi.org/project/scikit-learn/或 https://scikit-learn.org/stable/中获取。这里选择从 PyPI 官方网站获取，并安装 scikit-learn 库。

如图 15.6 所示，从 PyPI 网站的搜索引擎中检索关键字 scikit-learn，并单击查询按钮，得到如图 15.7 所示的查询结果，单击查询结果的第一项"scikit-learn 0.24.1"，打开 scikit-learn 库主页面，如图 15.8 所示；然后在左侧的导航栏中单击 Download files，接着在右侧的 Downloads files 中选择与本地计算机操作系统匹配的 scikit-learn 版本下载并保存安装包文件。这里，选择 scikit-learn 的源代码 scikit-learn-0.24.1.tar.gz，解压并运行 setup 文件编译安装。

图 15.6 PyPI 检索界面

图 15.7 scikit-learn 关键字查询结果

图 15.8 scikit-learn 主页面

至此，scikit-learn 机器学习库的安装已经完成，那么 scikit-learn 能否正常使用或者又该如何验证该库能否正常工作？这里，采用软件包管理器 pip 的 show 命令来验证 scikit-learn 的安装情况，并通过相关包导入操作来确认其是否正常工作，具体操作如图 15.9 所示。

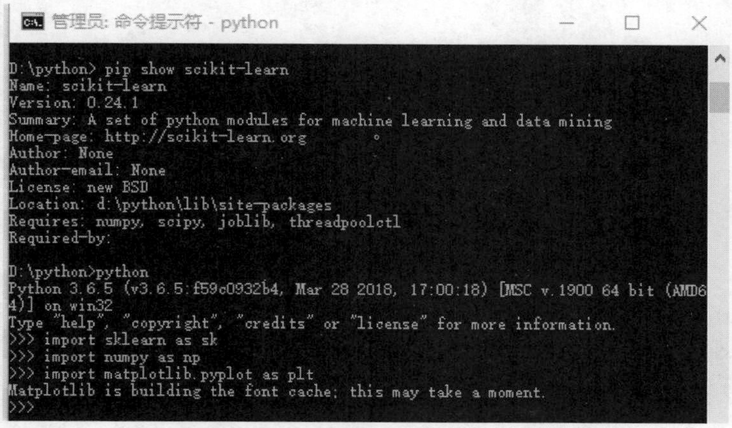

图 15.9 scikit-learn 安装检测与验证

从图 15.9 可知，scikit-learn 库已正常安装，其版本号为 0.24.1，而且在 Python 编辑器下，相关的库都能够正常导入，未报错；因而，scikit-learn 机器学习环境已搭建成功。

提示

为保证 scikit-learn 模块能够正常工作，其所依赖的第三方 Python 模块的版本号必须符合如表 15.3 所示的条件。值得注意的是，scikit-learn 0.2.0 是最后一个支持 Python 2.7 和 Python 3.4 版本的机器学习库。

表 15.3 scikit-learn 模块依赖库版本说明表

Python 模块名称	版 本 号	备 注
Python	>=3.6	Python 解释器
NumPy	>=1.13.3	多维数组矩阵运算包
SciPy	>=0.19.1	开源的数学、科学和工程计算包
joblib	>=0.11	轻量级管道工具包
threadpoolctl	>=2.0.0	线程池控件包

15.2.3 基于 scikit-learn 的模型训练流程

依据 15.1.3 节机器学习典型模型的实现流程，本节重点介绍融合 scikit-learn 机器学习库的具体机器学习模型的训练流程，如图 15.10 所示。

（1）数据获取：scikit-learn 模型中数据获取的方式有两种，其中，自有数据集获取，首先通过 from sklearn import datasets 语句导入 datasets 模块，然后通过 datasets 模型的 load_*() 函数来完成，*为数据集名称；例如，鸢尾花数据集的获取可表示为 load_iris()；非自有数据集获取，可借助第三方 pandas 库的数据框架（DataFrame）组建来完成数据集的导入。

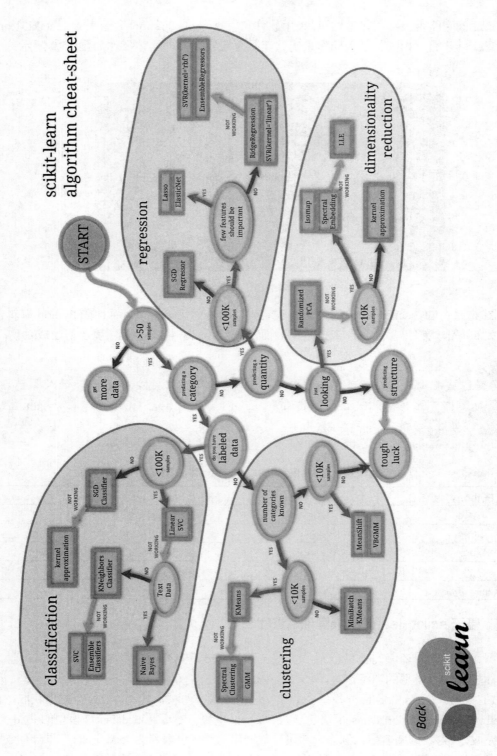

图15.10 scikit-learn 机器学习算法选择路径

（2）探索性数据分析：可借助 Python 编程语言的第三方工具包 pandas（一种让数据分析变得快捷、简单的工具包）、matplotlib（可视化模型，可以方便地制作线条图、饼图、柱状图等）、seaborn（一种基于 matplotlib 的可视化 Python 包，能够制作各种有吸引力的统计图表）等来进行数据集属性的潜在特征的发现。

（3）数据预处理：在 scikit-learn 机器学习库中，有关数据的标准化处理的相关操作；例如，数据归一化、数据的二值化、数据非线性转换、数据特征编码、属性的缺失值补全等操作都包含在其自带的 preprocessing 模型中，可通过语句 from sklearn import preprocessing 来导入，并根据任务要求和数据集属性特点有选择性地使用。具体使用方法可参照 scikit-learn 的帮助文档。

（4）数据分割：在 scikit-learn 库中，可使用 sklearn.model_selection 的 train_test_split() 函数来分割数据集。可通过语句 from sklearn.model_selection import train_test-split 来导入对应的模块。具体操作细节可参考 https://scikit-learn.org/stable/modules/classes.html#module-sklearn.model_selection 对应的 scikit-learn 帮助文档。

（5）模型构建：在选择基于 scikit-learn 库的机器学习算法时，可以根据问题类型和数据集的规模，按照图 15.10 来进行模型的选择；在进行超参数调整时，scikit-learn 中最常用的方法是通过 scikit-learn.model_selection 中提供的 GridSerachCV 或 RandomizedsearchCV 来实现。此外，scikit-learn 提供了用于特征选择的模块 feature_selection,主要方法包括方差移除法、"卡方"验证法、基于 L1 的特征选择和基于树的特征选择。具体操作细节可参考 scikit-learn API 对应的帮助文档，相应的链接地址为 https://scikit-learn.org/stable/modules/classes.html# module- sklearn.feature_selection。

（6）模型评价：在对基于 scikit-learn 库所构建的模型进行评估时，可使用其自带的评估模块 metrics 所带的评价方法来进行模型性能评价。值得一提的是，sklearn.metrics 模块针对不同问题类型提供了各种不同评估指标，而且支持自定义的评价指标。在使用时，需要通过语句 from sklearn.metrics import classification_report 来导入评价模块。此外，使用交叉验证评价方法时，需要通过语句 from sklearn.metrics import cross_val_score 来导入相关的评价方法。

15.2.4　scikit-learn 应用举例

本节通过 scikit-learn 库中自带的保序回归（isotonic regression）和线性回归模型对 scikit-learn 库中模型的使用方法进行简单介绍，从而让读者对 scikit-learn 库中模型的使用方法有一个定性的认知，为后续深入、系统地学习建立一个良好的开端。

为此，首先对相关概念做简要阐述。其中，保序回归是回归分析的一种类型，是在单调的函数空间内对给定数据进行非参数估计的回归模型，其目的是寻找一组非递减的片段连续性函数，即保序函数，并使其与样本尽可能地接近。从数学计算的角度讲，保序回归是一个二次规划问题，即寻找一组保序函数，使其对样本的估计值与样本的真实值间的离差平方和达到最小。而线性回归则是利用线性回归方程的最小平方函数对一个或多个自变量和因变量之间关系进行建模的一种回归分析。

然后，通过 NumPy 对象生成二维的样本数据集，并分别运用实例化的保序模型和线性模型对样本数据进行拟合训练，进而将两个模型的训练结果拼接成集合。最后，图形化输出样本数据点和模型训练结果。

具体代码如下。

```python
# 相关库的导入
import numpy as np
import matplotlib.pyplot as plt
from matplotlib.collections import LineCollection
# 线性回归模型和保序回归模型的导入
from sklearn.linear_model import LinearRegression
from sklearn.isotonic import IsotonicRegression
from sklearn.utils import check_random_state
# 二维数据点集的生成
n = 100
x = np.arange(n)
rs = check_random_state(0)
y = rs.randint(-50, 50, size=(n,)) + 50. * np.log(1 + np.arange(n))
# 实例化保序模型对象，并训练对应的保序模型
ir = IsotonicRegression()
y_ = ir.fit_transform(x, y)
 # 实例化线性模型对象，并训练数据集对应的线性回归模型
lr = LinearRegression()
lr.fit(x[:, np.newaxis], y)
# 在图像中绘制两条线
segments = [[[i, y[i]], [i, y_[i]]] for i in range(n)]
lc = LineCollection(segments, zorder=0)
lc.set_array(np.ones(len(y)))
lc.set_linewidths(0.5 * np.ones(n))
# 定义画布属性，并输出模型的生成结果
fig = plt.figure()
plt.plot(x, y, 'r.', markersize=12)
plt.plot(x, y_, 'g.-', markersize=12)
plt.plot(x, lr.predict(x[:, np.newaxis]), 'b-')
plt.gca().add_collection(lc)
plt.legend(('Data', 'Isotonic Fit', 'Linear Fit'), loc='lower right')
plt.title('Isotonic regression vs Linear regression')
plt.show()
```

将如上代码保存为 regression.py；然后通过 Windows10 的 cmd 命令进入 DOS 窗口并进入 regression.py 所在的文件夹。运行 Python 命令，并执行 Python regression.py，得到如图 15.11 所示的结果。

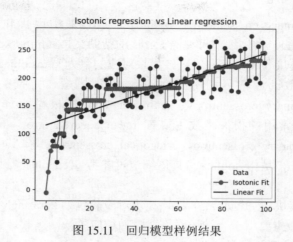

图 15.11　回归模型样例结果

15.3　Keras 简介

深度学习作为机器学习的重要组成部分，是最具发展前景的应用分支，已受到业界和深度学习爱好者的广泛青睐。本节将重点学习基于 Python 的深度学习库 Keras 的特点与功能、安装与测试方法以及使用过程，从而使初学者对深度学习有一定的了解和认识。

15.3.1　Keras 的特点与功能

Keras 是一个采用 Python 编写的高级神经网络 API。它是 TensorFlow、CNTK 或者 Theano 复杂深度学习框架的高阶应用程序接口，并能够以 TensorFlow、CNTK 和 Theano 为后端进行深度学习模块的设计、调试、评估、应用和可视化。Keras 的开发重点是支持快速的实验，其能够以最小的时延把用户的想法转换为实验结果。Keras 有以下特点。

（1）用户友好性。Keras 是为用户而不是为计算机所设计的 API。它以用户为中心，并把用户体验放在首要和核心位置，而且 Keras 遵循减少认知困难的最佳实践。同时，它提供一系列一致且简单的 API 操作，并将常见神经网络建模所需的用户操作次数降至最低，而且在用户出现错误时能实时提供清晰且可操作的反馈。

（2）高度模块化。在深度学习中，模型是独立的、完全可配置的模块构成的序列或图。这些模块能够以尽可能少的限制组装在一起。尤其是神经网络层、损失函数、优化器、初始化方法、激活函数、正则化方法，它们都是可以自由组合并构建成新模型的模块。

（3）易扩展性。在 Keras 的操作过程中，新模块是很容易添加的。由于能够轻松地创建可以提高表现力的新模块，Keras 更加适合于高级研究。

（4）强融合性。Keras 没有特定格式的单独配置文件。模型的定义融合在 Python 代码中，并且由 Python 代码描述。与此同时，这些代码不仅格式紧凑，而且易于调试和扩展。

此外，作为具有高度模块化、扩展性强等特点的深度学习框架高级 API 接口，Keras 通过其自身的八大模块来实现深度神经网络模型构建的相应功能，具体如下。

（1）优化器模块（optimizers）：该模块对应的包为 keras.optimizers，主要用于完成神经网络的优化方法。常用的优化方法有随机梯度下降法（SGD）等。通常可利用代码

model.compile(loss='binary_crossentropy', optimizer='sgd')来实现优化方法的设定，其中 optimizer 是指优化方法。具体细节可参照 Keras 的帮助文档（http://keras.io/optimizers/）。

（2）损失函数模块（objectives）：该模块对应的包为 keras.objectives，主要用于为神经网络附加损失函数。通常可利用属性 loss 来为模型设定损失函数；例如，语句 model.compile(loss='binary_crossentropy', optimizer='sgd')在模型编译时设定损失函数为 binary_crossentropy。常用的损失函数主要有 mean_squared_error、mean_absolute_error、squared_hinge、hinge、binary_crossentropy、categorical_crossentropy 等，其中 binary_crossentropy、categorical_crossentropy 是指 logloss。具体细节可参考 Keras 的帮助文档（http://keras.io/objectives/）。

（3）激活函数模块（activations）：该模块对应的包为 keras.activations 和 keras.layers.advanced_activations，主要用于为神经网络层附加相应的激活函数。通常可利用 activation 属性来为神经网络设定激活函数；例如，语句 model.add(Dense(input_dim=3, output_dim=5,activation='sigmoid'))为 Dense 网络层附加设了 sigmoid 激活函数。常用的激活函数主要有 linear、sigmoid、hard_sigmoid、tanh、softplus、relu、softplus 以及 LeakyReLU 等。具体细节可参考 Keras 的帮助文档（http://keras.io/activations/）。

（4）参数初始化模块（initializaitions）：该模块对应的包为 keras.initializations，主要用于对模型参数或权重进行初始化处理。常用的初始化方法包括 uniform、lecun_uniform、normal、orthogonal、zero、glorot_normal、he_normal 等；例如，代码 model.add(Dense(input_dim=3,output_dim=5,init='uniform'))表示带初始化值的隐藏层设定。具体细节可参照 Keras 的帮助文档（http://keras.io/initializations/）。

（5）层模块（layers）：该模块对应的包为 keras.layers，主要用于生成不同类型的神经网络层；例如，Core layers、Convolutional layers 等。可通过语句 from keras.layers import *来导入对应的神经网络层。

（6）预处理模块（preprocessing）：该模块对应的包为 keras.preprocessing，主要用于图片数据预处理（image preprocessing）、文本数据预处理（text preprocessing）、序列数据预处理（sequence preprocessing）。具体使用方法可参照 https://keras.io/zh/preprocessing/ image、https://keras.io/zh/preprocessing/text/#text-preprocessing 和 https://keras.io/ preprocessing/ sequence。

（7）模型模块（model）：该模块对应的包为 keras.models，主要用于完成神经网络模型搭建时各个组件的组装，是 Keras 最为核心的模块。通常可利用代码 model.add(...)来完成组件的添加。需要注意的是，在 Keras 库中，模型可分为顺序模型和通用模型两种。其中，顺序模型用于构建列表式的顺序线性关系的神经网络，而通用模型则用于设计复杂的、任意拓扑结构的神经网络。

（8）评价模型（metrics）：该模块对应的包为 keras.metrics，主要用于神经网络模型的性能评价，与 scikit-learn 包中的 metrics 模块功能相似。此外，在使用 Keras 评价模块时，可直接使用 keras.metrics. *()语句来调用相应的评价方法，这里的*代表性能评价函数。

15.3.2　Keras 的安装与测试

Keras 作为简单易用、所见即所得且交互性好的深度神经网络高级 API 操作的前台，需要后台复杂神经网络框架的支撑才能够完成神经网络模型的构建、调试、运行和评价等工作。因而，在搭建基于 Keras 的深度学习环境时，首先需要选定对应的后台神经网络框架。目前，用于作为 Keras 后台的神经网络框架主要有 TensorFlow、CNTK 和 Theano 3 种，本书中将以 TensorFlow 作为 Keras 的后台深度学习框架。同样，本节中假设前置的 Python 运行环境以及相关的第三方依赖库已成功安装。接下来，重点阐述后台框架 TensorFlow 和前台 API Keras 的安装。

1. TensorFlow 框架的安装

与 scikit-learn 机器学习框架类似，深度神经网络 TensorFlow 框架的安装也可采用源码安装或 pip 命令方式安装。由于 TensorFlow 安装包较大，这里使用 pip 工具进行 TensorFlow 框架的离线安装。为此，首先在 PyPI 网站下载对应的 TensorFlow 离线安装包，选择如图 15.12 所示，支持 Python 3.6 版本的 tensorflow-2.4.1-cp36-cp36m-win_amd64.whl (370.7 MB) 离线安装包，并将其存储在 D:\python\software\目录下。

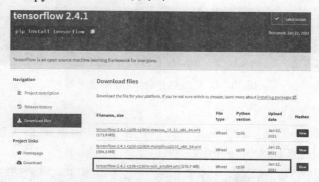

图 15.12　TensorFlow 框架离线下载界面

接着，打开 Windows 10 的 DOS 窗口，并进入 TensorFlow 框架所在的目录 D:\python\software\，然后运用 pip install 命令进行 TensorFlow 框架的安装，安装过程如图 15.13 所示，其中，命令格式为 pip install tensorflow-2.4.1-cp36-cp36m-win_amd64.whl。

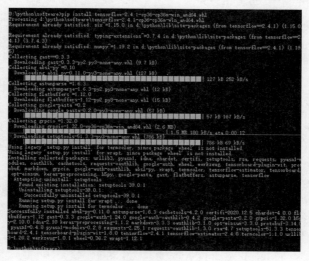

图 15.13　TensorFlow 框架安装过程

> **提示**
>
> Tensorflow 2 的安装需要 pip 工具包的版本高于 19.0，而 Python 3.6.5 默认的 pip 版本为 9.0.3。为此，需要在 Windows 10 自带的 CMD 命令窗口通过 python -m pip install -U pip 命令来升级 pip 为最新版本。升级过程如图 15.14 所示，升级后，Python 软件包管理器 pip 的版本为 20.3.3。

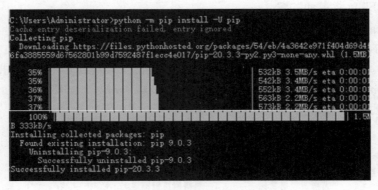

图 15.14　软件包管理器 pip 版本升级

2. Keras 库的安装

由于 Keras 库较小，这里直接运用软件包管理 pip install 在线安装。具体格式为 pip install keras，安装过程如图 15.15 所示。

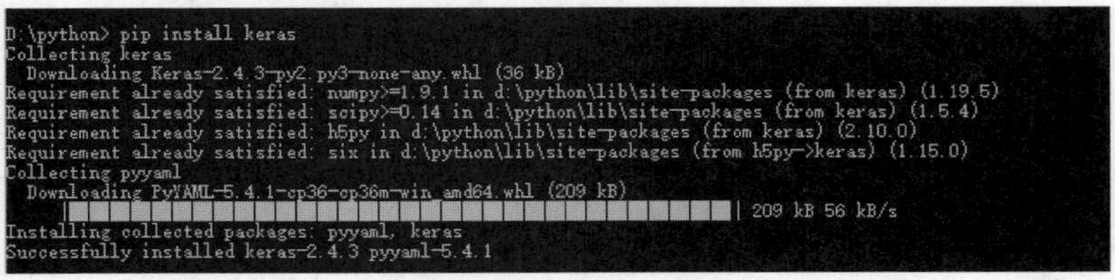

图 15.15　Keras 库安装

至此，基于 Keras 和 TensorFlow 的深度学习模型训练环境已搭建完成，接下来，测试该环境是否能够正常使用，具体操作如下：打开 Python 自带的 IDLE，接着分别导入 Keras 和 TensorFlow 库，安装包不报错即表示安装成功，从下面代码的运行结果可以看出，该配置环境可正常运行。

```
Python 3.6.5 (v3.6.5:f59c0932b4, Mar 28 2018, 17:00:18) [MSC v.1900 64 bit (AMD64)] on win32
Type "copyright", "credits" or "license()" for more information.
>>> import tensorflow as tf
>>> from tensorflow import keras
>>>
```

15.3.3　基于 Keras 的模型训练流程

依据 15.1.3 节机器学习典型模型的实现流程，本节重点介绍融合 Keras 机器学习库的具体机器学习模型训练流程。

（1）数据获取：Keras 模型中数据获取的方式有两种。其中，自有数据集获取，首先通过 from keras.datasets import *语句导入 keras 自带的*数据集；然后通过*.load_data()函数来完成数据载入，其中*为数据集名称；例如，自带的手写字识别数据集 mnist 的获取可表示为 mnist.load_data()；非自有数据集获取，可借助第三方 pandas 库的数据框架（DataFrame）组建或 seaborn 库的 load_data()函数来完成数据集的导入。需要注意的是，这里的 keras 和 seaborn 均需要离线加载数据，即需要将相关数据集下载到本地的 C:\Users*\.keras\datasets 或 C:\Users*\seaborn-data 中，以保障数据集的正常加载。这里的*指代用户的计算机登录名。

（2）探索性数据分析：数据探索性分析可借助 Python 编程语言的第三方工具包 pandas（一种让数据分析变得快捷、简单的工具包）、matplotlib（可视化模型，可以方便地制作线条图、饼图、柱状图等）、seaborn（一种基于 matplotlib 的可视化 Python 包，能够制作各种有吸引力的统计图表）等来进行数据集属性的潜在特征的发现。

（3）数据预处理：在构建基于 Keras 库的机器学习模型时，有关数据的标准化处理的相关操作；例如，数据归一化、数据的二值化、数据非线性转换、数据特征编码、属性的缺失值补全等操作可通过第三方 Python 库 pandas 来完成，又或者通过 Keras 的第三方扩展库 Keras-Preprocessing 来完成数据的预处理工作。该库提供了图像数据、文本数据以及序列数据的处理方法。使用时，可通过 from keras import preprocessing 语句来完成功能模块的导入。

（4）数据分割：在 Keras 库中，数据的分割分为自动切分和手动切分两种类型。其中，自动切分是指在训练模型的每次迭代时，从数据集中切分出一部分作为验证数据，用于评估模型性能，即在调用 model.fit()函数训练模型时，通过参数 validation_split 来指定从数据集中切分出来的验证集比例；例如，语句 model.fit(X, Y, validation_split= 0.33, epochs= 100,batch_size = 30)指定验证集为数据集的三分之一。需要注意的是，参数 validation_split 为 0~1 的浮点数，而且指定的验证集不参与模型训练，并在每个 epoch 结束后评价模型指定的性能指标。如果数据集本身有序，则需先手工打乱，再指定 validation_split，否则可能会出现验证集样本不均匀问题。手动切分是指在模型训练时手动指定验证集。这里可以使用 sklearn 库中的 train_test_split()函数将数据进行切分；然后，在 Keras 的 mode.fit() 函数中通过 validation_data 参数来指定切分出来的验证集；例如，语句 model.fit(X_train, Y_train, validation_data= (X_test,Y_test), epochs=100,batch_size = 30)便可完成手动验证集设定。此外，K 折交叉验证数据集拆分也可通过 sklearn.model_selection 中的 KFlod、RepeatedKFold 以及相关的变体方法（例如，GroupKFlod 等）实现。需要注意的是，要将 Keras 构建的模型放到以切分的数据集数据为循环变量的 for 循环中，以实现 K 折交叉验证。具体可通过如下结构实现 K（K=10）折交叉验证。

……

```
# StratifiedKFold 采用分层抽样，能够保证各个类别的样本切分后和原数据集中比例一致
kfold = StratifiedKFold (n_splits =10, shuffle = True, random_state = seed)
# X,Y 为数据集的特征与标签
for train, test in kfold.split (X,Y):
# 构建模型
```

```
Model = keras.sequential()
……
```

（5）模型构建：在运用 Keras 进行神经网络模型构建时，主要借助其自身的模块 keras.models 来实现。Keras 中，模型可分为顺序模型和通用模型两种。其中，顺序模型用于构建列表式的顺序线性关系的神经网络，通过将网络层实例的列表传递给 Sequential 的构造器，来创建一个 Sequential 模型。通常用代码 model.add(...)来完成网络层实例的添加；而通用模型则用于设计复杂的、任意拓扑结构的神经网络，该模型更适合于具有神经网络模型开发经验的研究者使用。

（6）模型评价：对于 Keras 构建的神经网络模型，可用其自带的模块 keras.metrics 来进行神经网络模型的性能评价，该模块的功能与 scikit-learn 包中的 metrics 模块功能相似。在使用 Keras 评价模块时，可直接使用 keras.metrics.*()语句来调用相应的评价方法，这里的*代表性能评价函数。

15.3.4　Keras 应用举例

本节通过高级 API Keras 库中的 Sequential 模型来介绍神经网络模型搭建的基本步骤。顾名思义，Sequential 模型从字面意思理解是顺序模型，给人的第一印象类似于监督学习中简单的线性模型，但实际上 Sequential 模型可以构建非常复杂的神经网络模型，包括全连接神经网络、卷积神经网络（CNN）、循环神经网络（RNN）等。这里 Sequential 更准确的含义是顺序堆叠，确切地说，是一种模型架构的组织形式。通过 Keras 中层的顺序堆叠可构建出深度神经网络。为此，本节以 Keras 自带的 mnist 数据集为数据源构建了一个包含 3 个稠密层的简单神经网络模型，并输出了所构建模型的基本信息。

提示

首先该程序运行在 Keras 2.X 和 Tensorflow 2.X 框架下，在 Keras 2.X 版本下，库的导入方法和模型的构建表述语句已经发生了变化。因此，初学者需要特别注意，代码运行过程中的一些报错；例如，模块不存在等，不是因为环境配置不正确，而是因为包的调用或者函数的使用方法不正确；例如，在 Keras1.X 中，程序中 Keras 库的导入通常采用 import keras 来完成，而在 Keras 2.X 中，对应的代码则变为 from tensorflow import keras。

其次，就是 Keras 相关的公共数据集的下载问题，直接在线下载通常会报错，这是因为其默认的数据集在外网。为此，需要从第三方数据源先行下载数据集；然后将其存放在 Keras 库的 datasets 文件夹下。这样的操作就替代了默认的在线下载操作。通常，在 Windows 系统中，Keras 保存数据集的位置路径为 C:\Users\Administrator\.keras\datasets，其中 Administrator 为用户名。第三方的 mnist 数据集的下载地址为 https://s3.amazonaws.com/img- datasets/mnist.npz。最后，有关 Keras 的理论知识的深入学习可参考 Keras 的官方参考文档（https://keras.io/zh/#30-keras）。

具体代码如下。

```
# 相关库的导入
from tensorflow import keras
```

```
from keras.datasets import mnist
from keras.utils import np_utils
from keras.layers import Dense,Dropout
# 设置像素大小以及分类数数目
batch_size = 128
num_classes = 10
# 数据加载，以及训练集和测试集划分
(x_train,y_train),(x_test,y_test) = mnist.load_data()
# 训练集、测试集基本信息输出
print(x_train.shape,y_train.shape)
print(x_test.shape,y_test.shape)
# 训练集、测试集标签分类
y_train = keras.utils.to_categorical(y_train, num_classes)
y_test = keras.utils.to_categorical(y_test,num_classes)
# 顺序型神经网络构建
model = keras.Sequential()
model.add(Dense(512,activation='relu',input_shape=(784,)))
model.add(Dropout(0.2))
model.add(Dense(512,activation='relu'))
model.add(Dropout(0.2))
model.add(Dense(num_classes,activation='softmax'))
# 模型信息输出
model.summary()
# 配置模型训练方法
model.compile(loss='categorical_crossentropy',
              optimizer='rmsprop',
              metrics=['accuracy'])
```

将如上代码存储到本地指定目录 D:\python\code，并通过 Python 解释器自带的 Python IDLE 打开源代码；然后选择菜单栏中的 Run→Run Module 命令，输出结果如图 15.16 所示，从中可以看到构建的 Sequential 模型的基本信息，以及各层神经元的数目。

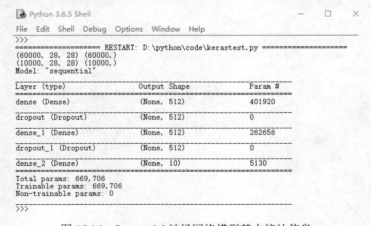

图 15.16　Sequential 神经网络模型基本统计信息

此外，为了能使上述构建的基于 mnist 数据集的 Sequential 神经网络模型正常运行调试，对 kerastest.py 代码做了补充修正，完整的可执行代码如下：

```python
# 相关库的导入
from tensorflow import keras
from keras.datasets import mnist
from keras.utils import np_utils
from keras.layers import Dense,Dropout
# 设置像素大小以及分类数数目
batch_size = 128
num_classes = 10
# 数据加载，以及训练集和测试集划分
(x_train,y_train),(x_test,y_test) = mnist.load_data()
# 训练集、测试集基本信息输出
print(x_train.shape,y_train.shape)
print(x_test.shape,y_test.shape)
# 特征工程
x_train = x_train.reshape(60000, 784)
x_test = x_test.reshape(10000, 784)
x_train = x_train.astype('float32')
x_test = x_test.astype('float32')
x_train /= 255
x_test /= 255
# 特征工程后的数据特征输出
print(x_train.shape[0], 'train samples')
print(x_test.shape[0], 'test samples')
# 训练集、测试集标签分类
y_train = keras.utils.to_categorical(y_train, num_classes)
y_test = keras.utils.to_categorical(y_test,num_classes)
# 序列型神经网络构建
model = keras.Sequential()
model.add(Dense(512,activation='relu',input_shape=(784,)))
model.add(Dropout(0.2))
model.add(Dense(512,activation='relu'))
model.add(Dropout(0.2))
model.add(Dense(num_classes,activation='softmax'))
# 模型信息输出
model.summary()
# 配置模型训练方法
model.compile(loss='categorical_crossentropy',
                optimizer='rmsprop',
                metrics=['accuracy'])
# 模型训练
history = model.fit(x_train, y_train, batch_size=batch_size, epochs=1,verbose=1)
score = model.evaluate(x_test, y_test, verbose=0)
print('Test loss:', score[0])
print('Test accuracy:', score[1])
```

同样，将其存储到本地指定目录 D:\python\code，并通过 Python 解释器自带的 Python IDLE 打开源代码；然后选择菜单栏中的 Run→Run Module 命令，从而进行模型的训练和相应的指标评价。鉴于运行计算机自身硬件资源制约，这里以第 116 次迭代结果为例，演示代码的正确性，结果如图 15.17 所示。从图中可以看出，完成第 116 次迭代后，loss 为 0.9390，accuracy 为 0.6965。

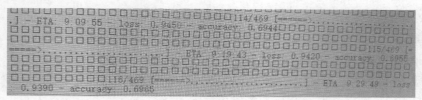

图 15.17　Sequential 神经网络模型性能评价图

📝 **提示**

模型 fit()函数和 evaluate()函数中 verbose 参数的区分。

fit( )函数中 verbose 参数的含义如下。

- ❑　verbose：日志显示。
- ❑　verbose = 0：不在标准输出流输出日志信息。
- ❑　verbose = 1：输出进度条记录。
- ❑　verbose = 2：每个 epoch 输出一行记录。

注意：默认为 1。

evaluate( )函数中 verbose 参数的含义如下。

- ❑　verbose：日志显示。
- ❑　verbose = 0：不在标准输出流输出日志信息。
- ❑　verbose = 1：输出进度条记录。

注意：只能取 0 和 1；默认为 1。

🔺 15.4　案例剖析：鸢尾花分类

众所周知，**"Hello，world!"** 是结构化程序设计和面向对象程序设计编程语言的经典案例，通过它可以快速地使读者熟悉编程语言的基本语法、基本语句功能、程序调试流程和程序开发环境等。这里，将通过机器学习领域的"Hello，world!"——鸢尾花分类问题来分析基于 Keras 的深度学习模型构建的全过程，让读者对深度学习模型构建有一个清晰的认知，为基于 Keras 库和 TensorFlow 框架的深度学习开启一个良好的开端。

15.4.1　思路简析

分类是机器学习的典型应用之一，本节通过鸢尾花类别的识别熟悉机器学习模型构建的全过程。

1. 任务要求

按照深度学习模型的构建流程，以"序贯模型"为例建立基于鸢尾花数据集的鸢尾花分类模型。同时，通过此案例，熟悉基于 Keras 的神经网络模型的训练流程以及流程中每一个步骤的基本操作，进而达到举一反三的学习效果。此外，还需了解 Keras 的基本模型构成和 Keras 层的构成以及深度神经网络模型的整个训练流程。

2. 环境要求

该项目正常运行，依赖的第三方 Python 库主要有 NumPy、pandas、Seaborn、scikit-learn、Keras 和 TensorFlow。

3. 数据集简析

鸢尾花又名蓝蝴蝶，属百合目，多年生草本植物，根状茎粗壮。花的形状如图 15.18 所示。

Iris 鸢尾花数据集是一个经典的机器学习开源数据集，其在统计学习和机器学习领域常被用于机器学习模型性能评估的案例数据。该数据集中包含 3 类共计 150 条记录，每一类鸢尾花包含 50 条数据记录，每条记录包含花萼（sepal）长度、花萼宽度、花瓣（petal）长度和花瓣宽度 4 种属性特征和 1 个标签。该标签代表鸢尾花的类型，主要包括山鸢尾（Iris-setosa）、变色鸢尾（Iris-versicolor）和维吉尼亚鸢尾（Iris-virginica）。具体数据集样式如表 15.4 所示。

图 15.18　鸢尾花形状图

表 15.4　鸢尾花数据集的字段含义解析

列 名	说 明	类 型
Sepal Length	花萼长度	float
Sepal Width	花萼宽度	float
Petal Length	花瓣长度	float
Petal Width	花瓣宽度	float
Class	类别，0 表示山鸢尾，1 表示变色鸢尾，2 表示维吉尼亚鸢尾	int

15.4.2　代码实现

示例代码如下。

```python
# 相关库的导入
import matplotlib.pyplot as plt
plt.style.use('seaborn')
import seaborn as sns
sns.set_style("whitegrid")
import numpy as np
from tensorflow import keras
from sklearn.model_selection import train_test_split
import pandas as pd
from pandas import plotting
from keras.models import Sequential
```

```
from keras.layers import Dense, Activation
from keras.utils import np_utils
iris = sns.load_dataset('iris')
iris.info()
iris = iris[['Sepal.Length','Sepal.Width','Petal.Length','Petal.Width','Species']]
iris.head()
iris.describe()
# 设置颜色主题
antV = ['#1890FF', '#2FC25B', '#FACC14', '#223273', '#8543E0', '#13C2C2', '#3436c7', '#F04864']
# 绘制   Violinplot 图
f, axes = plt.subplots(2, 2, figsize=(8, 8), sharex=True)
sns.despine(left=True)
sns.violinplot(x='Species', y='Sepal.Length', data=iris, palette=antV, ax=axes[0, 0])
sns.violinplot(x='Species', y='Sepal.Width', data=iris, palette=antV, ax=axes[0, 1])
sns.violinplot(x='Species', y='Petal.Length', data=iris, palette=antV, ax=axes[1, 0])
sns.violinplot(x='Species', y='Petal.Width', data=iris, palette=antV, ax=axes[1, 1])
plt.show()
# 绘制   pointplot
f, axes = plt.subplots(2, 2, figsize=(8, 8), sharex=True)
sns.despine(left=True)

sns.pointplot(x='Species', y='Sepal.Length', data=iris, color=antV[0], ax=axes[0, 0])
sns.pointplot(x='Species', y='Sepal.Width', data=iris, color=antV[0], ax=axes[0, 1])
sns.pointplot(x='Species', y='Petal.Length', data=iris, color=antV[0], ax=axes[1, 0])
sns.pointplot(x='Species', y='Petal.Width', data=iris, color=antV[0], ax=axes[1, 1])
plt.show()
g=sns.pairplot(iris,hue='Species')
plt.show()
plt.subplots(figsize = (10,8))
plotting.andrews_curves(iris, 'Species', colormap='cool')
plt.show()
g = sns.lmplot(data=iris, x='Sepal.Width', y='Sepal.Length', palette=antV, hue='Species')
g = sns.lmplot(data=iris, x='Petal.Width', y='Petal.Length', palette=antV, hue='Species')
plt.show()
fig=plt.gcf()
fig.set_size_inches(12, 8)
fig=sns.heatmap(iris.corr(), annot=True, cmap='GnBu', linewidths=1, linecolor='k', square=True,
mask=False, vmin=-1, vmax=1, cbar_kws={"orientation": "vertical"}, cbar=True)
plt.show()
# 数据集切分
X = iris.values[:, :4]
y = iris.values[:, 4:]
train_X, test_X, train_y, test_y = train_test_split(X, y, train_size=0.8, random_state=0)
train_X = train_X.astype(float)
test_X = test_X.astype(float)
# 标签 one-hot 编码转换
```

```
def one_hot_encode_object_array(arr):
    uniques, ids = np.unique(arr, return_inverse=True)
    return np_utils.to_categorical(ids, len(uniques))
train_y_ohe = one_hot_encode_object_array(train_y)
test_y_ohe = one_hot_encode_object_array(test_y)
model = keras.Sequential()
# 添加隐藏层
model.add(Dense(16, input_shape=(4,)))
model.add(Activation('sigmoid'))
# 添加输出层
model.add(Dense(3))
model.add(Activation('softmax'))
# 神经网络模型编译
model.compile(optimizer='adam', loss='categorical_crossentropy', metrics=["accuracy"])
model.fit(train_X, train_y_ohe, epochs=200, batch_size=1, verbose=0, validation_split=0.2)
loss, accuracy = model.evaluate(test_X, test_y_ohe, verbose=0)
print('Accuracy = {:.2f}'.format(accuracy))
# 样本标签预测
target = model.predict(np.array([[6.9, 5.5, 7.5, 5]])).argmax()
print(target)
if target == 0:
    print("Iris-setosa")
elif target == 1:
    print("Iris-versicolor")
else:
    print("Iris-virginica")
```

15.4.3 代码分析

（1）导入数据分析与神经网络构建所需的库，代码如下。

```
import matplotlib.pyplot as plt
plt.style.use('seaborn')
import seaborn as sns
sns.set_style("whitegrid")
import numpy as np
from tensorflow import keras
from sklearn.model_selection import train_test_split
import pandas as pd
from pandas import plotting
from keras.models import Sequential
from keras.layers import Dense, Activation
from keras.utils import np_utils
```

（2）导入数据集并浏览数据集的基本信息，代码如下。

```
iris = sns.load_dataset('iris')
iris.info()
```

结果如图 15.19 所示，从中不难看出，鸢尾花数据集有 150 条记录，其检索范围为 0～149。包含的数据字段有 6 个，其中包含两类数据类型，即数值型（int，float）和对象型（object）。此外，每条记录的所有字段值均为非空值。

（3）鸢尾花数据集特征筛选，剔除不要的数据特征，代码如下。

```
iris = iris[['Sepal.Length','Sepal.Width','Petal.Length','Petal.Width','Species']]
```

结果如图 15.20 所示。

```
===================== RESTART: D:\python\code\iris.py =
<class 'pandas.core.frame.DataFrame'>
RangeIndex: 150 entries, 0 to 149
Data columns (total 6 columns):
 #   Column        Non-Null Count    Dtype
---  ------        --------------    -----
 0   Unnamed: 0    150 non-null      int64
 1   Sepal.Length  150 non-null      float64
 2   Sepal.Width   150 non-null      float64
 3   Petal.Length  150 non-null      float64
 4   Petal.Width   150 non-null      float64
 5   Species       150 non-null      object
dtypes: float64(4), int64(1), object(1)
memory usage: 7.2+ KB
```

```
<class 'pandas.core.frame.DataFrame'>
RangeIndex: 150 entries, 0 to 149
Data columns (total 5 columns):
 #   Column        Non-Null Count    Dtype
---  ------        --------------    -----
 0   Sepal.Length  150 non-null      float64
 1   Sepal.Width   150 non-null      float64
 2   Petal.Length  150 non-null      float64
 3   Petal.Width   150 non-null      float64
 4   Species       150 non-null      object
dtypes: float64(4), object(1)
memory usage: 6.0+ KB
>>>
```

图 15.19　鸢尾花数据集 Iris 基本统计信息　　图 15.20　特征筛选后的鸢尾花数据集 Iris 的基本信息

从图 15.20 可以看出，数据集自身的未命名索引列已被剔除，清洗完成的数据集中有 4 个特征项和 1 个标签项。

（4）查看数据源前 5 条记录信息，代码如下。

```
print(iris.head())
```

结果如图 15.21 所示。从中可以看出，鸢尾花数据集中的第一列为记录条数，无实际意义；因而，在后续的数据集切分时，需剔除该列；否则，容易造成在后续模型训练时，特征数目不匹配的问题。

```
   Sepal.Length  Sepal.Width  Petal.Length  Petal.Width  Species
0           5.1          3.5           1.4          0.2   setosa
1           4.9          3.0           1.4          0.2   setosa
2           4.7          3.2           1.3          0.2   setosa
3           4.6          3.1           1.5          0.2   setosa
4           5.0          3.6           1.4          0.2   setosa
```

图 15.21　鸢尾花数据前 5 条记录统计信息

（5）查看数据集各特征列的摘要统计信息，代码如下。

```
print(iris. describe())
```

结果如图 15.22 所示，从中可以看到花萼长度、花萼宽度、花瓣长度和花瓣宽度对应的常见统计量 count、mean、std 、分位数、最小值和最大值的取值情况，为后续数据集探索性分析以及预测试特征的合法取值提供借鉴。

```
count    150.000000    150.000000    150.000000    150.000000
mean       5.843333      3.057333      3.758000      1.199333
std        0.828066      0.435866      1.765298      0.762238
min        4.300000      2.000000      1.000000      0.100000
25%        5.100000      2.800000      1.600000      0.300000
50%        5.800000      3.000000      4.350000      1.300000
75%        6.400000      3.300000      5.100000      1.800000
max        7.900000      4.400000      6.900000      2.500000
```

图 15.22　鸢尾花数据集 Iris 各特征列摘要统计信息

（6）通过 violinplot()函数从数据分布的视角观察数据集中各特征与鸢尾花品种之间的关系，代码如下。

```
sns.violinplot(x='Species', y='Sepal.Length', data=iris, palette=antV, ax=axes[0, 0])
sns.violinplot(x='Species', y='Sepal.Width', data=iris, palette=antV, ax=axes[0, 1])
sns.violinplot(x='Species', y='Petal.Length', data=iris, palette=antV, ax=axes[1, 0])
sns.violinplot(x='Species', y='Petal.Width', data=iris, palette=antV, ax=axes[1, 1])
```

结果如图 15.23 所示，展示了鸢尾花的种类与各个特征项的关系，通过小提琴图可以清晰地观察到哪些位置聚集的样本点比较多，进而粗略了解鸢尾花种类与特征项的关系。值得注意的是，小提琴图是箱线图与核密度图的结合，箱线图展示了分位数的位置，核密度图则展示了任意位置的密度，因其形似小提琴而得名。此外，其外围的曲线宽度代表数据点分布的密度，中间的箱线图则和普通箱线图表征的意义是一样的，代表着中位数、上下分位数、极差。

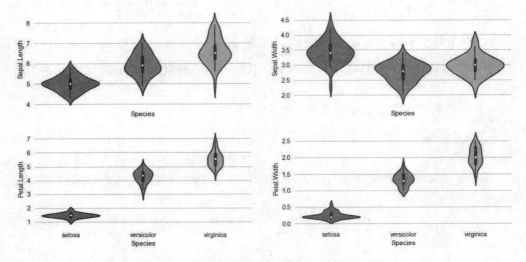

图 15.23　特征数据与鸢尾花的品种关系分布图

（7）通过 pointplot()函数从斜率的视角观察数据集中各个特征与鸢尾花品种之间的关系，代码如下。

```
sns.pointplot(x='Species', y='Sepal.Length', data=iris, color=antV[0], ax=axes[0, 0])
sns.pointplot(x='Species', y='Sepal.Width', data=iris, color=antV[0], ax=axes[0, 1])
sns.pointplot(x='Species', y='Petal.Length', data=iris, color=antV[0], ax=axes[1, 0])
sns.pointplot(x='Species', y='Petal.Width', data=iris, color=antV[0], ax=axes[1, 1])
```

如图 15.24 所示为鸢尾花特征项与品种的关系点图，从中可以看到每个品类的特征取值的中心取值、估计值及各品类之间的倾斜度。

（8）通过 pairplot()函数查看各个特征之间的关系矩阵图，代码如下。

```
g=sns.pairplot(iris,hue='Species')
```

如图 15.25 所示，以鸢尾花的花萼和花瓣对应的长和宽字段两类组合构建二维坐标，对种类字段 Species 进行分类分析可知，不论是从对角线上的分布图还是从分类后的散点图，都可以看出对于不同种类的花，其萼片长、花瓣长、花瓣宽的分布差异较大。也就是说，这些属性可以帮助人们识别不同种类的花；例如，萼片、花瓣长度较短，花瓣宽度较窄的花，大概率是山鸢尾。

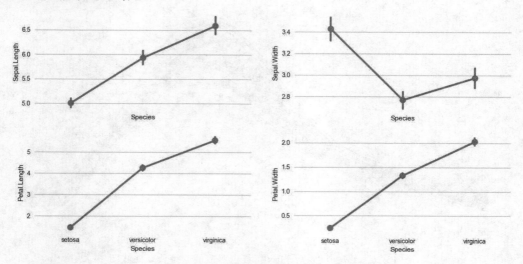

图 15.24　特征数据项与鸢尾花品种斜率图

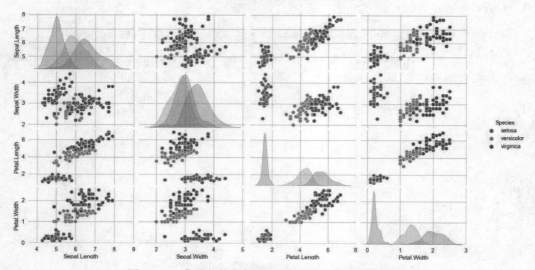

图 15.25　鸢尾花数据集 Iris 中特征项之间关系矩阵图

（9）通过 andrews_curves()函数将每个多变量观测值转换为曲线并表示傅里叶级数的系数，代码如下。

```
plotting.andrews_curves(iris, 'Species', colormap='cool')
```

Andrews（安德鲁斯）曲线有很多优良特性，最常用的是它的欧式距离特性。两个样品点之间的欧式距离越近，其安德鲁斯曲线也会越近，往往彼此纠缠在一起。因此安德鲁斯曲线常用于反映多元样品数据的结构，以预估各样品的聚类情况。从图 15.26 中可以看出，setosa 和 virginica 更易区分。此外，安德鲁斯曲线很有趣，它是把所有特征组合起来，计算一个样本值，并展示该值，可以用来确认鸢尾花的 3 个物种到底好不好区分，维基百科的说法是"If there is structure in the data, it may be visible in the Andrews'curves of the data."

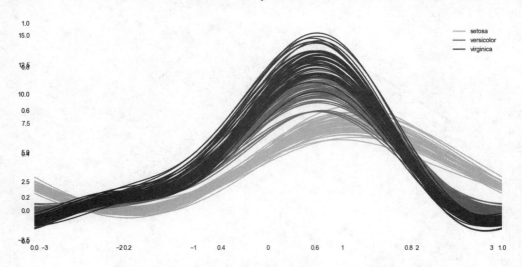

图 15.26　鸢尾花数据集 Iris 特征项对应的安德鲁斯曲线图

（10）基于花萼做线性回归的可视化，代码如下。

```
sns.lmplot(data=iris, x='Sepal.Width', y='Sepal.Length', palette=antV, hue='Species')
```

如图 15.27 所示花萼特征线性回归中，相比 versicolor 和 virginica，花萼特征对 setosa 品种样本拟合效果更好。

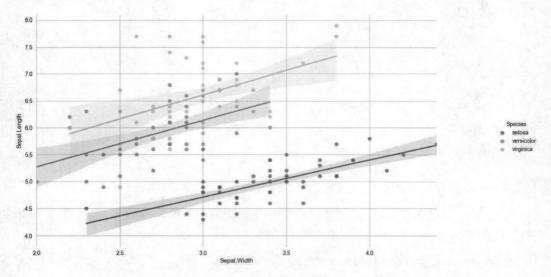

图 15.27　基于花萼特征的线性回归可视化图

（11）基于花瓣做线性回归的可视化，代码如下。

```
sns.lmplot(data=iris, x='Petal.Width', y='Petal.Length', palette=antV, hue='Species')
```

如图 15.28 所示，花瓣特征项能够更好地区分鸢尾花的不同品类。

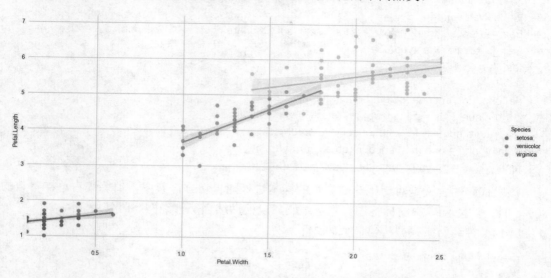

图 15.28　基于花瓣特征的线性回归可视化图

（12）通过热图找出数据集中不同特征之间的相关性。通常，高正值或负值表明特征具有高度相关性，代码如下。

```
fig=sns.heatmap(iris.corr(), annot=True, cmap='GnBu', linewidths=1, linecolor='k', square=True,
mask=False, vmin=-1, vmax=1, cbar_kws={"orientation": "vertical"}, cbar=True)
```

从图 15.29 所示的鸢尾花数据集特征项的热力图可以看出，花萼的宽度和长度不相关，而花瓣的宽度和长度则高度相关。

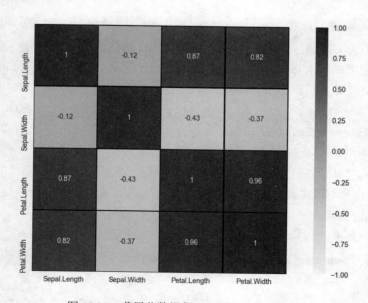

图 15.29　鸢尾花数据集 Iris 的特征项热力图

（13）数据集切分以及鸢尾花标签 one-hot 编码，代码如下。

```
X = iris.values[:, :4]
y = iris.values[:, 4:]
train_X, test_X, train_y, test_y = train_test_split(X, y, train_size=0.8, random_state=0)
train_X = train_X.astype(float)
test_X = test_X.astype(float)

def one_hot_encode_object_array(arr):
    uniques, ids = np.unique(arr, return_inverse=True)
    return np_utils.to_categorical(ids, len(uniques))
train_y_ohe = one_hot_encode_object_array(train_y)
test_y_ohe = one_hot_encode_object_array(test_y)
```

该段代码的含义是对鸢尾花数据集的样本进行随机切分，其中，训练集占总样本数的80%。此外，对样本中的标签进行独热编码，以便后续训练神经网络时使用。

（14）神经网络模型构建，代码如下。

```
model = keras.Sequential()
# 添加隐藏层
model.add(Dense(16, input_shape=(4,)))
model.add(Activation('sigmoid'))
# 添加输出层
model.add(Dense(3))
model.add(Activation('softmax'))
```

该段代码的含义是构建顺序型深度神经网络模型，且隐藏层有 16 个神经元，输入层有4 个神经元，输出层有 3 个神经元。此外，激活函数采用'sigmoid'。

（15）模型编译，代码如下。

```
model.compile(optimizer='adam', loss='categorical_crossentropy', metrics=["accuracy"])
```

该段代码的含义是通过 model.compile()函数编译构建的神经网络分类模型，且优化器选择 adam()，损失函数选择 categorical_crossentropy()，评价指标选择 accuracy()。

（16）模型训练，代码如下。

```
model.fit(train_X, train_y_ohe, epochs=200, batch_size=1, verbose=0, validation_split=0.2)
loss, accuracy = model.evaluate(test_X, test_y_ohe, verbose=0)
print('Accuracy = {:.2f}'.format(accuracy))
```

该段代码的含义是通过 model.fit()函数训练神经网络模型，训练迭代 200 次，批次样本大小为 1，且训练集占样本数据的 80%。从程序运行结果来看，该神经网络模型的 Accuracy = 1，亦即准确率为 100%。

（17）数据预测，代码如下。

```
target = model.predict(np.array([[6.9, 5.5, 7.5, 5]])).argmax()
print(target)
if target == 0:
    print("Iris-setosa")
elif target == 1:
```

```
        print("Iris-versicolor")
else:
        print("Iris-virginica")
```

该段代码的含义是通过 model.predict()预测函数对指定样本 6.9, 5.5, 7.5, 5 的品类进行预测，并输出最大类别，结果显示该样本对应的品类为 Iris-virginica。

15.5 实验

1. 实验目的

（1）掌握基于 scikit-learn 库的机器学习环境的搭建流程和相关 Python 库的安装方法。

（2）掌握基于 scikit-learn 库的机器学习的常见机器学习模型的使用方法。

（3）掌握基于高级前端库 Keras 和深度神经网络框架 TensorFlow 的相关库的安装步骤和注意事项以及神经网络模型的构建流程。

2. 实验内容

（1）scikit-learn 机器学习环境的搭建。

① scikit-learn 的安装。

使用 pip install 命令完成 scikit-learn 机器学习库的安装。

② scikit-learn 的验证。

验证基于 scikit-learn 库的机器学习环境是否能够正常运行。

（2）深度学习模型运用环境的构建。

① 深度学习框架的安装。

使用 pip install 命令完成 TensorFlow 和 Keras 的安装。

② 深度学习框架的验证。

验证基于 Keras 和 TensorFlow 库的深度学习模型环境是否能够正常运行。

（3）scikit-learn 机器学习库的应用。

结合典型的 scikit-learn 机器学习模型开发流程，利用开源的"鸢尾花数据集"训练 scikit-learn 库中常用的逻辑回归、朴素贝叶斯、K 近邻等模型的使用方法，并比较各模型的性能差异。

（4）Keras+TensorFlow 深度学习库的应用。

以开源的 MNIST 手写数字体数据集为分析对象，搭建基于 Keras API 的神经网络，来识别手写数字体，从而掌握基于 Keras+TensorFlow 的神经网络模型的开发流程和基于 TensorFlow 的高级 API 框架 Keras 的基本使用方法。

第 16 章

项目实战：自然语言处理

自然语言处理是计算机科学领域与人工智能领域的一个重要研究分支。其根本任务是让计算机理解并学习人类语言的奥秘。大数据时代，随着海量的用户生成内容的积累，如何利用计算机工具发掘其中所隐藏的知识，已成为业界关注的焦点。而计算机的自然语言处理能力便是挖掘这一知识宝藏的钥匙。为此，本章通过基于 Python 语言的自然语言项目实战，让读者了解自然语言处理的全流程，并能够借助 Python 语言及其丰富的第三方自然语言处理库来完成简单的宝藏探索任务。

16.1 自然语言处理概述

自然语言处理（natural language processing，NLP）是计算机科学领域与人工智能领域中的一个重要方向。它是典型边缘交叉学科，涉及语言科学、计算机科学、数学、认知学、逻辑学等，关注计算机和人类（自然）语言之间相互作用的领域。它的研究对象是实现人与计算机之间用自然语言进行有效通信的各种理论和方法。此外，自然语言处理是一门以语言为对象，利用计算机技术来分析、理解和处理自然语言的学科，也即把计算机作为语言研究的强大工具，在其支持下对语言信息进行定量化的研究，并提供可供人与计算机共同使用的语言描写过程，包括自然语言理解（natural language understanding，NLU）和自然语言生成（natural language generation，NLG）两部分。本节将对自然语言处理的发展历史、相关概念、常用工具以及应用领域进行介绍，通过学习，读者可对该学科有初步的了解。

16.1.1 NLP 的前生今世

自然语言处理是机器智能发展的必然，是认知智能的语料来源。1949 年，美国人威弗首先提出了机器翻译设计方案，标志着自然语言处理的诞生。按照自然语言处理所采用的关键技术，其整个发展历程可大致划分为早期的以自定义规则为核心的自然语言处理、中期的以数学统计技术为核心的自然语言处理和当下以计算机领域的神经网络技术为核心的自然语言处理 3 个阶段。

1. 第 1 阶段（20 世纪 50 至 70 年代）：概率与规则并存的自然语言处理

1946 年，电子计算机的诞生为机器翻译提供了硬件基础。与此同时，几千年来积累的各领域的知识为机器翻译的出现积累了大量的理论知识。这两者的融合以及社会实践领域机器翻译的需求，促使人们开始探索自然语言处理的相关理论研究，并产生了自然语言处理领域极具代表性的两大流派——基于概率方法的随机流派和基于规则方法的符号流派。随后，两个流派的研究均取得了长足的发展；其中，以 Chomsky 为代表的符号派学者开始了形式语言理论和生成句法的研究，60 年代末又进行了形式逻辑系统的研究。而随机派学者则采用基于贝叶斯的统计学研究方法，并取得了很大的进步。然而，随着人工智能技术的诞生以及自然语言处理与人工智能技术融合研究的不断发展，多数学者将研究的重点转向推理和逻辑问题，只有少数来自统计学专业和电子专业的学者在研究基于概率的统计方法和神经网络。这一现象导致基于规则方法的研究势头明显强于基于概率方法的研究势头。基于规则的自然语言处理的好处是规则可以利用人类的内省知识，不依赖数据，快速起步；不足是规则的覆盖面不足，规则库的管理与扩展问题一直没有得到解决。值得一提的是，1967 年，美国心理学家 Neisser 提出认知心理学的概念，直接把自然语言处理与人类的认知联系起来。

2. 第 2 阶段（20 世纪 70 至 80 年代）：统计自然语言处理

随着自然语言处理技术研究的不断深入，短时间内符号流派的“规则理论”不能解决机器翻译所遇到的技术瓶颈，并且产生了一连串的新问题。于是，许多学者对自然语言处理的研究丧失了信心。从 70 年代开始，自然语言处理的研究进入了低迷期。但是，在这一时期，自然语言处理研究也取得了一些成果；例如，基于隐马尔可夫模型（hidden markov model, HMM）的统计方法在语音识别领域获得成功等。随后，自然语言处理研究者对过去的研究进行了反思，有限状态模型和经验主义研究方法也开始复苏，特别是基于统计的机器学习（ML）开始流行。很多自然语言处理研究项目开始用基于统计的方法来做，并取得成功；例如，机器翻译、搜索引擎性能等。

3. 第 3 阶段（20 世纪 90 年代至今）：神经网络自然语言处理

受深度学习在语音和图像处理方面所取得成果的影响，自然语言处理研究者开始把目光转向深度学习技术在自然语言领域的应用研究。一方面，研究者把深度学习用于特征计算或者建立一个新的特征，然后在原有的统计学习框架下体验效果；另一方面，尝试直接通过深度学习建模，进行端对端的训练。截至 2018 年，以神经网络技术为支撑的自然语言处理取得了丰硕的研究成果，并涌现出了许多有代表性的新技术，主要包括：

（1）2001 年——神经语言模型（neural language models）。

第一个神经语言模型是 Bengio 等人于 2001 年提出的用于解决在给定已出现词语的文本中，预测下一个单词任务的前馈神经网络（feed-forward neural network），这算是最简单的语言处理任务，但却有许多具体的实际应用；例如，智能键盘、电子邮件回复建议等。

（2）2008 年——多任务学习（multi-tasklearning）。

多任务学习是在多个任务下训练的模型之间共享参数的方法，在神经网络中可以通过捆绑不同层的权重轻松实现。1993 年，多任务学习的思想由 Rich Caruana 首次提出，并成功将其应用于道路追踪和肺炎预测。2008 年，学者 Collobert 和 Weston 等首次将基于多任务学习的神经网络应用于自然语言处理领域。在其所提出的模型中，词嵌入矩阵被两个在不同任务下训练的模型共享。值得一提的是，Collobert 和 Weston 发表于 2008 年的论文的影响力远远超过了它在多任务学习中的应用。他们开创了词嵌入和使用卷积神经网络处理文本的方法，并在接下来的几年被广泛应用。因此，他们也获得了 2018 年机器学习国际会议（ICML）的 test-of-time 奖。

（3）2013 年——词嵌入（word embedding）。

词嵌入是一种将文本中的词转换成数字向量的方法。词嵌入的过程就是把一个维数为所有词数量的高维空间嵌入一个维数低得多的连续向量空间中，每个单词或词组被映射为实数域上的向量，词嵌入的生成结果就是词向量。常用的词嵌入方法包括独热编码、信息检索技术和分布式表示（基于矩阵的分布式表示、基于聚类的分布式表示和基于神经网络的分布式表示）；其中，在分布式表示中最为著名的便是 word2vec 词向量嵌入方法。它又可分为 skip-gram 和 CBOW（continuous Bags-of-Words），两者在预测目标上有所不同，CBOW 是根据周围的词预测中心词，而 skip-gram 则是根据中心词预测周围的词。值得一提的是，2013 年，学者 Mikolov 等通过去除隐藏层和近似计算目标使词嵌入模型的训练更为高效，并且将其与 word2vec 组合，使得大规模的词嵌入模型训练成为可能。

（4）2014 年——序列到序列模型（sequence-to-sequence models）。

序列到序列模型是输入一个序列（例如，词、段落、图片特征等），然后输出一个序列的模型。序列到序列模型由两个递归神经网络构成：一个处理输入的编码器和一个产生输出的解码器。编码器和解码器可以使用相同或不同的参数集。

（5）2015 年——注意力机制（attention mechanism）。

注意力机制可以看作一种仿生，是机器对人类阅读、听说中的注意力行为进行模拟，其本质是一种信息筛选技术。深度学习中的注意力机制从本质上讲和人类的选择性机制类似，核心目标也是从众多信息中选择出对当前任务目标更关键的信息。它是机器学习中的一种数据处理方法，广泛应用在自然语言处理、图像识别及语音识别等各种不同类型的机器学习任务中。

（6）2018 年——预训练语言模型（pre-trained language models）。

2015 年，Dai&Le 首次提出了预训练语言模型，它借用迁移学习的思想，先利用人类语言知识学习一个语言模型，然后将其嵌入其他任务的解决方案中。语言模型嵌入可以作为目标模型中的特征，或者根据具体任务进行调整。其涉及的关键技术包括 Transformer 技术（预训练语言模型的核心网络）、自监督学习技术（例如，自回归和自动编码是最常用的自监督学习方法）和微调技术（利用其标注样本对预训练网络的参数进行调整）。值得说明的是，预训练的词嵌入与上下文无关，仅用于初始化模型中的第一层。直到最近它才被证明在大量不同类型的任务中均十分有效。

16.1.2　NLP 的相关概念

自然语言处理是计算机科学和计算语言学中的一个交叉研究分支，用于研究人类语言

（自然语言）和计算机之间的交互过程。自然语言处理的重点是帮助计算机利用信息的语义结构（数据的上下文）来理解语言本身的含义。需要说明的是，这里的语义是指单词之间的关系和意义。为更好地理解自然语言处理的内涵与外延，从而对自然语言处理的全过程有一个全面的认知，本节对自然语言处理涉及的核心概念——语料库、段落、句子、单词、分词、词性标注等进行详细的阐述。

（1）文本语料库：简称语料库，是指自然语言处理任务所依赖的语言数据。语料库是使用人类自然语言表述的海量文本数据，可以包含一个或海量文档。文本语料库的数据主要来源于互联网的用户自生成内容，尤其是微博、博客等社交平台。此外，对许多自然语言处理任务来说，语料库也可以按照文本的分层结构进一步细分；例如，段落级、句子级或单词级。

（2）段落：是自然语言处理任务能够处理的最大文本单位。段落的划分可通过 Python 工具包中的分词器（tokenizer）来完成。

（3）句子：由词性实体（例如，名词、动词和形容词等）按句法结构组成，是包含完整的含义或思想的词法单位。通常，若干个句子可组成一个段落；反之，句子也可以根据由标点符号（例如，句号）确定的边界从段落中提取出来。此外，句子还可以传达其中所蕴含的观点或情感。

（4）单词：是文本的最小组成单位。通常，可用 Python 工具包中的分词器，根据空格或标点符号将句子划分为单词。

（5）分词：又称文本分析，是指将文本转换为一系列单词（term/token）的过程。

（6）词性标注：又称语法标注或词类消疑，是对句中的每个标识符分配词类（例如，名词、动词、形容词等）标记的过程。

（7）命名实体识别：是指从文本中识别具有特定类别的实体（通常是名词）的过程，例如，人名、地名和机构名等专有名词。

（8）句法分析：是自然语言处理的关键底层技术之一，其基本任务是确定句子的句法结构或者句子中词汇之间的依存关系。

（9）n 元语法：n-gram 由一组有序字符或单词构成；例如，一元（unigram）由单个字符组成，二元（bigram）由两个字符的序列组成，依此类推，n-gram 由 n 个字符的序列组成。比如，在自然语言处理任务中，n-gram 常被用于文本分类任务的特征表示。

（10）词袋：是捕获文本语料库中单词出现频数的方法。与 n 元语法相比，词袋不考虑词序，常被用于情感分析和主题识别等任务之中的特征表示。

16.1.3 NLP 的常用工具

俗话说："一个好汉三个帮，一个篱笆三个桩。"人类世界如此，计算机世界亦如此。计算机世界中，自然语言处理任务的高效完成依赖于 Python 语言和相关的第三方 Python 工具包。为此，本节对自然语言处理所涉及的 Python 工具包进行详细说明。

1. NumPy

NumPy 是用于扩展 Python 语言功能的第三方科学计算的基础包。它是一个 Python 库，提供多维数组对象、各种派生对象（例如，掩码数组和矩阵），以及用于数组快速操作的各种 API，包括数学、逻辑、形状操作、排序、选择、输入/输出、离散傅立叶变换、基本线性代数、基本统计运算和随机模拟等。NumPy 包的核心是 ndarray 对象。它封装了 Python 原生的同数据类型的 n 维数组，为了保证其性能优良，其中有许多操作都是代码在本地进行编译后执行的。具体情况与实践指南可参考网站 https://numpy.org/doc/stable/提供的帮助文档。

2. NLTK

NLTK（natural language toolkit）是业界最为知名的 Python 自然语言处理工具，主要用于标记化、词形还原、词干化、解析、POS 标注等任务，该库具有几乎所有 NLP 任务的工具。由于其卓越的贡献，它被人们称为"使用 Python 进行教学和计算机语言学工作的绝佳工具"和"用自然语言进行游戏的神奇图书馆"。具体情况与实践指南可参考网站 http://nltk.org/book 提供的帮助文档。

3. gensim

gensim 是一款专业的主题模型 Python 工具包，其核心是文本的向量变换，主要用于从原始的非结构化文本中，运用无监督的学习方式获取文本的主题向量表达。它支持包括 TF-IDF、LSA、LDA 和 word2vec 在内的多种主题模型算法，可用于主题建模、文档索引和大型语料库的相似度检索。具体情况与实践指南可参考网站 https://radimrehurek.com/gensim_3.8.3/auto_examples/index.html。提供的帮助文档。

4. TensorFlow

TensorFlow 是一个基于数据流编程（dataflow programming）的符号数学系统，被广泛应用于各类机器学习算法的编程实现，其源于 Google 的神经网络算法库 DistBelief。TensorFlow 拥有多层级结构，可部署于各类服务器、PC 终端和网页，并支持 GPU 和 TPU 高性能数值计算，被广泛应用于 Google 内部的产品开发和各领域的科学研究中。具体实践指南可参考网站 https://tensorflow.google.cn/learn 提供的帮助文档。

5. jieba

jieba 库是一款优秀的 Python 第三方中文分词库。它是百度工程师 Sun Junyi 开发的一个开源库，在 GitHub 上很受欢迎，使用频率也很高。其最为流行的应用是分词，但 jieba 还可以做关键词抽取、词频统计等工作。jieba 支持 4 种分词模式：精确模式、全模式、搜索引擎模式和 paddle 模式。其中，精确模式用于将语句做最精确的切分，不存在冗余数据，适合做文本分析；全模式则用于将语句中所有可能是词的词语都切分出来，速度很快，但是存在冗余数据；搜索引擎模式是在精确模式的基础上，对长词再次进行切分；而 paddle 模式可利用 PaddlePaddle 深度学习框架，训练序列标注（双向 GRU）网络模型，实现分词和词性标注。具体实践指南可参考 https://github.com/fxsjy/jieba 提供的帮助文档。

6. Stanford NLP

Stanford NLP 不同于以往的 Java 系的 Core NLP，它是一个全新的基于 Python 的自然语言处理库，其内部基于 PyTorch 1.0。新版的 Standford NLP 是纯 Python 库，几乎没有设置项，pip install 后直接可用；拥有自然语言处理所需的几乎所有方法；包含预训练模型，并且支持 73 个树库中的 53 种语言；与斯坦福 Core NLP 无缝联动，而且是斯坦福 NLP 团队出品，质量有保证。具体实践指南可参考 https://nlp.stanford.edu/teaching/提供的帮助文档。

16.1.4　NLP 的应用领域

时至今日，随着人工智能应用的不断深入，强人工智能的实现已成为人工智能发展的必然趋势，作为人工智能数据加工的关键技术以及人工智能研究的重要分支，自然语言处理在各领域的应用也取得了丰硕的成果，主要表现在以下 6 个方面。

1. 机器翻译

机器翻译是指将给定的一段文本从一种语言翻译成另一种目标语言。任务中首先确定初始语言，然后将其翻译为目标语言。它是依托自然语言处理的人工智能应用发展比较成熟的领域。常见的机器翻译工具有 Google 公司的 Google 翻译、百度公司的百度翻译以及网易公司的有道翻译。

2. 情感分析

情感分析又称意见挖掘或倾向性分析，是指利用自然语言处理和文本挖掘技术，对带有情感色彩的主观性文本进行分析、处理和抽取。目前，情感分析得到了许多学者以及研究机构的关注，近几年持续成为自然语言处理和文本挖掘领域研究的热点问题。情感分析在现实世界中的一种典型应用是从社交网络数据中得到有价值的用户倾向性情报，以为商家决策提供支持；例如，客户满意度分析、产品或品牌的知名度预测等。

3. 智能问答

智能问答是指将积累的无序语料信息进行有序和科学的整理，并建立基于知识的分类模型，然后用这些分类模型指导语料咨询和咨询服务。它的应用可以节约人力资源成本，提高信息处理的自动性，并降低网站运行成本。

4. 文摘生成

文摘生成是指利用计算机自动实现文本分析、内容归纳和摘要自动生成的技术。

5. 文本分析

文本分析是自然语言处理的一个小分支，是文本挖掘、信息检索的一个基本问题。它用从文本中抽取出的特征词进行量化来表示文本信息。其过程是将无结构化的原始文本转换为结构化、高度抽象和特征化、计算机可以识别和处理的信息，进而借助机器学习算法对其进行加工，用以完成指定任务。

6. 知识图谱

知识图谱最早起源于 Google Knowledge Graph，本质上是一种语义网络，其节点代表实体（entity）或者概念（concept），边代表实体/概念之间的各种语义关系。需要注意的是，在其构建过程中，实体的识别、关系提取、指代消歧等步骤中都涉及对海量领域文本的自然语言处理。

16.2　NLTK 简介

NLTK 全称"Natural Language Toolkit",是业界最为知名的 Python 自然语言处理工具。主要用于诸如标记化、词形还原、词干化、解析、POS 标注等任务，该库具有几乎所有 NLP

任务的工具。它诞生于宾夕法尼亚大学，是为科研和教学而生。因而，特别适合初学者学习。为此，本节将重点介绍 NLTK 工具包的特点、功能、安装和应用举例，从而使读者熟悉并掌握该工具包的基本使用方法，并能够运用其解决简单的实际问题。

16.2.1　NLTK 的特点与功能

NLTK 诞生于 2001 年，是宾夕法尼亚大学计算机与信息科学系计算机语言学课程的一个研究课题。自诞生后，它就在数十个贡献者的帮助下得到不断的完善和扩展。目前，该工具已被许多大学的自然语言处理课程所采用，并作为许多自然语言研究课题的必备工具。由于其卓越的贡献，它被人们称为"使用 Python 进行教学和计算机语言学工作的绝佳工具"和"用自然语言进行游戏的神奇图书馆"。之所以能获得如此美誉，正是由于其具有其他工具包所不可替代的优势，主要体现在以下几方面。

（1）用户友好性：NLTK 是基于 Python 语言使用人类自然语言数据的先进工具包，它不仅为 50 多种语料库和词汇资源提供了简单易用的交互接口，而且还提供了一套用于分类、标记化、词干标记、解析和语义推理的文本处理库，以及工业级的 NLP 库封装器和一个活跃的社区技术论坛。

（2）用户多样性：NLTK 是为语言学和教学而生的，它不仅提供了介绍编程基础知识和计算语言学主题的实践指南，而且提供了全面的 API 文档。因而，该库适用于不同层次的语言处理任务，以及不同的用户对象；例如，语言学家、工程师、学生、教育工作者、研究人员和行业用户等。

（3）平台无关性：NLTK 可在 Windows、Mac OS X 和 Linux 等操作系统上运行，也可以在任何其他支持 Python 环境和 NumPy 库的平台上运行。

（4）项目开源性：NLTK 是一个开源的、免费的并且社区驱动的项目。所有 NLTK 源代码都托管在 GitHub 上，并遵循 GNU LGPL 许可证，由其开源社区维护。

此外，作为全能的自然语言处理工具，NLTK 通过其自身所具有的 12 个模块来完成语料获取、字符串处理和搭配发现等任务，具体模块功能如表 16.1 所示。从表中模块功能来看，NLTK 工具的功能涵盖了自然语言处理的全过程。

表 16.1　NLTK 功能简表

语言处理任务	模　　块	功　能　描　述
语料获取	corpus	语料库和词汇的标准化接口
字符串处理	tokenize, stem	分词、句子分解以及主干提取
搭配发现	collocations	t 检验，卡方，点互信息
词性标注	tag	n-gram，backoff，Brill，HMM，TnT
机器学习	classify, cluster, tbl	决策树，最大熵，朴素贝叶斯，EM，k-means
分块	regular, chunk	正则表达式，n-gram，命名实体
句法解析	parse, ccg	图表，基于特征，一致性，概率性，依赖项
语义解释	sem, inference	λ 演算，一阶逻辑，模型检验
指标评价	metrics	精度，召回率，协议系数
概率和估计	probability	频率分布，平滑概率分布

续表

语言处理任务	模　块	功　能　描　述
应用	app, chat	图形化的关键词排序，分析器，WordNet 查看器，聊天机器人
语言工作	toolbox	以 SIL 工具箱格式操作数据

16.2.2　NLTK 的安装与测试

运用 NLTK 工具包进行非结构化的文本语言处理和语言学习任务时，首先需要配置该自然语言处理库中各类算法的运行环境，以保障相关的函数调用能够正常执行。为此，本节将对基于 NLTK 库的自然语言处理程序的环境搭建过程做详细介绍。

NLTK 是强大的自然语言处理 Python 工具包，其安装和使用方法和其他的 Python 工具包类似，主要有离线安装和 pip install 在线安装两种方式。这里，采用在线安装的方式来完成 NLTK 库的安装和调试，具体步骤如下。

按 Win+R 快捷键打开"调用 windows 的运行"对话框，输入 cmd 命令，打开 DOS 对话框，运用 pip install 命令安装 NLTK 库，安装过程如图 16.1 所示。需要注意的是，由于网络延时的缘故，在线安装有可能产生下载超时问题。此时，只需重新输入一次安装命令即可。

与其他 Python 库工作方式不同，NLTK 正常工作还需要与之对应的 NLTK data 数据集模块的支撑。只有这样，其所包含的特定模块才能正常工作。因而，接下来安装 NLTK data 数据模块。针对数据模型的安装，可以采取命令方式或交互式安装，具体步骤如下。

（1）命令式安装：这是一种自动化的安装方法，当不确定所需的数据集时，可采取该方式来安装 NLTK data 模块。此时，需要在 Python 命令行中输入 python -m nltk.downloader all 来安装，或者在 Python 解释器中通过语句 nltk.download("")完成指定数据子集的安装。

（2）交互式安装：通过语句 nltk.download( )调用 NLTK Downloader 图形化交互窗口，然后选择"文件"→"更改下载目录"命令，设置数据集的安装目录。最后选择需要安装的数据子集。

提示

NLTK data 安装目录设置注意事项。

采用交互式安装时，需根据操作系统的类型确定数据的安装目录，Windows 平台需设置为 C：\ nltk_data；Mac OS 平台需设置为 / usr / local / share / nltk_data；UNIX 平台需设置为/ usr / share / nltk_data，如果未按上述操作系统要求设置目录，则需要设 NLTK_DATA 环境变量来指定其安装路径。

这里，以交互式安装为例来介绍 NLTK data 的安装步骤，具体步骤如下。首先，在 Python 解释器中输入如下代码，打开 NLTK Downloader 图形化交互窗口，如图 16.2 所示。然后，通过 File→change Download directory 设置数据存放路径为 C:\ nltk_data。最后，选中界面中的语料库分类，并单击左下角的 Download 按钮进行下载。然后，在 Python 交互环境中输入如下代码，不报错，即表明 NLTK 工具包安装成功。

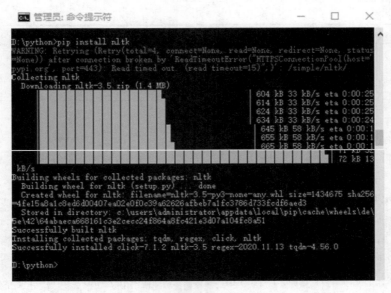

图 16.1　NLTK 工具包安装

```
Python 3.6.5 (v3.6.5:f59c0932b4, Mar 28 2018, 17:00:18) [MSC v.1900 64 bit (AMD64)] on win32
Type "copyright", "credits" or "license()" for more information.
>>> import nltk
>>> nltk.download()
>>>
```

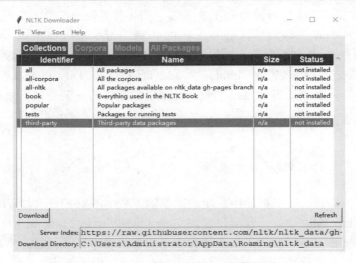

图 16.2　NLTK Downloader 下载界面

　　至此，NLTK 工具包和 NLTK data 的安装方法已介绍完毕，通过交互数据下载也证明已安装的自然语言处理环境能够正常工作。需要注意的是，由于分类对应的数据子集比较多，在交互式下载过程中会由于网速原因产生访问错误。这时重启下载界面，继续下载即可。此外，如果空间有限，可以手动选择下载内容。NLTK 模块将占用大约 7MB，整个nltk_data 目录将占用大约 1.8GB，其中包括分块器、解析器和语料库。

提示

　　首次加载 NLTK Downloader 时，会出现[Errno 11004] getaddrinfo failed 错误。此时，可以管理员身份打开记事本，然后，通过记事本打开位于 C:\Windows\System32\drivers\etc 下的 hosts 文件，并在其末尾添加代码 199.232.68.133 raw.githubusercontent.com，最后保存 hosts 文件，并在 Python 解释器中重新调用 nltk.download()，即可解决上述错误。

　　NLTK Downloader 颜色条含义注解（以 book 数据分类为例）。

提示

　　NLTK Downloader 颜色条含义注解（以 book 数据分类为例）。

　　在 NLTK Downloader 可视化窗口中，不同的颜色条具有不同的含义。其中，颜色最深代表对应的数据未安装(如图 16.3 所示)；中间连续颜色最浅的两行代表对应的数据部分安装（如图 16.4 所示）；颜色深的代表对应的数据已完全安装，如图 16.4 所示。

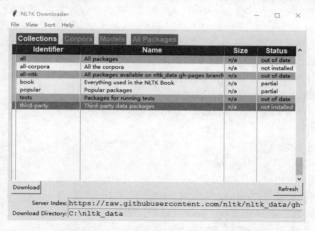

图 16.3　NLTK Downloader 窗口数据安装状态图示（1）

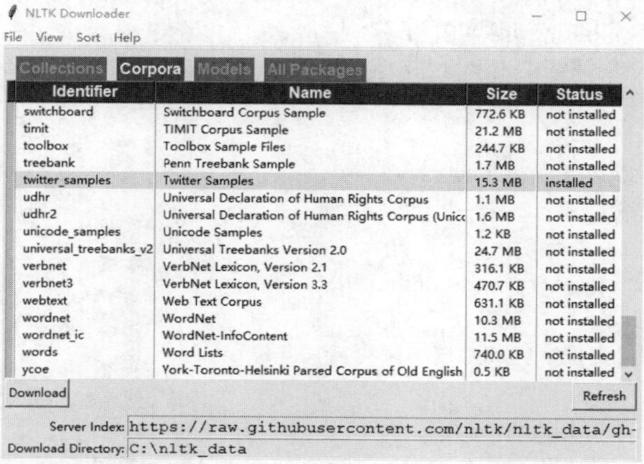

图 16.4　NLTK Downloader 窗口数据安装状态图示（2）

16.2.3　NLTK 应用举例

　　NLTK 是业界最为知名的 Python 自然语言处理工具，主要用于标记化、词形还原、词干化、解析、POS 标注等任务，该库具有几乎所有 NLP 任务的工具。本节借用 NLTK 工具对开源短消息数据集 smsspamcollection 进行文本预处理和特征提取；然后利用 scikit-learn 机器学习库中的朴素贝叶斯分类器对数据集中的短消息进行分类。从而让读者熟悉并掌握 NLTK 文本数据预处理的基本流程。短消息分类任务的代码如下。

```python
# 相关包的导入
import nltk
from nltk.corpus import stopwords
from nltk.stem import WordNetLemmatizer
import csv
import numpy as np
from sklearn.feature_extraction.text import TfidfVectorizer
from sklearn.naive_bayes import MultinomialNB
from sklearn.metrics import confusion_matrix
from sklearn.metrics import classification_report
# 文本预处理
def preprocessing(text):
    #text=text.decode("utf-8")
    tokens=[word for sent in nltk.sent_tokenize(text) for word in nltk.word_tokenize(sent)]
    stops=stopwords.words('english')
    tokens=[token for token in tokens if token not in stops]

    tokens=[token.lower() for token in tokens if len(token)>=3]
    lmtzr=WordNetLemmatizer()
    tokens=[lmtzr.lemmatize(token) for    token in tokens]
    preprocessed_text=' '.join(tokens)
    return preprocessed_text


# 读取短消息数据集
file_path='data\SMSSpamCollection'
sms=open(file_path,'r',encoding='utf-8')
sms_data=[]
sms_label=[]
csv_reader=csv.reader(sms,delimiter='\t')
for line in csv_reader:
    sms_label.append(line[0])
    sms_data.append(preprocessing(line[1]))
sms.close()
# 按 0.7：0.3 比例分为训练集和测试集，再将其向量化
dataset_size=len(sms_data)
trainset_size=int(round(dataset_size*0.7))
print('dataset_size:',dataset_size,'        trainset_size:',trainset_size)  #  dataset_size:  5572
trainset_size: 3900
```

```
x_train=np.array([''.join(el) for el in sms_data[0:trainset_size]])
y_train=np.array(sms_label[0:trainset_size])

x_test=np.array(sms_data[trainset_size+1:dataset_size])
y_test=np.array(sms_label[trainset_size+1:dataset_size])

vectorizer=TfidfVectorizer(min_df=2,ngram_range=(1,2),stop_words='english',strip_accents='unic
ode',norm='l2')

X_train=vectorizer.fit_transform(x_train)
X_test=vectorizer.transform(x_test)

# 朴素贝叶斯分类器
clf=MultinomialNB().fit(X_train,y_train)
y_nb_pred=clf.predict(X_test)

print(y_nb_pred)
# 输出混淆矩阵，用以计算分类器的相关评价指标
print('nb_confusion_matrix:')
cm=confusion_matrix(y_test,y_nb_pred)
print(cm)
print('nb_classification_report:')
cr=classification_report(y_test,y_nb_pred)
print(cr)
```

将如上代码命名为 smsspamcollection.py，并存储到本地指定目录 D:\python\code，然后通过 Python 解释器自带的 Python IDLE 打开源代码，并选择菜单栏中 Run→Run Module 命令运行程序。贝叶斯分类器性能评价结果，代码如下。

nb_classification_report:				
	precision	recall	f1-score	support
ham	0.97	1.00	0.98	1443
spam	1.00	0.77	0.87	228
accuracy			0.97	1671
macro avg	0.98	0.89	0.93	1671
weighted avg	0.97	0.97	0.97	1671

从程序运行结果来看，朴素贝叶斯分类器区分垃圾短消息的精确率可达 100%。

提示

在利用 NLTK 做文本数据预处理时，需要正确安装相关的扩展包，本例中需要检查 punkt、stopwords 和 wordnet 是否已经正确安装。

16.3　gensim 简介

gensim 是一款开源的第三方 Python 工具包，主要用于从原始的非结构化文本中，运用无监督的学习方式获取文本的主题向量表达。它支持包括 TF-IDF、LSA、LDA 和 word2vec 在内的多种主题模型算法，可用于主题建模、文档索引和大型语料库的相似度检索。本节将通过实际的应用举例让读者了解并掌握 gensim 包的安装步骤与基本的使用技巧。

16.3.1　gensim 的特点

众所周知，gensim 是一种用于主题建模且功能强大的 Python 库。它之所以能够高效地完成非结构化数据的主题建模、文档标引和海量语料库相似度检索任务主要是由于其自身具有其他类似工具包所不能比拟的优秀特质，主要体现在以下五个方面。

（1）算法的内存无关性：gensim 库的算法内存无关性主要表现为模型中所包含的算法均独立于物理内存，并且算法能够处理的语料规模也可大于内存容量或不受其他软硬件约束。

（2）简洁易用的交互接口：gensim 库具有简洁易用的程序交互接口，其主要由简单的流 API 和简单的转换 API 两部分构成。其中，流 API 易于插入用户自己的输入语料或输入流；而转换 API 则易于与其他向量空间算法融合。

（3）算法的多核实现：从 gensim 库中算法实现的角度看，其所包含的文本向量转换算法能够充分利用计算机处理器的多核心特性；例如，online Latent Semantic Analysis (LSA/LSI/SVD)、Latent Dirichlet Allocation (LDA)、Random Projections (RP)、Hierarchical Dirichlet Process (HDP) 或 word2vec deep learning 等算法均支持多核特性。

（4）分布式计算：gensim 库的硬件资源利用能力还表现在其能利用分布在不同地理位置的计算机集群进行工作，尤其是它能在计算机集群上运行潜在语义分析和潜在狄利克雷分布模型。因而，gensim 不仅可以提升软硬件资源的利用率，还能缩短程序的执行时间，并使任务的执行不再受时空条件制约。

（5）丰富的帮助文档：gensim 库的用户友好性还表现在其所包含的大量帮助文档和 Jupyter 案例。这些参考资料能够给初学者提供有效的学习指南和丰富的案例参考，从而使其快速掌握 gensim 的基本使用技巧。

16.3.2　gensim 的核心概念

为更好地理解 gensim 库的实现逻辑，并熟练地利用 gensim 库的函数完成自然语言处理的相关工作，用户需要熟知 gensim 库所涵盖的核心概念的内涵和外延。通常，gensim 库的核心概念包括文档（document）、语料库（corpus）、向量（vector）和模型（model）。

（1）文档：在 gensim 中，文档是指文本序列类型的对象。为便于理解，可将文档类比为 Python 语言中的 str 对象。需要说明的是，这里的文档可以是任何对象；例如，140 个字符的微博、一段文字（例如，期刊论文摘要）、一篇文章或一本书等。

（2）语料库：在 gensim 中，语料库是指文档对象的集合，并且其包含两大功能。首先，在模型训练阶段，训练语料库可以用来寻找公共的主题和话题以及初始化模型内部参数；其次，在模型使用阶段，训练好的主题模型可用于抽取新文档的主题。

（3）向量：在 gensim 中，向量是为推断语料库潜在结构而使用的文档数字化表示方法。gensim 提供的文档的数字化表示方式有向量特征和词袋模型两种。在向量特征表示法中，文档可被看作若干个问题与答案对的集。因而，单一特征可用"问—答"对来表示，并且约定用整数表示问题，用单浮点数表示答案，如此，单一特征便可表示为形如(1, 2.0)的数值对，进而单一文档向量便是其包含的特征数值对的有序集合。在实际应用中，向量可能包含很多 0 值，为节省空间，在 gensim 中这样的单一特征均被忽略。

在词袋模型表示法中，每个文档都由一个向量表示，该向量由字典中每个单词的频率计数构成，并且词频排序以字典中单词的顺序为准。此外，文本向量的长度取决于字典中单词的数目。值得注意的是，该文档向量表示有可能使两个不同的文档获得相同的向量表示。这是由于词袋模型忽略了文档中单词原有的标记顺序，取而代之的是用词典中单词序列关系替代文档原有单词的顺序。

（4）模型：在 gensim 中，模型作为一个抽象术语，是指从一个文档表示到另一个文档表示的转换。而在 gensim 中，文档又是用向量表示的，因此可以将模型看作两个向量空间之间的转换。当模型读取训练语料库进行训练时，便可学习到如何进行向量空间转换的细节。通常，可利用 tf-idf 模型将文档的词袋表示向量转换为向量空间，并根据语料库中每个词的相对稀缺性加权频率计数。

16.3.3　gensim 的安装与测试

运用 gensim 库进行非结构化文本的向量特征转换任务时，首先需要配置该自然语言处理库中各类算法的运行环境，以保障相关的函数调用能够正常执行。为此，本节将对基于 gensim 库的主题建模与向量空间转换的环境搭建过程做详细介绍。

gensim 是强大的文本向量转换工具 Python 包，其安装和使用方法与其他 Python 工具包类似，主要有离线安装和 pip install 在线安装两种方式。这里，采用离线安装的方式来完成 gensim 库的安装和调试，具体步骤如下。

（1）进行离线安装包的下载。

可通过 gensim 库的官方网站或 Python 的 PyPI 第三方工具包检索平台来下载 gensim 库。这里通过 gensim 库的官方网站 https://radimrehurek.com/gensim_3.8.3/index.html 来完成离线包的下载工作。首先，通过浏览器打开 gensim 官网，如图 16.5 所示；然后单击右上角的 Download 按钮，跳转至下载页面，接着单击该页面左侧导航栏中的 Download 链接，打开下载界面，如图 16.6 所示。这里选择 gensim 3.8.3 的 win_amd64 版本，如图 16.7 所示，并下载保存至本地硬盘。接着，按 Win+R 快捷键打开 windows 的"运行"对话框，输入 cmd 命令，打开 DOS 对话框，进入 gensim 库存储的文件夹，运用 pip install 命令安装 gensim 库。安装过程如图 16.8 所示。至此，gensim 库已成功安装完毕。此外，gensim 库需要 Python 的第三方模块 NumPy、smart_open 和 Cython 的支撑才能正常安装。

（2）打开 Python 自带的 IDLE，分别导入 gensim 库和常用子模块，若系统不报错，即证明环境配置正确。从下面代码的运行结果可以看出，该配置环境可正常运行。

```
Python 3.6.5 (v3.6.5:f59c0932b4, Mar 28 2018, 17:00:18) [MSC v.1900 64 bit (AMD64)] on win32
Type "copyright", "credits" or "license()" for more information.
>>> import gensim
>>> from gensim import corpora,models,similarities
>>>
```

图 16.5　gensim 库官方网站

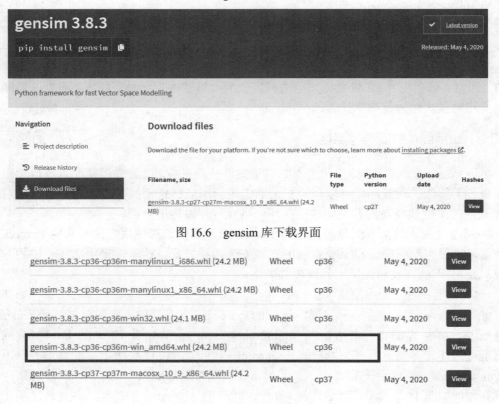

图 16.6　gensim 库下载界面

gensim-3.8.3-cp36-cp36m-manylinux1_i686.whl (24.2 MB)	Wheel	cp36	May 4, 2020	View
gensim-3.8.3-cp36-cp36m-manylinux1_x86_64.whl (24.2 MB)	Wheel	cp36	May 4, 2020	View
gensim-3.8.3-cp36-cp36m-win32.whl (24.1 MB)	Wheel	cp36	May 4, 2020	View
gensim-3.8.3-cp36-cp36m-win_amd64.whl (24.2 MB)	Wheel	cp36	May 4, 2020	View
gensim-3.8.3-cp37-cp37m-macosx_10_9_x86_64.whl (24.2 MB)	Wheel	cp37	May 4, 2020	View

图 16.7　gensim 下载版本

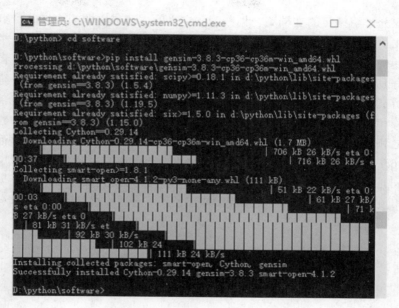

图 16.8　gensim 离线安装过程

16.3.4　gensim 应用举例

gensim 是一款专业的主题模型 Python 工具包，其核心是文本的向量变换，主要用于从原始的非结构化文本中通过无监督的学习方式获取文本的主题向量表达。它支持 TF-IDF、LSA、LDA 和 word2vec 在内的多种主题模型算法，可用于主题建模、文档索引和大型语料库的相似度检索。本节通过 gensim 库的主题模型（latent dirichlet allocation，LDA）来介绍利用 gensim 框架进行文本主题向量化的基本流程。

顾名思义，主题模型从字面意思理解就是对文字中隐含主题的一种抽取方法，其核心在于借助计算机工具将文本转换为便于计算机理解的特征向量，进而为人工智能的相关应用（例如，情感分析、机器翻译等）提供数据来源。此外，LDA 是一种文档主题生成模型，也称为三层贝叶斯概率模型，包含词、主题和文档三层结构。所谓生成模型，举例来说，通常认为一篇文章的每个词都是通过"以一定概率选择了某个主题，并从这个主题中以一定概率选择某个词语"的过程得到。文档到主题和主题到词都服从多项式分布。用数学语言来描述主题就是词汇表上词语的条件概率分布。与主题关系越密切的词语，其条件概率越大，反之则越小。通俗地讲，一个主题就好像一个"桶"，里面有若干出现概率较高的词语。这些词语和这个主题有很强的相关性，或者说，正是这些词语共同定义了这个主题。为此，本节利用 gensim 框架中的 LDA 主题模型介绍用于非结构化的文本向量化的详细流程，从而让读者对 gensim 框架的使用有一个整体的认识。

需要注意的是，通过本节的案例分析，读者需要明白抽象的 LDA 的文本向量化基本原理、LDA 的构建流程和 gensim 框架的使用流程。

俗话说，"一图胜千言"。因此，首先通过直观的图片展示来阐述 LDA 的文本向量化原理。这里通过学者 David M. Blei 的学术论文 Latent Dirichlet Allocation 中主题模型的核心要素"主题、词汇、文档"来展示主题模型的原理，如图 16.9 所示。主题模型的原理就是以词汇为媒介，将指定的文档集合划归为预定义的主题或主题的加权向量组合，从而利用主题的占比（以词汇多少估算其在文档中的概率）来量化描述文档；例如，在图 16.9 中，预定义的主题有红色标注的 Arts、绿色标注的 Budgets、蓝色标注的 Children 和粉色标注的 Education，并且每个主题有其对应的词汇集合。文档的向量化表示过程就是统计文档中词汇，然后分析文档中的词汇集与预定义的主题包含词汇集的相关性（通常需通过已知的主题—词汇矩阵和文档—词汇矩阵推演文档—主题矩阵，这里词汇矩阵的词汇数目是所有主题词汇数目之和，而主题矩阵的主题数目是所有预定义的主题数目之和），进而确定文档的主题。从图 16.9 所示文档中词汇的颜色分布可以判断出绿色的词最多，所以此文章最大的主题应该是 Budgets。其中的大部分词都是从 Budgets 这个主题中选择出来的。所以这篇文章可能在讲述和预算有关的事情，而文章确实描述了某基金逐步拨款资助一些青年艺术家。

主题	"Arts"	"Budgets"	"Children"	"Education"
词汇	NEW	MILLION	CHILDREN	SCHOOL
	FILM	TAX	WOMEN	STUDENTS
	SHOW	PROGRAM	PEOPLE	SCHOOLS
	MUSIC	BUDGET	CHILD	EDUCATION
	MOVIE	BILLION	YEARS	TEACHERS
	PLAY	FEDERAL	FAMILIES	HIGH
	MUSICAL	YEAR	WORK	PUBLIC
	BEST	SPENDING	PARENTS	TEACHER
	ACTOR	NEW	SAYS	BENNETT
	FIRST	STATE	FAMILY	MANIGAT
	YORK	PLAN	WELFARE	NAMPHY
	OPERA	MONEY	MEN	STATE
	THEATER	PROGRAMS	PERCENT	PRESIDENT
	ACTRESS	GOVERNMENT	CARE	ELEMENTARY
	LOVE	CONGRESS	LIFE	HAITI

文档

> The William Randolph Hearst Foundation will give $1.25 million to Lincoln Center, Metropolitan Opera Co., New York Philharmonic and Juilliard School. "Our board felt that we had a real opportunity to make a mark on the future of the performing arts with these grants an act every bit as important as our traditional areas of support in health, medical research, education and the social services," Hearst Foundation President Randolph A. Hearst said Monday in announcing the grants. Lincoln Center's share will be $200,000 for its new building, which will house young artists and provide new public facilities. The Metropolitan Opera Co. and New York Philharmonic will receive $400,000 each. The Juilliard School, where music and the performing arts are taught, will get $250,000. The Hearst Foundation, a leading supporter of the Lincoln Center Consolidated Corporate Fund, will make its usual annual $100,000 donation, too.

图 16.9　David M. Blei 学术论文 Latent Dirichlet Allocation 中的主题、词汇和文档

其次，LDA 主题模型的生成过程就是对每一个文档从主题分布中抽取一个主题；然后，从上述被抽到的主题所对应的单词分布中抽取一个单词；重复上述过程，直至遍历文档中的每一个单词为止。为此，以开源的 HillaryEmails 邮件数据集为处理对象，通过基于 gensim 的 LDA 文档主题构建邮件的主题模型，并对未知邮件的主题进行预测，具体代码如下。

```
import numpy as np
import pandas as pd
import seaborn as sns
sns.set_style("whitegrid")
import re
from gensim.models import doc2vec, ldamodel
from gensim import corpora
 # 自定义邮件内容清洗函数 clean_email_text()
def clean_email_text(text):
    # 数据清洗，并剔除日期、时间等无意义的词
    text = text.replace('\n', " ")
```

```
        text = re.sub(r"-", " ", text)
        text = re.sub(r"\d+/\d+/\d+", "", text)
        text = re.sub(r"[0-2]?[0-9]:[0-6][0-9]", "", text)
        text = re.sub(r"[\w]+@[\.\w]+", "", text)
        text = re.sub(r"/[a-zA-Z]*[:/\/]*[A-Za-z0-9\-_]+\.+[A-Za-z0-9\.\/%&=\?\-_]+/i", "", text)
        pure_text = ''

        for letter in text:
            # 只留下字母和空格
            if letter.isalpha() or letter == ' ':
                pure_text += letter

        # 清洗后的邮件内容，只留下有意义的单词
        text = ' '.join(word for word in pure_text.split() if len(word) > 1)
        return text


if __name__ == '__main__':
    # 加载数据
Hillary = sns.load_dataset('HillaryEmails')
Hillary.info()
    Hillary = Hillary[['Id', 'ExtractedBodyText']].dropna()   # 剔除含空值记录
    print(Hillary.head())
    Hillary.info()

    docs = Hillary['ExtractedBodyText']    # 获取邮件
    docs = docs.apply(lambda s: clean_email_text(s))    # 对邮件清洗

    print(docs.head(1).values)
    doclist = docs.values    # 直接将内容拿出来
    print(docs)
# 自定义停用词列表
stoplist = ['very', 'ourselves', 'am', 'doesn', 'through', 'me', 'against', 'up', 'just', 'her', 'ours',
'couldn', 'because', 'is', 'isn', 'it', 'only', 'in', 'such', 'too', 'mustn', 'under', 'their', 'if', 'to', 'my', 'himself',
'after', 'why', 'while', 'can', 'each', 'itself', 'his', 'all', 'once', 'herself', 'more', 'our', 'they', 'hasn', 'on',
'ma', 'them', 'its', 'where', 'did', 'll', 'you', 'didn', 'nor', 'as', 'now', 'before', 'those', 'yours', 'from', 'who',
'was', 'm', 'been', 'will', 'into', 'same', 'how', 'some', 'of', 'out', 'with', 's', 'being', 't', 'mightn', 'she',
'again', 'be', 'by', 'shan', 'have', 'yourselves', 'needn', 'and', 'are', 'o', 'these', 'further', 'most',
'yourself', 'having', 'aren', 'here', 'he', 'were', 'but', 'this', 'myself', 'own', 'we', 'so', 'i', 'does', 'both',
'when', 'between', 'd', 'had', 'the', 'y', 'has', 'down', 'off', 'than', 'haven', 'whom', 'wouldn', 'should', 've',
'over', 'themselves', 'few', 'then', 'hadn', 'what', 'until', 'won', 'no', 'about', 'any', 'that', 'for', 'shouldn',
'don', 'do', 'there', 'doing', 'an', 'or', 'ain', 'hers', 'wasn', 'weren', 'above', 'a', 'at', 'your', 'theirs', 'below',
'other', 'not', 're', 'him', 'during', 'which']

texts = [[word for word in doc.lower().split() if word not in stoplist] for doc in doclist]
    # 输出清洗后的第一封邮件的样式
```

```
print(texts[0])

dictionary = corpora.Dictionary(texts)
corpus = [dictionary.doc2bow(text) for text in texts]
print(corpus[0])


lda = ldamodel.LdaModel(corpus=corpus, id2word=dictionary, num_topics=20)
# 第 10 个主题最关键的 5 个词
print(lda.print_topic(10, topn=5))
# 打印前 20 个主题的前 5 个词汇的出现概率
print(lda.print_topics(num_topics=20, num_words=5))


# 推测未知邮件 text 的主题
text = 'we have chance to elect 45th president who will build on our progress ' \
        'who will finish the job. -H'
text = clean_email_text(text)
texts = [word for word in text.lower().split() if word not in stoplist]
bow = dictionary.doc2bow(texts)
print(lda.get_document_topics(bow))
```

将上述代码命名为 hillaryemails.py，并存储到本地指定目录 D:\python\code；然后通过 Python 解释器自带的 Python IDLE 打开源代码，并选择菜单栏中的 Run→Run Module 命令，运行程序，最终执行结果如下。

```
[(12, 0.7218636), (16, 0.17806602)]
```

从程序执行结果来看，未知邮件 text 的主题与 12 号主题最为相关，且相关系数为 0.7218636。

16.4 案例剖析：文本情感分析

文本情感分析是指利用自然语言处理和文本挖掘技术，对带有情感色彩的、主观性的、用户自生成的文本内容进行分析、处理和抽取的过程。目前，文本情感分析研究涵盖了自然语言处理、文本挖掘、信息检索、信息抽取、机器学习和本体学等多个领域的知识和技术，已成为自然语言处理和文本挖掘领域研究的热点问题之一。通常，按分析的粒度，情感分析可以划分为篇章级、句子级、词（短语）级；按处理文本的类别，可划分为基于产品评论的情感分析和基于新闻评论的情感分析；按研究的任务类型，又可分为情感分类、情感检索和情感抽取。本节通过对 Kaggle 网站公开的，从博客中抽取的情绪数据集 UMICH SI650 构建分类模型来介绍文本情感分析的全流程，从而让读者对借助自然语言处理工具和机器学习模型进行的文本情感预测有一定的了解。

16.4.1 思路简介

情绪分类是文本情感分析的典型应用之一，本节通过对用户文本情绪类别的预测来介绍构建文本情绪分析模型的全过程。

1. 任务要求

首先，按照自然语言处理的基本步骤对情绪文本进行向量化处理。然后，利用 scikit-learn 提供的分类模型构建文本情感分类模型。最后，利用文本情感分类模型预测未知文本的情感类型。

2. 环境要求

该项目正常运行，依赖的第三方 Python 库主要有 NumPy、pandas、seaborn、scikit-learn、NLTK。

3. 数据集简析

情绪数据集 UMICH SI650 由训练集和测试集两部分构成。在训练集中，每一条记录由情感标签（sentiment）和文本内容（comment）构成。其中，情感标签取值为 1 代表积极的；取值为 0 代表消极的。其对应的数据表样式如图 16.10 所示；在测试集中，每一条记录仅由文本内容构成，对应的数据表样式如图 16.11 所示。

sentiment	comment
1	The Da Vinci Code book is just awesome.
1	this was the first clive cussler i've ever rea...
1	i liked the Da Vinci Code a lot.
1	i liked the Da Vinci Code a lot.
1	I liked the Da Vinci Code but it ultimately did...

图 16.10　训练集构成

	comment
0	" I don't care what anyone says, I like Hillar...
1	have an awesome time at purdue!..
2	Yep, I'm still in London, which is pretty awes...
3	Have to say, I hate Paris Hilton's behavior bu...
4	i will love the lakers.

图 16.11　测试集构成

16.4.2　代码实现

示例代码如下。

```
import pandas as pd
import numpy as np
import sklearn
import seaborn as sns
import matplotlib.pyplot as plt
import re, nltk
from nltk.stem.porter import PorterStemmer
from sklearn.feature_extraction.text import CountVectorizer, TfidfVectorizer
from sklearn.model_selection import train_test_split
from sklearn.linear_model import LogisticRegression
from sklearn import metrics
train_data_df = pd.read_table('UMICH_SI650_train_data.txt', names=['sentiment', 'comment'],
header=None, delimiter="\t", quoting=3)
test_data_df = pd.read_table('UMICH_SI650_test_data.txt', names=['comment'], header=None,
delimiter="\t", quoting=3)
train_data_df.sentiment.value_counts()
sns.countplot(y='sentiment', data=train_data_df)
np.mean([len(s.split(" ")) for s in train_data_df.comment])
stemmer = PorterStemmer()
```

```
def stem_tokens(tokens, stemmer): # 词干提取函数
    stemmed = []
    for item in tokens:
        stemmed.append(stemmer.stem(item))
    return stemmed
def tokenize(text): # 词生成函数
    # 剔除正则式定义的无意义字符
    text = re.sub("[^a-zA-Z]", " ", text)
    # 生成单词
    tokens = nltk.word_tokenize(text)
# 生成词干
    stems = stem_tokens(tokens, stemmer)
    stems
count_vect = CountVectorizer(analyzer = 'word', tokenizer=tokenize, lowercase=True, stop_words=
'english', max_features=7)
tfidf_vect = TfidfVectorizer(analyzer = 'word', tokenizer=tokenize, lowercase=True, stop_words=
'english', max_features=7)
comment_tf = count_vect.fit_transform(train_data_df.comment.tolist() + test_data_df.comment.tolist())
comment_tfidf = tfidf_vect.fit_transform(train_data_df.comment.tolist() + test_data_df.comment.tolist())
comment_tf_nd = comment_tf.toarray()
comment_tf_nd.shape
comment_tfidf_nd = comment_tfidf.toarray()
comment_tfidf_nd.shape
df = pd.DataFrame(comment_tf_nd, columns=count_vect.get_feature_names())
vocab = count_vect.get_feature_names()
dist = np.sum(comment_tf_nd, axis=0)
for tag, count in zip(vocab, dist):
print (tag, count)
X_train, X_test, y_train, y_test     = train_test_split(comment_tf_nd[0:len(train_data_df)],
train_data_df.sentiment, train_size=0.75, random_state=1, stratify=train_data_df.sentiment)
selected_words = ['awesom', 'good', 'great', 'like', 'shitti', 'stupid', 'suck']
sum_data = dict()
for word in selected_words:
    sum_data[word] = df[word].sum()
sum_data
df_subset = df[selected_words]
X_train, X_test, y_train, y_test     = train_test_split(df_subset[0:len(train_data_df)], train_data_df.
sentiment, train_size=0.75, random_state=1, stratify=train_data_df.sentiment)
log_sw_model = LogisticRegression()
log_sw_model = log_tfidf_model.fit(X=X_train, y=y_train)
y_pred = log_sw_model.predict(X=X_test)
y_pred_prob = log_sw_model.predict_proba(X=X_test)[:,1]
print(metrics.classification_report(y_test, y_pred))
print("accuracy: %0.6f" % metrics.accuracy_score(y_test, y_pred))
test_pred = log_sw_model.predict(comment_tfidf_nd[len(train_data_df):])
spl = random.sample(range(len(test_pred)), 15)
for text, sentiment in zip(test_data_df.comment[spl], test_pred[spl]):
    print(sentiment, text)
```

16.4.3 代码分析

（1）导入文本情感分析所需要的 Python 库，代码如下。

```python
import pandas as pd
import numpy as np
import sklearn
import seaborn as sns
import matplotlib.pyplot as plt
import re, nltk                                     # 正则表达式与自然语言处理库
from nltk.stem.porter import PorterStemmer          # 词干提取包
from sklearn.feature_extraction.text import CountVectorizer, TfidfVectorizer
from sklearn.model_selection import train_test_split
from sklearn.linear_model import LogisticRegression
from sklearn import metrics
```

（2）载入训练集与测试数据，代码如下。

```python
train_data_df  = pd.read_table('UMICH_SI650_train_data.txt', names=['sentiment', 'comment'],
header=None, delimiter="\t", quoting=3)
test_data_df  = pd.read_table('UMICH_SI650_test_data.txt', names=['comment'], header=None,
delimiter="\t", quoting=3)
```

该段代码的含义是通过 pandas 对象的 read_table()函数读取训练集和测试集的文本内容。需要注意的是，pandas 对象的函数 read_table()中，参数 header=None 表示文件中的第一行为字段取值的属性名；delimiter="\t"代表以制表符分割内容；quoting=3 表示忽略读取内容中的双引号。

（3）统计训练集中样本标签数量分布，代码如下。

```python
sns.countplot(y='sentiment', data=train_data_df)
```

该段代码的含义是通过 seaborn 绘图库的 countplot()函数绘制训练集中样本的计数图，其结果如图 16.12 所示。

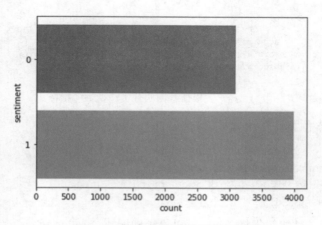

图 16.12 训练集样本类型分布图

（4）特征工程，代码如下。

```
count_vect = CountVectorizer(analyzer = 'word', tokenizer=tokenize, lowercase=True, stop_words=
'english', max_features=7)
tfidf_vect = TfidfVectorizer(analyzer = 'word', tokenizer=tokenize, lowercase=True, stop_words=
'english', max_features=7)
comment_tf = count_vect.fit_transform(train_data_df.comment.tolist() + test_data_df.comment.
tolist())
comment_tfidf = tfidf_vect.fit_transform(train_data_df.comment.tolist() + test_data_df.comment.
tolist())
```

该段代码的含义是通过 sklearn.feature_extraction.text 包提供的 CountVectorizer 和
TfidfVectorizer 对象完成训练集的特征提取以及向量化处理。

（5）样本分割，代码如下。

```
X_train, X_test, y_train, y_test  = train_test_split(df_subset[0:len(train_data_df)], train_data_df.
sentiment, train_size=0.75, random_state=1, stratify=train_data_df.sentiment)
```

该段代码的含义是通过 train_test_split()函数完成训练集样本的切割，并且设置训练集
占比为 75%，通过 random_state=1, stratify=train_data_df.sentiment 参数的设置来实现样本的
随机筛选以及切割后的子样本与原样本标签记录占比一致。

（6）模型训练与评价，代码如下。

```
log_sw_model = LogisticRegression()
log_sw_model = log_tfidf_model.fit(X=X_train, y=y_train)
y_pred = log_sw_model.predict(X=X_test)
y_pred_prob = log_sw_model.predict_proba(X=X_test)[:,1]
print(metrics.classification_report(y_test, y_pred))
```

该段代码的含义是通过逻辑斯蒂回归训练情感分类模型，并生成模型的性能指标评价
结果，如图 16.13 所示。

```
              precision    recall  f1-score   support

           0       1.00      0.58      0.73       773
           1       0.75      1.00      0.86       999

    accuracy                           0.81      1772
   macro avg       0.88      0.79      0.80      1772
weighted avg       0.86      0.81      0.80      1772
```

图 16.13　逻辑斯蒂回归分类模型性能指标

（7）未知样本预测，代码如下。

```
test_pred = log_sw_model.predict(comment_tfidf_nd[len(train_data_df):])
spl = random.sample(range(len(test_pred)), 15)
for text, sentiment in zip(test_data_df.comment[spl], test_pred[spl]):
    print(sentiment, text)
```

该段代码的含义是随机提取 15 条未知的测试样本，通过逻辑斯蒂回归分类模型输出预
测结果，如图 16.14 所示。

```
0 Honda is calling back some 423,344 vehicles in its home market of Japan over faulty key interlocks which allow keys to be removed from the
ignition when the gearshift is in positions other than'park.
0 Harvard Square is a beautiful sight when the women start putting on their warm-weather clothes..
1 I definitely slept in my coat, but I slept really comfortably, because I had my awesome purdue blanket my mommy made me, and my own pillo
w.....
1 i do i love angelina jolie!..
1 With that said god i cant wait to go there, seattle is awesome.
0 I detest the homeless population of San Francisco.
0 gawssh i hate london i hope he blows up and his guts fly everywhere and then birds eat his guts.
1 i love seattle so much.
0 I need some of that geico balboa stuff..
0 Boston SUCKS.
1 It's about the MacBook Pro, which is awesome and I want one, but I have my beloved iBook, and believe you me, I love it..
0 stupid lakers!!!!!!!!!!!
0 Stupid UCLA....
0 angelina jolie is so beautiful that i don't even have the desire to attain such exquisite beauty..
1 he loves NYC too much in my opinion ( because i'll always love my seattle too much )...
```

图 16.14   逻辑斯蒂回归分类模型预测结果

16.5   实验

1. 实验目的

（1）掌握自然语言处理工具包 NLTK 的安装方法以及常见的错误处理技巧。

（2）掌握自然语言主题模型 Python 工具包 gensim 的安装方法以及常见的错误应对方法。

（3）掌握 gensim 工具包主题建模的具体流程以及常用的库函数的使用方法。

（4）掌握 NLTK 自然语言处理工具包的具体使用流程以及常见的库函数的使用方法。

2. 实验内容

（1）NLTK 自然语言处理环境的搭建。

① NLTK 库的安装。

使用 pip install 命令完成 NLTK 库的安装。

② NLTK 库的验证。

验证基于 NLTK 库的自然语言处理环境是否能够正常运行。

（2）gensim 自然语言主题模型运用环境的构建。

① gensim 库的安装。

使用 pip install 命令完成 gensim 库的安装。

② gensim 库的验证。

验证基于 gensim 库的自然语言主题建模环境是否能够正常运行。

（3）NLTK 自然语言工具的应用

借助 NLTK 自然语言处理工具对开源的短消息数据集 smsspamcollection 进行文本预处理和特征提取，并构建正常短消息 ham 和垃圾短消息 spam 的样本数据集；然后运用 scikit-learn 库中常用的分类模型（例如，决策树、随机梯度下降、支持向量机和随机森林等）对短消息数据集进行分类，并比较各模型的性能差异。

（4）gensim 主题建模工具的应用。

利用 gensim 主题建模工具的其他方法（例如，TF-IDF、LSA 和 word2vec）对邮件数据集 HillaryEmails 进行主题建模，然后比较其与 LDA 的异同。

第 17 章

项目实战：推荐系统

作为人工智能技术应用的重要领域，推荐系统是信息过滤技术的延伸和发展，已逐渐发展为一个相对独立的研究方向。其旨在解决大数据时代用户信息选择迷航问题。目前，推荐系统工业应用研究及相关的推荐技术理论学术研究已成为业界研究的热点。为此，本章以推荐系统项目实战为主线，详细介绍推荐系统的发展现状、类型和与其相关的支撑技术，并以电影推荐为例来详细阐述推荐系统的开发流程及相关注意事项，进而让读者能熟练运用所学的推荐方法解决实际的应用问题。

17.1 推荐系统概述

大数据时代，人工智能炙手可热，几乎无人不知，无人不晓。推荐系统作为人工智能应用研究的重要分支之一，同样也受到了业界的追捧，已经在解决信息过载、满足用户个性化需求问题上取得了卓越的成就。它的应用范围不断向各个领域渗透，尤其是在电子商务领域。通常，有信息过载的场景就有推荐系统应用的可能，特别是在这个以用户生成内容焦点的社交媒体时代，它的存在不仅迎合了用户信息选择的个性化需要，而且为用户的信息迷航寻得一条破冰之路。因而，了解推荐系统的内涵、外延以及关联知识就显得格外重要。为此，本节对推荐系统的发展历程、技术分类、评价指标和典型应用做详细的阐述，从而使读者对推荐系统有初步的认识。

17.1.1 推荐系统的发展历程

大数据时代，推荐系统作为解决信息过载问题的重要方法之一，以其推荐结果的不确定性和推荐结果的个性化赢得了互联网用户的青睐。回顾推荐系统的发展历程，其过程大致可分为 3 个阶段。

1. 孕育萌芽阶段

推荐系统的诞生，源于协同过滤思想以及协同过滤技术的不断发展和成熟。1997 年，学者 Resnick 在其发表在 *Communication of the ACM* 期刊的学术论文 Recommender systems 中第一次正式提出推荐系统这个概念。这标志着推荐系统这一个研究分支的诞生。不过，此时的推荐系统实际上指的还是协同过滤。值得注意的是，协同过滤思想是帕洛阿尔托研究中心的学者 Goldberg 等人在 Tapestry 系统中第一次引入的。此后，基于协同过滤思想的协同过滤技术先后在 Grouplens 系统、Ringo 系统和贝尔视频推荐中得到了成功应用，同时协同过滤技术也得到了不断的发展和完善。

2. 螺旋起伏阶段

随着协同过滤技术应用效果的大放异彩和推荐系统概念的正式提出，业界越来越多的学者注意到这一新生概念。不同学科方法的应用以及不同领域学者的加盟促使推荐系统的理论与实践研究迅速发展。随之而来的是各种有关推荐系统的研究机构不断涌现，并且与推荐系统研究相关的学术成果层出不穷。值得一提的是，2006 年 10 月，DVD 零售公司 Netflix 宣布了一项竞赛——任何人只要发明了比现有电影推荐算法 Cinematch 好 10%的新方法就能获得百万美元大奖。这一推荐算法竞赛犹如一颗重磅炸弹，再次使业界众多学者聚焦这个新生的研究领域。2007 年，美国明尼苏达大学的 Joseph A. Konstan 教授组织了第一届 ACM 推荐系统会议，也就是现在举世闻名的推荐系统世界顶会，标志着推荐系统作为人工智能学科的重要分支正式得到学科席位。这一划时代的学术峰会为推荐系统的茁壮发展提供了学术交流的阵地，并为未来推荐系统学科发展奠定了坚实的基础。

3. 百家争鸣阶段

目前，随着推荐系统学术顶级会议的蓬勃发展以及工业界的实践研究和学术界的理论研究的驱动，推荐系统研究成果以及应用实践均取得了举世瞩目的成就；其中，最为亮眼的技术成果就是各学科理论与推荐技术的融合产生了不同流派的推荐技术；例如，深度学习驱动的推荐系统技术、知识图谱驱动的推荐系统技术、用户画像的推荐技术、领域交叉的推荐技术和心理学理论驱动的推荐系统技术等。此外，推荐系统的应用研究不再局限于电子商务场景，也逐渐向其他领域渗透；例如，在线学习领域、学术资源管理领域和健康饮食领域等。总之，随着各学科知识的深入融合，推荐系统的理论探索与应用研究将会迎来更为璀璨的明天，推荐技术支撑的信息资源管理将是大数据时代个性化信息资源管理的最佳方式。

17.1.2　推荐系统的技术分类

推荐系统按照不同的分类原理，可以划分为不同的类别；例如，依据参与推荐的数据来源的不同，可以将推荐系统分为基于人口统计学的推荐、基于内容的推荐和基于协同过滤的推荐。依据推荐系统的实时性，可将其划分为实时推荐和离线推荐。通常，更具认可度的分类方式是按照推荐系统的实现原理来对其进行分类，具体可划分为基于内容的推荐系统、基于协同过滤的推荐系统和混合推荐系统 3 种类型。

（1）基于内容的推荐系统：是指根据用户喜欢物品的历史记录来为用户推荐与其过去喜欢的物品相似的物品。其核心是构造物品的特征画像，并根据画像来寻找最为相似的其他物品。需要说明的是，基于内容的推荐系统是以物品各自所拥有的特征之间的相似性来实现推荐的；例如，基于内容的电影推荐，可依据电影参演人员、导演、电影题材等电影自身拥有的属性特征来进行相似性分析。这种策略最早应用于信息检索系统中。

（2）基于协同过滤的推荐系统：与基于物品特征的内容推荐相比，协同过滤推荐是指依据其他用户对物品的评分内容而非物品固有的特征来推理用户潜在喜好的过程。按实现原理可分为基于记忆的协同过滤和基于模型的协同过滤。其中，基于记忆的协同过滤本质上是依据用户与物品的历史交互记录来完成推荐。其又可细分为基于用户的协同过滤和基于物品的协同过滤两种类型。此外，它主要通过计算用户历史行为、物品历史评价来计算用户间的相似度以及物品间的相似度，其实现思路与 K 近邻的思想类似。因而，基于记忆的协同过滤又可称为基于近邻的协同过滤。而基于模型的协同过滤是目前主流的协同过滤类型，它是指借用机器学习的思想构建物品评分预测模型，从而实现物品推荐。常用的模型算法包括关联算法、聚类算法、分类算法、回归算法、矩阵分解、神经网络、图模型以及隐语义模型等。

（3）混合推荐系统：是指同时运用内容推荐技术和协同过滤推荐技术来实现推荐的方法，其目的是解决单一推荐技术或推荐方法可能存在的冷启动问题、数据稀疏问题、马太效应、灰羊效应、投资组合效应和稳定性或可塑性问题。通常，混合推荐系统是依据约定的组织策略对不同的推荐技术或同一技术的不同实现进行封装来实现的。常见的组织策略包括切换式混合策略、加权式混合策略、交叉混合策略、特征组合混合策略、特征增强混合策略、级联混合策略和元级别混合策略。

17.1.3　推荐结果的评价指标

推荐结果的优劣需要通过一定的评价机制来进行验证。通常，推荐系统的评价方法可分为在线评估、离线评估和用户调查 3 种。然而，在线评估和用户调查所需代价较高，目前对推荐系统的评价主要以离线评估为主。需要注意的是，推荐系统离线评价指标因任务的不同会有所差异。按照推荐任务的不同，可将离线评价指标分为评分预测评价指标、Top-N 推荐评价指标和排名推荐评价指标 3 类，其中，评分预测评价指标包括平均绝对误差（mean absolute error，MAE）、均方误差（mean squared error，MSE）、均方根误差（root mean squared error，RMSE）等；Top-N 推荐评价指标包括准确率、精确率、召回率、ROC 和 AUC 等；排名推荐评价指标包括 half-life utility 和 discounted cumulative gain 等。本节主要介绍推荐系统离线评估的常用评价指标，其具体含义及对应评价方式如下。

（1）平均绝对误差：表示预测值和观测值之间绝对误差的平均值。通常用公式 $\mathrm{MAE}=\dfrac{\sum_{t=1}^{n}|\hat{y}_t - y_t|}{n}$ 计算，其中 $\hat{y}_t$ 是评分预测值，y_t 是评分真实值，n 则代表样本总数。

（2）均方误差：是指预测评分值与真实评分值的差平方的期望值。MSE 可以评价数据的变化程度，MSE 的值越小，说明预测模型描述实验数据具有更好的精确度。通常用公式 $\mathrm{MSE}=\dfrac{\sum_{t=1}^{n}(\hat{y}_t - y_t)*(\hat{y}_t - y_t)}{n}$ 计算，其中 $\hat{y}_t$ 是评分预测值，y_t 是评分真实值，n 则代表样本总数。

（3）均方根误差：是均方误差值的算术平方根。

（4）准确率：用于评估样本中被识别正确的样本总数占全体样本总数的百分比。通常用公式 ACC = (TP+TN)/(TP+FN+FP+TN)计算。其中：

① TP 代表预测为 1（Positive），实际也为 1（Truth-预测对了）的样本数目。

② TN 代表预测为 0（Negative），实际也为 0（Truth-预测对了）的样本数目。

③ FP 代表预测为 1（Positive），实际为 0（False-预测错了）的样本数目。

④ FN 代表预测为 0（Negative），实际为 1（False-预测错了）的样本数目。

（5）精确率：指预测正确的正样本数占所有正样本数的比率。通常用公式 PRE = TP /(TP + FP)计算。

（6）召回率：用于评估样本中的正样本有多少个被识别正确，其值与 ROC 纵坐标取值相等。通常用公式 Recall = TP /(TP + FN)计算。

（7）ROC：是指受试者操作特征曲线（receiver operating characteristic curve），源于"二战"雷达信号分析技术。通常，曲线越接近左上角，分类器的性能越好。ROC 曲线有一个很好的特性，即当测试集中正负样本的分布变化时，ROC 曲线能够保持不变。通常，在实际的数据集中经常会出现类不平衡（class imbalance）现象，即负样本比正样本多很多（或者相反）。在如图 17.1 所示的 ROC 曲线中：

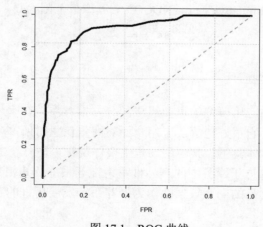

图 17.1　ROC 曲线

① 横坐标：假正率（false positive rate，FPR），FPR = FP / (FP + TN),代表所有负样本中错误预测为正样本的概率，即假警报率。

② 纵坐标：真正率（true positive rate，TPR），TPR = TP /(TP + FN),代表所有正样本中预测正确的概率，即命中率，又称为召回率（recall）。

（8）AUC：全名 area under curve，其含义是指 ROC 曲线下与坐标围成的面积，实际意义是指为模型打分时将正例分数排在反例前面的概率。ROC 曲线一般处于 0.5 和 1 之间，因而，AUC 一般不会低于 0.5，0.5 为随机预测的 AUC。通常，AUC 取值越大，表明模型的效果越好。

（9）half-life utility：即半衰期效用指标，是基于用户浏览商品的概率与该商品在推荐列表中具体的"排序值"呈指数递减的假设前提下提出的，它用于度量推荐系统对一个用户的实用性，也即用户真实评分和系统默认评分值的差别。用户 u 的期望效用的计算公式为：

$$HL=\sum_{\alpha}\frac{\max(r_u-d,0)}{2(l_u-1)/(h-1)} \tag{17.1}$$

式中，r_u 表示用户 u 对商品 α 的实际评分；l_u 为商品 α 在用户 u 的推荐列表中的排名；d 为默认评分；h 为系统的半衰期，也即有 50% 的概率用户会浏览的推荐列表的位置。显然，当用户喜欢的商品都被放在推荐列表的前面时，该用户的半衰期效用指标将达到最大值。

（10）discounted cumulative gain：即折扣累计收益（DCG），是指用户喜欢的商品被排在推荐列表前面比排在后面会更大程度上提高用户体验，其计算公式为：

$$DCG(b,L)=\sum_{i=1}^{b}r_i+\sum_{i=b+1}^{L}\frac{r_i}{\log b_i} \tag{17.2}$$

式中，r_i 表示排在第 i 位的商品是否为用户喜欢的，r_i 取值为 1 表示用户喜欢该商品，r_i 取值为 0 表示用户不喜欢该商品；b 为自由参数，通常取值为 2；L 为推荐列表的长度。然而，在用户与用户之间 DCG 没有直接可比性，因而需要进行归一化处理。为得到理想的计算结果，通用做法是给测试集中所有的条目设置理想的次序，并运用前 K 项条目计算列表的 DCG，然后将原 DCG 除以理想状态下的 DCG，就可以得到归一化折扣累计收益（normalized discounted cumulative gain，NDCG），其取值范围为 0～1，计算过程可表示为：

$$NDCG@K=\frac{DCG}{iDCG} \tag{17.3}$$

17.1.4 推荐系统的典型应用

作为人工智能理论与应用研究的重要组成部分，推荐系统在个性化信息过滤技术研究方面已取得可喜的成绩。它很好地解决了用户面对海量信息时所产生的信息迷航问题，并增强了用户个性化的信息体验感。其应用场景主要体现在以下几个方面。

（1）电子商务领域：电子商务中的产品推荐为推荐系统及其相关技术的发展积累了大量的用户数据和用户与物品的交互数据。作为推荐系统发展历程的主要应用场景，其推动了推荐系统技术的不断变革。

（2）在线教育资源推荐：教育资源推荐作为推荐系统刚刚兴起的研究场景，受到部分学者的关注。在一定程度上，推荐技术与在线教育资源平台的结合，能够真正意义上推进因材施教理念的落地生根，从而使受教育者体验兴趣驱动的学习环境。

（3）在线旅游领域：相比电子商务领域的物品推荐，在线旅游平台的资源推荐也是推荐系统的重要应用场景。它能够为游客主动推荐与其偏好吻合的旅游资源，并提升游客信息筛选的效率。

（4）新闻推荐：新闻资讯是人们倾听外界的主要渠道之一，如何高效推荐用户感兴趣的话题或新闻文章也是推荐系统重要的应用领域；例如，"今日头条"App 就是最好的新闻推荐应用案例之一。它能够实时地为读者推荐与其历史浏览记录匹配的阅读主题。

（5）电影推荐：在线电影推荐与电子商务领域的物品推荐类似，为推荐系统的相关应用研究做出了不可磨灭的贡献，其中最为著名的是美国 Minnesota 大学计算机科学与工程学院的 GroupLens 项目组开发的 MovieLens 电影推荐系统以及其开源的 MovieLens 数据集。

总之，随着互联网技术的不断发展和用户自生成内容的不断积累，作为信息过滤的重要手段，推荐系统将成为人们未来生活的必备工具。换句话说，有数据的地方就有推荐，推荐系统将与信息过载如影相随，渗透到人们生活的各个领域。此外，与传统的以用户为中心的推荐系统相比，未来以任务为中心的推荐系统也将得到广泛的关注。

△ 17.2 基于内容的推荐技术简介

基于内容的推荐技术最早源于信息检索系统中的信息检索方法，是一种基于物品特征进行信息过滤的资源筛选技术。本节将详细阐述基于内容的推荐技术的基本思想、实现流程以及相关推荐算法的优缺点。

17.2.1 基于内容的推荐技术的基本思想

基于内容的推荐技术是信息过滤技术的延伸与发展，是构建在物品内容或特征描述文本内容信息之上的推荐，而无须考虑用户对物品的评价以及与物品的交互信息。其实现的关键是运用自然语言处理方法以及机器学习模型来抽取物品描述文本中的关键特征，也即用户的物品偏好，然后进行物品特征向量的相似性比对，从而实现相似物品推荐。

17.2.2 基于内容的推荐技术的实现流程

典型的基于内容的物品推荐过程主要包括物品表示、特征学习和生成推荐列表 3 个步骤。其中，物品表示是指用从物品自身抽取的若干特征来表示物品自身，与之相应的处理过程称为内容分析；特征学习是指通过用户历史喜欢的物品特征来学习该用户的偏好特征，与之相应的处理过程称为特征学习；生成推荐列表则是基于物品表示和特征学习的结果，运用相似度计算方法为用户推算一组与其历史偏好相关性最大的物品序列，与之对应的处理过程称为过滤组件。整个推荐过程的实现流程如图 17.2 所示。

通常，物品自身特征的描述由结构化的字段属性或非结构化的文本内容来表述。因而，在物品表示的过程中，需要对物品的表示分开处理。针对结构化的字段属性，由于其代表的含义相对明确，且取值相对固定；因而，可以直接作为物品的特征使用。针对非结构化的文本内容，则需要借助自然语言处理的相关工具将相应的文本内容转换为文本向量，进而用于物品表示；例如，可以利用自然语言处理中常用的词袋模型或词向量模型对物品的非结构化文本内容进行向量化处理。

其次，针对特征学习，主要是根据用户的物品消费历史记录来推断用户的物品偏好特征，从而为用户构建一个基于物品特征的物品偏好画像，为推荐列表生成提供物品匹配依据。值得一提的是，在构建基于物品特征的用户画像时，常用的机器学习分类算法，诸如最近邻方法、Rocchio 算法、决策树算法、线性分类算法和朴素贝叶斯算法等均可迁移使用。

最后，在生成推荐列表时，可通过物品相似度计算和相似度排序两个操作完成推荐列表的生成。需要注意的是，通常采用余弦相似度来计算特征向量相似度。

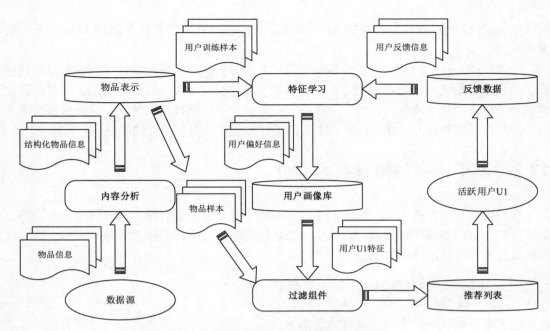

图 17.2　基于内容的推荐技术流程图

17.2.3　基于内容的推荐技术的优缺点

作为信息检索技术的延续和拓展，基于内容的推荐技术具有信息检索技术与生俱来的优势，其能够充分利用物品自身的信息来实现物品过滤。其优点主要包括：

（1）用户间的独立性：这是由于每个用户的画像特征只与其历史的物品偏好相关，而与其他用户的历史行为无关，因而，用户之间是相互独立的。

（2）良好的可解释性：这是由于基于内容的推荐是根据用户历史消费物品的特征和待推荐物品特征的关联程度进行推荐；因而，对用户来讲，从自身的物品喜好特征的视角去匹配相应的潜在物品具有很强的说服力和事实依据。

（3）无新物品冷启动问题：这是因为加入系统的新物品本身就具有相关的特征描述，其被推荐的机会和系统中已有的物品是均等的。因而，基于内容的推荐技术不存在新物品冷启动问题。

此外，基于内容的推荐技术也存在一些不足之处，主要包括：

（1）物品特征选择问题：这是由于在实际的物品特征抽取活动中，不能够全面地抽取物品的特征，而只能抽取到物品的局部特征，这样，便有可能导致两个不同的物品具有相同的特征表示，致使系统无法进行物品间的区分；例如，仅从导演和主要演员无法区分物品（电影）。

（2）新用户冷启动问题：这是由于进入系统的新用户没有物品消费历史记录；因而，系统无法捕获新用户的物品特征偏好；从而导致系统无法为新用户提供推荐服务。

（3）推荐结果过拟合问题：这是由于基于内容的推荐所能产生的推荐结果只与用户的物品消费历史记录紧密相关，而这样的推荐容易导致推荐列表中的被推荐项高度相似，从而导致推荐结果过度单一，无法满足用户潜在的多元化需求。

17.3　协同过滤技术概述

协同过滤（collaborative filtering，CF）技术是推荐系统领域中最为成熟的推荐方法，其在工业界得到了广泛的应用，并取得了卓越的业绩；尤其是在电子商务领域的应用实践，美国亚马逊电子商务公司利用推荐系统实现了营业额 30%左右的增额就是最好的例证。按照实现原理，协同过滤可分为基于记忆的协同过滤和基于模型的协同过滤。其中，基于记忆的协同过滤又可分为基于用户的协同过滤和基于物品的协同过滤两种方式。本节将详细介绍协同过滤技术在推荐系统中的 3 种应用方式的核心思想及其实现过程，从而让读者对基于协同过滤技术的推荐系统有一个较为全面的认知。

17.3.1　协同过滤技术简介

协同过滤，从字面意思来看，"协同"是指在他人的隐式协助下帮助目标用户寻找其可能希望拥有的物品；"过滤"是指丢弃一些不值得给目标用户推荐的物品；"协同过滤"是指借助与目标用户具有相似行为偏好的群体历史行为来为该用户推荐与其兴趣偏好吻合的物品的过程。通常，在基于协同过滤的推荐系统中，与目标用户具有相似行为偏好的用户被称作"近邻"，而推荐的过程则转换为其近邻曾经购买过的且目标用户不曾拥有的物品的筛选过程。此外，协同过滤的思想与人们常说的"物以类聚，人以群分"的朴素哲学思想较为相近，也即利用群体智慧，以协作的方式完成物品推荐。

与基于内容的推荐技术相比，协同过滤技术是基于用户对物品的评分或其他交互行为来为用户提供个性化的推荐服务，并且无须了解用户或物品自身的大量特征信息。其主要思想是利用已有用户群体的历史行为或意见来推测当前目标用户最可能喜欢或感兴趣的物品。值得一提的是，纯粹的协同过滤推荐方法的输入数据只包含用户与物品形成的评分矩阵，而输出结果主要包括评分预测和 Top-N 推荐两种形式。其中，评分预测是指对当前目标用户对指定物品的喜好程度的数值化评分预测；Top-N 推荐则是为当前目标用户产生一个 N 项的物品推荐列表。

需要说明的是，在基于协同过滤技术的推荐系统实现中，用户与物品的关系矩阵是实现推荐的前提和基础。通常，关系矩阵可以分为"用户-物品"和"物品-物品"两种类型，其中，"用户-物品"关系矩阵表示用户与物品之间的关联关系，这种关联关系通常以用户对物品的量化评分体现，但也可以通过用户是否拥有物品来表示，还可以通过其他交互方式来表达用户和物品间的关系；"物品-物品"关系矩阵则用于表示系统中物品与物品之间的关联关系，它是基于物品的协同过滤推荐实现的基础。此外，在协同过滤推荐中，用户对物品的反馈可分为显式反馈和隐式反馈，其中，显式反馈是用户对物品具有明确且具体的喜好倾向，比如是否购买或具体的评分；而隐式反馈是指用户不直接表达对物品的倾向性行为，而是通过相对隐晦的方式来表达喜好倾向；例如，浏览时长或文字性评价。因而，针对显式反馈方式，通常采用基于记忆的协同过滤方式来实现相应的物品推荐；针对隐式反馈方式，则需要采用基于模型的协同过滤推荐方式来实现推荐。这里，机器学习模型主要用于分析隐式反馈数据中用户对物品的喜好偏向性。

17.3.2　基于用户的协同过滤

基于用户的协同过滤是基于记忆的协同过滤推荐技术的一个重要分支，它借助朴素的"物以类聚，人以群分"的哲学思想作为原理来实现推荐的全过程。这里以电影推荐过程为例来阐述这一哲学道理。假设张三、王五都喜欢看《大红包》《发财日记》《大赢家》《飞驰人生》等电影，并且张三还观看了电影《你好，李焕英》。那么，基于"喜欢相同物品的用户具有相似性，并且相同物品越多，用户的相似性越大"这一假设，可推断出王五也喜欢看电影《你好，李焕英》。这是因为张三和王五的历史观影喜好极为相似。

通过上述电影示例不难发现，当需要给某个目标用户 D 推荐物品时，可先找到与目标用户 D 具有相似兴趣的用户群体 G；然后把群体 G 中用户喜欢的，并且目标用户 D 不曾拥有的物品推荐给 D。

因而，基于用户的协同过滤方法主要考虑的是用户和用户之间的相似性，只要找出与目标用户兴趣偏好类似的其他用户（这里称为近邻），就可从目标用户近邻的历史记录中寻找目标用户未曾拥有的物品，并进行相似度计算；然后按相似度大小对待推荐项排序，并形成最终推荐列表。例如，如表 17.1 所示的"用户-物品"关系矩阵对应的基于用户的协同过滤推荐原理如图 17.3 所示。

表 17.1　"用户-物品"关系矩阵

用　　户	物品 A	物品 B	物品 C	物品 D
用户 A	✓		✓	推荐
用户 B		✓		
用户 C	✓		✓	✓

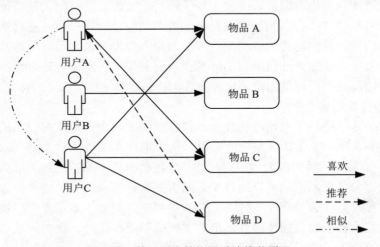

图 17.3　基于用户的协同过滤推荐原理

从用户的物品喜欢历史信息不难看出，用户 A 和用户 C 的喜欢偏好比较类似；此时，基于用户相似性，可以把用户 C 喜欢的物品 D 推荐给用户 A。这里，相似性计算最为简单的方式是采用 Jaccard 公式来计算。

17.3.3 基于物品的协同过滤

目前，工业界应用最为广泛的推荐方法是基于物品的协同过滤的推荐算法及其相关的衍生算法，特别是在电子商务领域，相关的推荐方法都是基于物品协同过滤这一基础算法衍生而来的。这是由于随着平台中用户数目的指数式增长，计算系统中用户的相似度矩阵变得越来越困难，而且计算过程所需的时间复杂度和空间复杂度与用户数目近似成平方关系。此外，基于用户的协同过滤的推荐结果的可解释性比较差。基于此，著名的电子商务公司亚马逊提出了基于物品的协同过滤推荐算法。

与基于用户的协同过滤不同的是，在基于物品的协同过滤推荐系统中，相似度的计算并不是依据物品的内容属性来计算物品间的相似度的，而是通过分析用户的行为记录来计算物品间的相似度，也即物品 A 和物品 B 具有很大的相似度是因为喜欢物品 A 的用户大都喜欢物品 B；例如，如表 17.2 所示，物品 A 和物品 C 相似，是因为喜欢物品 A 的用户大都喜欢物品 C。基于物品的协同过滤推荐原理如图 17.4 所示。

表 17.2 "用户-物品"关系矩阵

物品 用户	物品 A	物品 B	物品 C
用户 A	✓		✓
用户 B	✓	✓	✓
用户 C	✓		推荐

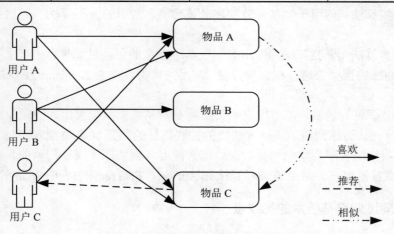

图 17.4 基于物品的协同过滤推荐原理

从表 17.2 不难看出，喜欢物品 A 的用户大多喜欢物品 C，因而，物品 A 和物品 C 较为相似。基于物品的相似性，可以把物品 C 推荐给用户 C。

17.3.4 基于模型的协同过滤

基于模型的协同过滤是指依靠机器学习中的模型与算法来辅助实现协同过滤推荐的方法。其主要用于用户和物品不具备显式交互信息的场景之中，也即隐式反馈信息下的物品推荐。而机器学习模型的构建相当于从用户和物品的隐式反馈数据中提取用户与物品的关联特征，并构建相应的"用户-物品"关系矩阵的过程。也即运用机器学习模型来解决"用户-物品"关系矩阵的数据稀疏性问题。主流的机器学习方法包括隐语义模型、图模型、神经网络模型、矩阵分解、回归算法、分类算法、聚类算法和关联算法等。

（1）隐语义模型：主要用于非结构化的文本数据中的用户观点或偏向性挖掘，主要包括隐性语义分析法和隐含狄利克雷分布等。

（2）图模型：是指将用户与物品的关联关系转换成一个图结构，然后采用 SimRank 系列算法或马尔科夫模型算法进行相似性计算。

（3）神经网络模型：主要是指借助常见的神经网络模型（例如，卷积神经网络或循环神经网络等）挖掘隐式反馈数据中用户和物品的关联关系。它是基于模型的协同过滤推荐发展的主流趋势。

（4）矩阵分解：目前，运用矩阵分解法实现基于模型的协同过滤是最为常见的一种方法，这是由于传统的奇异值分解法（singular value decomposition，SVD）要求矩阵不能有数据缺失项，必须是稠密的，而通常物品评分矩阵中的数据元素是相当稀疏的。矩阵分解法对矩阵中元素的稀疏性没有要求；因而，相比传统的奇异值分解法，适应性比较强。此外，需要说明的是，目前主流的矩阵分解法主要是 SVD 的一些变体；例如，FunkSVD、BiasSVD 和 SVD++。这些算法和传统 SVD 的最大区别是不再要求将矩阵分解为 UΣVT 的形式，而将其转变为两个低秩矩阵 P^TQ 的乘积形式。

（5）回归算法：可用于物品评分的连续值预测，常用的回归算法有 Ridge 回归、回归树和支持向量回归。

（6）分类算法：可用于物品评分的离散值预测，常用的分类算法有逻辑回归和朴素贝叶斯。

（7）聚类算法：聚类算法的应用类似于基于记忆的协同过滤推荐，可采用基于用户的聚类或基于物品的聚类来进行相似度评估。常用的聚类算法有 K-means、BIRCH、DBSCAN 和谱聚类。

（8）关联算法：通常，可将用户购买的所有物品数据里频繁出现的项集或序列找出来做频繁集挖掘；从而找到满足支持度阈值的关联物品的频繁 N 项集或者序列。如果用户购买了频繁 N 项集或者序列里的部分物品，那么便可将频繁项集或序列里的其他物品按一定的评分准则推荐给用户。常用的关联算法有 Apriori、FP Tree 和 PrefixSpan 等。

17.3.5　协同过滤推荐技术的优缺点

协同过滤作为一种经典的推荐技术，在工业界的应用中大放异彩，并取得了卓越的成就。这是因为基于记忆的协同过滤推荐技术实现简单，不需要太多的数据分析领域的专业知识；基于模型的协同过滤推荐技术实用性强，能够灵活加工用户的隐式反馈。总的来讲，与基于内容的推荐相比，协同过滤具有如下优点：

（1）推荐结果的惊艳性：基于协同过滤的推荐技术可以发现内容上完全不一样的物品之间的相似性关系，从而能够给用户推荐其可能需要的意想不到的标的物。

（2）推荐结果的准确性：与基于内容的推荐技术相比，基于协同过滤的技术更多的聚焦于用户与物品的交互信息的加工和使用，在一定程度上提升了推荐结果的精确性。

（3）无须借助领域知识：基于协同过滤的推荐技术实现只需考虑用户和物品交互形成的交互矩阵，无须考虑其他的辅助信息。

然而，协同过滤技术也有其自身难以克服的不足之处，例如：

（1）冷启动问题：在基于记忆的协同过滤系统中，对应的推荐技术无法实现新用户或新物品的推荐。这是由于系统中没有新用户或新物品的相关数据，从而导致基于记忆的协同过滤系统无法正常工作。

（2）可扩展性问题：是指随着数据量的爆炸式增长，基于协同过滤的推荐算法的计算时间消耗和空间成本消耗的平方式增长，导致推荐系统实时性下降的问题。虽然基于模型的协同过滤缓解了可扩展性问题，但该类算法只适用于用户兴趣偏好相对稳定的场景。

（3）数据稀疏性问题：是指面对海量的用户与庞大的物品所形成的"用户-物品"交互矩阵来讲，特定用户与物品的交互记录屈指可数，导致大量的"用户-物品"交互记录为空的问题。通常，用户评价过的物品数目相对项目总数可谓冰山一角，如此一来，推荐系统的整体推荐效果会大大降低。

17.4　混合推荐技术概述

单一的推荐技术在实际应用中往往达不到理想的效果。通常，在产业界的应用研究中，研究人员将不同的推荐技术按照一定的策略进行有机组合，并尽量发挥单一推荐技术的优点，或者用一种推荐技术的优势去弥补另一种推荐技术的不足，从而实现 1+1>2 的推荐效果。本节将从混合推荐技术的基本思想和实现原理对混合推荐技术进行详细介绍，进而让读者对混合推荐系统的设计有一定的了解。

17.4.1　混合推荐技术的基本思想

混合推荐技术是借助于类似"三个臭皮匠顶个诸葛亮"的朴素哲学道理来实现传统单一推荐技术无法达到的推荐效果，从而使推荐系统的整体推荐效果大于单一的推荐技术构成的推荐系统的推荐效果，也即实现"1+1>2"的推荐效能。从理论上讲，混合推荐技术的组织形式琳琅满目，但是并不是任意的组合形式都能满足"1+1>2"的效能要求。因而，评价混合推荐技术有效的基本原则是组合方法的推荐性能要能避免或克服组合体中各单一推荐技术的弱点或不足，使整体推荐效果大于局部推荐效果。也就是说，只有满足这一原则的混合推荐技术才是真正意义上合格的混合推荐技术。简言之，混合推荐技术就是综合运用各种推荐方法的优势，扬长避短，并将其组合成为一个高效且强大的推荐单元。

17.4.2　混合推荐技术的实现原理

混合推荐技术是一种将多个推荐算法或推荐系统单元组合在一起的技术。混合推荐的核心在于有机组织混合推荐框架中各个单一的推荐技术，使混合推荐框架的推荐效果优于框架中任意单一推荐技术的推荐效果。本节重点介绍混合推荐技术所涉及的推荐框架中推荐技术的组织策略。从混合推荐的整体架构来看，可将其分为并行式、整体式和流水线式3 种形式。

（1）并行式是指推荐系统至少实现两种不同的推荐算法或推荐单元，并且每个推荐算法独立产生各自的推荐结果；然后，在混合阶段将这些推荐结果按照特定的融合机制关联起来，并生成最终的推荐结果，其又可分为切换式、加权式和交叉式 3 种形式。其对应的实现原理具体如下。

① 切换式混合：又称分支混合，是指根据推荐任务自身的特点或推荐任务需要满足的技术指标而实时根据算法判别规则选择推荐算法或推荐单元的混合策略。需要特别说明的是，任意时刻只有一种推荐算法是有效的，也就是该混合机制的输出只能是使算法判别规则为真的那个推荐算法。其实现原理如图 17.5 所示。

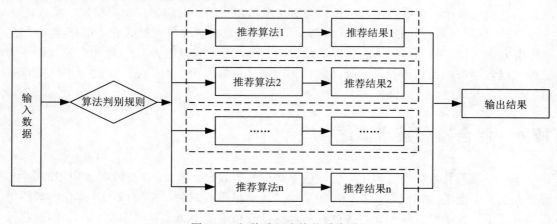

图 17.5 切换式混合推荐系统原理

② 加权式混合：是指对多种推荐算法或推荐单元产生的结果赋予一定的权重，并加权求和以形成最终的推荐结果。需注意的是，该方法基于相同的输入数据，且能够充分发挥各个推荐算法或推荐单元的优势。通常推荐算法权重大小是根据系统开发人员的实际经验或最小损失函数原则确定。其实现原理如图 17.6 所示。

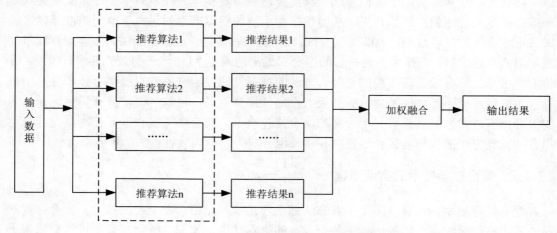

图 17.6 加权式混合推荐系统原理

③ 交叉式混合：是指同时使用多种推荐策略，给出多种可能的推荐结果的一种混合机制。相比其他混合方式，该方法产生的推荐结果的覆盖面相对较大，最终的推荐结果是所

有推荐算法产生的结果经过去重加工和重排序后的结果。其实现原理如图 17.7 所示。

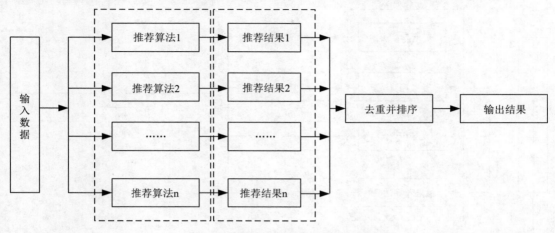

图 17.7　交叉式混合推荐系统原理

（2）整体式又称为单体混合范式，是指将若干不同的推荐策略整合到一个推荐算法中，并由整合的推荐算法统一提供服务的推荐机制，又可分为特征组合和特征增强两种形式，它最大的特点是多个推荐策略共享输入数据。其对应的实现原理具体如下。

① 特征组合混合：是指利用多个辅助推荐算法对原始输入数据进行预处理，并将生成的特征数据作为主推荐算法的原始输入，进而生成最终推荐结果。这种技术的好处是它并不完全依赖于协同过滤的数据源。通常，该方法会将协同过滤的信息作为增加的特征向量，然后在扩充后的数据集上运用基于内容的推荐技术实现最终推荐。其实现原理如图 17.8 所示。

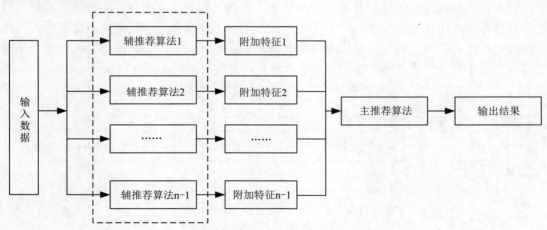

图 17.8　特征组合混合推荐系统原理

② 特征增强混合：是另一种单体混合算法，与特征组合混合方式不同的是，该混合方法利用更加复杂的处理和变换来预先处理后继的主推荐算法依赖的数据。其最大的特点是在推荐框架中，前一种推荐策略的输出将用作后一种推荐策略的补充输入。也就是说，下一级推荐策略的输入不仅包含原有的数据特征，还包含与其连接的上一级推荐策略的输出。

其实现原理如图 17.9 所示。

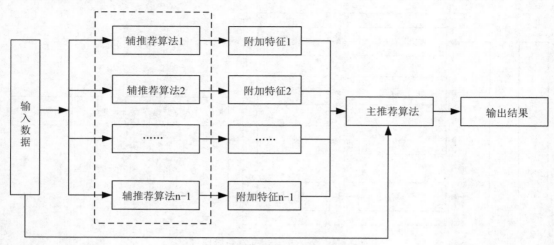

图 17.9 特征增强混合推荐系统原理

（3）流水线式是指将推荐过程分成若干个阶段，每个阶段采用不同的推荐策略，并按流水线的方式连接的混合推荐框架设计机制。它又可分为级联式和层叠式两种形式。需要注意的是，与其他方案相比，流水线式混合推荐每个阶段的输出数据数据类型既可以是数据预处理结果（数据模型），也可以是一个推荐列表。其对应的实现原理具体如下。

① 级联式：又称串联式流水线，该混合方法采用分段优化策略。通常是将同一种推荐算法按照不同的优化策略所构成的推荐单元，按照顺序串联的方式组织起来形成混合推荐机制。类似于软件开发中的迭代开发策略；亦即第一级推荐策略形成粗略的推荐列表，然后逐级对推荐结构进行优化，并形成最终结果。值得一提的是，级联式混合推荐的整个过程是对推荐结果由粗略到精细的一个优化过程；因而，该方式的抗噪声能力比较强。与特征增强式相比，级联式的上一级推荐策略的输出不参与下一级推荐策略的输入。整个推荐过程只会对第一级推荐算法产生的结果进行优化。其实现原理如图 17.10 所示。

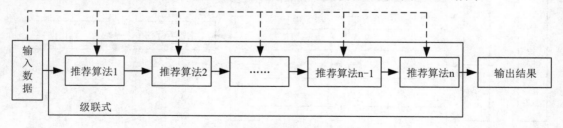

图 17.10 级联式混合推荐系统原理

② 层叠式：又称元级别混合流水，与级联式不同的是，该混合机制的前 n-1 级输出的是原始数据的预处理结果，即数据模型；然后将该模型作为第 n 级的输入数据，并最终形成推荐结果。其实现原理如图 17.11 所示。

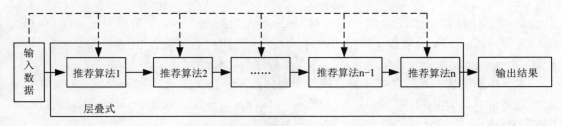

图 17.11　层叠式混合推荐系统原理

17.5　案例剖析：电影推荐

大数据时代，相比搜索引擎，推荐系统是更为有效的信息过滤方式之一，它能更为高效地解决用户所面临的信息迷航问题。这是因为推荐系统在进行信息过滤时，充分考虑了用户的各种历史行为信息，进而能够为用户提供符合其兴趣偏好和更为个性化的信息过滤服务。与此同时，推荐系统的使用不仅能最大限度地满足用户体验感，还能提升用户对平台提供方的黏性。更为关键的是，推荐系统的使用能够使系统提供方获得巨大的经济效益；例如，有资料显示，美国电商巨头亚马逊的前科学家 Greg Linden 和前首席科学家 Andreas Weigend 均证实亚马逊大约有 20%～30%的年销售收益来源于推荐系统。因而，在人工智能时代，了解推荐系统的实现原理，掌握其典型的实现手段，并将其应用于生产生活是每一位 IT 人所必备的一项技能。为此，本节基于 Grouplen.org 网站公开的电影数据集 ml-latest-small 来构建基于协同过滤的电影推荐模型，从而让读者对借助大数据分析技术和机器学习模型进行推荐系统模型设计与实现的全过程有一个感性的认知。

17.5.1　思路简介

电影推荐是推荐系统典型的应用场景之一，本节介绍经典的协同过滤电影推荐模型构建的全过程。

1. 任务要求

按照基于用户的协同过滤技术的推荐系统实现的基本步骤，借助机器学习构建基于用户的协同过滤电影推荐模型，并利用该模型结合用户观影评分历史记录为其推荐符合其偏好的电影。

2. 环境要求

该项目正常运行，依赖的第三方 Python 库主要有 NumPy、pandas、seaborn、scikit-learn、TensorFlow 和 Keras。

3. 数据集简析

本节中电影推荐系统所依赖的数据集 MovieLens 来源于 Grouplen.org 官方最小的数据集样本 ml-latest-small（下载链接为 http://files.grouplens.org/datasets/movielens/）。通常，该数据集有几种不同的版本，相应的版本具有不同的数据记录容量；例如，MovieLens-1M 数据集，对应的数据记录数目为 1M。该数据集包含 4 个 CSV 文件，分别为 links.csv、movies.csv、ratings.csv 和 tags.csv。其中，links.csv 数据文件存储了该数据集中的 movieId 与 imdb 以及 tmdb 数据库集中电影之间的对应关系；tags.csv 数据文件存储了用户为 movies 所标注的标签信息；rating.csv 数据文件中的内容代表每一个用户对其观看过的每一部电影的评分信息；movies.csv 数据文件中包含每一部电影的序号、标题和体裁。

　　本节中基于协同过滤的电影推荐模型主要用到 movies.csv 文件和 ratings.csv 文件。有关数据集的具体介绍可参考链接 http://files.grouplens.org/datasets/movielens/ml-latest-small-README.html 所对应的文档。

17.5.2　代码实现

　　示例代码如下。

```
import seaborn as sns
import numpy as np
from tensorflow import keras
import pandas as pd
import tensorflow as tf
from sklearn import preprocessing
from sklearn.model_selection import train_test_split
from tensorflow.keras import layers
ratings = sns.load_dataset('ratings',index_col=None)
df= ratings
movies = sns.load_dataset('movies',index_col=None)
# 特征 ID 整数化预处理
user_ids = df["userId"].unique().tolist()
user2user_encoded = {x: i for i, x in enumerate(user_ids)}
userencoded2user = {i: x for i, x in enumerate(user_ids)}
movie_ids = df["movieId"].unique().tolist()
movie2movie_encoded = {x: i for i, x in enumerate(movie_ids)}
movie_encoded2movie = {i: x for i, x in enumerate(movie_ids)}
df["user"] = df["userId"].map(user2user_encoded)
df["movie"] = df["movieId"].map(movie2movie_encoded)
num_users = len(user2user_encoded)
num_movies = len(movie_encoded2movie)
df["rating"] = df["rating"].values.astype(np.float32)
print("The data preprocessing completed...")
# 随机生成训练样本
df = df.sample(frac=1, random_state=30)
x = df[["user", "movie"]].values
# Normalize the targets between 0 and 1. Makes it easy to train.
y = df[["rating"]].values
min_max_scaler = preprocessing.MinMaxScaler()
y = min_max_scaler.fit_transform(y)


# Assuming training on 75% of the data and validating on 25%.
x_train, x_val, y_train, y_val  = train_test_split(x, y, train_size=0.75, random_state=0)
# 定义 Keras 嵌入向量维度大小为 30
```

```python
EMBEDDING_SIZE = 30
# 使用定制函数模型的方式构建电影推荐模型类 MovieRecommender
class MovieRecommender(keras.Model):
    def __init__(self, num_users, num_movies, embedding_size, **kwargs):
        super(MovieRecommender, self).__init__(**kwargs)
        self.num_users = num_users
        self.num_movies = num_movies
        self.embedding_size = embedding_size
        self.user_embedding = layers.Embedding(
            num_users,
            embedding_size,
            embeddings_initializer="he_normal",
            embeddings_regularizer=keras.regularizers.l2(0.01),
        )
        self.user_bias = layers.Embedding(num_users, 1)
        self.movie_embedding = layers.Embedding(
            num_movies,
            embedding_size,
            embeddings_initializer="he_normal",
            embeddings_regularizer=keras.regularizers.l2(0.01),
        )
        self.movie_bias = layers.Embedding(num_movies, 1)
    def call(self, inputs):
        user_vector = self.user_embedding(inputs[:, 0])
        user_bias = self.user_bias(inputs[:, 0])
        movie_vector = self.movie_embedding(inputs[:, 1])
        movie_bias = self.movie_bias(inputs[:, 1])
        dot_user_movie = tf.tensordot(user_vector, movie_vector, 2)
        # 添加所有组件（包括偏移量）
        x = dot_user_movie + user_bias + movie_bias
        # sigmoid(x)激活函数将取值映射到 0～1
model = MovieRecommender(num_users, num_movies, EMBEDDING_SIZE)
model.compile(
    loss=tf.keras.losses.BinaryCrossentropy(), optimizer=keras.
    optimizers.Adam(lr=0.001)
)
history = model.fit(
    x=x_train,
    y=y_train,
    batch_size=100,
    epochs=10,
    verbose=1,
    validation_data=(x_val, y_val),
)
movie_df = movies
# 获取一个用户并查看其对应的推荐结果
```

```
user_id = df.userId.sample(1).iloc[0]
movies_watched_by_user = df[df.userId == user_id]
movies_not_watched = movie_df[
    ~movie_df["movieId"].isin(movies_watched_by_user.movieId.values)
]["movieId"]
movies_not_watched = list(
    set(movies_not_watched).intersection(set(movie2movie_encoded.keys()))
)
movies_not_watched = [[movie2movie_encoded.get(x)] for x in movies_not_watched]
user_encoder = user2user_encoded.get(user_id)
user_movie_array = np.hstack(
    ([[user_id]] * len(movies_not_watched), movies_not_watched)
)
ratings = model.predict(user_movie_array).flatten()
top_ratings_indices = ratings.argsort()[-10:][::-1]
recommended_movie_ids = [
    movie_encoded2movie.get(movies_not_watched[x][0]) for x in top_ratings_indices
]
print("----" * 20)
print("Showing recommendations for user: {}".format(user_id))
print("----" * 20)
print("Movies with high ratings from user")
print("----" * 20)
top_movies_user = (
    movies_watched_by_user.sort_values(by="rating", ascending=False)
    .head(5)
    .movieId.values
)
movie_df_rows = movie_df[movie_df["movieId"].isin(top_movies_user)]
for row in movie_df_rows.itertuples():
    print(row.title, ":", row.genres)
print("----" * 20)
print("Top 10 movie recommendations")
print("----" * 20)
recommended_movies
movie_df[movie_df["movieId"].isin(recommended_movie_ids)]
for row in recommended_movies.itertuples():
    print(row.title, ":", row.genres)
```

将上述代码命名为 movieRE.py，并存储到本地指定目录 D:\python\code；然后通过 Python 解释器自带的 Python IDLE 打开源代码，并选择菜单栏中的 Run→Run Module 命令，运行程序，最终执行结果如下。

```
Epoch 1/10
757/757 [==============================] - 1s 1ms/step - loss: 0.6308 - val_loss: 0.6004
Epoch 2/10
757/757 [==============================] - 1s 2ms/step - loss: 0.5946 - val_loss: 0.5988
```

```
Epoch 3/10
757/757 [==============================] - 1s 2ms/step - loss: 0.5909 - val_loss: 0.5988
Epoch 4/10
757/757 [==============================] - 1s 2ms/step - loss: 0.5891 - val_loss: 0.5995
Epoch 5/10
757/757 [==============================] - 1s 1ms/step - loss: 0.5882 - val_loss: 0.6006
Epoch 6/10
757/757 [==============================] - 1s 2ms/step - loss: 0.5877 - val_loss: 0.6013
Epoch 7/10
757/757 [==============================] - 1s 2ms/step - loss: 0.5873 - val_loss: 0.6018
Epoch 8/10
757/757 [==============================] - 2s 2ms/step - loss: 0.5874 - val_loss: 0.6019
Epoch 9/10
757/757 [==============================] - 1s 1ms/step - loss: 0.5871 - val_loss: 0.6039
Epoch 10/10
757/757 [==============================] - 1s 2ms/step - loss: 0.5870 - val_loss: 0.6037
--------------------------------------------------------------------
Showing recommendations for user: 579
--------------------------------------------------------------------
Movies with high ratings from user
--------------------------------------------------------------------
Pretty Woman (1990) : Comedy|Romance
Twelfth Night (1996) : Comedy|Drama|Romance
Great Expectations (1998) : Drama|Romance
Great Expectations (1998) : Drama|Romance
Erin Brockovich (2000) : Drama
--------------------------------------------------------------------
Top 10 movie recommendations
--------------------------------------------------------------------
Angels and Insects (1995) : Drama|Romance
7th Voyage of Sinbad, The (1958) : Action|Adventure|Fantasy
Man Bites Dog (C'est arrivé près de chez vous) (1992) : Comedy|Crime|Drama|Thriller
Belle époque (1992) : Comedy|Romance
Trial, The (Procès, Le) (1962) : Drama
Funny Games U.S. (2007) : Drama|Thriller
Troll 2 (1990) : Fantasy|Horror
Room, The (2003) : Comedy|Drama|Romance
Enter the Void (2009) : Drama
The Amazing Screw-On Head (2006) : Action|Adventure|Animation|Comedy|Sci-Fi
```

从程序运行结果来看，经过 10 个周期的迭代，对应的训练集的 loss 为 0.5870，测试样本的 val_loss 为 0.6037，模型性能相对稳定。此外，从 ID 为 579 的用户观影历史和推荐电影的体裁看，推荐结果与历史偏好匹配。

17.5.3　代码分析

（1）导入相关的依赖库，代码如下。

```
import seaborn as sns
import numpy as np
```

```
from tensorflow import keras
import pandas as pd
import tensorflow as tf
from sklearn import preprocessing              # 数据预处理模块；例如，归一化处理
from sklearn.model_selection import train_test_split     # 数据切分模型
from tensorflow.keras import layers
```

（2）项目涉及数据加载，此处采用 seaborn 库的数据加载功能，代码如下。

```
ratings = sns.load_dataset('ratings',index_col=None)
df= ratings
movies = sns.load_dataset('movies',index_col=None)
```

（3）数据整数化处理，为后续的定制模型开发做准备，代码如下。

```
user_ids = df["userId"].unique().tolist() # 去重并列表化
user2user_encoded = {x: i for i, x in enumerate(user_ids)}
userencoded2user = {i: x for i, x in enumerate(user_ids)}
movie_ids = df["movieId"].unique().tolist()
movie2movie_encoded = {x: i for i, x in enumerate(movie_ids)}
movie_encoded2movie = {i: x for i, x in enumerate(movie_ids)}
df["user"] = df["userId"].map(user2user_encoded)
df["movie"] = df["movieId"].map(movie2movie_encoded)
num_users = len(user2user_encoded)
num_movies = len(movie_encoded2movie)
df["rating"] = df["rating"].values.astype(np.float32)
```

（4）评分数据集随机 100%抽样，代码如下。

```
df = df.sample(frac=1, random_state=30)
```

（5）训练样本输入拼接与输出归一化处理，代码如下。

```
x = df[["user", "movie"]].values
# 评分数据归一化
y = df[["rating"]].values
min_max_scaler = preprocessing.MinMaxScaler()
y = min_max_scaler.fit_transform(y)
```

（6）样本数据集分割，代码如下。

```
x_train, x_val, y_train, y_val   = train_test_split(x, y, train_size=0.75, random_state=0)
```

（7）使用定制 Model 构建推荐模型，这里的 Embedding 用于向量化处理，regularizers.l2 则用于对层的参数或层的激活情况进行惩罚，代码如下。

```
class MovieRecommender(keras.Model):
    def __init__(self, num_users, num_movies, embedding_size, **kwargs):
        super(MovieRecommender, self).__init__(**kwargs)
        self.num_users = num_users
        self.num_movies = num_movies
        self.embedding_size = embedding_size
```

```
            self.user_embedding = layers.Embedding(
                num_users,
                embedding_size,
                embeddings_initializer="he_normal",
                embeddings_regularizer=keras.regularizers.l2(0.01),
            )
            self.user_bias = layers.Embedding(num_users, 1)
            self.movie_embedding = layers.Embedding(
                num_movies,
                embedding_size,
                embeddings_initializer="he_normal",
                embeddings_regularizer=keras.regularizers.l2(0.01),
            )
            self.movie_bias = layers.Embedding(num_movies, 1)
        def call(self, inputs):
            user_vector = self.user_embedding(inputs[:, 0])
            user_bias = self.user_bias(inputs[:, 0])
            movie_vector = self.movie_embedding(inputs[:, 1])
            movie_bias = self.movie_bias(inputs[:, 1])
            dot_user_movie = tf.tensordot(user_vector, movie_vector, 2)
            x = dot_user_movie + user_bias + movie_bias
            return tf.nn.sigmoid(x)
```

通常，在构建基于 TensorFlow 的 Keras 模型时，可运用函数式或顺序式两种方式来实现模型的 Keras 语言描述。

① 函数式模型通过调用 Model 类的 API 来完成。在构建模型的层时，可利用 layer 对象的可调用特性或者使用 apply 与 call 实现链式函数调用以完成模型的组建；例如，针对如下已构建的一个输入层、两个隐含层和一个输出层，代码如下。

```
input_layer = keras.Input(shape=(4,))
hide1_layer = layers.Dense(units=8, activation='relu')
hide2_layer = layers.Dense(units=4, activation='relu')
output_layer = layers.Dense(units=1, activation='sigmoid')
```

❑　当使用 layer 对象的可调用特性建立层间的链式关系时，可采用如下代码实现，代码如下。

```
hide1_layer_tensor = hide1_layer(input_layer)
hide2_layer_tensor = hide2_layer(hide1_layer_tensor)
output_layer_tensor = output_layer(hide2_layer_tensor)
```

❑　当使用 layer 层的 apply()函数建立层间链式关系时，可采用如下代码实现，代码如下。

```
hide1_layer_tensor = hide1_layer.apply(input_layer)
hide2_layer_tensor = hide2_layer.apply(hide1_layer_tensor)
output_layer_tensor = output_layer.apply(hide2_layer_tensor)
```

最后，生成模型时，Model 只需将 inputs 与 outputs 作为构造器参数，即可完成模型的实例化，对应的代码如下，代码如下。

```
model = keras.Model(inputs=input_layer, outputs=output_layer_tensor)
```

② 顺序式模型通过 Sequential 类的 API 来实现。与函数式方法不同的是，layer 为后续层提供 input 属性和 output 属性，并且 Sequential 类通过 layer 的 input 属性与 output 属性来维护层之间的关系。同样，针对如下已构建的一个输入层、两个隐含层和一个输出层，代码如下。

```
input_layer = keras.Input(shape=(4,))
hide1_layer = layers.Dense(units=8, activation='relu')
hide2_layer = layers.Dense(units=4, activation='relu')
output_layer = layers.Dense(units=1, activation='sigmoid')
```

对应的层间依存关系可通过 layers 参数或 add()函数来实现，具体代码如下：

❑　通过 layers 层参数来实现，代码如下。

```
seq_model = keras.Sequential(layers=[input_layer, hide1_layer, hide2_layer, output_layer])
```

❑　通过 add()函数来实现，代码如下。

```
seq_model = keras.Sequential()
seq_model.add(input_layer)
seq_model.add(hide1_layer)
seq_model.add(hide2_layer)
seq_model.add(output_layer)
```

值得一提的是，本案例中运用了一种经典的定制式模型实现方法。它是采用子类化 Model 的方式实现模型的自定义，也即人们常说的 DIY 方式。所谓的模型子类化，就是重载（同样的函数名，不同的功能实现）call()函数。具体过程可分为三个步骤：首先，继承 Model 类；其次，定制构造函数，用以实现定制属性的传递；最后，定制 call()函数，实现模型的输出。例如，在本案例中，语句代码，代码如下。

```
class MovieRecommender(keras.Model):
```

在定义电影推荐模型 MovieRecommender 的同时，通过 Keras.Model 实现了 Model 类的继承，语句代码，代码如下。

```
def __init__(self, num_users, num_movies, embedding_size, **kwargs):
```

在定义 __init__()初始化函数的同时，实现了定制参数 num_users, num_movies, embedding_size 的传递，语句代码，代码如下。

```
def call(self, inputs):
```

则在重载 call()函数的同时，指定了 inputs 输入参数，语句代码，代码如下。

```
return tf.nn.sigmoid(x)
```

则作为 call()函数的返回，作为输出层。

综上，这 3 种方式均可实现相同的神经网络功能，其中定制方式灵活性强，对初学者来说不易上手；而顺序方式则可读性强，且易于上手。

（8）模型编译与模型训练，代码如下。

```
model = MovieRecommender(num_users, num_movies, EMBEDDING_SIZE)
# 模型编译，这里采用二分类交叉熵作为损失函数，优化器则采用 Adam，需要说明的是，网络的
最后一层需要 sigmoid 配合 BinaryCrossentropy 来使用
model.compile(
    loss=tf.keras.losses.BinaryCrossentropy(),
    optimizer=keras.optimizers.Adam(lr=0.01)
)
# 模型训练，需要指定数据集，并设置 batch_size、epochs 等参数
history = model.fit(
    x=x_train,
    y=y_train,
    batch_size=100,
    epochs=10,
    verbose=1,
    validation_data=(x_val, y_val),
)
```

（9）生成电影推荐结果，代码如下。

```
user_id = df.userId.sample(1).iloc[0]
movies_watched_by_user = df[df.userId == user_id]
movies_not_watched = movie_df[
    ~movie_df["movieId"].isin(movies_watched_by_user.movieId.values)
]["movieId"]
movies_not_watched = list(
    set(movies_not_watched).intersection(set(movie2movie_encoded.keys()))
)
movies_not_watched = [[movie2movie_encoded.get(x)] for x in movies_not_watched]
user_encoder = user2user_encoded.get(user_id)
user_movie_array = np.hstack(
    ([[user_id]] * len(movies_not_watched), movies_not_watched)
)
ratings = model.predict(user_movie_array).flatten()
top_ratings_indices = ratings.argsort()[-10:][::-1]
recommended_movie_ids = [
    movie_encoded2movie.get(movies_not_watched[x][0]) for x in top_ratings_indices
]
movie_df_rows = movie_df[movie_df["movieId"].isin(top_movies_user)]
for row in movie_df_rows.itertuples():
    print(row.title, ":", row.genres)
print("----" * 20)
print("Top 10 movie recommendations")
print("----" * 20)
recommended_movies
movie_df[movie_df["movieId"].isin(recommended_movie_ids)]
for row in recommended_movies.itertuples():
```

```
print(row.title, ":", row.genres)
```

17.6 实验

1. 实验目的

（1）掌握基于内容的推荐系统的实现原理，并能基于 MovieLens 数据集构建相应的推荐模型。

（2）掌握基于协同过滤的推荐系统的实现原理，并能基于 MovieLens 数据集构建相应的推荐模型。

（3）掌握常见的混合推荐系统的实现原理，并能基于 MovieLens 数据集构建相应的推荐模型。

（4）掌握常见的推荐系统性能评价指标的使用方法，并能在推荐系统评估中灵活运用。

2. 实验内容

（1）基于 scikit-learn 机器学习库的协同过滤推荐系统模型的构建。

依托 MovieLens-100K 数据集，利用 scikit-learn 机器学习库中的模型构建基于用户的协同过滤电影推荐模型，并利用常见的评估指标对系统性能进行评价。

（2）基于 Keras+TensorFlow 机器学习库的混合推荐模型的构建。

依托 MovieLens-1M 数据集，利用 Keras+TensorFlow 机器学习库构建混合电影推荐模型，并利用常见的评估指标对系统性能进行评价。

（3）拓展实验。

结合项目实战案例中所讲解的 3 种 Keras 模型构造方法，对电影推荐系统中的定制模型进行序列化改写，从而进一步理解 Keras 模型的实现方式和运行机理。

参 考 文 献

[1] 江红等. Python 编程从入门到实战——轻松过二级[M]. 北京：清华大学出版社，2021.

[2] 保罗·戴特尔（Paul Deitel）. Python 大学教程：面向计算机科学和数据科学（英文版）[M]. 北京：机械工业出版社，2021.

[3] 马利，闫雷鸣，王海彬，等. Python 程序设计与实践[M]. 北京：清华大学出版社，2021.

[4] 程晨. 掌控 Python 初学者指南[M]. 北京：科学出版社，2021.

[5] 刘立群，刘冰，杨亮，等. Python 语言程序设计实训（微课版）[M]. 北京：清华大学出版社，2021.

[6] 张基温. Python 经典教程[M]. 北京：机械工业出版社，2021.

[7] 张健，张良均. Python 编程基础[M]. 北京：人民邮电出版社，2018.

[8] 杨博雄. Python 人工智能原理、实践及应用[M]. 北京：清华大学出版社，2021.

[9] 卢西亚诺·拉马略. 流畅的 Python[M]. 北京：人民邮电出版社，2017.

[10] 王敏，李光正. Python 程序设计应用教程[M]. 北京：中国水利水电出版社，2021.

[11] 崔琳，吴孝银，张志伟，等. Python 语言程序设计[M]. 北京：科学出版社，2021.

[12] 翁正秋，张雅洁. Python 语言及其应用[M]. 北京：电子工业出版社，2018.

[13] Jim Gatenby 轻松掌握 BBC micro:bit 上 Python 编程[M]. 北京：电子工业出版社，2019.

[14] 朱红庆. Python 核心编程从入门到开发实战[M]. 北京：机械工业出版社，2020.

[15] 赵增敏. Python 语言程序设计[M]. 北京：电子工业出版社，2020.

[16] 明日科技. Python 速查手册·基础卷（全彩版）[M]. 北京：北京希望电子出版社，2020.

[17] 明日科技. Python 函数参考手册（全彩版）[M]. 长春：吉林大学出版社，2020.

[18] 明日科技. Python 速查手册·模块卷（全彩版）[M]. 北京：北京希望电子出版社，2020.

[19] Magnus Lie Hetland 著. Python 基础教程（3 版）[M]. 北京：人民邮电出版社，2018.

[20] 嵩天，礼欣，黄天羽. Python 语言程序设计基础（2 版）[M]. 北京：高等教育出版社，2017.

[21] 刘卫国. Python 语言程序设计[M]. 北京：电子工业出版社，2016.

[22] 云尚科技. Python 入门很轻松[M]. 北京：清华大学出版社，2020.

[23] 小甲鱼. 零基础入门学习 Python[M]. 北京：清华大学出版社，2019.

[24] 王启明. Python 3.6 零基础入门与实战[M]. 北京：清华大学出版社，2018.

[25] 明日科技. Python 网络爬虫从入门到实践（全彩版）[M]. 长春：吉林大学出版社，2020.

[26] 孟兵，李杰臣. 零基础学 Python 爬虫、数据分析与可视化从入门到精通[M]. 北京：机械工业出版社，2021.

[27] 崔庆才. Python 3 网络爬虫开发实战[M]. 北京：人民邮电出版社，2018.

[28] 李宁. Python 爬虫技术：深入理解原理、技术与开发[M]. 北京：清华大学出版社，2019.11.

[29] 罗攀，蒋仟. 从零开始学 Python 网络爬虫[M]. 北京：机械工业出版社，2017.

[30] 刘硕. 精通 Scrapy 网络爬虫[M]. 北京：清华大学出版社，2017.

[31] 凯瑟琳·雅姆尔等. 用 Python 写网络爬虫[M]. 北京：人民邮电出版社，2018.

[32] Acodemy. Learn Web Scraping with Python in a Day[M]. CreateSpace Independent P.2015.

[33] 胡松涛. Python 网络爬虫实战[M]. 北京：清华大学出版社，2016.

[34] 罗刚. 网络爬虫全解析——技术、原理与实践[M]. 北京：电子工业出版社，2017.

[35] 明日科技. Python 数据分析从入门到实践[M]. 北京：吉林大学出版社，2018.

[36] 韦斯·麦金尼. 利用 Python 进行数据分析[M]. 机械工业出版社，2018.

[37] Kirthi Raman.Mastering Python data visualization[M]. Packt Publishing，2015.

[38] 零一. Python 3 爬虫、数据清洗与可视化实战[M]. 北京：电子工业出版社，2018.

[39] 丹尼尔·陈. Python 数据分析——活用 Pandas 库[M]. 北京：人民邮电出版社，2020.

[40] 孙洋洋. Python 数据分析：基于 Plotly 的动态可视化绘图[M]. 北京：电子工业出版社，2018.

[41] 刘大成. Python 数据可视化之 matplotlib 精进[M]. 北京：电子工业出版社，2019.

[42] 杰夫瑞·艾文. Spark 数据分析：基于 Python 语言[M]. 北京：机械工业出版社，2019.

[43] Fabio Nelli.Python data Analytics[M]. Apress L.p，2015.

[44] 朱春旭. Python 数据分析与大数据处理从入门到精通[M]. 北京：北京大学出版社，2019.

[45] 萨扬·穆霍帕迪亚. Python 高级数据分析：机器学习、深度学习和 NLP 实例[M]. 北京：机械工业出版社，2019.

[46] 张啸宇. Python 数据分析从入门到精通[M]. 北京：电子工业出版社，2018.

[47] Armando Fandango.Python Data Analysis[M]. The Second Edition.Packt Publishing，2016.

[48] Kazil. Jacqueline. Data Wrangling with Python[M]. O'Reilly Media，2016.

[49] 李金. 自学 Python 编程基础、科学计算及数据分析[M]. 北京：机械工业出版社，2018.

[50] 黄文青. Python 绝技：运用 Python 成为顶级数据工程师[M]. 北京：电子工业出版社，2018.

[51] 黄永祥. 精通 Django 3 Web 开发[M]. 北京：清华大学出版社，2020.

[52] 张晓. Django 实战 Python Web 典型模块与项目开发. 北京：人民邮电出版社，2020.

[53] 钱彬. Python Web 开发从入门到实战[M]. 北京：清华大学出版社，2020.

[54] 夏邦贵. Python Web 开发基础教程（Django 版|微课版）[M]. 北京：人民邮电出版社，2020.

[55] 骆梅柳. Python 程序设计项目教程[M]. 北京：电子工业出版社，2020.7.

[56] 奥雷利安·杰龙. 机器学习实战：基于 Scikit-Learn、Keras 和 TensorFlow[M]. 北京：机械工业出版社，2020.

[57] 周志华. 机器学习[M]. 北京：清华大学出版社，2016.

[58] 雷明. 机器学习：原理、算法与应用[M]. 北京：清华大学出版社，2019.

[59] Peter Harrington. 机器学习实战[M]. 北京：人民邮电出版社，2013.

[60] 梅尔亚·莫里. 机器学习基础[M]. 北京：机械工业出版社，2019.

[61] 段小手. 深入浅出 Python 机器学习[M]. 北京：清华大学出版社，2018.

[62] 克里斯阿尔. Python 机器学习手册[M]. 北京：电子工业出版社，2019.

[63] 丁毓峰. 图解机器学习[M]. 北京：中国水利水电出版社，2020.

[64] 杉山将. 图解机器学习[M]. 北京：人民邮电出版社，2015.

[65] 霍布森·莱恩. 自然语言处理实战[M]. 北京：人民邮电出版社，2020.

[66] 拉杰什·阿鲁姆甘. Python 自然语言处理实战[M]. 北京：人民邮电出版社，2020.

[67] 胡盼盼. 自然语言处理从入门到实战[M]. 北京：中国铁道出版社，2020.

[68] 伯纳黛特·夏普. 自然语言处理的认知方法. 北京：机械工业出版社，2019.

[69] 卡蒂克·雷迪·博卡. 基于深度学习的自然语言处理. 北京：机械工业出版社，2020.

[70] 项亮. 推荐系统实践[M]. 北京：人民邮电出版社，2012.

[71] Dietmar Jannach，Markus Zanker，Alexander Felfernig，等. 推荐系统[M]. 北京：人民邮电出版社，2013.

[72] 弗朗西斯科·里奇. 推荐系统：技术、评估及高效算法[M]. 北京：机械工业出版社，2015.

[73] 陈开江. 推荐系统[M]. 北京：电子工业出版社，2019.

[74] 黄美玲. 推荐系统算法实践[M]. 北京：电子工业出版社，2019.

[75] Adomavicius G. Tu zhilin A. Toward the next generation of recommender systems: a survey of the state-of-the-art and possible extensions[J]. IEEE Transactions on Knowledge and Data Engineering. 2005.17(6): 734-749.

[76] Shao B. Li X. Bian G. A Survey of Research Hotspots and Frontier Trends of Recommendation Systems from the Perspective of Knowledge Graph[J]. Expert Systems with Applications. 2020:113764.

附录 A

Python 代码风格指南：PEP 8

　　PEP 8 是 Python 官方的编码风格，源于对 Python 良好编码风格的研究。遵循这种风格，能够写出更加可读的 Python 代码，进而易维护。下面以官方 PEP 8 文档为指南，开始 Python 的代码风格之旅。

　　1. 代码编排

　　（1）缩进。4 个空格的缩进（编辑器都可以完成此功能），不使用 Tap，更不能混合使用 Tap 和空格。

　　（2）每行最大长度为 79，换行可以使用反斜杠，最好使用圆括号。换行点要在操作符的后边按 Enter 键。

　　（3）类和 top.level()函数定义之间空两行；类中的方法定义之间空一行；函数内逻辑无关段落之间空一行；其他地方尽量不要空行。

　　2. 文档编排

　　（1）模块内容的顺序：模块说明和 docstring—import—globals&constants—其他定义。其中 import 部分，又按标准、三方和自己编写的顺序依次排放，之间空一行。

　　（2）不要在一句 import 中导入多个库；例如，不推荐使用 import os, sys。

　　（3）如果采用 from XX import XX 引用库，可以省略 module，但是可能出现命名冲突，这时就要采用 import XX。

　　3. 空格的使用

　　（1）各种右括号前不要加空格。

　　（2）逗号、冒号、分号前不要加空格。

　　（3）函数的左括号前不要加空格；例如，Func(1)。

　　（4）序列的左括号前不要加空格；例如，list[2]。

　　（5）操作符左右各加一个空格，不要为了对齐增加空格。

（6）函数默认参数使用的赋值符左右省略空格。

（7）不要将多句语句写在同一行，尽管使用";"允许。

（8）if/for/while 语句中，即使执行语句只有一句，也必须另起一行。

4. 注释

错误的注释不如没有注释。所以当一段代码发生变化时，第一件事就是要修改注释。

（1）与代码自相矛盾的注释比没有注释更差。修改代码时要优先更新注释。

（2）注释是完整的句子。如果注释是断句，首字母应该大写，除非它是小写字母开头的标识符（永远不要修改标识符的大小写）。

（3）如果注释很短，可以省略末尾的句号。注释块通常由一个或多个段落组成。段落由完整的句子构成且每个句子应该以点号（后面要有两个空格）结束，并注意断词和空格。

（4）非英语国家的程序员也建议使用英语书写注释，除非确信代码永远不会被不懂你语言的人阅读。

（5）注释块通常应用在代码前，并和这些代码有同样的缩进。每行以#（除非它是注释内的缩进文本，注意#后面有空格）符号开始。注释块内的段落用仅包含单个#的行分割。

（6）慎用行内注释（inline comments），节俭使用行内注释。行内注释和语句在同一行，至少用两个空格与语句分开。行内注释不是必需的，要避免重复。

5. 命名规范

（1）尽量单独使用小写字母 l、大写字母 O 等容易混淆的字母。

（2）模块命名尽量短小，使用全部小写的方式，可以使用下画线。

（3）包命名尽量短小，使用全部小写的方式，不可以使用下画线。

（4）类的命名使用 CapWords 的方式，模块内部使用的类采用_CapWords 的方式。

（5）异常命名使用 CapWords+Error 后缀的方式。

（6）全局变量尽量只在模块内有效，类似 C 语言中的 static。实现方法有两种，一是__all__机制；二是前缀一个下画线。

（7）函数命名使用全部小写的方式，可以使用下画线。

（8）常量命名使用全部大写的方式，可以使用下画线。

（9）类的属性（方法和变量）命名使用全部小写的方式，可以使用下画线。

（10）类的属性有 3 种作用域：public、non.public 和 subclass API，可以理解成 C++ 中的 public、private、protected，non.public 属性前，前缀一条下画线。

（11）类的属性若与关键字名字冲突，后缀一条下画线，尽量不要使用缩略等其他方式。

（12）为避免与子类属性命名冲突，在类的一些属性前，前缀两条下画线；例如，类 Foo 中声明__a，访问时，只能通过 Foo._Foo__a，避免歧义。如果子类也叫 Foo，那就无能为力了。

（13）类的方法第一个参数必须是 self，而静态方法第一个参数必须是 cls。

6. 编码建议

（1）编码中考虑到其他 Python 实现的效率等问题；例如，运算符+在 CPython（Python）中效率很高，但在 Jython 中却非常低，所以应该采用.join()的方式。

（2）尽可能使用 is 或 is not 取代==；例如，if x is not None 要优于 if x。

（3）使用基于类的异常，每个模块或包都有自己的异常类，此异常类继承自 Exception。

（4）异常中不要使用裸露的 except，except 后跟具体的 exceptions。

以上内容源于 PEP 8 Style Guide for Python Code，详见官网：https://www.python. org/dev/peps/pep.0008/

需要特别说明的是，Python 语言是强格式语言，编码时需要特别注意，否则会经常报出格式错误。

附录 B

IPython 指南

1. IPython 简介

IPython 是 Python 的一个交互式 Shell，比默认的 Python Shell 好用得多，支持变量自动补全、自动缩进，支持 bash shell 命令，内置了许多有用的功能和函数。IPython 是基于 BSD 开源的。IPython 为交互式计算提供了一个丰富的架构，包含：

（1）强大的交互式 Shell。

（2）Jupyter 内核。

（3）交互式的数据可视化工具。

（4）灵活、可嵌入的解释器。

（5）易于使用，高性能的并行计算工具。

2. IPython 的安装

IPython 是以 Python 为基础运行环境的。因此，安装 IPython 之前，首先应当正确安装 Python 开发环境。关于 IPython 的安装方法也有两种方式，一种是直接到其官网（官网地址为 http://ipython.org/）下载压缩包，运行 setup.py 进行安装；一种是使用 pip install 命令进行安装。这里采用 pip install 命令方式，如图 B.1 所示。

这里安装的版本是 IPython 6.4.0。

3. IPython 的运行

在 Windows 10 平台下，按 Win+R 快捷键打开"运行"对话框，输入 cmd 命令，进入 DOS 对话框，在提示符下输入 ipython 命令，即可进入 IPython Shell，如图 B.2 所示。可以在其中进行 Python 编程。

图 B.1　采用 pip install 命令方式安装 IPython

图 B.2　IPython Shell

4. IPython 的快捷键

（1）Ctrl+P 或 ↑ 键，后向搜索命令历史中以当前输入的文本开头的命令。

（2）Ctrl+N 或 ↓ 键，前向搜索命令历史中以当前输入的文本开头的命令。

（3）Ctrl+R 键，按行读取的反向历史搜索（部分匹配）。

（4）Ctrl+Shift+V 键，从剪贴板粘贴文本。

（5）Ctrl+C 键，中止当前正在执行的代码。

（6）Ctrl+A 键，将光标移动到行首。

（7）Ctrl+E 键，将光标移动到行尾。

（8）Ctrl+K 键，删除从光标开始至行尾的文本。

（9）Ctrl+U 键，清除当前行的所有文本译注。

（10）Ctrl+F 键，将光标向前移动一个字符。

（11）Ctrl+B 键，将光标向后移动一个字符。

（12）Ctrl+L 键，清屏。

5. IPython 的魔术命令

在 IPython 的会话环境中，所有文件都可以通过 %run 命令来当作脚本执行，并且文件中的变量也会随即导入当前命名空间。即对于一个模块文件，使用 %run 命令的效果和 from module import * 相同，除非这个模块文件定义了 main()函数（if name == 'main:'），这种情况下，main()函数还会被执行。这种以 % 开头的命令在 IPython 中被称为魔术命令，用于加强 Shell 的功能。常用的魔术命令如下所示。

（1）%quickref：显示 IPython 快速参考。

（2）%magic：显示所有魔术命令的详细文档。

（3）%debug：从最新的异常跟踪的底部进入交互式调试器。

（4）%pdb：在异常发生后自动进入调试器。

（5）%reset：删除 interactive 命名空间中的全部变量。

（6）%run script.py：执行 script.py。

（7）%prun statement：通过 cProfile 执行对 statement 的逐行性能分析。

（8）%time statement：测试 statement 的执行时间。

（9）%timeit statement：多次测试 statement 的执行时间并计算平均值。

（10）%who、%who_ls、%whos：显示 interactive 命名空间中定义的变量，信息级别/冗余度可变。

（11）%xdel variable：删除 variable，并尝试清除其在 IPython 中的对象上的一切引用。

（12）!cmd：在系统 Shell 中执行 cmd。

（13）output=!cmd args：执行 cmd 并赋值。

（14）%bookmark：使用 IPython 的目录书签系统。

（15）%cd direcrory：切换工作目录。

（16）%pwd：返回当前工作目录（字符串形式）。

（17）%env：返回当前系统变量（以字典形式）。

另外，如果对魔术命令不熟悉，可以通过 %magic 查看详细文档；对某一个命令不熟悉，可以通过%cmd? 内省机制查看特定文档。值得一提的是，IPython 中使用 del 命令无法删除所有的变量引用，因此垃圾回收机制也无法启用，所以有些时候需要使用 %xdel 或者 %reset。

6. IPython 调试器命令

IPython 调试器命令如表 B.1 所示。

表 B.1　IPython 调试器命令

命　　令	功　　能
help	显示命令列表
help command	显示 command 的文档
c(ontinue)	恢复程序的执行
q(uit)	退出调试器，不再执行任何代码
b(reak) number	在当前文件的第 number 行设置一个断点
bpath/to/file.py:number	在指定文件的第 number 行设置一个断点
s(tep)	单步进入函数调用
n(ext)	执行当前行，并前进到当前级别的下一行

续表

命　　令	功　　能
u(p)/d(own)	在函数调用栈中向下或向上移动
a(rgs)	显示当前函数的参数
debug statement	在新的（递归）调试器中调用语句 statement
l(ist) statement	显示当前行，以及当前栈级别上的上下文参考代码
w(here)	打印当前位置的完整栈跟踪（包括上下文参考代码）

关于 IPython 的其他信息请查阅官方帮助文档，如图 B.3 所示。

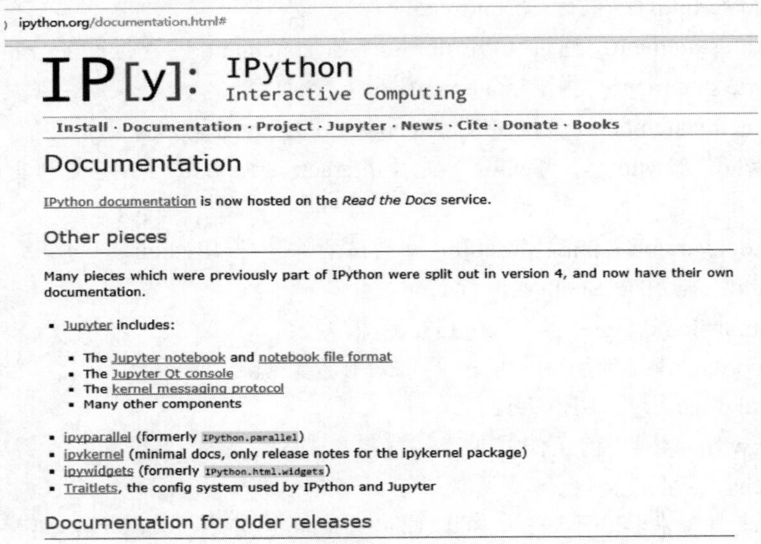

图 B.3　IPython 帮助文档

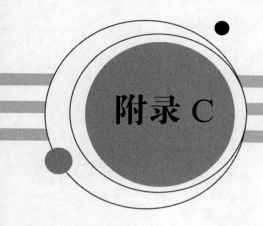

附录 C

PyCharm 指南

1. 安装方法

详见第 1 章相关内容，这里不再赘述。

2. 基本配置

（1）在 PyCharm 下为 Python 项目配置 Python 本地解释器。

Setting→Project:pycharm workspace→Project Interpreter→Add local。

（2）在 PyCharm 下创建 Python 文件、Python 模块。

① File→New→Python file。

② File→New→Python Packpage。

（3）使用 PyCharm 安装 Python 第三方模块。

Setting→Project:pycharm workspace→Project Interpreter→单击右侧绿色小加号搜索要添加的模块→安装。

（4）PyCharm 基本设置。

① 不使用 tab，tab=4 空格：Setting→Editor→Code Style→Python。

② 字体、字体颜色：Setting→Editor→Colors & Fonts →Python。

③ 关闭自动更新：Setting→Appearance & Behavior →System Settings→Updates。

（5）脚本头设置：Setting→Editor→File and Code Templates→Python Script。

① # /usr/bin/env python。

② #-*-coding: utf.8 .*.。

（6）显示行号。

Setting→Editor→General→Appearance→Show Line Numbers。

3. 常用快捷键

（1）Ctrl+C（复制）。在没选择范围的情况下会复制当前行，而不需要先选择整行再复制。

（2）Ctrl+V（粘贴）。使用 ctrl+shift+v 可以在剪贴板历史中选择一个去粘贴。

（3）Ctrl+X（剪切）。

（4）Ctrl+S（保存）。

（5）Ctrl+Z（撤销）。使用 Ctrl+Shift+Z 可以反撤销。

（6）Ctrl+/（注释）。注释后光标会自动到下一行，方便注释多行。

（7）Ctrl+D（复制行）。

（8）Ctrl+Shift+U（转换大小写）。

（9）Ctrl+Alt+L（格式化）。

（10）Ctrl+Alt+O（优化 import）。

（11）Shift+Alt+↑↓（上下移动行）、Shift+Ctrl+↑↓（上下移动语句。一个语句可能有多行，并且会决定要不要进块内和出块外）。简单地说，一个是物理移动行，一个是逻辑移动语句。

（12）Shift+Enter（在下面新开一行）。Ctrl+Alt+Enter 键（在上面新开一行）。

（13）Alt+←/→，单词级别的移动；Ctrl+←/→键，行首/行尾；Shift+←/→，左右移动带选择；Ctrl+[/]，块首/块尾；Cmd+↑/↓键，上一个方法/下一个方法。

（14）Cmd+L（查找下一个匹配项）。

（15）右侧竖线是 PEP 8 的代码规范，提示一行不要超过 120 个字符。

（16）导出、导入自定义的配置：File→Export Settings/Import Settings。

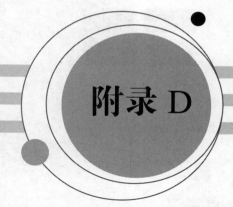

附录 D

大数据和人工智能实验环境

1. 大数据实验环境

对于大数据实验而言，一方面，大数据实验环境安装、配置难度大，高校难以为每个学生提供实验集群，实验环境容易被破坏；另一方面，实用型大数据人才培养面临实验内容不成体系、课程教材缺失、考试系统不客观、缺少实训项目以及专业师资不足等问题，实验开展束手束脚。

对此，云创大数据实验平台提供了基于 Docker 容器技术开发的多人在线实验环境。如图 D.1 所示，平台预装主流大数据学习软件框架包括 Hadoop、Spark、Storm、HBase 等，可快速部署训练环境，支持多人同时在线实验，并配套实验手册、实验代码、实验数据，同步解决大数据实验配置难度大、实验入门难、缺乏实验数据等难题，可用于大数据教学与实践应用。如图 D.2 所示为云创大数据实验平台。

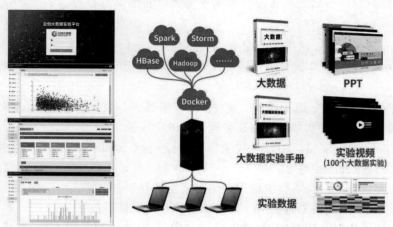

图 D.1　云创大数据实验平台架构

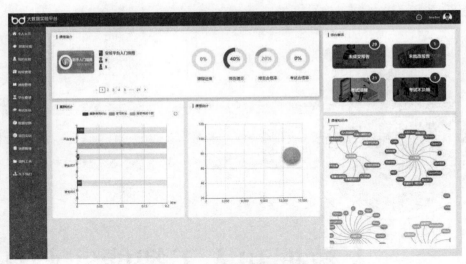

图 D.2　云创大数据实验平台

1）实验环境可靠

云创大数据实验平台采用 Docker 容器技术，通过少量实体服务器资源虚拟出大量的实验服务器环境，可为学生同时提供多套集群进行基础实验训练，包括 Hadoop、Spark、Python 语言、R 语言等相关实验集群，集成了上传数据、指定列表、选择算法、数据展示的数据挖掘及可视化工具。

云创大数据实验平台搭建了一个可供大量学生同时完成各自大数据实验的集成环境。每个实验环境相互隔离，互不干扰，通过重启即可重新拥有一套新集群，可实时监控集群使用量并进行调整，大幅度节省硬件和人员管理成本。图 D.3 所示为云创大数据实验平台部分实验图。

2）实验内容丰富

目前，云创大数据实验平台拥有 367+大数据实验，涵盖原理验证、综合应用、自主设计及创新等多层次实验内容，每个实验在线提供详细的实验目的、实验内容、实验原理和实验流程指导，配套相应的实验数据，参照实验手册即可轻松完成每个实验，帮助用户解决大数据实验的入门门槛限制。

（1）Linux 系统实验：常用基本命令、文件操作、sed、awk、文本编辑器 vi、grep 等。

（2）Python 语言编程实验：流程控制、列表和元组、文件操作、正则表达式、字符串、字典等。

（3）R 语言编程实验：流程控制、文件操作、数据帧、因子操作、函数、线性回归等。

（4）大数据处理技术实验：HDFS 实验、YARN 实验、MapReduce 实验、Hive 实验、Spark 实验、Zookeeper 实验、HBase 实验、Storm 实验、Scala 实验、Kafka 实验、Flume 实验、Flink 实验、Redis 实验等。

（5）数据采集实验：网络爬虫原理、爬虫之协程异步、网络爬虫的多线程采集、爬取豆瓣电影信息、爬取豆瓣图书前 250、爬取双色球开奖信息等。

（6）数据清洗实验：Excel 数据清洗常用函数、Excel 数据分裂、Excel 快速定位和填充、住房数据清洗、客户签到数据的清洗转换、数据脱敏等。

（7）数据标注实验：标注工具的安装与基础操作、车牌夜晚环境标框标注、车牌日常环境标框标注、不完整车牌标框标注、行人标框标注、物品分类标注等。

（8）数据分析及可视化实验：Jupyter Notebook、Pandas、NumPy、Matplotlib、Scipy、Seaborn、Statsmodel 等。

（9）数据挖掘实验：决策树分类、随机森林分类、朴素贝叶斯分类、支持向量机分类、K-means 聚类等。

（10）金融大数据实验：股票数据分析、时间序列分析、金融风险管理、预测股票走势、中美实时货币转换等。

（11）电商大数据实验：基于基站定位数据的商圈分析、员工离职预测、数据分析、电商产品评论数据情感分析、电商打折套路解析等。

（12）数理统计实验：高级数据管理、基本统计分析、方差分析、功效分析、中级绘图等。

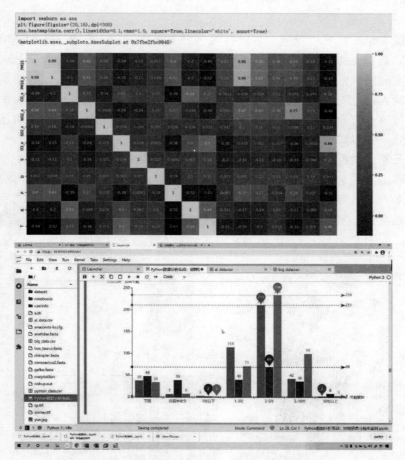

图 D.3　云创大数据实验平台部分实验图

3）教学相长

（1）实时掌握教师角色与学生角色对大数据环境资源的使用情况及运行状态，帮助管理者实现信息管理和资源监控。

（2）平台优化了从创建环境、实验操作、提交报告、教师打分的实验流程，学生在平台上完成实验并提交实验报告，教师在线查看每一个学生的实验进度，并对具体实验报告进行批阅。

（3）平台具有海量题库、试卷生成、在线考试、辅助评分等应用的考试系统，学生可通过试题库自查与巩固，教师通过平台在线试卷库考查学生对知识点的掌握情况（其中客观题实现机器评分），使教师完成备课、上课、自我学习，使学生完成上课、考试、自我学习。

4）一站式应用

（1）提供多种多样的科研环境与训练数据资源，包括人脸数据、交通数据、环保数据、传感器数据、图片数据等。实验数据做打包处理，为用户提供便捷、可靠的大数据学习应用。

（2）平台提供由清华大学博士、中国大数据应用联盟人工智能专家委员会主任刘鹏教授主编的《大数据》《大数据库》《数据挖掘》等配套教材。

（3）提供 OpenVPN、Chrome、Xshell 5、WinSCP 等配套资源下载服务。

2．人工智能实验环境

人工智能实验一直难以开展，主要有两个方面的原因。一方面，实验环境需要提供深度学习计算集群，支持主流深度学习框架，完成实验环境的快速部署，满足深度学习模型训练等教学实践需求，同时也需要支持多人在线实验。另一方面，人工智能实验面临配置难度大、实验入门难、缺乏实验数据等难题，在实验环境、应用教材、实验手册、实验数据、技术支持等多方面亟须支持，以大幅度降低人工智能课程学习门槛，满足课程设计、课程上机实验、实习实训、科研训练等多方面需求。

对此，云创大数据人工智能实验平台提供了基于 OpenStack 调度 KVM 技术开发的多人在线实验环境。平台基于深度学习计算集群，支持主流深度学习框架，可快速部署训练环境，支持多人同时在线实验，并配套实验手册、实验代码、实验数据，同步解决人工智能实验配置难度大、实验入门难、缺乏实验数据等难题，可用于深度学习模型训练等教学与实践应用。如图 D.4～图 D.6 所示为云创大数据人工智能平台展示。

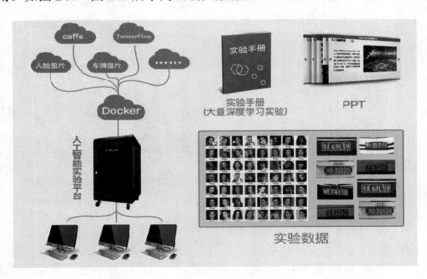

图 D.4　云创大数据人工智能实验平台架构

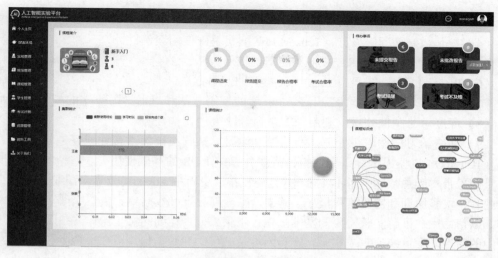

图 D.5 云创大数据人工智能实验平台

图 D.6 实验报告

1）实验环境可靠

（1）平台采用 CPU+GPU 混合架构，基于 OpenStack 技术，用户可一键创建运行的实验环境，十分稳定，即使服务器断电关机，虚拟机中的数据也不会丢失。

（2）同时支持多个人工智能实验在线训练，满足实验室规模使用需求。

（3）每个账户默认分配 1 个 VGPU，可以配置一定大小的 VGPU、CPU 和内存，满足人工智能算法模型在训练时对高性能计算的需求。

（4）基于 OpenStack 定制化构建管理平台，可实现虚拟机的创建、销毁和管理，用户实验虚拟机相互隔离、互不干扰。

2）实验内容丰富

目前实验内容主要涵盖了十个模块，每个模块具体内容如下。

（1）Linux 操作系统：深度学习开发过程中要用到的 Linux 知识。

（2）Python 编程语言：Python 基础语法相关的实验。

（3）Caffe 程序设计：Caffe 框架的基础使用方法。

（4）TensorFlow 程序设计：TensorFlow 框架基础使用案例。

（5）Keras 程序设计：Keras 框架的基础使用方法。

（6）PyTorch 程序设计：Keras 框架的基础使用方法。

（7）机器学习：机器学习常用 Python 库的使用方法和机器学习算法的相关内容。

（8）深度学习图像处理：利用深度学习算法处理图像任务。

（9）深度学习自然语言处理：利用深度学习算法解决自然语言处理任务相关的内容。

（10）ROS 机器人编程：介绍机器人操作系统 ROS 的基础使用。

目前平台实验总数达到了 144 个，并且还在持续更新中。每个实验呈现详细的实验目的、实验内容、实验原理和实验流程指导。其中，原理部分设计数据集、模型原理、代码参数等内容，以帮助用户了解实验需要的基础知识；步骤部分为详细的实验操作，参照手册，执行步骤中的命令，即可快速完成实验。实验所涉及的代码和数据集均可在平台上获取。

3）教学相长

（1）实时监控与掌握教师角色与学生角色对人工智能环境资源使用情况及运行状态，帮助管理者实现信息管理和资源监控。

（2）学生在平台上实验并提交实验报告，教师在线查看每一个学生的实验进度，并对具体实验报告进行批阅。

（3）增加试题库与试卷库，提供在线考试功能，学生可通过试题库自查与巩固，教师通过平台在线试卷库考查学生对知识点的掌握情况（其中客观题实现机器评分），使教师完成备课、上课、自我学习，使学生完成上课、考试、自我学习。

4）一站式应用

（1）提供实验代码以及 MNIST、CIFAR-10、ImageNet、CASIA WebFace、Pascal VOC、Sift Flow、COCO 等训练数据集，实验数据做打包处理，为用户提供便捷、可靠的人工智能和深度学习应用。

（2）平台提供由清华大学博士、中国大数据应用联盟人工智能专家委员会主任刘鹏教授主编的《深度学习》《人工智能》等配套教材，内容涉及人脑神经系统与深度学习、深度学习主流模型以及深度学习在图像、语音、文本中的应用等丰富内容。

（3）提供 OpenVPN、Chrome、Xshell 5、WinSCP 等配套资源下载服务。

5）软硬件高规格

（1）硬件采用 GPU+CPU 混合架构，实现对数据的高性能并行处理。

（2）CPU 选用英特尔 Xeon Gold 6240R 处理器，搭配英伟达多系列 GPU。

（3）最大可提供每秒 176 万亿次的单精度计算能力。

（4）预装 CentOS/Ubuntu 操作系统，集成 TensorFlow、Caffe、Keras、PyTorch 等行业主流的深度学习框架。

专业技能和项目经验既是学生的核心竞争力，也将成为其求职路上的"强心剂"，而云创大数据实验平台和人工智能实验平台从实验环境、实验手册、实验数据、实验代码、教学支持等多方面为大数据学习提供一站式服务，大幅降低学习门槛，可满足用户课程设计、课程上机实验、实习实训、科研训练等多方面需求，有助于大大提升用户的专业技能和实战经验，使其在职场中脱颖而出。

　　目前，致力于大数据、人工智能与云计算培训和认证的云创智学（http://edu.cstor.cn）平台，已引入云创大数据实验平台和人工智能实验平台环境，为用户提供集数据资源、强大算力和实验指导的在线实训平台，并将数百个工程项目经验凝聚成教学内容。在云创智学平台上，用户可以同时兼顾课程学习、上机实验与考试认证，省时省力，快速学到真本事，成为既懂原理，又懂业务的专业人才。